国家示范性高职院校精品教材

SHUIDIANZHAN JIANZHUWU JIQI SHIGONG

水电站建筑物及其施工

四川电力职业技术学院　组编

主　编　邓小玲　谭　军
副主编　刘永纯　杨　波
编　写　菊燕宁　张　彬
主　审　唐怡生

中国电力出版社
CHINA ELECTRIC POWER PRESS

内 容 提 要

本书主要介绍水电站与水电站厂房的结构形式，水电站进水建筑物、引水建筑物、平水建筑物、压力管道、厂区建筑物等专用建筑物的作用、选型与布置的基本知识。着重讲述水电站立式机组地面厂房主厂房的总体轮廓构成，厂内各主要机电设备和结构的分类、布置要求和规律，主厂房轮廓尺寸拟定的工作程序和具体方法，以及立式机组地面厂房主体工程的施工特点、施工程序、施工方法，厂房施工前期准备工作和施工进度计划编制、质量控制等基本知识，拓展性地介绍灯泡贯流式机组厂房的布置特点、机组安装、土建施工等基本知识。

本书主要作为教改课程水电站建筑物及其施工的配套教材，因其案例翔实，也可供水电工程技术人员参考。

图书在版编目（CIP）数据

水电站建筑物及其施工/四川电力职业技术学院组编；邓小玲，谭军主编．—北京：中国电力出版社，2011.8（2018.6重印）
国家示范性高职院校精品教材
ISBN 978-7-5123-1475-7

Ⅰ.①水… Ⅱ.①四… ②邓… ③谭… Ⅲ.①水力发电站-工程施工-高等职业教育-教材 Ⅳ.①TU271.1②TV73

中国版本图书馆CIP数据核字（2011）第066453号

中国电力出版社出版、发行
（北京市东城区北京站西街19号 100005 http://www.cepp.sgcc.com.cn）
北京雁林吉兆印刷有限公司印刷
各地新华书店经售
*
2011年8月第一版 2018年6月北京第四次印刷
787毫米×1092毫米 16开本 17.75印张 429千字 1插页
定价 **36.00** 元

前　言

本教材以教育部《关于全面提高高等职业教育教学质量的若干意见》（教高〔2006〕16号文）为指导，以四川电力职业技术学院国家示范性高职院校建设项目成果——《水利水电建筑工程专业人才培养方案与课程标准》和国家示范性高职院校精品教材——《水电站建筑物及其施工》教改课程标准为主要依据编写而成。《水电站建筑物及其施工》是四川电力职业技术学院水工专业以工作过程系统化为导向构建的新型专业课程体系中的核心课程之一。

针对高职高专教育特点，本教材从实际案例入手，由图例建立工程感性认识、分析设计意图及思路开始，归纳要点，再引导学习者进入学习主题，是新型教改课程配套教材的一个有益尝试。本教材突出实用性，以案例解读为抓手，案例、图片丰富，主要知识和技能的传授结合行业规范和标准，与工程实际结合紧密，易于自学，有利于培养学生分析问题和解决问题的能力。本教材中的不少工程实例反映了我国改革开放以来水电建设新的成就和科技发展。

本教材共分七个项目：项目一为水电站形式选择与布置，项目二为进水口选型与布置，项目三为输水建筑物选型与布置，项目四为厂区布置，项目五为立式机组厂房布置设计，项目六为立式机组厂房施工，项目七为贯流式机组厂房施工（为拓展性学习内容）。

本教材由四川电力职业技术学院邓小玲、谭军任主编，刘永纯、杨波任副主编，菊燕宁、张彬参编。其中，项目一、二、四由邓小玲编写，项目三由刘永纯编写，项目五由邓小玲、菊燕宁合作编写，项目六由杨波、张彬合作编写，项目七由谭军编写。全书由邓小玲统稿，四川大学水利水电学院唐怡生教授主审。

全书在编写过程中得到了水电同行大力支持和帮助，在此谨致诚挚的谢意。

由于编者水平所限，书中不足之处在所难免，恳请读者给予指正。

编　者

2011 年 4 月

目　录

项目一　水电站形式选择与布置

项目概述

我国大中型水电站的设计一般分为预可行性研究、可行性研究、招标设计、施工详图四个阶段。在不同的设计阶段，设计内容和深度也不同。在所有设计工作中，选定水电站的形式和规模、初步拟定枢纽布置和厂房形式、绘出厂房在枢纽中的位置是预可行性研究中要完成的任务，即水电枢纽设计的首要任务。

通过项目一的学习，将了解我国水力资源的特点、水电开发的历史沿革，熟悉水电站的基本类型及水电站厂房的主要类型，明确各类型水电站专用建筑物的组成与作用，为后续厂房布置设计和厂房施工部分的学习、《水电工程施工组织及管理》等课程学习、相关专业实训环节学习，以及今后从事水电站设计、施工和运行管理奠定基础。

学习任务一　我国水力资源开发

1　我国水力资源概况

我国幅员辽阔，江河密布，山川众多，地形起伏，水力资源极其丰富，不仅在山区和丘陵地区有丰富的水力资源，而且在沿长达11 000多千米的海岸线上有不少可利用的潮汐水力资源。根据最新水力资源复查结果，我国大陆水力资源蕴藏情况见表1-1。可以说，我国是世界上水能资源最丰富，水电开发自然条件较优越的国家。

表1-1　　我国大陆水力资源蕴藏情况

水力资源理论蕴藏量≥10MW的河流（条）			3886
理论蕴藏总量	按装机容量计（亿kW）	6.94	世界排序第一位
	按年发电量计（万亿kWh）	6.08	世界排序第一位
理论蕴藏量≥10MW河流上单站装机容量≥0.5MW的技术可开发总量	按装机容量计（亿kW）	5.42	世界排序第一位
	按年发电量计（万亿kWh）	2.47	世界排序第一位
经济可开发总量	按装机容量计（亿kW）	4.02	世界排序第一位
	按年发电量计（万亿kWh）	1.75	世界排序第一位

但我国幅员辽阔，地形与雨量差异较大，因此形成的水力资源在地域分布上很不平衡，水力资源分布是西部多、东部少。按照技术可开发装机容量统计，我国西部云、贵、川、渝、陕、甘、宁、青、新、藏、桂、内蒙古12个省（自治区、直辖市）水力资源约占全国

总量的81.46%，特别是西南地区云、贵、川、渝、藏就占66.70%；其次是黑、吉、晋、豫、鄂、湘、皖、赣8个省占13.66%；而经济发达、用电负荷集中的辽、京、津、冀、鲁、苏、浙、沪、粤、闽、琼11个省（直辖市）仅占4.88%，水力资源的分布与我国经济发展的现状不对称。

2　我国水力资源开发沿革

人类治理水患、建造水利工程已有几千年的历史。伴随着人类对水资源的探索利用，我们的祖先也早在2000多年前研制出了将水能转换为机械能的水车、水磨等器具，以发展生产和满足生活的需要，这是水能资源开发利用的雏形。1878年，法国建成了标志着水力发电诞生的世界上第一座水电站，这在水能资源开发利用进程中具有划时代的意义。

我国的水电建设始于100年前的1910年8月21日，中国第一座水电站——石龙坝水电站，开创了中国人自己建设水电站的历史。虽然起步比世界第一座水电站只晚了二三十年，但在1949年以前，我国水电开发速度远落后于欧美诸多国家。据统计，直到1949年，我国水电总装机容量仅为36万kW，年发电量为12亿kWh。

国运兴，则水电兴。新中国成立后，在党和国家的高度重视下，中国的水电事业得到了蓬勃发展，先后建成了以新安江水电站、葛洲坝水电站、鲁布革水电站、广州抽水蓄能电站、三峡水电站为代表的数以百计的大型水电枢纽。自2004年起，我国的水电总装机容量连续位居世界第一，据统计，截至2010年8月，以小湾水电站第四台机组投产为标志，我国水电装机容量已突破2亿kW。与此同时，我国水电建设的综合技术水平迈入了世界先进行列，我国正逐步发展成为世界公认的水电大国和水电强国。

进入21世纪，全球气候变化、生态环境破坏和能源资源紧缺已对人类社会的生存和发展产生了深刻影响，遏制气候变暖、拯救地球家园是全人类共同的呼声。2009年，我国向国际社会做出了庄严承诺："争取到2020年非化石能源占一次能源消费比重达到15%左右，单位国内生产总值二氧化碳排放比2005年下降40%～45%"。目前，水电是我国仅次于煤炭的第二大常规能源资源，与风、核、太阳能源资源相比，是资源最明确、技术最成熟、最清洁和最经济的能源，随着我国在降低二氧化碳排放方面的压力和责任越来越大，更加凸显出水电对我国降低二氧化碳排放、发展低碳经济的作用和效果。

以我国截至2010年完成的常规水电装机容量1.94亿kW计算，我国水电装机容量仅占电力总装机容量的26.0%，开发利用率只有35%左右，远低于发达国家70%以上的平均水平。目前，发达国家水能资源已基本开发完毕，美国、日本、英国、法国等国家水电开发程度都超过了80%。许多发展中国家也在大力开发水能资源，如巴西水电开发在电力建设中的比重一直保持在80%以上。据测算，我国要实现2020年非化石能源15%的节能减排目标，水电则必须承担9%的份额，即我国水电装机容量需达到3.8亿kW，常规水电要达到3.3亿kW的装机容量，抽水蓄能达到5000万kW的装机容量，才能完成这一艰巨任务。另外，根据国家能源局对我国可再生能源战略定位，2020年前后，可再生能源占到能源消费的15%左右，战略定位是替代能源；2030年前后，可再生能源占到能源消费的25%左右，战略定位是主流能源；2050年前后，可再生能源占到能源消费的40%左右，战略定位是主导能源。展望未来，我国只有下决心有序开发利用水电，才能达到既定目标，进一步改善我国的能源结构，推进国民经济社会的可持续发展。

学习任务二　水电站基本形式选择与布置

1　案例

1.1　案例 1

XJB 水电站是金沙江下游河段规划的最末一个梯级，坝址位于 S 省和 Y 省交界处。该水电站的开发任务以发电为主，同时改善通航条件，结合防洪和拦沙，兼顾灌溉，并且具有为上游梯级进行反调节的作用。坝址位于峡谷出口，两岸地形整齐，两岸山势总体向下游倾斜，河谷形态呈不对称的 U 形。XJB 水电站坝址控制流域面积为 45.88 万 km^2，占金沙江流域面积的 97%；正常蓄水位为 380.00m，死水位为 370.00m，水库总库容为 51.63 亿 m^3，调节库容为 9.03 亿 m^3，总装机容量为 6400MW，保证出力为 2009MW，多年平均发电量为 307.47 亿 kWh。工程枢纽主要由挡水建筑物、泄洪消能建筑物、冲排沙建筑物、左岸坝后引水发电系统（4 台机，单机出力为 800MW，单机额定流量为 890m^3/s）、右岸地下引水发电系统（4 台机，单机出力为 800MW，单机额定流量为 890m^3/s）、通航建筑物及灌溉取水口等组成。其中，拦河大坝为混凝土重力坝，最大坝高 161.00m，坝顶长度为 909.26m。XJB 水电站枢纽总体平面布置图见图 1-1。

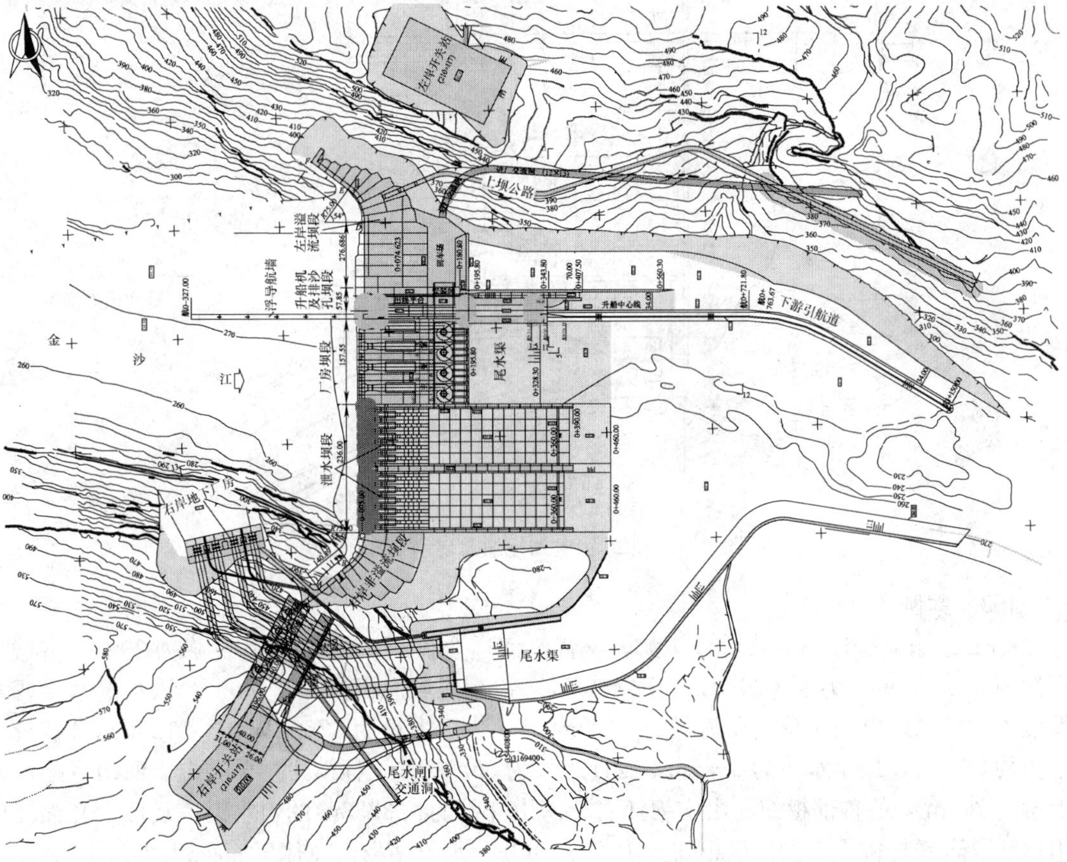

图 1-1　XJB 水电站枢纽总体平面布置图

1.2　案例 2

QLS 水电站位于 G 省中庙乡境内白龙江干流。212 国道从坝址右岸通过，沿甘川公路下行 107.5km 可到达国家铁路干线宝成铁路 Z 站，交通便利。QLS 水电站枢纽工程主要由左岸混凝土重力坝（连接坝段）、平底泄洪闸、河床挡水坝段（混凝土重力坝）、发电厂房、右岸混凝土重力坝（连接坝段）等建筑物组成。枢纽前沿总长度为 252m，坝顶高程为 615m，最大坝高 52m。工程主要任务是发电，电站总装机容量为 111MW，年发电量为 4.477 亿 kWh，装有 3 台轴流式机组，设计水头为 22.50m，最大水头为 25.80m，最小水头为 13.30m，单机最大引用流量为 184.08m^3/s。水库正常蓄水位为 613.00m，死水位为 610.5m，总库容为 2970 万 m^3，具有日调节性能。QLS 水电站枢纽总体平面布置图见图 1-2。

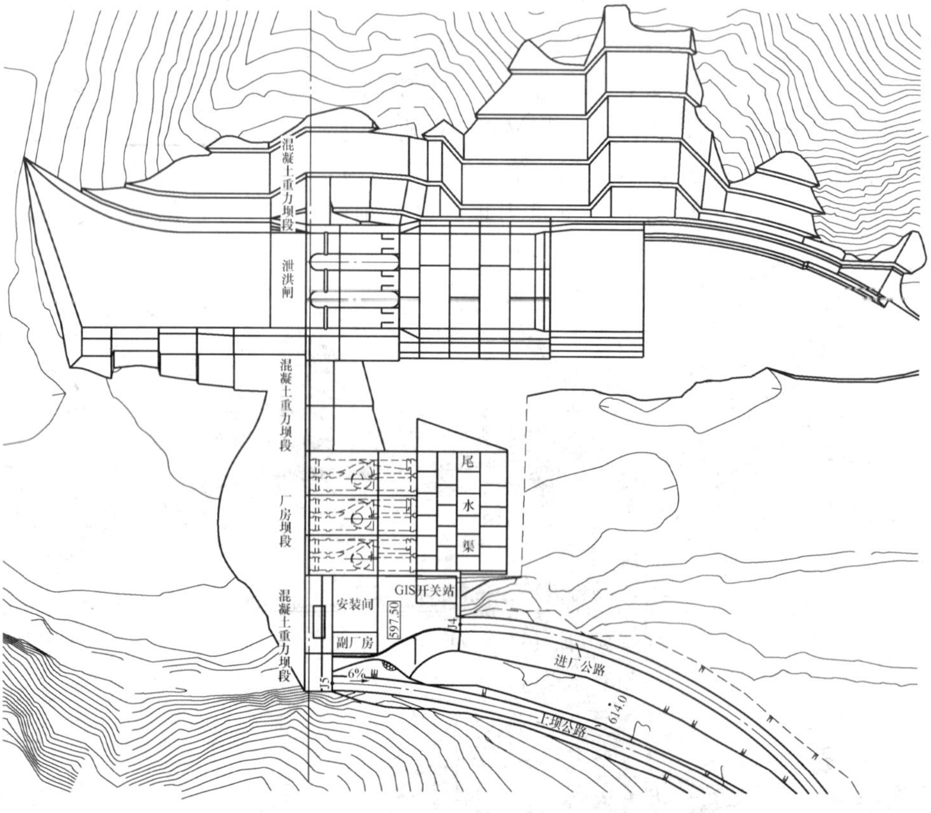

图 1-2　QLS 水电站枢纽总体平面布置图

1.3　案例 3

QFL 水电站位于 S 省文锦江下游，文锦江河道全长约 50km，平均比降为 25‰，流域面积约为 355.0km^2，为羽毛状带形，取水口以上控制流域面积为 340.0km^2。该水电站主要开发任务为发电，电站设计引用流量为 14.0m^3/s，装机容量为 3750kW（3×1250kW），最大水头为 35.5m，最小水头为 31.5m，设计水头为 35.0m。工程枢纽主要有位于西山乡踏水桥上游约 200m 处的首部枢纽、沿文锦江右岸傍山开引的长 3258m 的引水渠道及位于文锦江出山口跃子岩铁杆桥右岸的厂区枢纽三大部分。QFL 水电站枢纽总体平面布置图见图 1-3。

1.4　案例 4

JLT 水电站位于 X 州的喀什河上，是喀什河流域规划中的第十个梯级水电站。该水电

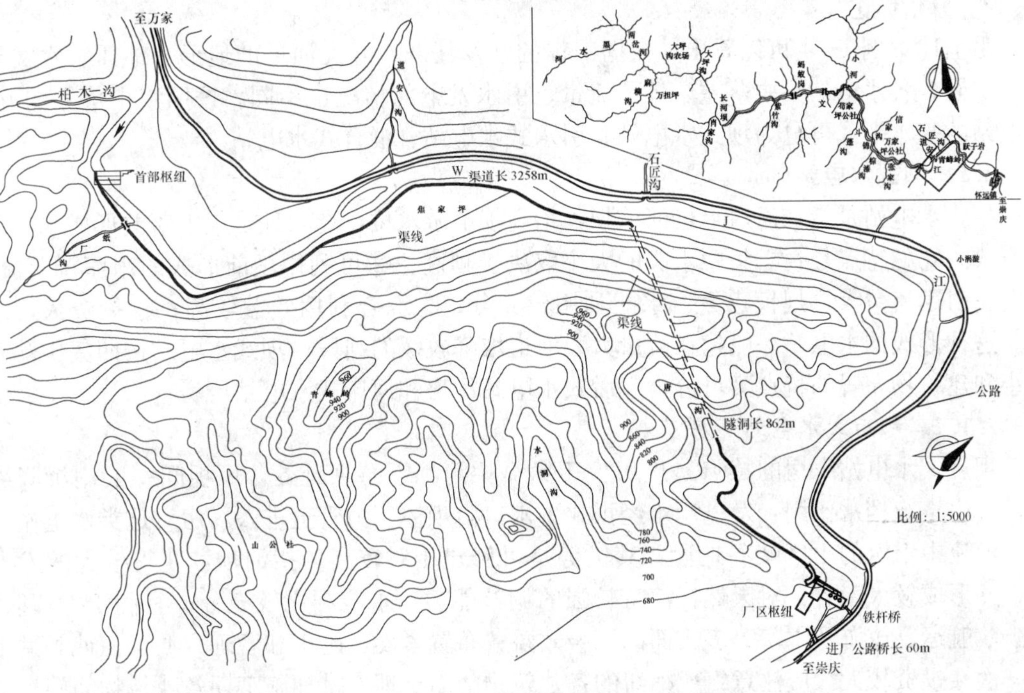

图 1-3　QFL 水电站枢纽总体平面布置图

站以发电为主，兼顾灌溉和防洪。工程枢纽主要由混凝土面板砂砾—堆石坝、联合进水口、表孔泄洪洞、深孔泄洪洞、发电引水洞、发电厂房等建筑物组成。拦河坝最大坝高 157m，拦河坝坝长 445m，正常蓄水位为 1420.0m，校核洪水位为 1422.19m，水库总库容为 25.3 亿 m^3，调节特性为不完全多年调节。电站总装机容量为 460MW（4 台机，单机出力为 115MW），最大水头为 138.5m，最小水头为 91.8m，单机额定引用流量为 118.6m^3/s。JLT 水电站枢纽总体平面布置图见图 1-4。

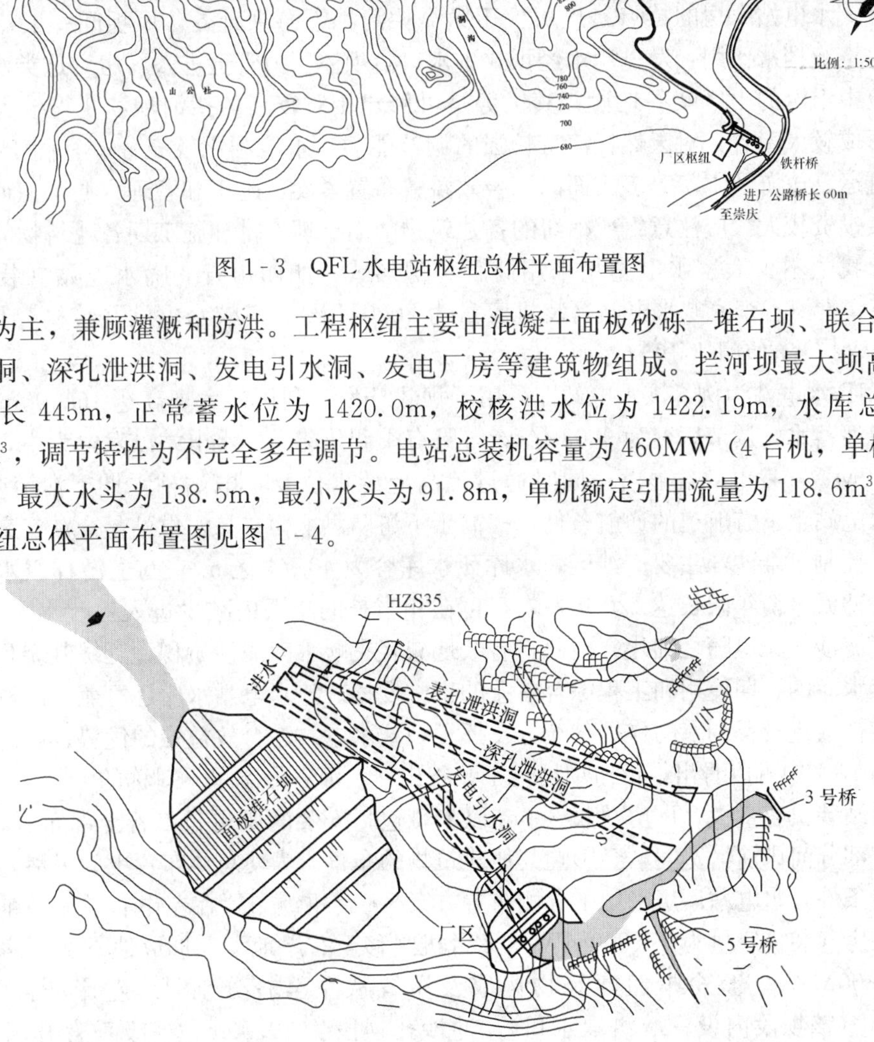

图 1-4　JLT 水电站枢纽总体平面布置图

2　分析讨论

由上述案例1～4可以看出，根据工程的开发任务、开发河道的地形、地质、水文等条件的不同，各水电站集中落差、调节流量、引水发电的情况也不同。按照集中落差的方式，水电站的基本形式可分为坝式水电站、引水式水电站、混合式水电站。

2.1　坝式水电站

坝式水电站是指在河道上拦河筑坝，抬高坝上游水位，在坝址处集中落差形成水头的开发方式。它的特点是：①集中水头的大小取决于坝高；②可利用坝前形成的水库调节流量，水电站引用流量大，规模也大，水能利用较充分；③综合利用效益较高；④投资大，工期长。这种形式的水电站一般建在流量大、河道坡降较缓的河段。坝式水电站按照集中落差的大小和建筑物布置的特点又可分为坝后式水电站厂房和河床式水电站厂房。

2.1.1　坝后式水电站厂房

坝后式水电站厂房的特点是厂房位于紧靠拦河坝下游坝趾处，厂坝间一般用沉降缝分开，厂房不起挡水作用，发电用水经坝式进水口沿坝体压力管道进入厂房。这类水电站一般建在河流中上游的山区峡谷地段，其优势是可修建相对较高的拦河坝，获得较大的发电水头，并形成较大库容，对天然径流有较强的调节能力，水能利用较充分；有利于发挥防洪、灌溉、航运、旅游及水产等多方面的综合效益；布置紧凑，施工和管理方便。但该类型水电站一次性投资较大，应注意组成枢纽的各建筑物间的合理安排和施工期各建筑物间施工的相互干扰。我国不少大型水电站均采用此种厂房形式，如四川省龚嘴水电站（装机容量为700MW）、青海省李家峡水电站（装机容量为2000MW）、三峡水电站（装机容量为18 200MW，不含扩容的地下厂房）等。

以XJB水电站为例，该水电站即采用了坝式开发，利用最大坝高达161.00m的混凝土重力坝拦河蓄水，调节库容为9.03亿m^3，具有季调节能力。水电站以发电为主，总装机容量达6400MW，发电效益显著；同时通过抬高上游水位及水电站枯水期下泄流量的增加，改善了水电站上下游航道的通航条件，提高了下游防洪能力。该水电站是金沙江最下游的一个梯级，控制了金沙江主要产沙区，水库死水库容为40.74亿m^3，与上游梯级水库联合运用，水库冲淤平衡年限长达120年左右，可在相当长的年限内减少进入三峡水库的泥沙量；同时入库泥沙颗粒也随之细化，因此将有效地减轻三峡水库泥沙淤积，延缓其淤积进程，有利于三峡水库的长期使用和工程综合效益的正常发挥。该水电站水库还可兼顾灌溉，并且具有为上游梯级进行反调节的作用，充分发挥了坝式水电站综合效益强的优势。

由图1-1中可以看出，枢纽坝址位于峡谷出口，河谷形态呈不对称的U形，较为开阔。但因水电站装机容量大，厂房总长300m以上，包括安装间则更长，若全部布置在河床中，将占很大部分河床前沿宽度，会影响其他建筑物的布置。为使总体布置更为灵活，且为提前发电创造条件，水电站厂房采用了分侧布置方案，4台机组布置在左岸非溢流坝趾处，形成坝后式厂房（装机容量为4×800MW），4台机组移至右岸地下，形成地下式厂房（装机容量为4×800MW）。整个枢纽建筑物构成及布置从左至右分别是：左岸非溢流坝段长314.922m（该坝段内设一灌溉取水口），冲沙孔坝段长30.00m，一级垂直升船机坝段长29.60m，坝后式厂房坝段长158.94m，泄水坝段长248.00m，右岸非溢流坝段长137.934m（该坝段内设一灌溉取水口），地下引水发电系统位于右岸山体内。

该水电站枢纽建筑物组成在坝式水电站中极具代表性，既有截断水流、集中落差、形成水库的挡水建筑物（该水电站为混凝土重力坝，也可是拱坝、堆石坝等）；也有排泄水库多余水量，或必要时降低库水位乃至放空水库，以保证挡水建筑物和其他建筑物安全的泄水建筑物（该水电站为河床混凝土重力式溢流坝，也可为溢洪道、泄洪隧洞、放水底孔等），使船舶（队）顺利通过航道上集中落差的过坝建筑物（该水电站为一级垂直升船机，也可为单级或多级船闸等），为了发电或灌溉取水修建的进水建筑物（该水电站左岸坝后式厂房为坝式进水口，右岸地下式厂房为岸塔式进水口、坝式灌溉取水口，也可为塔式进水口等），将发电用水自水库输送给水轮发电机组的引水建筑物（该水电站左岸坝后式厂房为压力管道、右岸地下式厂房为压力隧洞），为参与电能生产的各种设备和工作人员提供场所的厂区枢纽（通常由主副厂房、主变压器场、高压开关站、对外交通等组成）。

左岸坝后式厂房的发电厂房位于河床左侧非溢流坝混凝土重力坝坝址处，为避免削弱上游坝趾，保证大坝安全，厂坝间留有一定距离，厂坝结构之间用沉降缝分开。发电用水由坝式进水口经坝后背管进入水轮机蜗壳。混凝土重力坝最大坝高为 161.0m，厂房总高度为 79.15m，见图 1-5。

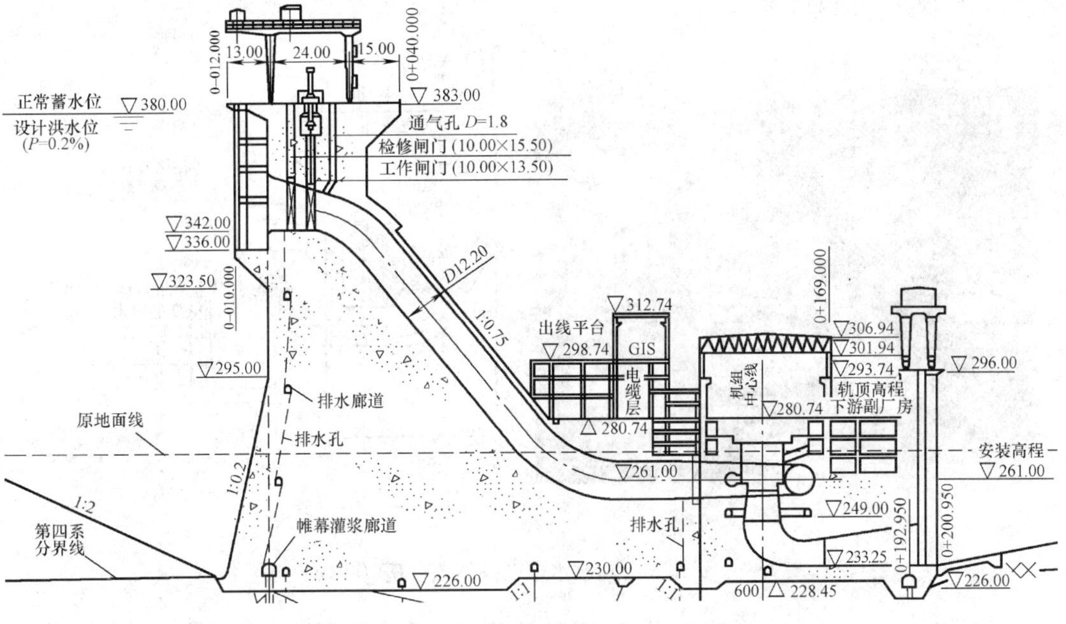

图 1-5　XJB 坝后式水电站大坝厂房横剖图（单位：m）

当河谷狭窄，泄洪量大，机组台数较多，又要求保证有一定宽度的溢流段时，如采用坝后式厂房，则会出现厂房坝段和溢流坝段争地、并列布置困难的矛盾。如果地质条件较差，且不能采用地下式厂房，可将厂房布置在溢流坝趾处，厂房顶就是溢流面的一部分，形成溢流式厂房，如我国第一座溢流式厂房——浙江省新安江水电站（装机容量为 662.5MW）溢流式厂房，见图 1-6。这种形式的厂房结构要求能抵抗高速水流的荷载，溢流面的施工要求平滑，使泄洪时不致发生振动和空蚀；其缺点是厂房计算复杂、施工质量要求高。

位于峡谷中的高水头、大流量水电站，由于河谷狭窄，可将厂房布置在挑流鼻坎的后面，泄洪时高速水流水舌挑越过厂房顶，射落到下游河床中形成挑越式厂房。例如，我国首次采用这种厂房形式的贵州省乌江渡水电站（装机容量为 1250MW），见图 1-7。和溢流式

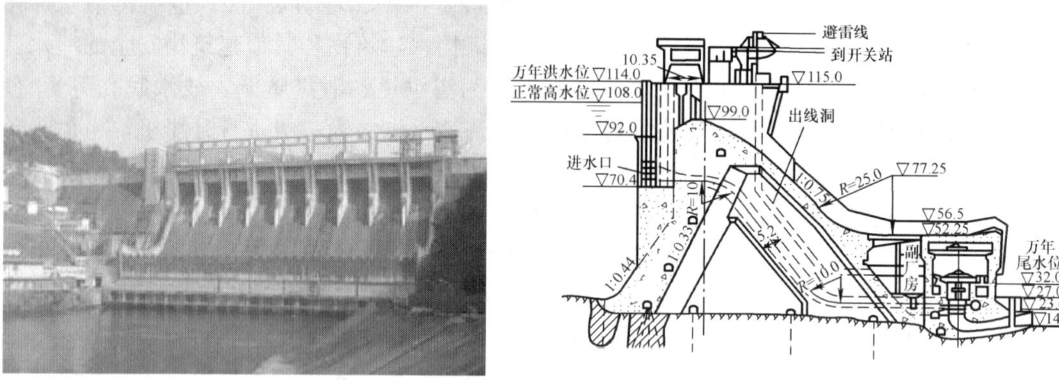

(a)　　　　(b)

图 1-6　浙江省新安江水电站溢流式厂房（单位：m）

厂房相同，挑越式厂房也需要妥善处理厂房的通风、照明、防潮、出线、交通、排水和下游消能及岸坡保护等问题。

(a)　　　　(b)

图 1-7　贵州省乌江渡水电站挑越式厂房（单位：m）

当泄洪量很大，且河谷狭窄，拦河坝为空腹坝时，为减少开挖量，可将厂房布置在坝体空腔内，而在坝顶设溢洪道，形成坝内式厂房，如湖南省凤滩水电站（装机容量为800MW），见图 1-8。这种形式的厂房可以充分利用坝体的强度，省掉厂房的混凝土工程量；在施工时，坝内空腔对混凝土的散热和冷却有利；可利用空腔安排坝基排水，降低扬压力；厂房布置不受下游水位变化的限制。但坝体施工质量要求较高，施工期的导截流及大坝分期施工和分期蓄水等方面的难度比实体重力坝大。

当河谷狭窄、泄洪量大、岸坡陡峻，布置地面式厂房困难，且地下有良好的地质条件或国防上需要时，可将厂房布置在地下山岩中，形成地下式厂房，如 XJB 水电站地下式厂房，见图 1-9。

随着开发河段的上移，受地形条件所限，越来越多的水电站采用地下式厂房。随着开挖机械的不断改进和施工技术的不断提高，地下开挖的进度越来越快，造价也越来越低，近年

(a)

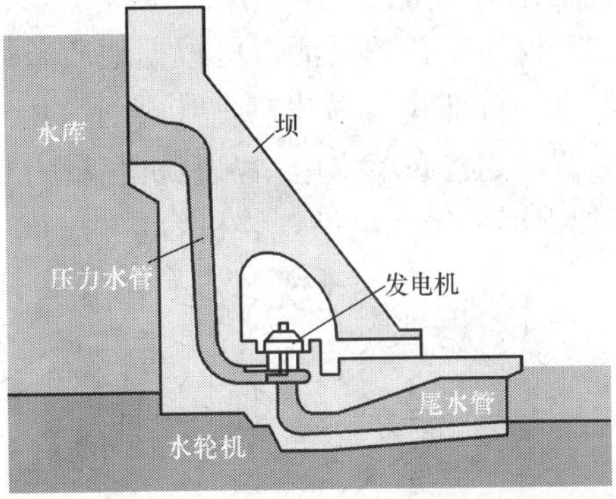

(b)

图 1-8　湖南省凤滩水电站坝内式厂房

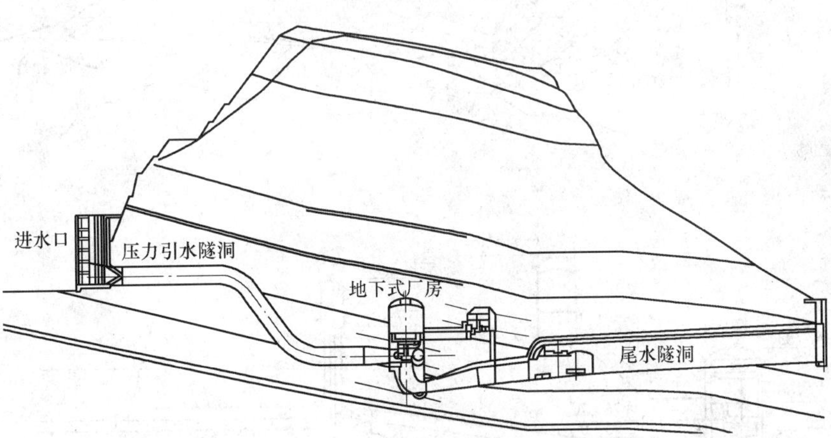

图 1-9　XJB 水电站地下式厂房

来国内地下水电站建设速度越来越快，规模也越来越大。例如，XJB 水电站右岸引水发电系统就采用地下式厂房，装机容量为 3200MW；又如，位于金沙江上的溪洛渡水电站，规模仅次于三峡水电站，装机容量为12 600MW，全部采用地下式厂房，见图 1-10。

图 1-10　溪洛渡水电站“首部式”地下式厂房

与地面式厂房相比，地下式厂房具有以下优缺点：

（1）当河谷较狭窄、泄洪量较大时，可解决厂房和泄洪建筑物布置的矛盾，对施工导流及大坝施工无干扰。

(2) 枢纽布置较灵活，可根据地质条件将厂房布置在引水建筑物的不同位置，如靠近进水口形成“首部式”，如图 1-10 所示的溪洛渡水电站地下式厂房；布置在引水道末端形成“尾部式”，如鲁布革水电站，装机容量为 600MW，见图 1-11；置于引水道中部形成“中部式”，如锦屏一级水电站，装机容量为 3600MW，见图 1-12。

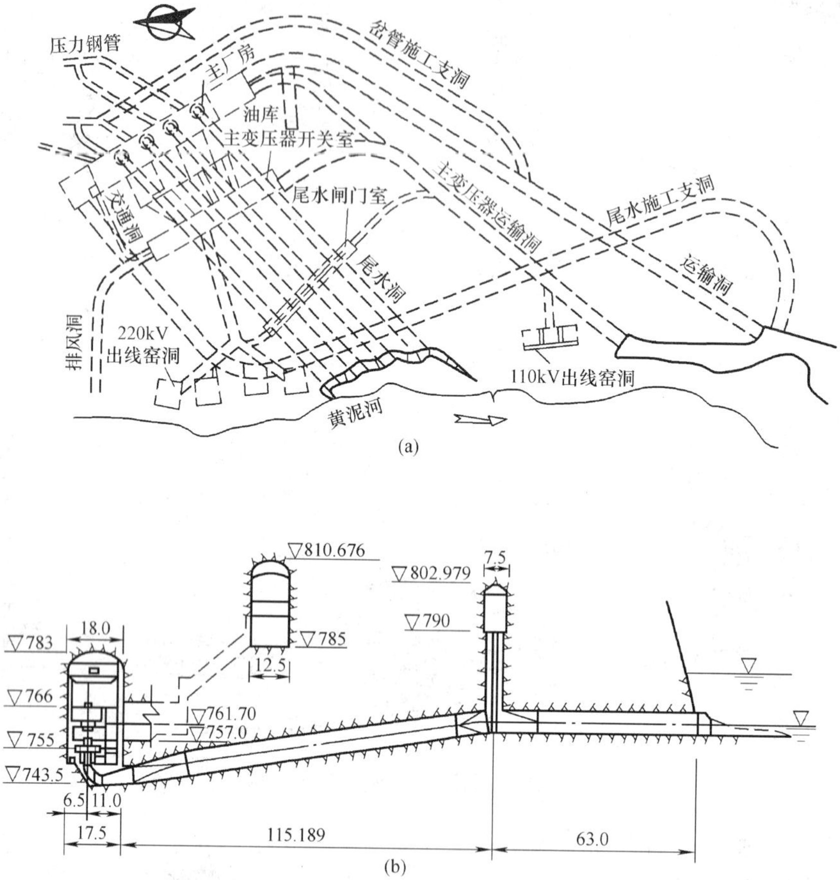

图 1-11 鲁布革水电站“尾部式”地下式厂房（单位：m）

(3) 基本不受气候影响，可全年施工。

(4) 运行安全可靠，不受雪崩、山坡塌方等影响，人防条件好。

(5) 下游水位变化大时，对厂房影响小。

(6) 地勘工作量和洞挖工程量大，施工较复杂，照明、采光、通风必须采用人工措施，厂用电量大。

此外，还有厂房部分机组段在地下、部分机组段在地面的半地下式厂房，或厂房上游侧部分嵌入岩壁、下游侧露出地面的窑洞式半地下式厂房，或厂房机组等主要设备布置在地下的竖井中、上部结构和副厂房布置在地面的井式半地下式厂房。对于地下式和半地下式厂房，一定要充分考虑厂房的排水、通风、照明、防潮和防噪声等问题。

2.1.2 河床式水电站厂房

河床式水电站厂房的特点是厂房与拦河闸坝并列位于河床中，厂房本身就是挡水建筑物

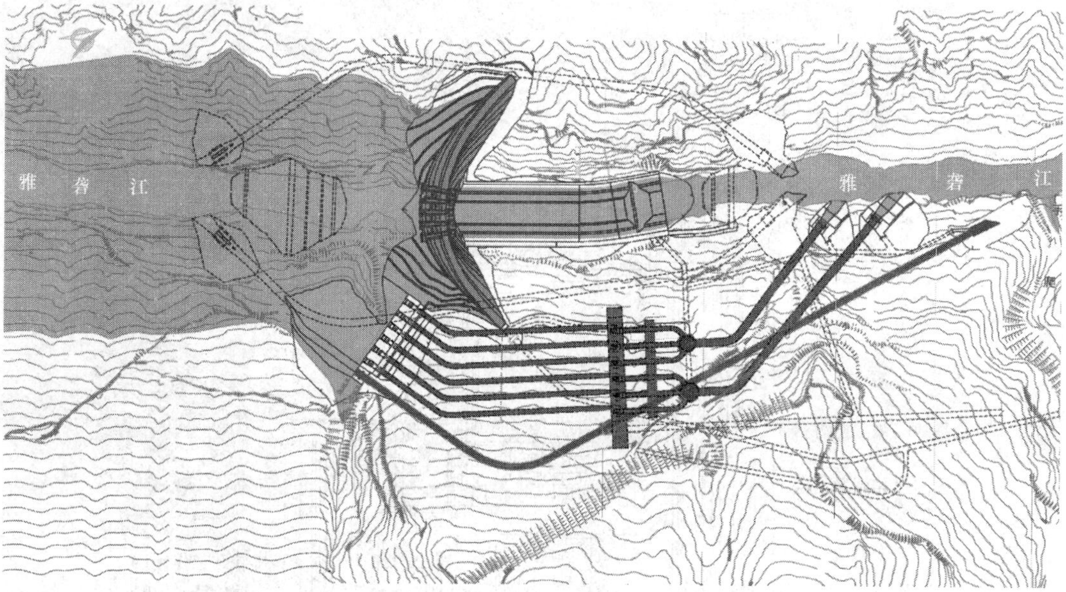

图 1-12 锦屏一级水电站"中部式"地下式厂房

的一部分，将承受上游水压力，进水建筑物与厂房连成一体，发电引水经进水口直接进入水轮机蜗壳。这类水电站一般建在河流中、下游，河床坡降平缓、河面开阔的平原河段或灌溉渠道上。为避免大量淹没损失，且受厂房高度所限，拦河闸坝修建高度均较低，集中水头较小，其引用流量较大，对径流调节能力不强。

以 QLS 水电站为例，该水电站同样采用坝式开发，但因位于白龙江下游河段，为了降低工程实施的难度，尽量减小 QLS 水电站对两岸工矿企业、B 镇和 B 水电站尾水位的影响，尽量减少水库淹没损失，水电站采用河床式水电站厂房。水库校核洪水位为 613.50m，正常蓄水位为 613.00m，总库容为 0.297 亿 m^3，淤积平衡后调节库容为0.060 9亿 m^3，满足日调节需要。QLS 水电站主要开发任务是发电，电站上、下游运行水位应与上、下游已建成梯级水电站的水位衔接，尽量减小对建成水电站的影响，因此确定水电站引用流量为 552.24m^3/s（单机额定流量为 184.08m^3/s），最大水头为 25.80m，最小水头为 13.30m，设计水头为 22.50m，总装机容量为 111MW（3×37MW）。

坝址位于 QLS 峡谷出口处 S 形河段中段上部，为不对称宽缓 U 形河谷，左岸坡度较缓（15°～30°），右岸较陡（40°～50°），河道顺直，河谷较为开阔，左岸有一河滩地，且河床左岸岩基顶板较高，河流主流偏右岸。该水电站由左岸挡水坝段、3 孔胸墙式平底泄洪闸、厂闸连接坝段、厂房坝段、右岸挡水坝段等建筑物组成。枢纽前沿总长度为 252m，坝顶高程为 615m，最大坝高 52.0m。河床式水电站厂房占据主河床偏右岸，主厂房坝段长 92.5m，顺水流方向宽 54m，厂内安装 3 台轴流式水轮发电机组；泄洪闸坝段总长度为 54m。为满足施工分期导流方案所需，在厂房坝段和泄水闸坝段之间布置了一个连接上、下游导流明渠右导墙的导墙坝段，导墙坝段长 10m；剩余部分长 95.5m 为布置在左右岸和厂闸之间分隔为三处的挡水坝，其坝型为混凝土重力坝，见图 1-2 和图 1-13。

由图 1-13 和图 1-14 可以看出，QLS 水电站与大化水电站（装机容量为 480MW）厂

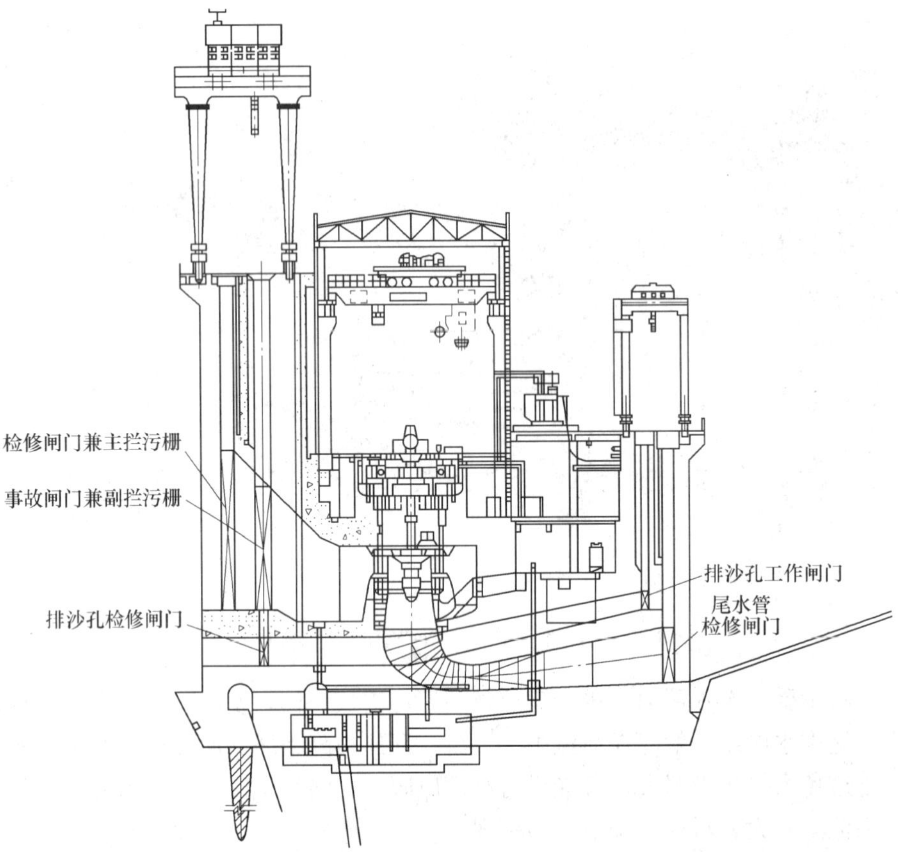

图 1-13　QLS 水电站河床式厂房横剖面图

房虽同为河床式厂房，但 QLS 水电站厂房在低于发电进水口 5m 的底部设了冲沙底孔，以满足排除厂房进水口前泥沙，保持水电站进水口“门前清”的需要。大化水电站厂房是河床式水电站厂房的基本形式，而 QLS 水电站为了泄水冲沙，在河床式厂房下部增设了排沙底孔，成为所谓的泄水式厂房（也称混合式厂房），如湖北葛洲坝水电枢纽大江、二江水电站的厂房（总装机容量为 2715MW）均为此种类型。这种布置方式在泄洪时还可因射流获得增加发电落差的效益，因此又称为射流增差厂房。此外，当泄洪闸和厂房均较长，布置上有困难时，也可将厂房机组段分散在泄洪闸闸墩内（闸墩需加宽）而成为闸墩式厂房，如宁夏回族自治区青铜峡水电站（装机容量为 302MW），见图 1-15。

当在河床式厂房内安装贯流式机组时，即成为贯流式厂房，见图 1-16。

由上面的案例可知，组成河床式水电站的建筑物和坝后式水电站相似，通常有挡水建筑物（一般为高度较低的闸或坝，如 QLS 水电站中最大坝高为 52m 的混凝土重力坝）、泄水建筑物（一般为泄水闸）、进水建筑物（为河床式水电站进水口）、厂房坝段（厂区枢纽组成同坝后式厂房）。此外，在有通航要求的河段还应设置过坝建筑物（通常为船闸，如葛洲坝河床式水电站就设置有大江和三江船闸）。

2.2　引水式水电站

引水式水电站是指水电站具有较长的引水道，厂房位于远离进水口的河岸边，发电水头主要由引水道集中的开发方式。这类水电站的特点是：①在开发河段上游修筑低坝或水闸壅

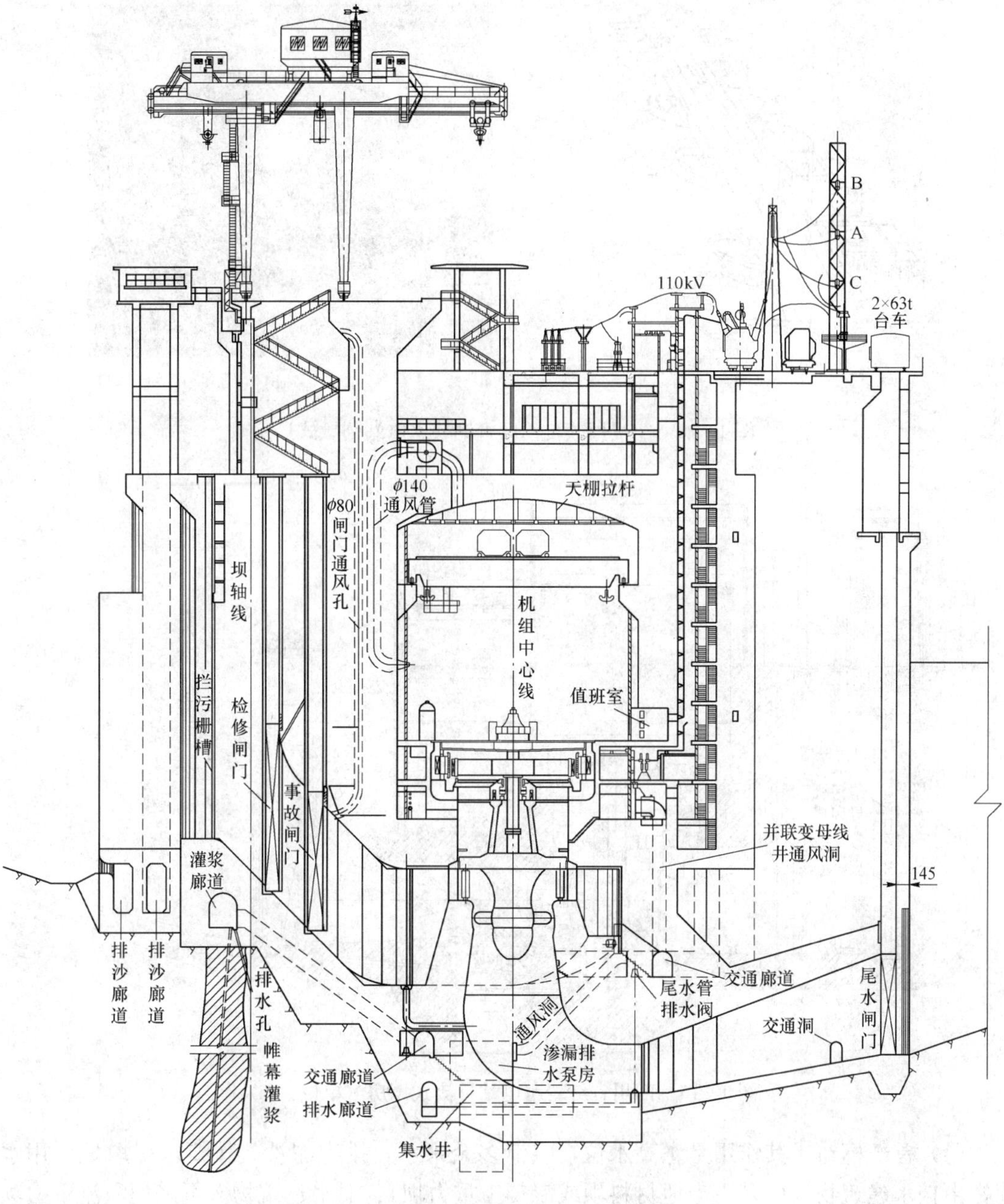

图1-14　大化水电站河床式厂房横剖面图

高水位，方便取水；②采用人工修建的底坡较缓的引水建筑物（渠道或隧洞）集中落差，集中的最大落差远高于坝式水电站，可达上千米；③为了减小压力引水道中的水击压力，改善机组运行条件，常在引水道中设置平压建筑物压力前池或调压室。这种形式的水电站一般建在流量小、坡降大的河流中、上游河段，或开发河段中有大河湾、瀑布，或跨流域开发等情况，最高水头已达1767m（如奥地利莱塞克水电站），我国广西壮族自治区天湖水电站最大静水头也达1074m。

引水式水电站整个枢纽建筑物一般由三部分组成：

(a)

(b)

图 1-15 宁夏回族自治区青铜峡水电站闸墩式厂房

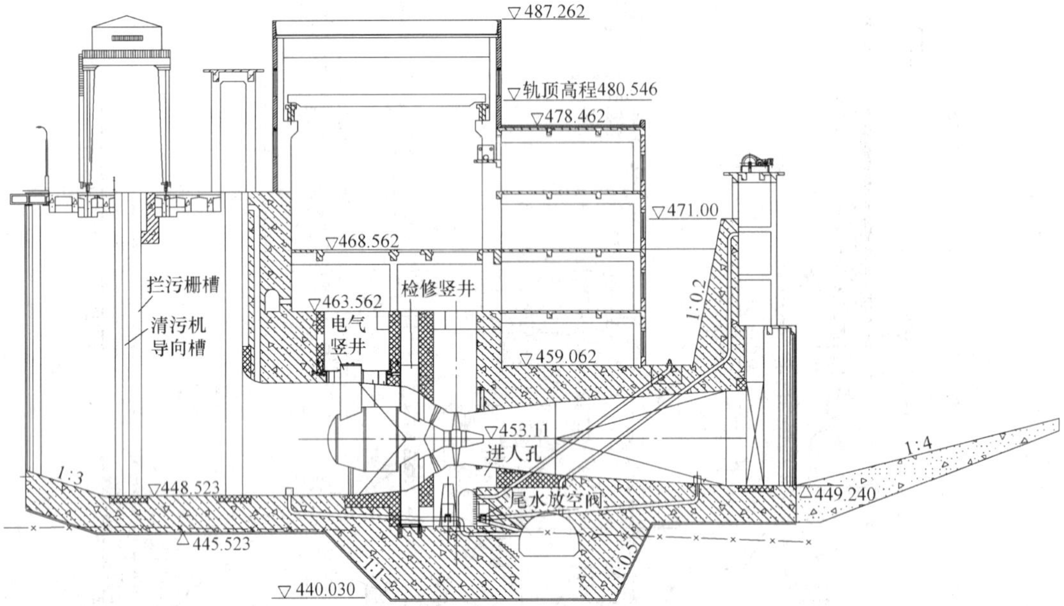

图 1-16 四川省红岩水电站贯流式厂房（单位：m）

(1) 首部枢纽。其作用是壅高水位，宣泄多余来水，排走泥沙，按要求引取发电用水；通常由挡水建筑物（可采用当地材料坝或混凝土重力坝）、泄水建筑物（可采用溢流重力坝、水闸或河岸溢洪道）、进水建筑物（可采用开敞式进水口或有压进水口）组成。

(2) 引水建筑物。其作用是集中落差、输送发电所需流量；通常由渠道（可采用明渠、暗渠或无压隧洞）或隧洞（压力隧洞）、平压建筑物（可采用压力前池或调压室）、高压管道（可采用地面或地下压力管道、钢管或钢筋混凝土管）组成。

(3) 厂区枢纽。其作用是为参与电能生产的各种设备和工作人员提供场所，通常由主副厂房、主变压器场、高压开关站、对外交通等组成。

根据引水道中的水流是有压流或明流，引水式水电站又可分为无压引水式水电站与有压引水式水电站。当开发河段上游有优良库址，适宜建筑高坝，而紧接坝址下游河床坡降骤然变陡，或有大河湾或瀑布时，常采用上游筑坝建库集中部分落差，下游修建有压引水道集中部分落差的混合式水电站开发方式。这种形式的水电站兼有坝式水电站和引水式水电站的特点，但因其枢纽建筑物组成和布置特点更接近有压引水式水电站，所以工程实际中常将其归于有压引水式水电站。因此本书将混合式水电站归入有压引水式水电站一并讨论。

2.2.1　无压引水式水电站

无压引水式水电站的主要特点是具有较长的无压引水道，引水道最长的达 39km（如挪威考伯尔夫水电站），我国新疆尼勒克一级无压引水式水电站引水渠全长也达 31.011km，渠道通过设计流量为 138.8m^3/s，水电站最大发电水头为 187.97m，总装机容量为 220MW。这类水电站因挡水闸坝低，库容小，淹没损失也小，所以水能利用率低，综合效益低。

以 QFL 水电站为例，该水电站是文锦江梯级开发的第一期工程，为山区中水头水电站，由于天然河道比降大，流域内雨量丰沛，枯水流量稳定，因此下游河段内筑高坝库容小，易淤积，不经济。若采用引水式，则工程占地不多，施工简易，投资省，开挖渠道4～5km 即可得落差 35m，因此采用了无压引水式电站。

QFL 水电站的首部枢纽位于西山乡踏水桥上游约 200m 处，筑闸坝拦河取水。首部枢纽从左至右由非溢流重力坝（长 31m）、无闸门控制溢流重力坝（溢流前缘长 58m、最大坝高 6m）、一孔大冲沙闸（分左右两孔，宽×高＝5.0m×4.0m）、一孔小冲沙闸（宽×高＝2.0m×4.2m）、一孔胸墙式进水闸（宽×高＝3.6m×2.55m）组成。闸坝结构均以混凝土为主，坝基筑于砂卵石层上，见图 1-17。

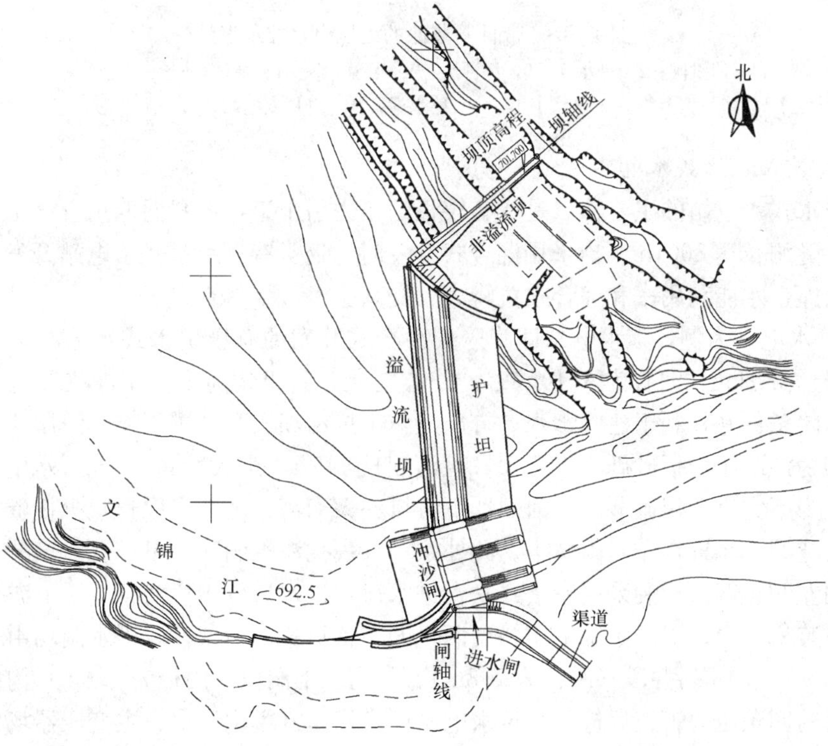

图 1-17　四川省 QFL 无压引水式水电站（单位：m）

引水道由明渠、无压隧洞及渠上建筑物组成，其后接压力前池和露天钢管一根。明渠全长3258m沿文锦江右岸傍山开引，比降为1/2000，全部采用浆砌块（卵）石衬砌，水泥砂浆抹面。其中，自桩号2+320起有无压隧洞一座，长862m，断面为城门洞形，采用预制混凝土块衬砌，底坡为1/600。明渠末端接带状压力前池（作用是当水电站负荷变化时，用来平衡引水建筑物中压力和流速的变化），后接一根采用联合供水的压力钢管，直径为2.0m，总长为120m。厂区枢纽包括主副厂房、变电站及厂区公路桥几部分。水电站厂房为地面式厂房。

在无压引水式水电站中，当引水渠道末端有合适的地形条件时，可在渠道下游附近（尽量靠近前池）建日调节池，以提高水电站运行的可靠性，见图1-18。

图1-18　带日调节池的无压引水式水电站

1—泄洪闸；2—进水闸；3—沉沙池；4—渠道；5—日调节池；6—压力前池；7—压力管道；8—主厂房；9—尾水渠；10—升压变电站；11—泄水道

2.2.2　有压引水式水电站

有压引水式水电站的主要特点是具有较长的压力引水道，如我国四川省渔子溪一级水电站压力引水隧洞长达8601m。当采用混合式开发时，这类有压引水式水电站开发河段上游常建有高坝大库，水能利用率和综合效益将大大提高。

以JLT水电站为例，该水电站即为采用混合式开发的有压引水式水电站。首部枢纽位于恰其沟口上游1km，河谷为V形峡谷，谷坡陡峻，利于建高坝，而进峡谷后上游地形宽阔，周边封闭条件好，利于建库蓄水。首部枢纽由拦河坝、联合进水口、河岸泄洪建筑物组成。拦河坝为混凝土面板砂砾—堆石坝，拦河坝长445m，最大坝高157m，水电站径流调节能力较强，为不完全多年调节。拦河坝址下游接一大河湾，为裁弯取直减少投资，引水道采用两条压力隧洞，布置在左岸山体中。此外，一条表孔泄洪洞和一条深孔泄洪洞也置于左岸发电引水洞左侧，四条隧洞采用岸塔式联合进水口，进水口位于拦河坝左岸上游侧1号冲沟内。水电站装机4台，引水系统采用一洞两机的布置形式，两条发电引水洞均由上低压平洞段（洞径为9m）、48°斜井段（洞径为7.8m）、下高压平洞段（洞径为7.8m）构成，在厂前平洞段分岔为四条压力管道后进厂。该水电站厂房枢纽（主副厂房、主变压器场、高压开关站、对外交通、尾水渠等）布置在下游河湾左侧岸边，距坝轴线下游约540m，见图1-4。

在有压引水式水电站引水系统中，当压力引水系统较长时，为了降低高压管道的水击压力，满足机组调节保证计算的要求，常常在压力引水道中设置调压室，见图1-19。

在案例3、4中，发电厂房均位于远离坝址的下游岸边，为地面式厂房，这样的水电站厂房在工程中称为河岸式厂房，在引水式水电站中应用较为广泛。受地形、地质条件的限制，在地面上找不到合适位置建造地面式厂房，而地下有良好的地质条件时，可将厂房布置在下游山岩中，形成地下式厂房，见图1-9。

图1-19　带调压室的有压引水式水电站

2.3　抽水蓄能电站

抽水蓄能电站是指利用电网中负荷低谷时的剩余电能，将下水库的水抽到上水库以储蓄水能，待电网负荷高峰时，将上水库的水放回到下水库发电的水电站。可以说，抽水蓄能电站就是利用上下两个水库，通过电能—势能—电能的循环转化来抽水蓄能的，由于能量转换有损耗，因此用4kWh电量抽水可发出3kWh电量。

抽水蓄能电站根据工作方式的不同可分为纯抽水蓄能电站和混合式抽水蓄能电站（又称水电站—抽水蓄能电站）。纯抽水蓄能电站仅以水体为储能介质，不利用天然径流生产电能，只需补充渗漏、蒸发等耗水量；混合式抽水蓄能电站除抽水蓄能功用外，上水库有天然来水可以生产电能。在有调节水库的水电站中加装抽水蓄能机组的电站也属此类。

与常规水电站相比，抽水蓄能电站除设有上、下两个水库外，其他组成建筑物（取水建筑物、输水建筑物、厂区枢纽等）与常规水电站相似，见图1-20（a）、（b）。厂房的形式可为地上式也可为地下式，具体结构形式与厂房内装置的机组形式有关。当厂内每台机组由发电机（兼做电动机）、水轮机、水泵三种机器组成时为三机式厂房，见图1-20（c）；当厂内每台机组由发电机（兼做电动机）、水轮机（兼做水泵）两种机器组成时为二机式可逆机组厂房，与一般常规水电站厂房相同。

随着核电建设步伐的加快和风电的快速发展，我国区域性电网运行中峰谷差日益加大，为满足我国能源结构优化和电网安全运行的需要，迫切要求调峰电源。而抽水蓄能电站既是良好的调峰电源，又具有电网调度上的高度灵活性，它与常规水电站相比，除了具有相同的调峰、调相和备用的功能外，还能利用电网低谷时的电力（称填谷），把电网内成本低的电能转换为成本高、售价高的峰荷电能（称削峰），因此既可为整个电网带来显著的经济效益，又可保障电网安全运行。

我国目前已建和在建有数十座抽水蓄能电站，已建的如广州抽水蓄能电站［装机容量为2400MW（8×300MW）］、天荒坪抽水蓄能电站［装机容量为1800MW（6×300MW）］、潘家口水电站—抽水蓄能电站［装机容量为420MW（3×90MW＋150MW）］等；在建的如广东惠州抽水蓄能电站（装机容量为2400MW）、江苏溧阳抽水蓄能电站（装机容量为1500MW）。

2.4 潮汐水电站

潮汐水电站是指利用海水涨、落潮产生的水位差所具有的势能来发电的水电站，见图1-21，一般需要有地形和地质优良的海湾，在海湾入口处建堤坝、厂房和水闸，与海水隔开形成水库，利用涨、落潮时内水位和海水之间的水位差，引水经厂房内的水轮发电机组发电。潮汐水电站一般采用安装贯流式机组的河床式厂房，厂房作为挡水建筑物的一部分，与

(a)

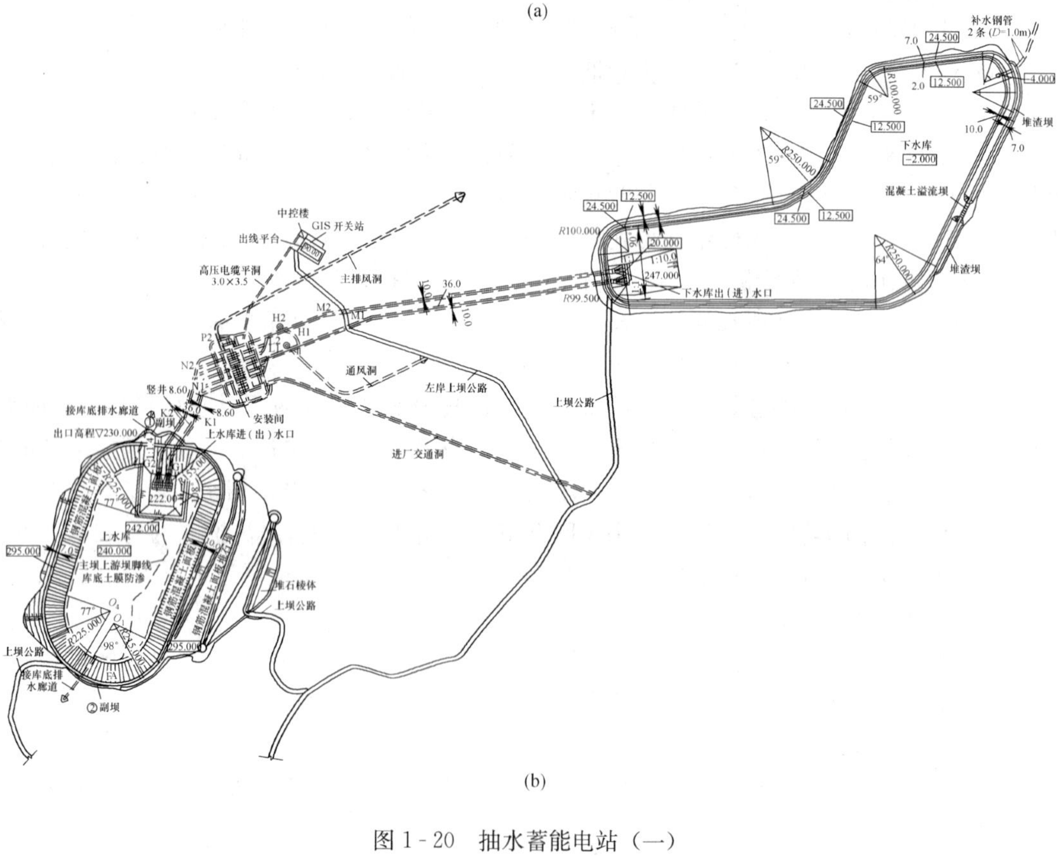

(b)

图1-20　抽水蓄能电站（一）

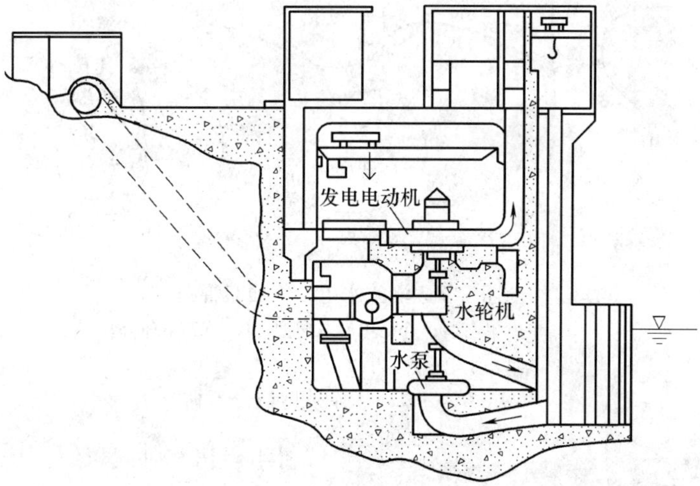

(c)

图 1-20　抽水蓄能电站（二）

闸坝共同把海湾隔开。潮汐水电站一般有三种类型：单库单向型（一个水库，落潮时放水发电）、单库双向型（一个水库，涨、落潮时都能发电）和双库单向型（利用两个始终保持不同水位的水库发电），见图 1-22。

潮汐水电站的优点有：①能源可靠，可以经久不息地利用；②虽然有周期性间歇，但具有准确的规律，可用电子计算机预报，有计划地纳入电网运行；③一般离用电中心近，不必远距离送电；④无淹没损失、移民等问题；⑤水库内可发展水产养殖、围垦和旅游综合效益。潮汐水电站的缺点有：①单库潮汐水电站发电有间歇性；②这种间歇性周期变化又和日夜周期不一致；③单位千瓦的造价比常规水电站高。由于潮汐发电的开发成本较高（潮汐发电的成本大致是普通水力发电的 3 倍）等因素，因此至今发展速度缓慢。

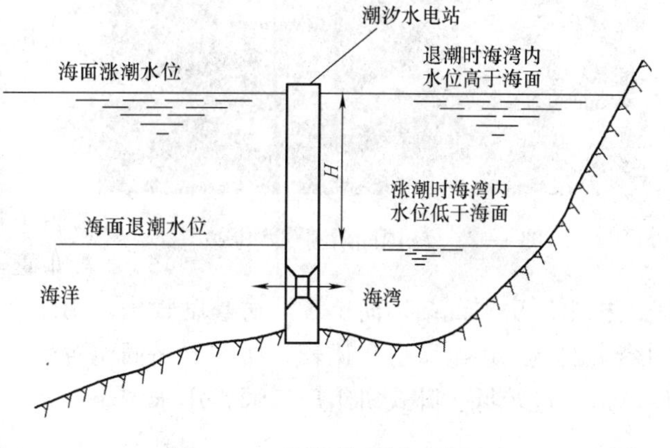

图 1-21　潮汐能利用示意图

1912 年，德国建成世界上第一座实验性小型潮汐水电站——布苏姆潮汐水电站。1968 年，法国朗斯河口建成的朗斯潮汐水电站安装了 24 台 10MW 的水轮发电机组，年发电量约为 5 亿 kWh，是目前世界上最大的潮汐水电站，见图 1-23。我国从 20 世纪 60 年代起，在山东省、江苏省、浙江省、福建省、广东省等地沿海修建了 10 多座小型潮汐水电站，大多是单库运行方式，其中以位于浙江省温岭县江厦潮汐水电站（装机容量为 3.2MW）规模最大，仅次于加拿大的安纳波利斯水电站（装机容量为 20MW），在世界上名列第三位。

水电站基本类型和厂房形式除按上述方法分类以外，还可按机组主轴的装置方式分为立

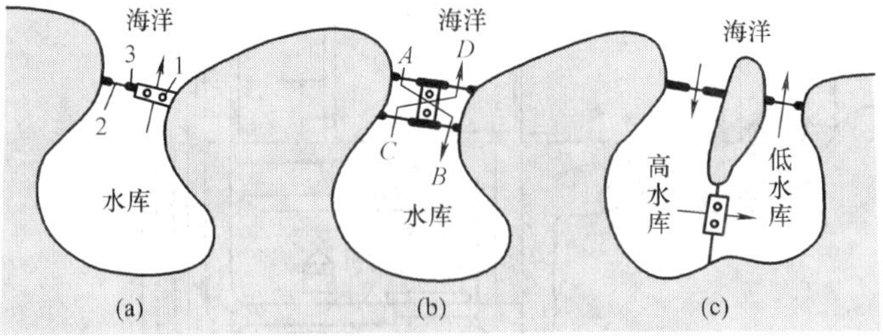

图 1-22　潮汐水电站平面布置图

(a) 单库单向型；(b) 单库双向型；(c) 双库双向型

1—水电站厂房；2—水闸；3—堤坝；

$A \rightarrow B$、$C \rightarrow D$—入库和出库水流方向

图 1-23　法国朗斯潮汐水电站

式机组厂房和卧式机组厂房。

立式机组厂房中的水轮机组，不论是采用反击式水轮机还是冲击式水轮机，机组主轴均与地面垂直，因发电机布置在水轮机之上，所以电气设备工作环境较干燥。由于机电设备可分层布置，因此厂房在平面上所占的面积较小，便于枢纽布置；但下部结构庞大，混凝土工程量较大，厂房高度较大。立式机组厂房广泛用于上述各种类型水电站。

卧式机组厂房中的水轮机组，在中低水头水电站中一般采用反击式水轮机组，而高水头水电站中则多采用冲击式水轮机组，机组主轴均水平布置，因发电机和水轮机同层布置，所以电气设备防潮问题要高度重视；卧式机组厂房下部结构简单，厂房高度较小，由于大部分机电设备都要布置于同层，因此与同容量的立式机组厂房相比较，所占的平面位置较大，厂房的施工与机电设备的安装均较方便，造价也较低。卧式机组厂房通常用于中小型水电站。

项目二　进水口选型与布置

项目概述

水电站进水口是指为满足从水库或河渠引水发电要求而修建的水工建筑物，采用自流进水，简称取水口，是水力发电枢纽的重要组成部分。

在该项目学习中，将结合多个案例，通过分析讨论，学习水电站各种类型的进水口特点、适用条件及其结构形式、结构组成和布置要求，了解进水口布置的主要设备及其作用和布置要求，为后续各水电站专用建筑物的学习、《水电工程施工组织及管理》、《水工大坝运行监测及维护》等课程学习、相关专业实训环节学习及今后从事水电站设计、施工和运行管理奠定基础。

学习任务一　有压进水口的选型与布置

1　案例

1.1　案例 1

CH 水电站位于 S 省境内，是城河流域梯级开发方案中自上而下的第一梯级，采用混合式开发，为有压引水式水电站。水电枢纽由首部枢纽、引水系统和河岸式厂房组成。首部枢纽包括混凝土面板堆石坝、泄洪建筑物和水电站有压进水口。布置在主河床上的混凝土面板堆石坝，最大坝高 69.5m，正常蓄水位为 1676.00m，水库总库容为 7791 万 m^3，其中调节库容 7302 万 m^3，具有年调节作用；由利用左岸单薄山脊垭口布置的开敞式溢洪道和布置在右岸进水口附近的冲沙洞组成泄洪建筑物；发电引水系统布置在右岸，包括有压进水口、引水隧洞、调压井和压力管道等；水电站装机容量为 7.8 万 kW。枢纽布置情况见图 2-1、图 2-2。

1.2　案例 2

承项目一中案例 1，XJB 水电站右岸引水发电系统安装 4 台 800MW 机组，为中部式布置的地下式厂房，采用单管单机供水，由进水口、冲沙洞、引水隧洞、变顶高尾水隧洞、地下主厂房、主变压器洞、电缆竖井及地面副厂房、地面开关站等组成。左岸引水发电系统也安装 4 台 800MW 机组，为坝后式厂房，采用单管单机供水，由进水口、坝后背管及坝后式厂房组成。具体布置情况见图 2-3～图 2-6。

2　分析讨论

2.1　水电站进水口的功用、分类及设计要求

2.1.1　水电站进水口的功用及分类

水电站进水口的功用是在规定的水位变化幅度内引进符合设计要求、水质和流量的发电

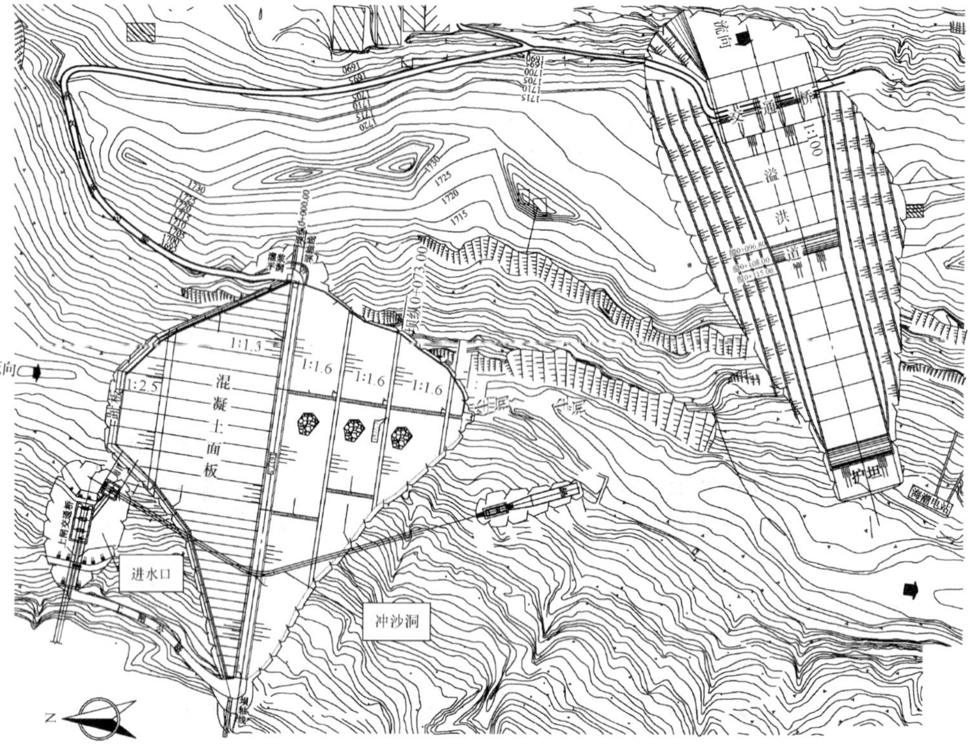

图 2-1　CH 水电站枢纽平面布置图

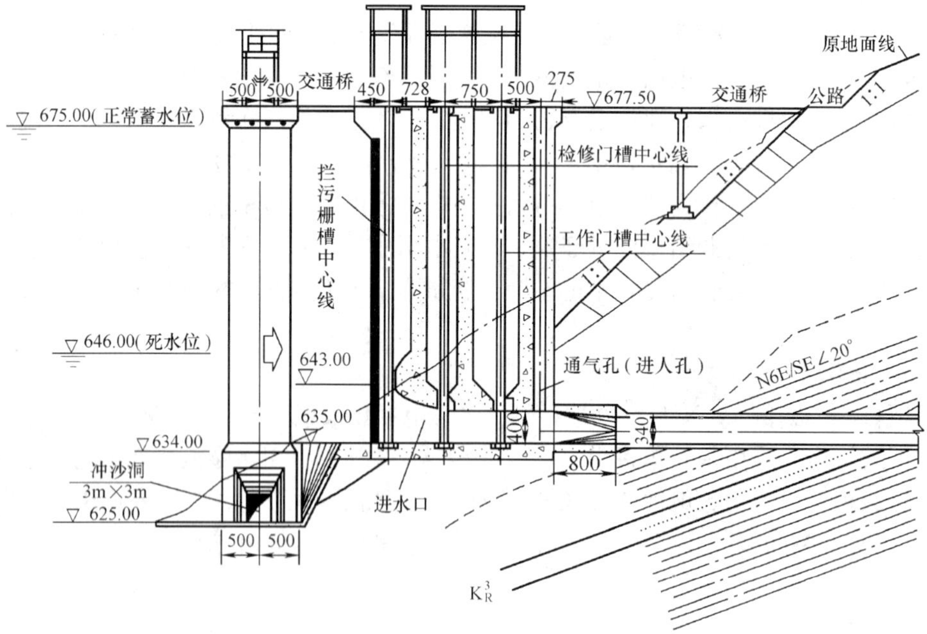

图 2-2　CH 水电站进水口纵剖图（高程单位：m；尺寸单位：cm）

用水；当引水系统或厂房发生事故或需要检修时，应能及时截断水流；在某些情况下，需利用进水口处闸门开度的变化调节引用流量。

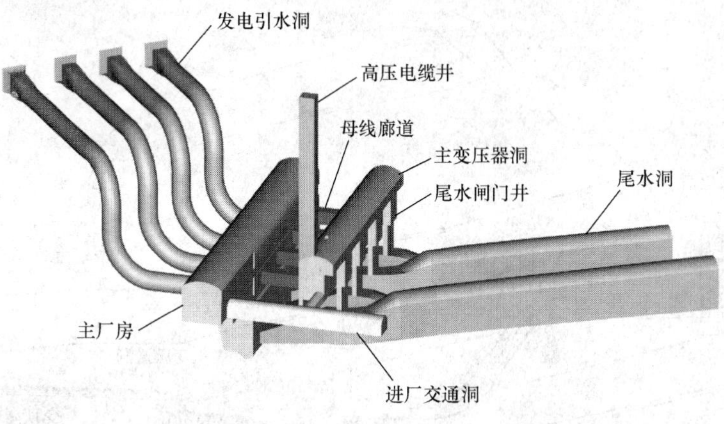

图 2-3 XJB 水电站右岸地下引水发电系统布置三维图

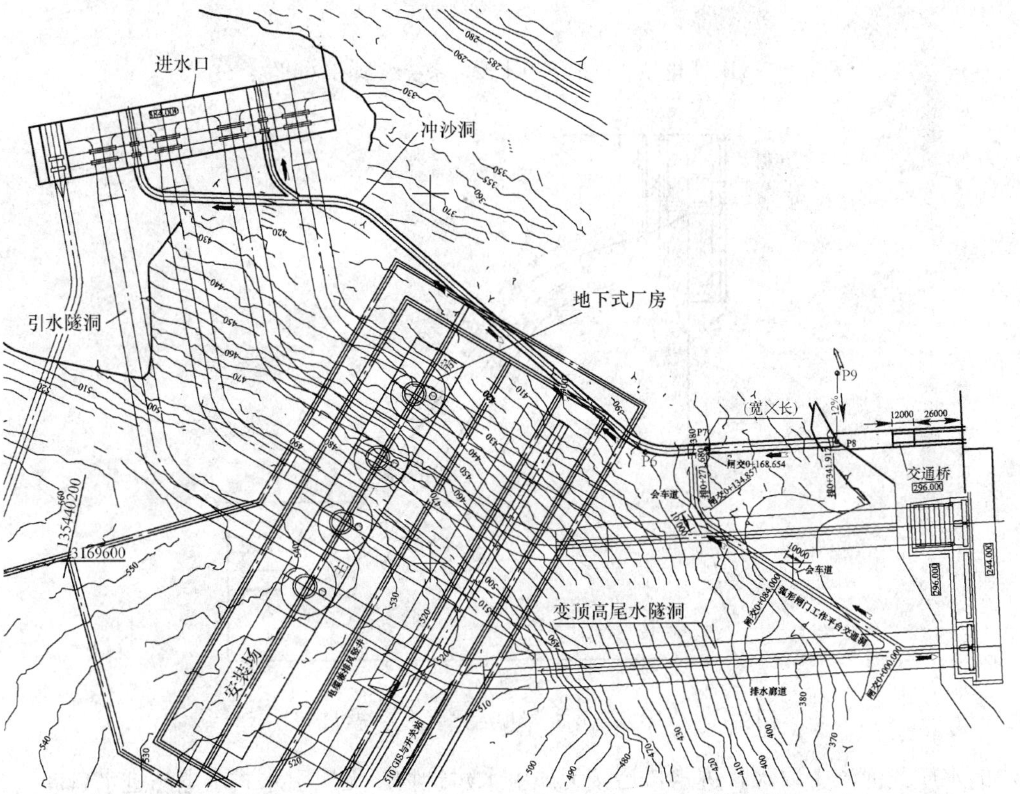

图 2-4 XJB 水电站右岸地下引水发电系统平面布置图

进水口的基本形式按水流条件，可分为有压进水口和开敞式进水口两大类。

有压进水口的特点是：进水口位于水库死水位以下，进水口流道的水流始终保持满流状态，具有一定的压力水头，适用于从水位变幅较大的水库中取水，进水口后通常连接有压隧洞或管道。有压引水式水电站、坝后式水电站、河床式水电站进水口均属此类型。

开敞式进水口的特点是：进水口流道全程有自由水面，水面以上净空与外界大气保持贯通，水流处于无压状态，以自身重力和水力比降运动，故又称无压进水口，适用于从水位变

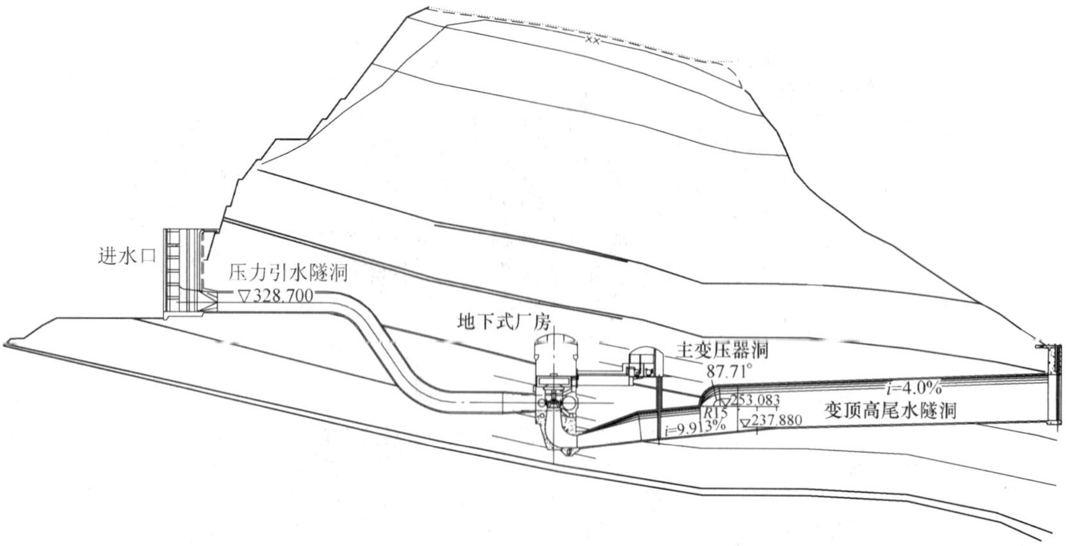

图 2-5　XJB 水电站右岸地下引水发电系统纵剖图（单位：m）

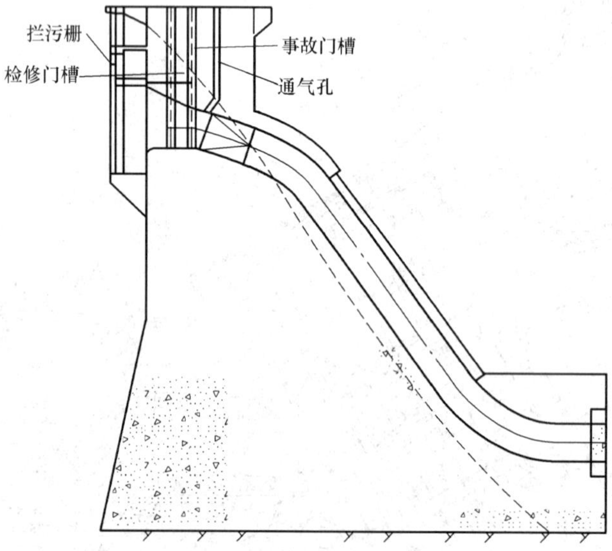

图 2-6　XJB 水电站左岸坝后式引水系统纵剖图

幅较小的水库或河流中取水，进水口后接无压引水建筑物。无压引水式水电站进水口即属此类型。

2.1.2　水电站进水口的设计要求

水电站进水口的设计应满足下述要求：

（1）满足设计过水能力。在各运行水位下，水流顺畅、流态均匀平稳、水头损失小，不产生贯通式漏斗旋涡。

（2）水质符合要求。多泥沙河流上的进水口，应设置有效的防沙措施，防止泥沙淤堵进水口，避免推移质进入引水系统；多污物河流上的进水口，应设置有效的导污、排污和清污设施，防止大量污物汇集于进水口前缘堵塞拦污栅，影响水电站运行。

(3) 引进的水流可控制。进水口应配置所需闸门、启闭机等设备，能按运行需要引进所需流量或截断进水。

(4) 进水口应与枢纽其他建筑物的布置相协调，进水流态平顺，无不对称偏流和回流。进水口顶部高程一般与坝顶采用同一高程。进水口建筑物有足够的强度、刚度和稳定性，结构简单，施工方便，造型美观，造价低，便于运行和维护等。

2.2　有压进水口的选型

由上述案例可知，有压进水口在工程实际中有不同的结构形式，但不论其采用何种结构形式，通常均由进口段、闸门段、渐变段和上部结构组成，见图2-7。进口段布置有拦污设备和引水的入口，闸门段布置有控制流道的闸门，以及装置闸门启闭设备的上部结构。这些结构形成一个协调的整体，其后是渐变段，为闸门段与引水道间的过渡段。

按照常见的工程布置形式，有压进水口可分为整体布置和独立布置两种形式。按照结构特点、进口闸门装置的位置和引水管道的布置形式，有压进水口又可分为坝式进水口、岸式进水口、塔式进水口和河床式进水口。

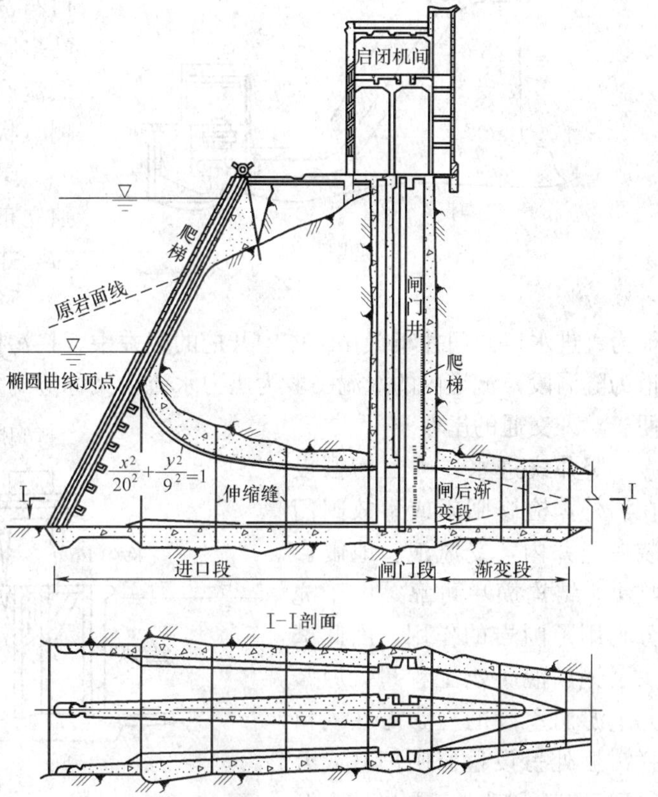

图2-7　有压进水口结构

整体布置进水口是指进水口与枢纽挡水建筑物组成整体结构，包括坝式进水口、河床式进水口；独立布置进水口是指进水口独立布置在枢纽挡水建筑物之外，此类进水口与地形、地质条件关系密切，应因地制宜，合理选用，一般包括岸式进水口、塔式进水口。

坝式进水口如图2-8所示，其特征为：进水口布置在混凝土坝的迎水面，并与坝内压力管道连接，进水口是坝体结构的组成部分，适用于各种混凝土坝的坝后式、坝内式水电站（水电站压力前池进水口也属此类）。XJB水电站左岸坝后式厂房进水口即属于坝式进水口。

坝式进水口的布置应与坝型和坝体结构相适应。进水口由水库调节库容和进口淹没深度要求决定，通常进水口底坎高程不在坝体的最厚部位，为了布置紧凑合理，减小对坝体强度的影响，进口段和闸门段常接合设置，并将检修闸门和事故闸门布置在喇叭口的过渡段内，渐变段和弯管段合并设置，拦污栅则装在上游坝面的支承结构上，有时检修闸门也装在坝面上。

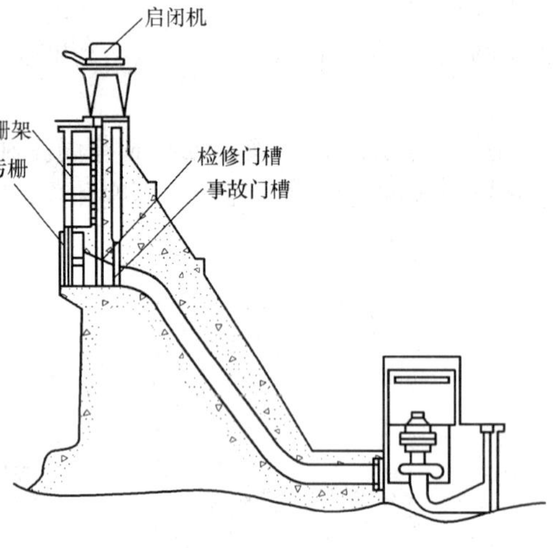

图2-8　坝式进水口

河床式进水口如图2-9所示，其特征为：进水口流道直接与水轮机混凝土蜗壳入口相接，并成为厂房坝段建筑物的组成部分，也是挡水建筑物的一部分，适用于河床式水电站。

与水电站厂房连为一体的河床式进水口布置应与厂房结构相协调；河床式水电站多属于中、低水头大流量水电站，为降低流速，减小水头损失，进水口多具有大喇叭状体形。

岸式进水口布置在库岸或河岸上，为独立布置进水口，按结构布置特点又可分为竖井式、岸坡式和岸塔式三种。

竖井式进水口如图2-10所示，其特征为：进水口闸门井布置在山体中开挖的竖井中，拦污栅设在洞外，它与闸门竖井之间的流道为隧洞段，流道内的水流一般为压力水流，又称隧洞式进水口，适用于岩体完整、稳定且便于对外交通的岸坡。

竖井式进水口因拦污栅设在洞外，检修闸门或事故闸门装在竖井内，受风浪、地震影响小，结构简单可靠，由于充分利用了围岩的作用，因此减少了钢筋混凝土工程量，但竖井上游洞室段的检修需在入口拦污栅处另设检修闸门（或叠梁）；进口段喇叭口在岸坡上开凿而成，洞挖跨度大，引用流量太大时，拦污栅和清污设备布置有一定的难度。

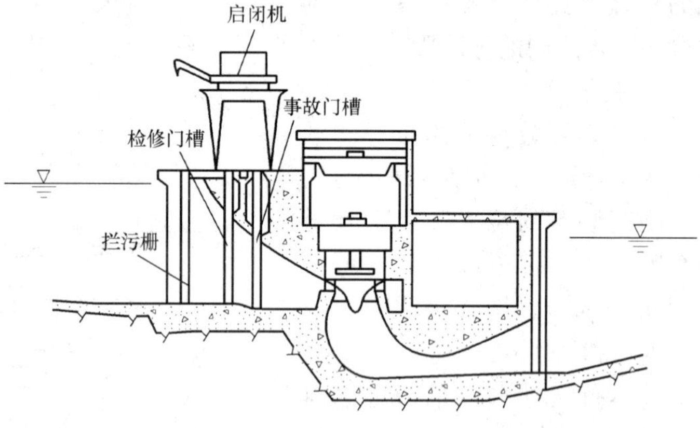

图2-9　河床式进水口

岸坡式进水口如图2-11所示，其特征为：闸门布置在进口段内，突出于岸坡之外，形成一个贴靠倾斜岸坡的墙式结构，适用于岩体完整、稳定，但较陡峻的岸坡。

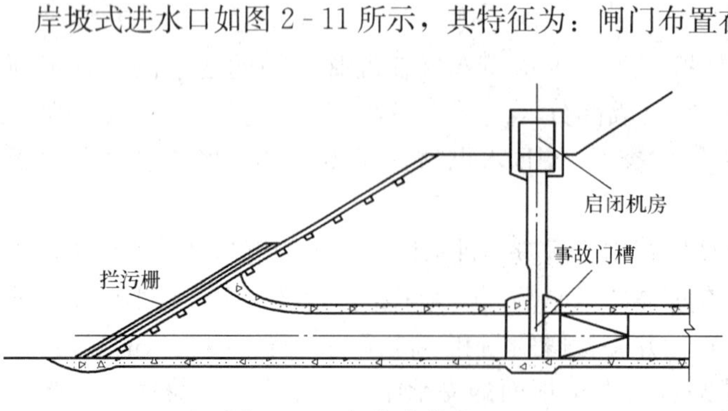

图2-10　竖井式进水口

岸坡式进水口因检修闸门或事故闸门沿岸坡布置，闸门尺寸和启闭力增大，但省去了竖井挖方量，施工更方便，工程更经济。图2-11所示的进水口为解决进口淹没深度要求，洞线底板低于进口底板，这种“龙抬头”布置方式在工程中也比较常见。

岸塔式进水口如图 2-12 所示，其特征为：进水口紧靠岸坡布置，闸门布置在进水口塔形结构中，此种进水口可兼做岸坡支护结构，适用于岸坡较陡、地质条件较差，不宜将喇叭口和闸门井设在岸边岩体内进行扩大断面或竖井开挖的情况。

因为岸塔式进水口的拦污栅、喇叭口和闸门均布置在与岸边连接的塔内，所以可减小洞挖跨度，进水口整体稳定性好。我国在建或已建的地下式厂房进水口多采用此类型，如 XJB 水电站中右岸地下式厂房进水口。

塔式进水口如图 2-13 所示，其特征为：进口段与闸门段及上部框架形成一个塔式结构，布置在大坝和河岸（库岸）以外的水库中，塔顶设操纵平台和启闭机室，用工作桥与岸边或坝顶相连，适用于河岸（库岸）地形过缓、地质条件较差、覆盖层较厚的情况。

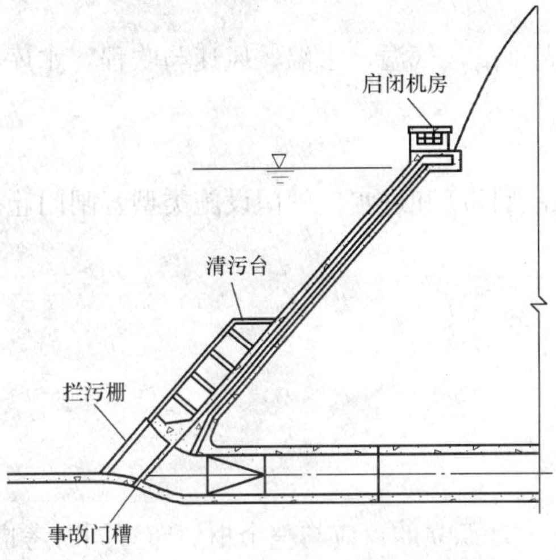

图 2-11 岸坡式进水口

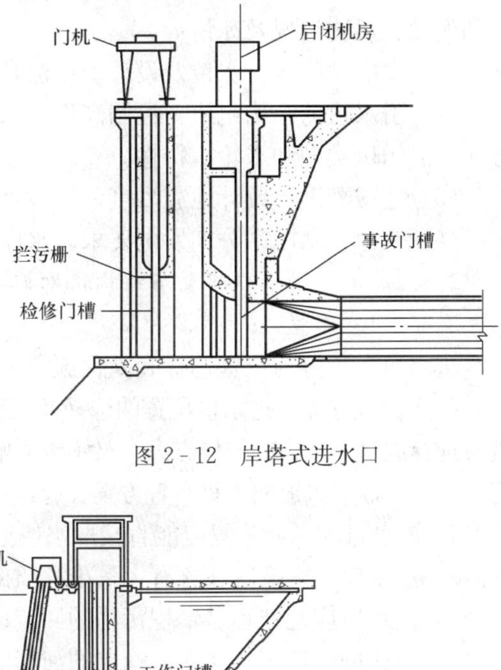

图 2-12 岸塔式进水口

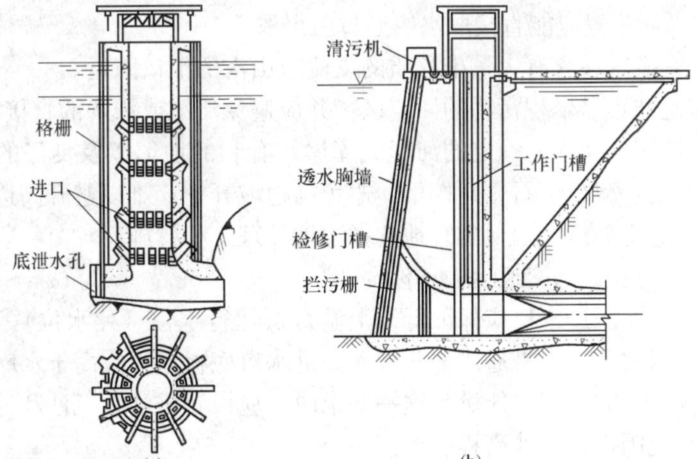

图 2-13 塔式进水口

已建的塔式进水口有单面单孔进水的矩形塔式结构［见图 2-13（b）］和多层多孔径向进水的圆形塔式结构［见图 2-13（a）］。其中，单面进水的矩形塔式结构运用较多，如 CH

水电站进水口。圆形塔式结构因闸门和启闭机比较特殊，在我国除小型水电站和灌溉工程中有应用外，规模较大的电站工程中应用此种进水口的实例较少。由于塔式进水口体形和设备重心高，因此在高地震区的应用受到一定限制。

综上所述，在选择有压进水口形式时，应根据水电站形式、坝型及地形、地质条件，并综合考虑结构技术和施工条件、运行管理维护和经济性，多方案综合比较选定。

2.3 有压进水口的布置

2.3.1 基本资料

全面掌握设计基本资料是做好进水口设计的前提，因此布置进水口首先需收集下述基本资料：

(1) 水电枢纽的总体布置方案，进水口范围内的地形、地貌及地质资料，建筑物等级等。

(2) 水文、气象、泥沙资料，洪水标准及相应流量，气温、水温、风速与吹程，水库淤积和泥沙、污物情况及冰情等。

(3) 水电站的运行水位及设计引用流量。

(4) 引水道的结构组成、控制高程、水道直径及长度和进水口闸门设施类型、闸门止水方式、启闭机类型和水轮机特性。

(5) 地震烈度：设计地震烈度。

(6) 其他：水电站分期发电要求、水库运用等。

2.3.2 有压进水口布置与结构轮廓拟定

2.3.2.1 布置

进水口布置分为位置选择和高程选定。

(1) 位置选择。进水口位置的选择及工程布置不是孤立的，应与整个枢纽布置同时考虑，既要选择进水口位置的较佳方案，又不致影响其他建筑物布置。因此，进水口位置选择应与厂房以及引（输）水道的工程布置方案一起进行技术经济论证而确定，一般考虑以下原则：

1) 进水口的平面位置应能直接取水或通过引渠取水。

2) 进水口不宜设置在含有大量推移质的支流或山沟的汇口附近。

3) 进水口应避开容易聚积污物的回流区，并应避免流冰或漂木的直接撞击。

4) 岸式进水口应选在水流稳定的河岸或库岸、有利的地形以及良好的地质地段，保证地基可靠、山体稳定，减少土石方开挖量，避免高边坡开挖。难以避开高边坡等不良地质条件时，应进行边坡稳定分析，因地制宜地选择边坡处理工程措施。

5) 进水口应具有良好的交通运输条件。

(2) 高程选定。有压进水口应保证低于上游最低运行水位（死水位），引水道顶部应有足够的淹没深度，以避免产生贯通式漏斗旋涡。进水口底板高程应高于水库或天然河床冲淤平衡高程以上 0.5～1.0m。当不能满足这一要求时，应设置排沙、沉沙和冲沙措施，保证进水口处于排沙漏斗范围内、沉沙高程以上。

若进水口上方产生贯通式夹气漏斗旋涡，会将空气吸入进水口后面的压力引水管道，从而引起建筑物振动，流量减小，增加水头损失，机组出力下降，并有可能造成大量漂污吸附在拦污栅上，压坏栅条，影响工程安全，因此必须予以避免。

根据国内外众多研究者的观测分析，贯通式夹气漏斗旋涡的发生主要与进水口淹没深度、进水口体形和流速、水流边界条件等诸多因素有关。不发生贯通式夹气漏斗旋涡的进水口最小淹没深度 S 可选用 DL/T 5398—2007《水电站进水口设计规范》推荐的戈登公式估算，即

$$S = cvd^{\frac{1}{2}} \tag{2-1}$$

式中　S——进水口最小淹没深度，m，见图 2-14；

v——闸孔断面流速，m/s；

d——闸孔高度，m；

c——与进水口几何形状有关的系数，进水口设计良好和水流对称，取 0.55，边界复杂和侧向水流，取 0.73。

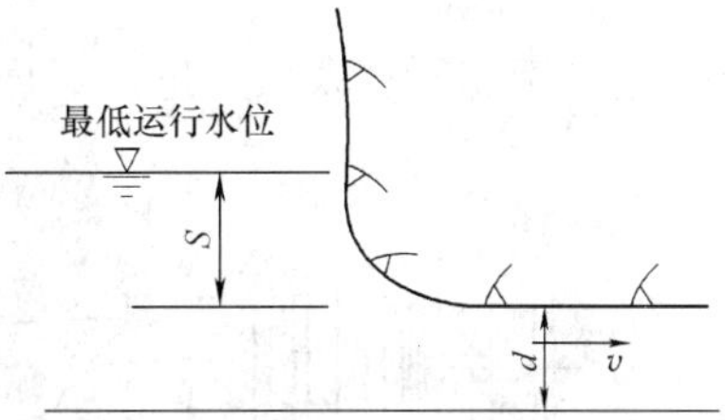

图 2-14　进水口最小淹没深度

DL/T 5398—2007 建议进水口最小淹没深度不应小于 1.5m。若进水口高程确定难以达到最小淹没深度要求，应采用在水面以下设置防涡梁（板）和防涡栅等适当的消涡措施。

由于平板闸门随孔口高程下降，水压力加大，门体加重，相应造价增大，因此在保持进水口较低流速的条件下，应尽可能抬高进水口的底板高程，以利于防沙，同时可减小土建和金属结构工程量。

对于大、中型工程，在确定进水口高程时，应考虑工程分期建设、分期发挥效益的要求，结合进水口的地形、地质条件和进水口结构做全面的经济比较，通过水工模型试验加以确定。

2.3.2.2　结构轮廓拟定

如前所述，有压进水口通常由进口段、闸门段、渐变段和上部结构组成。过流部分的进口段、闸门段与渐变段的形状及尺寸由各自的功能所决定，主要与拦污栅断面、闸门尺寸和引水道断面有关。进水口轮廓设计的原则就是使这三个断面的连接平顺，在保证引进发电所需流量的前提下，尽可能使水流平顺地进入引水道，以减小局部水头损失，避免因水流脱壁而产生负压，降低工程造价和设备费用。

（1）进口段。进口段由拦污段和入口段组成，拦污段设置拦污栅，入口段连接拦污栅和闸门段。入口段的底板宜采用水平布置，顶部和两侧可采用椭圆曲线或双圆弧曲线，宜对称布置，形状如矩形喇叭，俗称喇叭口，见图2-15。顶部曲线目前广泛采用 1/4 椭圆曲线，据国内外实践经验，椭圆曲线的方程为

$$\frac{x^2}{a^2} + \frac{y^2}{b^2} = 1 \tag{2-2}$$

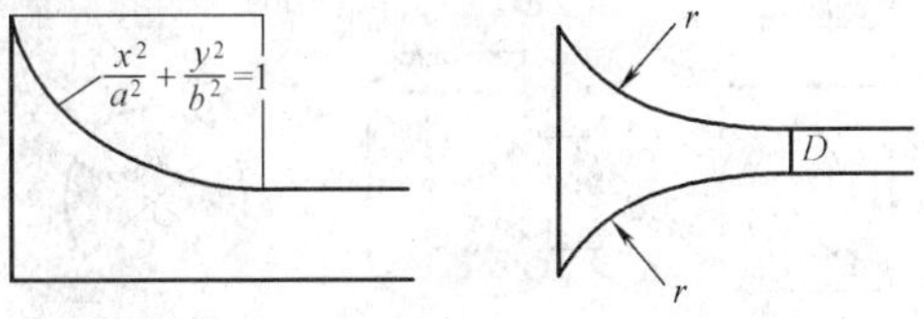

图 2-15　喇叭口曲线示意图

其中，x 为椭圆曲线沿长轴方向的坐标；y 为椭圆曲线沿短轴方向的坐标；$a=(1.0\sim1.5)D$，常用 $1.1D$（D 为引水道直径），$b=(1/3\sim1/2)D$，一般情况下，$a/b=3\sim4$。当引水流量及流速不大时，顶板曲线也可用圆弧曲线。圆弧半径 $R\geqslant D/2$。

坝式进口段顶板常做成斜坡，以便于施工，当引用流量和流速不大时，也可做成圆弧曲线，两侧边墙的轮廓可用椭圆曲线、圆弧曲线或直线，见图 2-16。

进水口流道宜按单孔设计，但水头过高、孔口尺寸过大，为闸门结构加工制作或启闭机容量所限时，可变单孔为双孔或多孔。设置中隔墩后，为减小对水流流态的扰动，应适当延长隔墩，并选用较小的墩尾收缩角，以减小水头损失，并防止空蚀。此外，对于岸式进水口，因单孔变双孔或多孔后，往往导致开挖跨度增大，应注意地质条件是否允许，并采取必要的加固措施。

进口流速不宜太大，进口断面面积建议不小于式（2-3）的计算值，即

$$A=\frac{A'}{C\cos\theta} \tag{2-3}$$

式中　A'　引水道断面面积；

θ——引水道中心线与水平面的夹角；

C——收缩系数，一般取0.6～0.7。

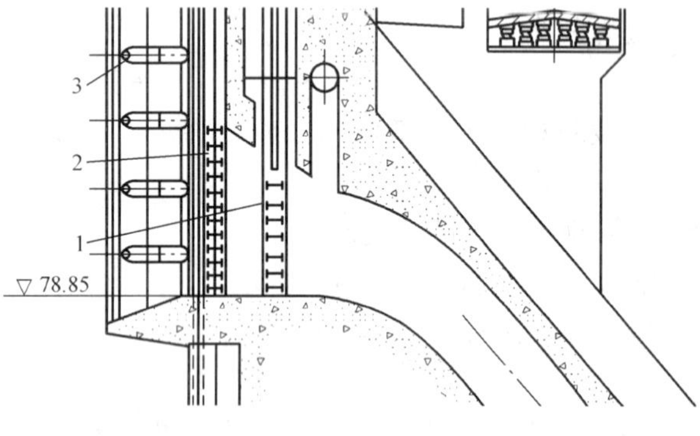

图2-16　坝式进水口轮廓（单位：m）

1—事故闸门；2—检修闸门；3—拦污栅

进口段长度无一定标准，视结构布置和水流顺畅条件而定。

（2）闸门段。布置有闸门的闸门段与布置启闭设备的上部结构连成一体。闸门段通常设计成横断面为矩形的水平段，其宽度一般等于或略小于引水道直径，高度略大于引水道直径，宽高比宜采用1∶1.0～1∶2.0，整个闸门段过水断面常取后接引水道过水面积的1.1倍左右。

闸门段长度取决于整套闸门的布置需要，检修闸门和工作闸门之间净距一般不小于工作闸门净高、宽的0.4倍，且不小于闸门安装、维护工作所需的净空间。

闸门段因门槽轮廓突变，易出现空蚀，应通过合理布置，降低闸门段流速，减小局部水头损失，并布设通气孔，加强补气来避免。

（3）渐变段。渐变段是矩形闸门段到圆形压力引水道的过渡段。为保证水流平顺，水头损失小，避免产生真空或空蚀现象，常采用圆角过渡，圆弧的中心位置和圆角半径 r 均按直线规律变化，见图2-17。

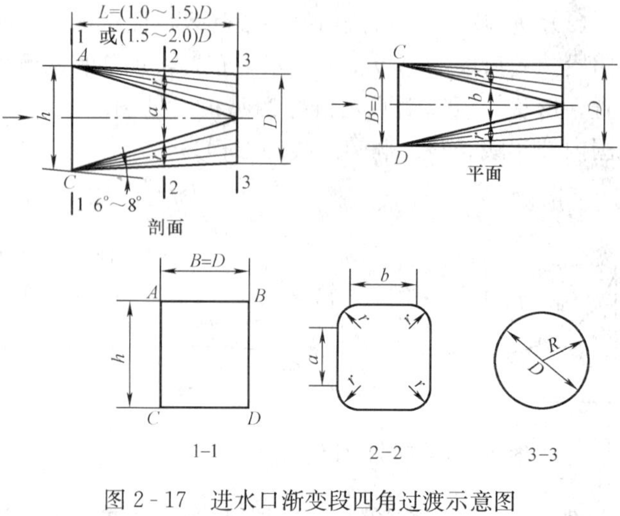

图2-17　进水口渐变段四角过渡示意图

渐变段长度不宜短于1.0 D（D为引水道宽度或直径），根据经验一般为（1.0～2.0）D，收缩角一般不超过10°，以6°～8°为宜，收缩斜率不大于1∶5～8。渐变段进口断面的长方形孔口面积 A_1 若为出口断面圆形孔口面积 A_2 的1.4倍左右，或大于1.4倍，则称为大孔口。大孔口常做成孔宽等于直径 D，而孔高约等于1.2D。相应

地，若 $A_1:A_2=1\sim1.2$，则称为小孔口。小孔口常做成孔宽缩窄为 $0.8D$ 左右，而孔高等于 D。孔口大小对闸门重量、启闭机的启闭力、孔口结构均有影响，大直径且进口埋深大的管道更为显著，因此宜采用小孔口。

坝式进水口的渐变段长度一般取（1.0～1.5）D（D 为引水道直径），渐变段轴线通常为直线，见图 2-18（a）；也可根据需要布置成曲线，见图 2-18（b）。此时应注意，当利用闸门本体开启充水时，要避免水舌与底板分离而产生负压现象。

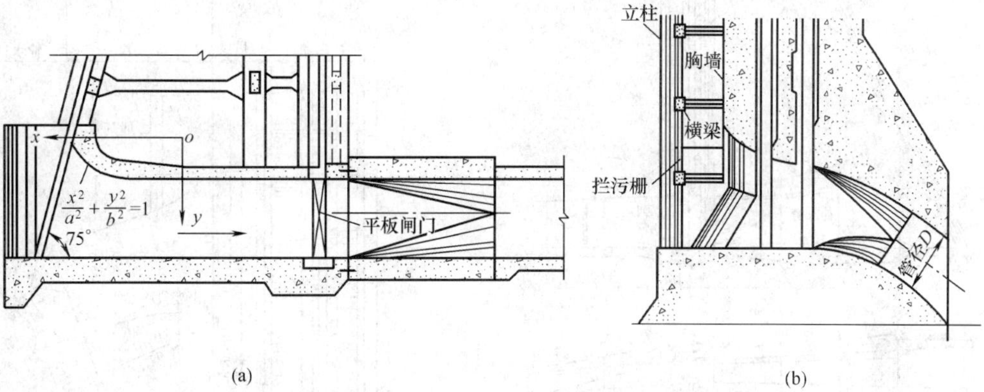

图 2-18 渐变段布置示意图

（a）渐变段轴线直线布置；（b）渐变段轴线曲线布置

2.4 有压进水口的主要设备

有压进水口的主要设备通常有拦污栅、闸门及其启闭设备、通气孔和充水阀等。

2.4.1 拦污栅

2.4.1.1 作用

河流中常有漂浮物，洪水期尤甚，在进水口前方设置拦污栅是拦截漂浮物，防止其堵塞进水口，保证闸门和机组运行的有效措施。

2.4.1.2 布置与构造

（1）布置。根据进水口形式、引用流量大小、水库水位变幅、漂浮物情况和清污方式的不同，拦污栅立面可以布置成垂直式的或倾斜式的，见图 2-19。倾斜式拦污栅的优点是过水断面大、容易清污，倾角常为 60°～70°，广泛应用于竖井式及岸坡式进水口。岸塔式、塔式、河床式及坝式进水口一般采用垂直或接近于垂直的布置方式。

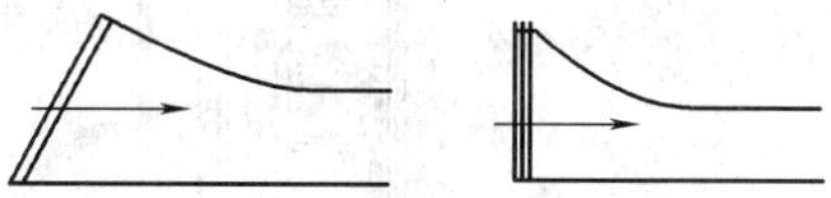

图 2-19 拦污栅立面布置

拦污栅的进水面可以采用平面或半圆形（或多边形）布置方式。平面布置的优点是便于用清污机清污，占用空间小；半圆形（或多边形）布置的优点是在通过同等流量的情况下，因过流断面增大，降低了过栅流速，减小了水头损失。河床式、竖井式及岸坡式进水口常采用平面布置方式，塔式和坝式进水口两种布置方式都可采用，见图 2-20。

为了避免因污物堵塞拦污栅而造成进流量减小甚至停机，可在多个进水口前缘设置通仓式拦污栅。这种布置栅面大，可减小过栅流速，部分栅面被污物堵塞时，仍可通过邻近的栅面进水，避免停机，且结构简单，便于机械清污。目前不少大型水电站如龙羊峡、小湾等水

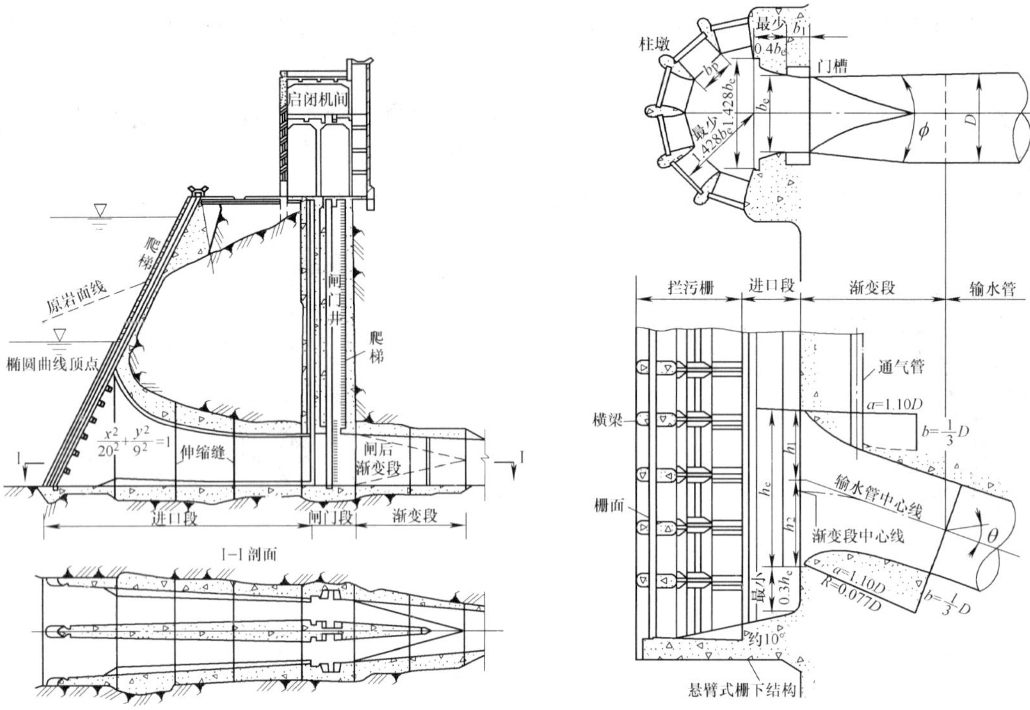

(a)　　　　(b)

图 2-20　拦污栅布置

电站进水口采用此种形式，运行良好，见图 2-21、图 2-22。

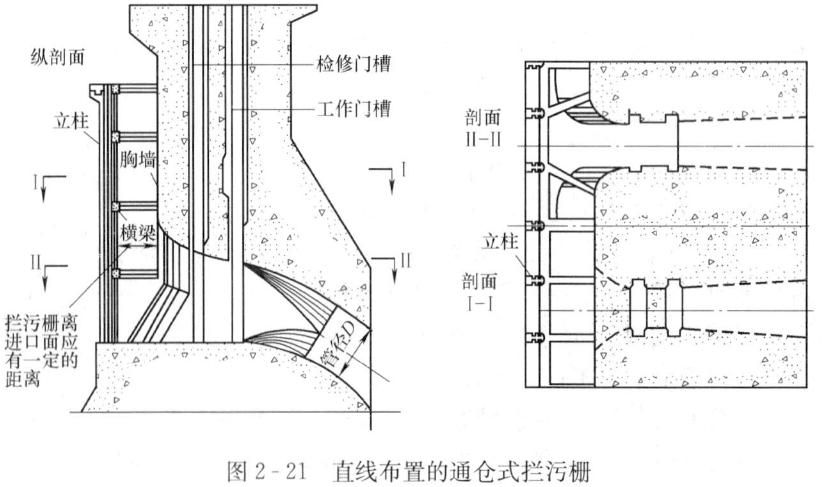

图 2-21　直线布置的通仓式拦污栅

(2) 构造。拦污栅由若干块栅片组成，栅片放置在支承结构的栅槽中，通常采用潜孔式分段竖直滑动栅，检修时可一片一片地提至检修平台。

栅片由扁钢或钢筋制成，四周用角钢或槽钢焊成边框，栅条上下端焊在边框上，沿高度每隔一定距离设置一道带有槽口的横隔板，以支承固定栅条，加强稳定。栅条背水一边嵌入横隔板的槽口中并加焊，每块栅片顶部设吊环，用于提升栅片。每块栅片的宽度一般不超过

图 2-22　龙羊峡水电站通仓式拦污栅实例

2.5m，高度不超过 4.5m，宽度为 100～200mm。

支承结构一般为金属框架或钢筋混凝土结构，见图 2-20 和图 2-23。

2.4.1.3　拦污栅的水头损失

拦污栅应有足够的过水断面面积，从而保证平均过栅流速不超过 0.8～1.2m/s，否则将加大过栅水头损失和清污困难。通常是先选定过栅流速，再依据水电站引用流量确定拦污栅的总面积，并用式（2-4）计算拦污栅水头损失，即

$$\Delta h = \beta\left(\frac{s}{b}\right)^{4/3}\frac{v^2}{2g}\sin\varphi \qquad (2-4)$$

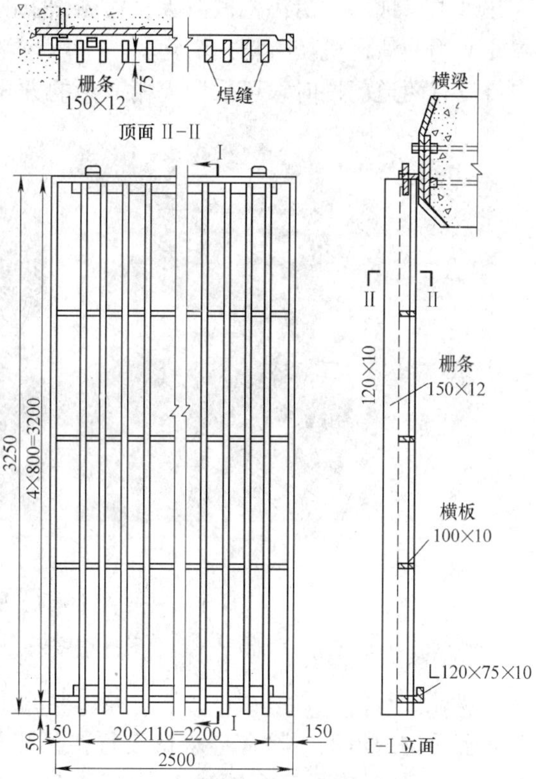

图 2-23　栅片构造（单位：mm）

式中　s——栅条厚度，mm，一般为 6～12mm；

b——栅条净距，mm，取决于水轮机型号和尺寸，一般轴流式水轮机 $b \approx D_1/20$，混流式水轮机 $b \approx D_1/30$，冲击式水轮机 $b \approx d/5$；

D_1——水轮机转轮标称直径，mm；

d——喷嘴直径，mm；

v——过栅平均流速，m/s，指扣除立柱、横梁等支承结构后按净面积（不扣除栅条面积）所算得的流速，初估时，可按拦污栅孔口面积的 75%～80%考虑；

φ——拦污栅面与水平面之间的倾角；

β——栅条断面形状系数，查表 2-1。

表 2-1　　**栅条形状系数 β**

栅条形状	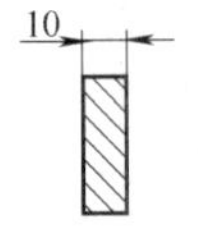	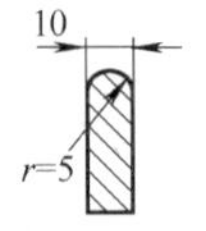	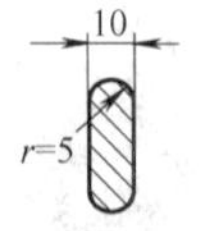	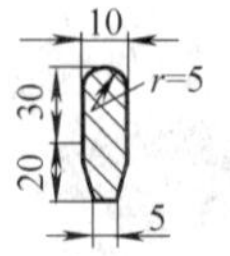	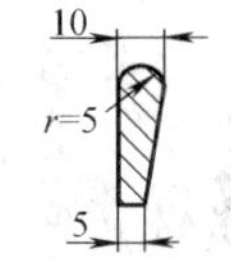	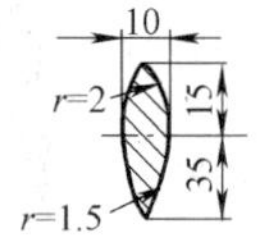	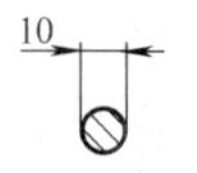
β值	2.42	1.83	1.67	1.03	0.92	0.76	1.79

2.4.1.4　拦污栅的清污

进水口前的污物拦截和拦污栅的清污问题，直接关系到水电站的正常运行，要给予充分重视。国内外有关漂浮物堵塞进水口，压垮拦污栅，甚至造成水电站停机的事故屡见不鲜。例如，长江葛洲坝二江电厂 1982 年汛期初期运行时，由于拦污栅被堵塞不仅使拦污栅体受损，还由于拦污栅堵塞严重，流量骤减，迫使机组突然停机，影响系统运行，最终使武汉市电网解列，造成重大事故。

拦污栅的清污方式有人工清污和机械清污两种。人工清污是用齿耙扒掉拦污栅面上的污物，一般适用于水深不大（栅前水深一般不超过 4m）、倾斜布置的拦污栅；机械清污是使用装置在进水口顶部的清污机械清除拦污栅面上的污物，适用于大中型水电站拦污栅清污。目前主要使用的清污机械有耙式清污机、下压齿耙式清污机或回转式清污机，见图 2-24。当进水口设有两道门槽时，可采用提栅清污的方式。

(a)　　(b)

图 2-24　机械清污

(a) 抓斗往复式清污机；(b) 移动式液压清污抓斗

为保证及时清污，应在拦污栅上装设监测压差的报警器，以监视污物的堵塞情况。

在多污物河流上，除在进水口设置拦污栅外，还应在进水口前河（或水库）中设置拦（导）污排，如竹木排、金属浮筒、钢漂子和钢丝网水泥漂子等，以减轻拦污栅拦污压力。具体选用时，应根据河中污物种类和数量、坝前水流流态以及工程的重要性确定。

2.4.2　闸门及其启闭设备

为控制水流，进水口必须设置闸门。闸门可分为事故闸门（或工作闸门）和检修闸门。事故闸门的作用主要是当机组或引水道发生事故时紧急关闭，切断水流，以防事故扩大，因此要求在动水中迅速（2～3min）关闭。为减小启门力并避免闸门在开启的瞬间高速水流冲入引水道而引起振动，事故闸门在开启前应先打开充水阀向引水道充水，待闸门上下游水压基本平衡后，再在静水中开启。由于压力水管末端阀门及水轮机导水机构漏水，难以保证闸门上下游完全平压，因此要求事故闸门能在 3～5m 水压差下开启。事故闸门一般采用平板闸门，因其所占空间小，对坝式进水口尤为有利，对竖井式进水口仅少数工程采用弧形闸门。为保证事故闸门能及时启闭，通常每套事故闸门均配置一套启闭设备，如固定卷扬机或油压启闭机。事故闸门一般悬挂在进水口孔口之上，能自如吊出检修，其操作应尽可能自动化。

工作闸门也称主要闸门，其作用是调整进水口引用流量，常兼作事故闸门，因而要求能动水下闸、静水起闸，避免动水中快速开启闸门。

检修闸门设在事故闸门之前，其作用是在事故闸门及其门槽检修时用于堵水，检修闸门的启、闭均在静水中进行。此种闸门一般采用平板闸门，小型进水口也可采用叠梁闸门，通常几个进水口合用一套。检修闸门平时放置在储门库内或锁定在闸室顶部的检修门槽上方，启闭设备通常按一台设备多门应用原则，采用移动门机或台车。

进水口装设何种闸门，应由进水口形式、功能、规模和后接引水道类型、长度及管道末端是否装有闸阀，以及对进水口下游建筑物的保护要求而定。例如，坝式进水口应设置检修闸门和事故闸门或者检修闸门和工作闸门；塔式、竖井式、岸坡式进水口，当压力管道末端设有主阀或厂内设有筒阀时，进水口可设置事故闸门一道，否则应设检修闸门和事故闸门各一道；河床式水电站进水口：轴流式机组进水口应设置检修闸门和事故闸门，检修闸门是否与拦污栅共槽，应通过技术经济比较确定；灯泡贯流式机组，当厂房尾水设有事故闸门时，进水口应设置检修闸门，见图 2-25。

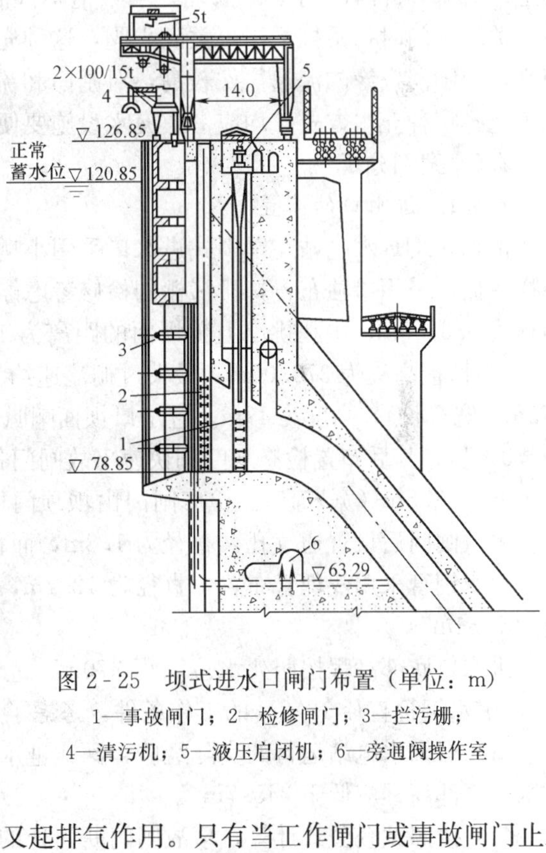

图 2-25 坝式进水口闸门布置（单位：m）
1—事故闸门；2—检修闸门；3—拦污栅；
4—清污机；5—液压启闭机；6—旁通阀操作室

2.4.3 通气孔与充水阀

有压进水口应在事故闸门（或工作闸门）门槽下游侧设置通气孔。通气孔的作用是在关闭闸门时向引水管道输入空气，以填补流走水量形成的空间，防止引水管道发生真空时失稳；而当引水道充水时，它又起排气作用。只有当工作闸门或事故闸门止水设在闸门的上游侧，才可以利用闸门井充分补气，而且闸后流道流速较低时，可经水工模型试验论证，不设通气孔。为充分发挥通气孔的作用，通气孔下方开口应布置在紧靠工作闸门或事故闸门门槽下游侧的流道顶板上，上方出口应通向室外，与闸门操作室分开，出口处应加设栅网。整体布置进水口通气孔上口应高于上游最高库水位，独立布置进水口通气孔应通至塔顶高程，并应避开人员活动区和设备场地，以保障人身和设备的安全，见图 2-26。

图 2-26　通气孔布置实例

通气孔面积可按闸门后引水道面积的 4%～9%选取。若通气孔喷水造成的危害较大，宜取较大的通气孔面积。

为平衡闸门上、下游的水压差和机组运行的需要，有压管道在启门前应先行向管道内充水。充水的方式有三种：①利用埋在闸墩中的旁通管道充水，因其充水历时较长，而且结构与操作都比较复杂，大多已不再采用。②通过设在闸门上的阀门充水，就是在平板工作闸门（含事故闸门）或检修闸门上设一个小阀门，利用吊杆启闭，开启时先将吊杆提升一小段距离，打开小阀向管道内充水，此时闸门本体未动。当水道全部满水平压后，再继续提升吊杆方开启闸门本体。关闭闸门时，吊杆下压可关闭小阀，这种充水方式应用较多。③提升闸门由闸门下缝隙充水，但闸门底缘的流速往往较高，对闸门和流道不利，因此此法适用于水头不高的工程。无论选择哪种充水方式，均应考虑充水设施要便于操作、检查和维修。

2.5　案例分析

2.5.1　进水口的布置

例如，XJB 水电站左岸坝式进水口采用小喇叭口的单进水口，每台机组进水口只设置一道拦污栅，采用单独布置，拦污栅的检修考虑停机时进行。进水口前支承拦污栅的牛腿顶部高程为 336.00m，牛腿挑出上游坝面的距离为 10m。拦污栅尺寸为 6 孔 4.2m×34m（宽×高），封栅板高程为 370.00m，最大过栅流速约为 1.05m/s。拦污栅墩的平面尺寸为 1.6m×3.5m（宽×长），高度为 47m。进水口坝面喇叭口的高度与宽度分别为 20.5m 和 13.6m（约为1.5：1），其后布置检修闸门和快速事故闸门各一道，尺寸分别为 10m×15.5m（宽×高）和 10m×13.5m（宽×高）。检修闸门由坝顶门机启闭，快速事故闸门由坝顶液压启闭机启闭。事故闸门后设置通气孔，直径为 1.8m，面积为 5.1m^2，约为引水钢管面积的 4.4%。

引水钢管采用浅埋管布置，直径为 12.2m，钢管最大引用流量为 893m^3/s，最大过水流速为 7.64m/s。

进水口底部高程按照死水位高程 370m、进水口事故闸门孔口尺寸 10m×13.5m（宽×高）、引水钢管直径 12.2m 的工作条件，考虑了以下两方面：

（1）根据水电站运行的实际经验，深式进水口安全的淹没深度应大于 0.8 倍闸门高度，进水口底部高程应低于 345.7m。

（2）按照戈登公式计算，事故闸门断面处的最小淹没深度为 10.43m，进水口底部高程应低于 346.07m，而在钢管进口断面处的底部高程应低于 343.00m。

根据以上分析，最后确定进水口高程为 342.00m。由于进水口高程较高，进口段的布置空间较小，进水口建筑物的布置非常紧凑，进水口两道闸门和渐变段之间可以调整的位置很小，因此将渐变段与钢管上弯段接合在一起布置。经过上弯段后，钢管斜管段中心线与坝体下游坝面线重合，即斜管段的倾斜角度为 53.13°，然后经过下弯段、下平段、伸缩节与蜗壳延伸段相接，下平段钢管的中心线与机组安装高程相同为261.00m，见图2-6。为保证水电站进水口的“门前清”，在厂房左侧升船机上闸首附近设置了冲沙孔。

右岸地下式厂房引水建筑物采用岸式进水口，进水口距离大坝坝头约250m。2～4号机组是先期发电机组，发电水位为354.00m，进水口底板高程均为321.50m，进水口的建基面高程为318.00m，进水口塔顶高程为383.00m，与坝顶同高，进水口塔高65.00m，由公路连接进水口与坝顶交通。引水渠高程为316.50m，宽度约为148m，渠道两侧岸坡以17°的角度将渠道扩宽。

2.5.2 进水口形式选择

根据进水口位置的地形、地质条件，XJB水电站地下式厂房的进水口形式比较了岸塔式和竖井式两种形式。

（1）岸塔式进水口。岸塔式进水口布置在右岸坝头山体的上游侧，该地区大范围的地形为陡崖地形，地形险峻。高程300～400m范围内的地基岩石大都为中粗至粗粒砂岩，岩石完整性好且强度高，基础处理简单，地形、地质条件很适合布置岸塔式进水口，见图2-27。

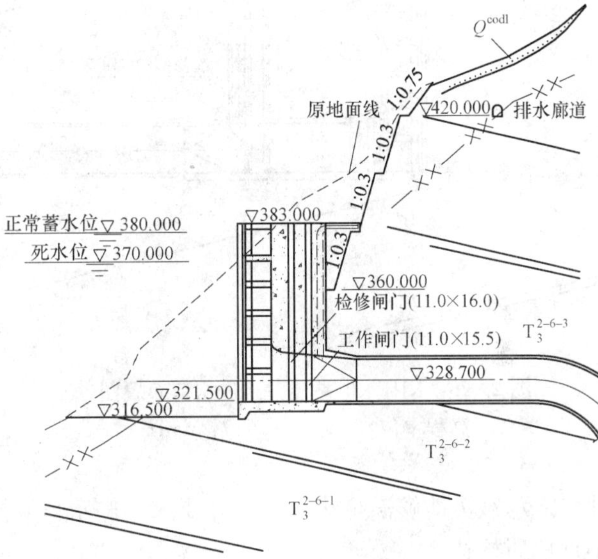

图2-27 XJB水电站右岸岸塔式进水口布置图

（高程单位：m；尺寸单位：mm）

（2）竖井式进水口。根据工程特点，竖井式进水口采取了两个方案，方案一的进水口拦污栅位置与岸塔式进水口相同；方案二结合竖井式进水口的特点，进水口位置与岸塔式进水口位置相比，做了一些旋转和前移，见图2-28。

与岸塔式进水口相比，竖井式进水口方案一存在着以下一些不足：

1）该地下式厂房采用的机组单机容量巨大，额定引用流量达到893m^3/s，为了满足进水口过栅流速小于1.0～1.2m/s的限制条件，拦污栅的面积相应很大，必须和岸塔式进水口一样，设置拦污栅排架，隧洞进口断面的跨度也相应较大。

2）进水口的闸门井高度超过60m，该地区山体的卸荷裂隙影响范围有75～100m深，进口隧洞段和闸门井上部的边坡开挖大部分位于卸荷裂隙影响范围内。岸塔式进水口则挖除了大部分卸荷裂隙影响的岩体，为了保证进水口的安全运行，竖井式进水口岸坡的处理要求比岸塔式进水口相对要高，支护工程量相对要大一些。

3）由于4号机组段的进水口与厂房之间的距离近，进水口几乎没有前后调整的活动余地，因此采用竖井式进水口，引水隧洞布置非常困难。

竖井式进水口方案二的位置和方向调整到与地形自然边坡的走向一致，减少了进口的明挖工程量，同时将闸门井置于较坚固完整的岩体内。与岸塔式进水口的位置相比，竖井式进水口方案二中1、2号机组段的进水口需要前移，而3、4号机组段的进水口需要后靠。这种

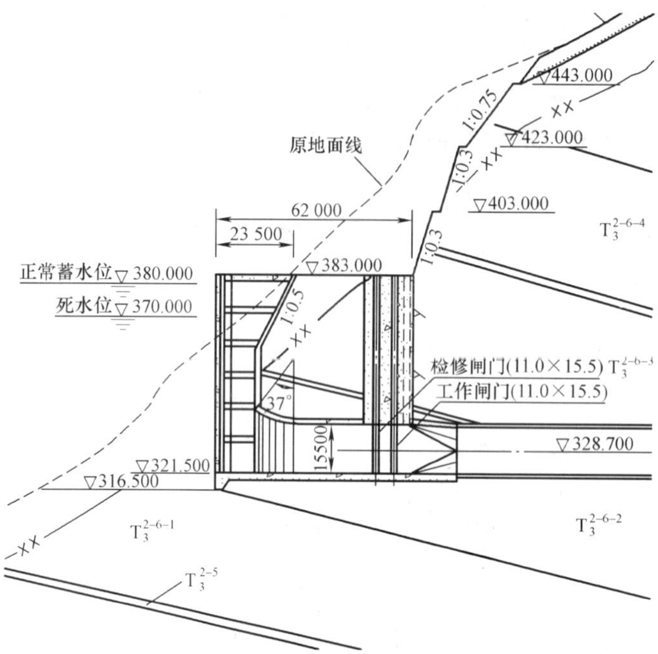

图 2-28　XJB 水电站竖井式进水口布置图
（高程单位：m；尺寸单位：mm）

布置方式，明挖工程量略有减少，洞挖工程量略有增加，边坡高度与岸塔式进水口的边坡高度基本相同。但进水口的方向与河床坝体泄洪水流方向夹角约为−10°，背向水流方向，由于进水口距泄水建筑物较近，因此在汛期泄洪时进水口引水明显不畅，流态不好；同时还加长了1号机组（引水线路最长的机组）的引水线路长度，布置上不如岸塔式进水口灵活。

综上所述，进水口形式采用岸塔式。

2.5.3　进水口结构布置

进水口建筑物基础大部分位于新鲜和微风化的巨厚层 T_3^{2-6-2} 砂岩上，小部分置于弱风化 T_3^{2-6-2} 砂岩上。岩基致密坚硬，完整性好，承载力能够满足建筑物设计要求。进水口开挖区没有断层和大的软弱夹层、变形体等不良地质构造。

进水口所处山坡的自然坡走向约为105°，大坝建成后河床坝体泄洪水流方向几乎为正东。为保证引水顺畅，避免在进水口区产生立轴旋涡等不良流态，在进水口离泄水建筑物较近的条件下，确定进水口塔楼的长轴方向为NE80°，进水口的迎水面与河床坝体泄洪水流方向有大约10°的外偏角，与地形的自然坡走向有20°～25°的夹角。

进水口塔楼建筑物总长148m，沿水流方向塔宽31m，由右至左一字形并排布置了4个进水口，分别对应于地下厂房1～4号机组。进水口塔楼顺水流方向布置有拦污栅、喇叭段、闸门段及渐变段，段长分别为12、7、6、17m，总长42m。渐变段的一部分埋在山体内，与引水隧洞相连。4个进水口的长度分别为38.00、36.00、36.00、38.00m。

为防止进水口前水域出现立轴旋涡，根据戈登公式，进水口最小淹没深度为11.25～14.3m，该水电站先期发电的最低运行水位为354.00m，同时结合排沙洞的布置，最终确定的进口底高程为321.50m，实际淹没深度为16.50m。当运行水位为死水位为370.00m时，实际淹没深度为32.5m。

拦污栅采用平面直立式，4个进水口的拦污栅相互独立呈一字形布置，由塔顶门机的悬臂副小车吊运，采用机械清污。每台机组的进水口设6孔4.4m×34m（宽×高）的拦污栅，顶部封栅板高程为355.500m，过栅毛流速小于1m/s。拦污栅中墩厚1.6m，边墩厚2.8m和0.8m（机组之间）。拦污栅墩之间以及拦污栅墩与主塔体之间用隔墙和纵横向支承梁联系，以增强拦污栅的整体刚度，见图2-29。

闸门段布置有检修闸门和事故闸门各一道，平板检修闸门孔口尺寸为11.00m×16.00m

（宽×高），快速事故闸门孔口尺寸为11.00m×15.50m（宽×高）；两道闸门均为下游止水，检修闸门由塔顶门机操作，事故闸门由液压启闭机操作。通气孔为两个直径为2.3m的钢管，布置在进水塔下游墙体内。通气孔的面积为8.31m²，约为引水隧洞面积的5%。

为保证右岸地下式厂房进水口的“门前清”，在进水口下方布置有排沙洞，排沙洞由进口闸门段、支洞段、主洞段、工作闸门段和明流出口段组成。进口分别设在1、2号机组进水口和3、4号机组进水口之间，进口高程与引水渠底高程同为316.50m。排沙洞进口布置有检修闸门和事故闸门各一道，闸门处的孔口尺寸均为3.0m×4.0m（宽×高），闸门后的支洞直径为3.6m，两条支洞汇合后主洞的直径为5.0m，并向左侧弯转，从地下式厂房与大坝之间引出，出口布置在尾水平台附近。

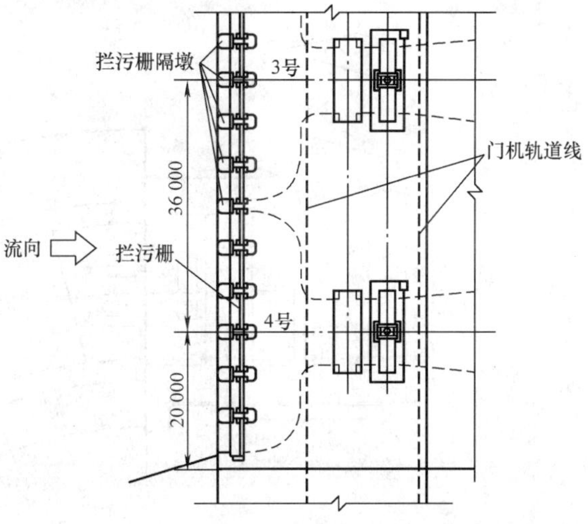

图2-29 XJB水电站进水口拦污栅布置图
（单位：mm）

学习任务二 开敞式进水口的选型与布置

开敞式进水口适用于无压引水式水电站，其特点是进水口范围内的水流为无压流，进水口后常接无压引水建筑物，故又称无压进水口。无压进水口上游无大水库，以引进表层清水为主，因而其防沙、防污等问题均较突出。

开敞式进水口根据枢纽组成可分为无坝取水和有坝取水两种。在河流上不建挡水建筑物，在河道天然水位、流量的条件下直接取水的方式称为无坝取水，由于其只能引用河道流量的一部分，不能充分利用河流资源，因此较少被采用。在河流上建造低坝或水闸，抬高水位方便取水的方式称为有坝取水，由于其引用流量占河道流量的比例较大，还可拦蓄一部分水量进行日调节，因此在开敞式进水口中应用广泛。下面仅介绍有坝开敞式进水口，见图2-30。

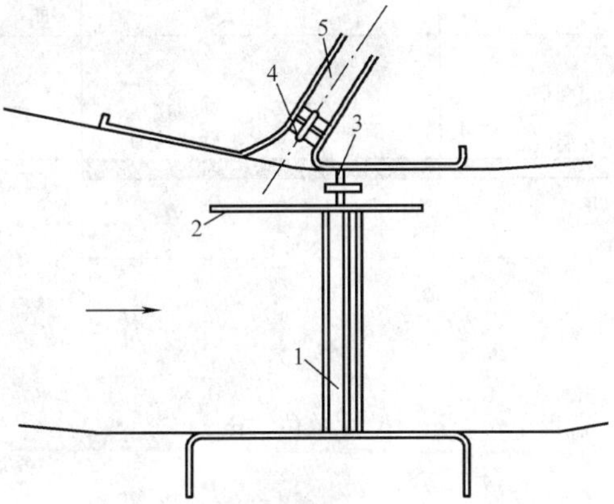

图2-30 有坝开敞式进水口
1—溢流坝；2—导流墙；3—冲沙闸；4—进水闸；5—水电站引水渠道

1 案例

承项目一中案例3，QFL无压引水式水电站枢纽总体平面布置和首部枢纽布置见图1-3和图1-17。该水电站引水发电系统由进水口、引水渠道、前池、压力钢管和河岸式厂房组成，其进水口平面布置图和纵剖面图见图2-31和图2-32。

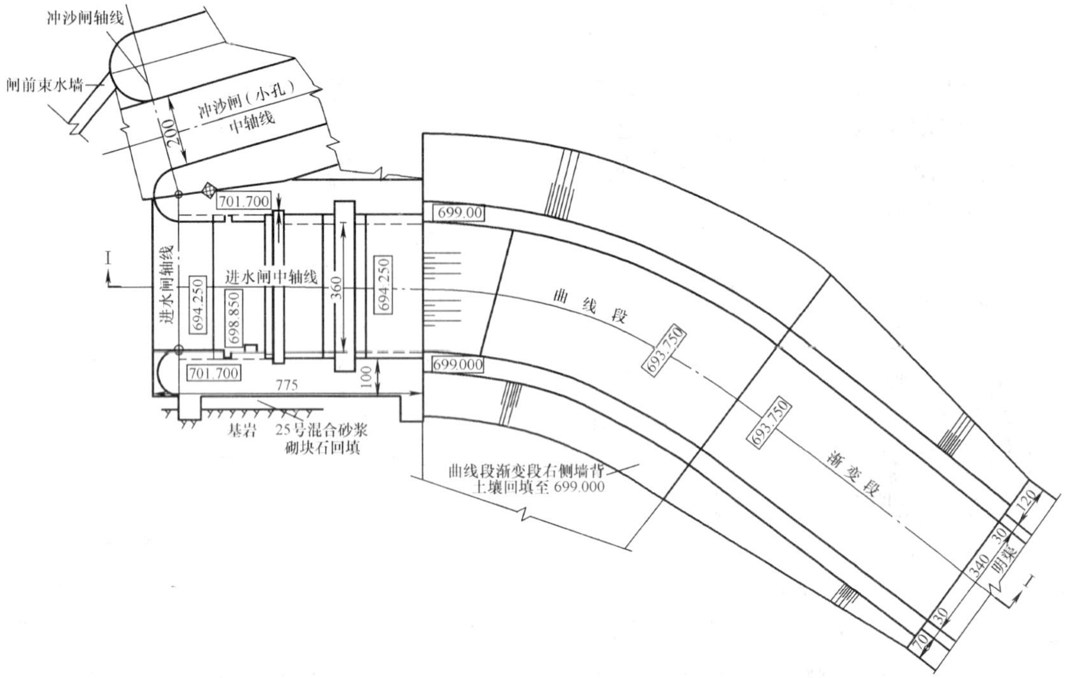

图 2-31　QFL 水电站开敞式进水口平面布置图

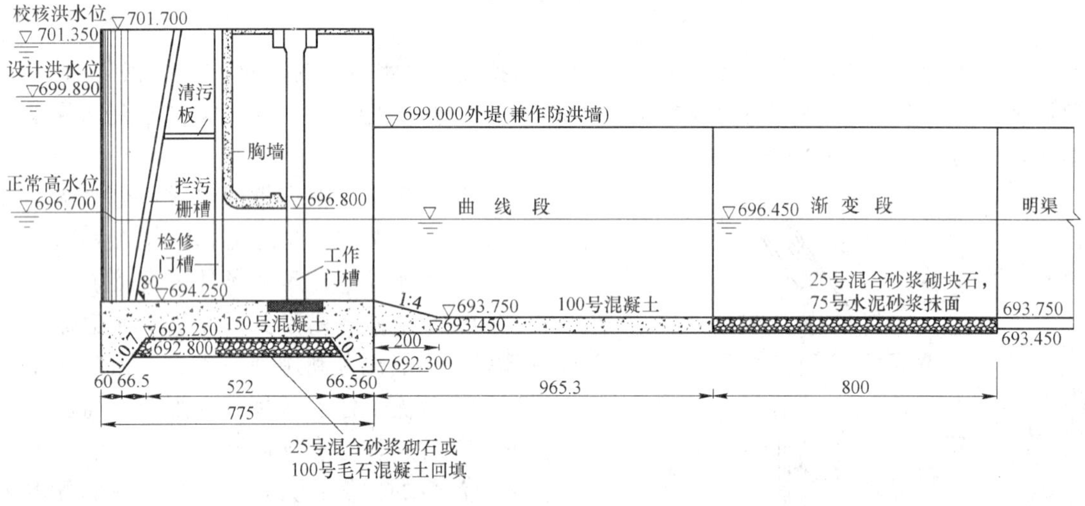

图 2-32　QFL 水电站进水口纵剖面图（高程单位：m；尺寸单位：mm）

2　分析讨论

2.1　开敞式进水口的布置

开敞式进水口一般采用低坝引水，河中流速仍较大，特别是洪水期，流量大、流速大，水流携树木、树枝、草根、泥沙等直达进水口前，从防沙和避免回流引起漂浮物堆积方面考虑，其位置宜选在弯曲河段的凹岸，最有利的位置为弯道顶点的下游附近。对于平面形态规则的弯道，苏联的杜立涅夫曾通过试验和分析得出最有利的进水口位置，见图 2-33，其计算公式为

$$L=KB\sqrt{\frac{4R}{B}+1} \tag{2-5}$$

式中 L——进水口至弯道起点之间的距离，m；

R——弯道河槽中心线的弯曲半径，m；

K——系数，一般取0.6～1.0；

B——弯曲河槽宽度，m。

在实际地貌中，完全符合图2-33的天然弯道（等半径弯道）比较少见，泥沙淤积又多在行洪期，因此，布置进水口时应根据当地洪水期河水流态、已形成的冲淤平衡状态等因素进行研究确定。当受地形条件限制，不能将进水口布置在凹岸而必须布置在凸岸时，应将进水口布置在凸岸中点偏上游处，是因为此处环流作用弱，泥沙较少。必要时，还可在河流对岸设丁坝，将主流逼向凸岸，人为改变环流形态，以利于引水。此外，从地质条件方面考虑，应选择河床稳定、河岸基础密实、较坚固的河段，尽量避开高边坡开挖和处理的地段。

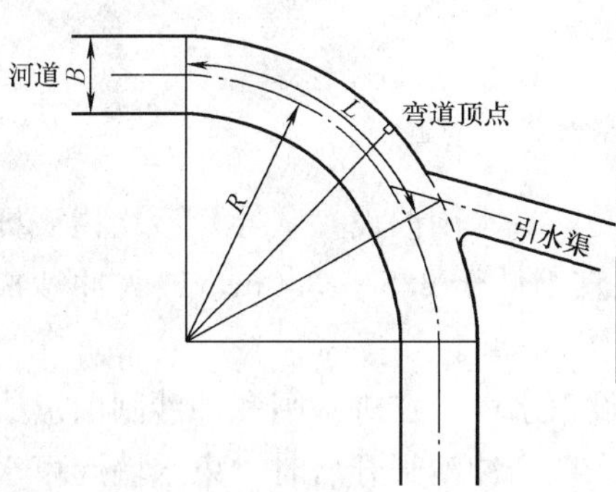

图2-33 弯道进水口位置

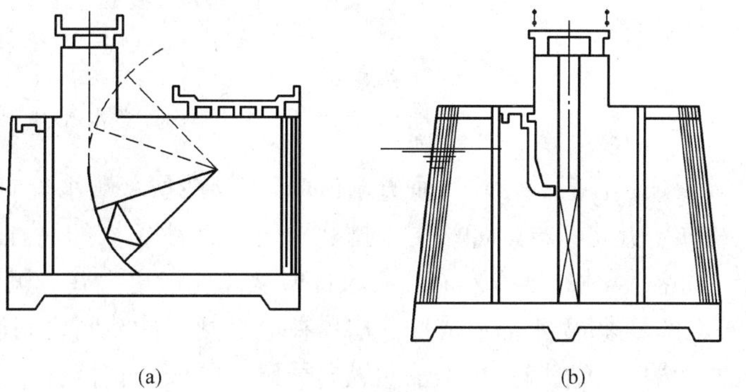

图2-34 进水闸类型

(a) 开敞式进水闸；(b) 胸墙式进水闸

2.2 开敞式进水口建筑物组成及其防沙措施

有坝开敞式进水口一般由拦河低坝（或拦河闸）、进水闸、冲沙闸、沉沙池等组成。

在工程实际中，开敞式进水口的挡水建筑物通常采用水闸（开敞式或带胸墙的水闸，见图2-34）或重力式低坝。

防沙问题是我国水电站经常遇到的很重要而又困难的问题，无压进水口防沙问题尤甚。河流中的泥沙主要分成悬移质、推移质两大类，总结国内已建工程成功的经验，防沙措施主要依据拦导、排放、沉冲三条防沙原则设计：

拦导——阻拦泥沙进入进水口，并导离进水口。

排放——将进水口前淤积的泥沙排往下游。

沉冲——将越过进水口的泥沙沉淀在沉沙池内，将沉沙池内的泥沙导出并冲往坝的下游河道。进水口的防沙措施应根据泥沙的特性和工程要求，因地制宜选用。

通常的工程措施包括：

(1) 合理选择枢纽位置。整个枢纽布置应依照开敞式进水口的特点，合理地利用有利地形，促使水、沙分离，以便引水防沙，并尽量维持原河势。

(2) 合理设置冲沙闸。根据国内已建低水头引水式水电站防沙经验，在进水闸旁布置冲沙闸，冲沙闸的轴线方向应力求与河道主流方向一致。正面冲沙、侧面进水，是一种典型的、防沙效果显著的布置方式。利用水流中泥沙不同粒径运动规律，冲沙闸底板高程应低于进水闸底板高程，通常两者的高差不小于 1m，冲沙闸底板高程宜低于泄洪闸底板高程或与其同高，见图 2-35。

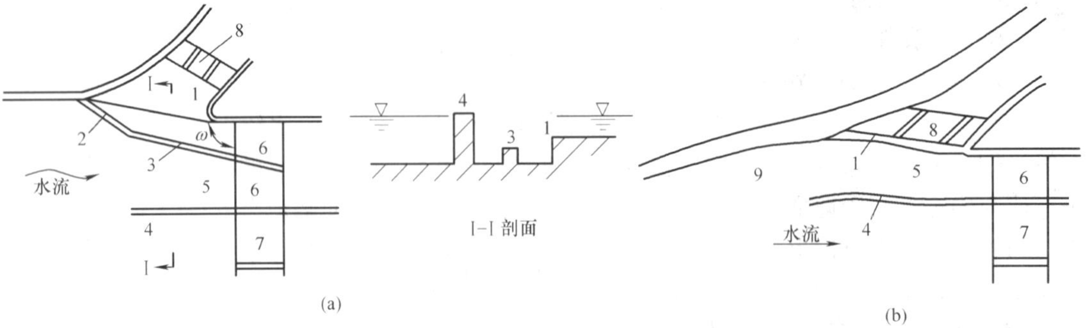

图 2-35　进水口及其防沙设施示意图

(a) 布置形式一；(b) 布置形式二

1—拦沙坎；2—导沙丁坎；3—导沙顺坎；4—束水墙；5—冲沙槽；6—冲沙闸；7—泄洪闸；8—进水闸；9—天然或人工弯道

(3) 设置拦沙坎（垂直水流向）、导沙坎（顺水流向）。进水闸前设拦（导）沙坎拦截推移质，并将其导向冲沙闸，排往下游。拦沙底坎的高度宜不低于 2.5 ～3.0m，或为冲沙槽内冲沙水深的 50%左右，有条件时坎高应取更大些，见图 2-35。

(4) 设束水墙形成冲沙槽。在泄洪闸与冲沙闸之间设束水墙，在进水闸和冲沙闸前形成冲沙槽。束水墙宜与施工期纵向导墙（围堰）相接合，汛期当冲沙闸开启时，束水墙起束水攻沙作用；当冲沙闸关闭时，则在进水口前形成一定程度的静水区，以减少底沙进入。束水墙墙顶高程不宜低于冲沙水位，长度宜超过或接近进水口前拦沙坎的长度，其平面上可根据枢纽的具体情况，布置成直线、圆弧或直线—曲线形，见图 2-35。

(5) 设冲沙廊道。在进水闸底板中设置冲沙廊道排除进水口前淤积的泥沙，廊道中的泥沙流速应达到 4～6m/s。

(6) 设沉沙池。多泥沙河流上的开敞式进水口的防沙措施，在布置上宜采用两道防线，第一道防线以防推移质为主，拦、排结合，立足于排，诸种措施如前所述。第二道防线以治理越过第一道防线的悬移质为主，沉、冲结合，及时冲沙。通常是在进水闸后流态较稳定的引渠段适宜位置设置沉沙池。

沉沙池设计的基本原理是：加大沉沙池的过流断面，减小水流速度及挟沙能力，使有害泥沙（一般是指粒径大于 0.25mm 的泥沙）沉淀在沉沙池内，并及时冲向下游，而将清水引入水道。

沉沙池池身设计要点包括拟定池身过水断面、长度、排沙设施及结构设计。过水断面取决于池中水流的平均流速，平均流速视水电站机组设备要求的设计沉淀泥沙的粒径大小而定。当泥沙粒径小于 0.25mm 时，可取 0.20m/s；当泥沙粒径大于 0.25mm 且小于 0.4mm 时，取 0.25～0.5m/s。池身长度与有害泥沙粒径沉降速度有关，如池长不足，则有害泥沙尚未下沉到池底已流出沉沙池，达不到沉淀的效果；沉沙池过长则造成浪费。沉沙池的长度及过水断面可采用规范推荐的相关经验公式计算确定，如果必要还应经过模型试验验证。池末引渠底坎应高于池底高程，不小于1.5～2.0m，并且高于排沙孔顶部高程。

沉积于沉沙池的泥沙需要排除，在工程实际中沉沙池除沙的方法有连续冲沙与定期冲沙两大类。采用连续冲沙的沉沙池底部设有冲沙廊道，冲沙廊道顶板（即沉沙池底板）中设有倾斜进沙孔，池中逐渐下沉的泥沙经这些进沙孔落入下部冲沙廊道，源源不断排往原河道，上层清水则流入后接引渠。这种排沙方式的优点是冲沙的同时不影响发电引水；缺点是水中携带的小树枝、草根等容易堵塞进沙孔，因此在沉沙池的进口处要设比较密的拦污栅，见图2-36。采用定期冲沙的沉沙池可以采用水力冲沙，也可采用机械排沙。如采用水力冲沙，则当泥沙沉积到一定深度时，先关闭沉沙池进口闸门，用冲沙廊道将池水放空，然后再稍开进口闸门，利用闸底的射流将泥沙冲走；如采用机械排沙，则当池水放空后，采用挖泥船等机械排除泥沙，见图2-37。定期冲沙的缺点是冲沙时机组需停止运行，为不影响水电站的发电，可采用多室式沉沙池，各室轮流冲沙。

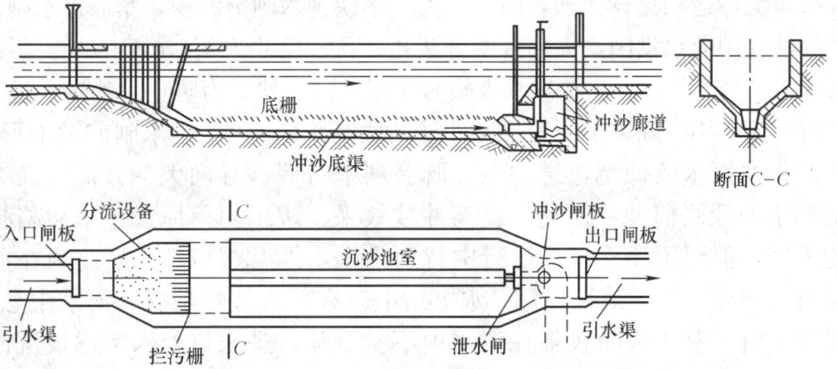

图2-36 连续冲沙的沉沙池

图2-37 映秀湾水电站沉沙池挖泥船排沙

沉沙池设计的关键之一：使池中水流流速均匀分布，以提高沉沙效果，避免出现泥沙只在局部区域沉积，而大量有害泥沙却在高速区通过沉沙池进入后接引渠。为此，可在沉沙池入口设置分流墙或隔栅。

在图1-3所示的QFL无压引水式水电站案例中，水电站所在河流文锦江为山区河流，河床比降大，枯水流量小，洪水暴涨暴落，为便于在枯水期能全部引用河道流量，首部枢纽采用了拦河筑低坝无压式进水口取水，引水发电系统位于右岸。坝址处岩基多为厚层砂岩夹薄层页岩，坝址上下游则为厚层页岩夹薄层砂岩；河谷在坝址处较狭窄（宽70m），上下游则较开阔（宽130m）。在右岸取水口以上，由于页岩节理、裂隙发育，岩石破碎，风化强烈，加之受上游大涡漩水流的影响，造成河流弯曲凹向右岸，形成一个大环流区，取水口便很好地利用了这一弯道水流特性加以布置。

无压进水口靠右岸岸边布置在河流弯道凹岸末端，与河流流向夹角约为16°，为一孔带胸墙式进水闸，设计流量为14.5m^3/s，孔口尺寸为3.6m×2.55m，采用平板钢闸门、15t电动螺杆式启闭机。在工程实际中，当上游水位变幅较大时，常采用带胸墙的开敞式进水闸，以减小闸门及工作桥高度，增加闸室刚度，降低造价，见图2-32和图2-34（b）。由于文锦江推移质泥沙运动比较强烈，因此，为了不使进水闸前淤积，紧靠进水闸左侧布置两孔结构简单的冲沙闸兼泄洪闸，大冲沙闸分两孔，孔口尺寸为5.0m×4.0m，小冲沙闸为一孔，孔口尺寸为2.0m×4.2m，在洪水来临时开闸泄洪冲沙。为防止底沙进入进水闸，充分利用河道横向环流作用，除进水闸底坎比冲沙闸底高1.5m外，进水闸前设Γ形拦沙底坎，小冲沙闸上游设左束水墙伸至弯道中点，既有利于将底沙导向大冲沙闸，又有利于提高紧邻进水闸的小冲沙闸前冲沙流速，提高冲沙效果。进水闸前原设一道粗格拦污栅，以阻止漂浮物入闸，但因不便管理，运行中特别是洪水期常被压坏，后改为在前池入口处设置两道粗格拦污栅防污，效果很好。水电站上游有矿区炼焦洗煤，河水中悬移质严重，根据实地考察了解，鉴于煤粉较细在流水中不易沉淀，进水口处未考虑设沉沙池。后因运行中渠道淤积较严重，为此在渠道沿线增设了4座冲沙闸，较好地解决了入渠悬移质造成的淤积与泥沙磨损问题。

项目三　输水建筑物选型与布置

项目概述

水电站输水建筑物包括水电站引水、平水建筑物及压力管道。通过该项目内容的学习，要求学生明确动力渠道的类型、适用条件及特点，了解渠线选择原则、渠道断面形式及护面类型，了解压力前池的作用、组成及其布置形式，掌握前池各组成部分的构造及设计要求；掌握前池特征水位、高程确定，了解调压室的作用、要求及基本布置方式，掌握调压室的基本类型及其特点、适用条件，了解压力管道的作用、特点、分类，了解压力管道的结构形式与适用条件，了解压力管道线路选择原则，掌握压力管道布置方式，了解明钢管经济直径确定方法，掌握管身构造及附件组成，了解岔管的作用、特点及结构形式，掌握压力水管镇墩、支墩的作用、结构形式，从而达到可以正确分析解决渠道、压力前池设计中常见的问题，学会结合地质和地形条件进行渠道、压力前池的选型、布置、方案比较，以及尺寸拟定等初步设计工作；能正确判断调压室布置类型和调压室结构形式；同时，还应能正确分析解决压力管道布置设计中常见的问题，进行管线选择、布置，识读压力管道构造图，以及正确判断明钢管镇墩、支墩的结构形式，进行受力和可靠性条件分析等。

学习任务一　输水道方案选择

1　案例

如前所述，QFL 水电站为山区中水头水电站，因为天然河道比降大，流域内雨量丰沛，枯水流量稳定，在下游河段内筑高坝库容小，库区泥沙易淤积，施工技术难度较大等因素，所以采用了无压引水式水电站形式。如此不仅可减小工程量，降低施工难度，而且占用耕地不多，开挖渠道 4～5km 即可得落差 35m。水电站主要工程包括首部枢纽、引水建筑物及厂区枢纽三大部分。

2　分析讨论

2.1　引水建筑物的功用与设计要求

2.1.1　引水建筑物的功用

水电站引水建筑物的功用是集中落差，形成水头，将水流输送到水电站厂房，然后将发电后的水流（称为尾水）排到原河道。根据水流状态的不同，可将引水道分为无压引水道和有压引水道两大类。

无压引水道的特点是渠水具有自由水面，引水道承受的水压不大，适用于无压引水式水电站，河道或水库的水位变化不大的情况。在结构形式上，无压引水道最常用的是渠道和无压隧洞。为了避免深挖高填，渠道常沿山坡等高线布置，但是受地形及地质条件制约，其长度和开挖工程量较大。为了保证渠堤稳定、渠床不发生渗漏和泥沙淤积，在渠道运行期间需要经常对其进行维护、修理。但由于这种引水方式是在地表施工，因此比较方便，中小型水电站常采用渠道引水，通常情况下，要根据地形、地质条件和工程量等比较选定。

某些特殊情况下，如崎岖的山坡等，难以沿着不规则的等高线布置引水道，则对较深的峡谷可采用渡槽越过，对较浅的峡谷用倒虹吸穿越，对山岭用无压隧洞穿过。

有压引水道的特点是引水道内为压力流，承受一定的内水压力，一般适用于有压引水式水电站、河道或水库水位变幅较大的情况。有压隧洞是最常用的结构形式，它可以利用岩体承受内水压力和防止渗漏。在特殊情况下，有压引水道可采用压力管道。

在图 1-3 所示的案例中，综合考虑 QFL 水电站的形式、地形、地质、水文、施工等方面的因素，引水建筑物选用明渠；但由于部分地段地质条件不够理想，需针对这一部分的明渠采取一定的保护措施，即将明渠改为无压隧洞或暗渠。因此，QFL 水电站的引水建筑物最终是由明渠、无压隧洞及暗渠组成。

2.1.2　引水建筑物设计要求

进行引水建筑物结构设计时，应满足以下条件：

（1）有足够的输水能力。当水电站负荷发生变化时，机组的引用流量也随之变化，必须按水电站的最大引用流量 Q_{max} 设计。

（2）水质符合发电要求。为防止有害污物、漂浮物、悬浮物和泥沙进入引水建筑物，应根据当地影响水质的因素，在渠道进口、沿线及渠末采取拦污、防沙、排沙措施。

（3）运行安全可靠。应尽可能地减小输水过程中的水量和水头损失，因此引水建筑物要有防冲、防淤、防渗漏、防水生杂草、防凌等功能。

（4）从形式、线路选择和布置、经济合理的断面和比降、过水部分的护砌、防渗漏和较方便的维护管理条件等方面综合考虑，选择合理经济的引水建筑物，并应方便于施工和运行维修。

2.2　引水渠道的类型及水力特性

水电站的无压引水渠道又称为动力渠道。典型的动力渠道根据其水力特性，可分为自动调节渠道和非自动调节渠道。

2.2.1　自动调节渠道

这种渠道的渠顶高程沿渠道全长不变，而且高出渠内可能的最高水位，渠道断面向下游逐渐加大，渠末压力前池处不设泄水建筑物，如图 3-1 所示。

当水电站的引用流量为零时，渠末水位与渠首水位齐平，渠道不会发生漫堤和弃水现象。当水电站引用流量等于设计流量时，渠道内水流为恒定均匀流，水面线与渠底比降一致（即水面线与渠底平行）；当水电站引用流量小于渠道设计流量时，水流为恒定非均匀流，渠道内出现壅水曲线，引用流量越小，渠道内水位越高；反之，当水电站引用流量大于渠道设计流量时，渠道内为降水曲线。

这种渠道在最高水位和最低水位之间有一定的容积，在断面和糙率已定的条件下，当发电需要流量减小或增大时，渠内水面壅水或降水，水力比降减小或增大。由此可见，渠中流量是通过渠中水深 h 和水力坡降 J 的相应变化来自动调节的，而不是依靠渠首闸门的开度来控制的，故称为自动调节渠道。在引用流量较小时，渠末能保持较高的水位，因而可获得较

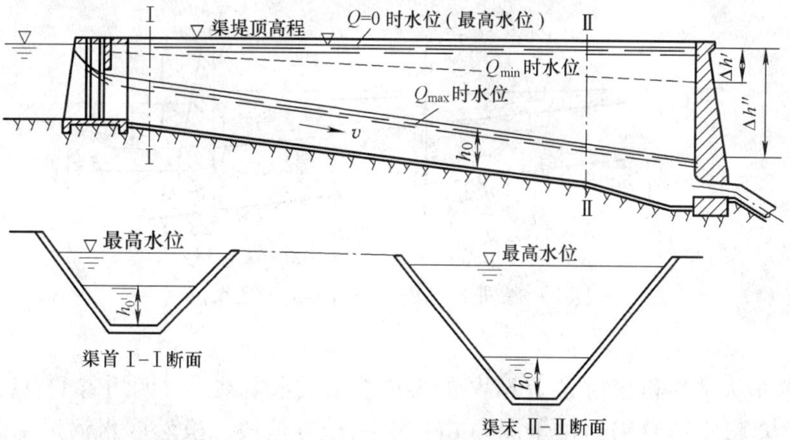

图 3-1 自动调节渠道

高的水头；但渠道顶部高程沿程不变，渠道工程量较大，因此，仅适用于引渠比较短的情况。

2.2.2 非自动调节渠道

渠堤顶大致平行渠底，渠道断面沿途基本不变，在渠道末端设有泄水建筑物（多为溢流堰），如图 3-2 所示。

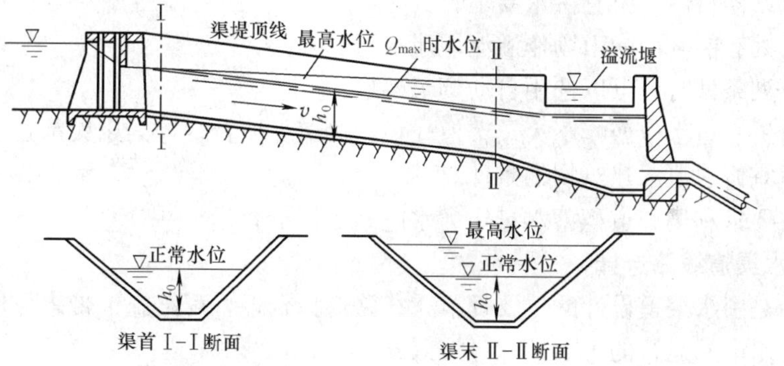

图 3-2 非自动调节渠道

当水电站的引用流量等于渠道设计流量时，水流处于均匀流状态，水面线平行于渠底线，渠内为正常水深，渠末压力前池水位应略低于堰顶（3～5cm）；当水电站引用流量小于渠道设计流量时，渠末水位升高，水面线为壅水曲线，水位超过堰顶，多余流量开始溢出；当水电站引用流量为零时，通过渠道的全部流量从溢流堰和泄水道泄向下游原河道，见图 3-3。为减少无益弃水，应根据水电站负荷的变化，依靠控制设置在渠首的闸门开度来调节入渠流量，故称为非自动调节渠道。这种形式的渠道，由于其过水断面的水力要素不变，因此当渠道较长、底坡较陡时，工程量比较小。溢流堰可限制渠末的水位，并将超过堰顶的水流排入原河道或下游用水点，以保证向下游供水。

S 省蒲阳河 SB 水电站，地处平原丘陵区，设计水头为 10.5m，装机容量为 2×50MW，机组引用流量为 2×60.95m^3/s，引水渠道总长 1106.4m，底宽 10.2m，边坡为 1∶1，底坡为 1/3000。对自动调节渠道和非自动调节渠道做了方案比较后认为：自动调节渠道方案从投资和占地等方面均优于非自动调节渠道方案，且可增加电能效益，因此选择了自动调节渠

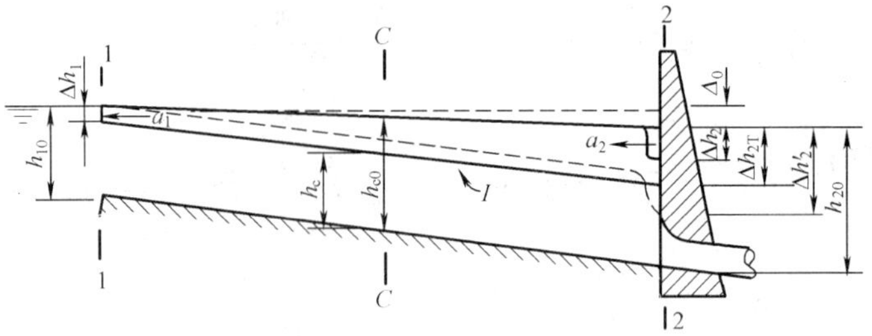

图 3-3　非自动调节渠道渠末最低水位

道方案。

我国规模最大的装机容量为 18MW 的渠道引水式水电站——四川省 DXG 水电站，其引水渠道长度为 373.26m，渠道位于深 50m 左右的挖方地段。虽然取水河道嘉陵江的水位变幅大，但渠道短，河道上的枢纽工程具有良好的调节控制能力，因此采用了自动调节渠道。

对于 QFL 水电站而言，由于文锦江为山区河流，坡降较陡，从进水口至厂房整个渠线长 4.5km，当水电站停机（尾水渠中无水泄入下游河道）时，需向下游的西山乡供水，保证原河道中的水量能满足下游的生活、生产用水需求，因此选择了非自动调节渠道。

由以上三个水电站的渠道选型实例可知，当符合下列条件时，应选择非自动调节渠道：

(1) 渠线长、坡降陡的山区河流。

(2) 水电站停机后下游有供水要求。

(3) 前池处有能利用的山坳作溢流堰泄水道。

当符合下列条件时，可以选用自动调节渠道：

(1) 渠道进水口水位变幅不大，渠道较短，渠道纵坡较缓，渠床大都处于挖方体内。

(2) 无适宜修建泄水建筑物的条件。

(3) 运行要求利用渠道积蓄水量作为水电站的调节容量。

2.3　引水渠道线路选择

线路选择是引水渠道设计的重要环节，线路选择合理，可给施工带来方便，减少维护管理费用，提高水电站运行的可靠性和经济效益。

线路选择总是根据确定的进水口位置、引水高程和水电站厂房位置进行的，选择时沿线的地质和地形条件是基本依据，一般应选择在渠床岩体稳定性较好、渗透性和风化较弱的区域。在满足集中落差的前提下，应做到以下几点：

(1) 线路尽量短而直，以减小水头损失，降低造价。

(2) 大致沿等高线布置，避免深挖高填，做到挖填平衡；对于农灌和发电结合的引水渠道，渠中水位还应兼顾灌溉需要。

(3) 线路应选择在地质较好的地段，避免与现有建筑物交叉干扰。

此外，还应注意，在下列情况下不宜选择无压引水渠道（明渠）方案：

(1) 山坡过陡或山体不稳定，可能发生滑坡、塌方滚石、泥石流的地段。

(2) 有可能发生雪崩的部位。

(3) 气候严寒，冰冻期较长，渠中水流有冰冻的可能。

在遇到以上问题时，需要采用专门的工程措施，如在某些特殊的地段将明渠改为暗渠或无压隧洞。

对于 QFL 水电站引水渠道线路的选择，最初在设计时考虑了沿文锦江左岸开挖和右岸山体开挖两种方案：

(1) 沿左岸开挖，将使渠道跨过两条大冲沟，增长线路，同时也增加渠道建筑物规模，还要两次穿过崇万公路，渠道开挖对公路干扰大，且左岸下游无较理想的厂址。

(2) 沿右岸山体开挖，渠道全线无断层等地质构造，下游岸坡宽阔平坦，有适宜厂区枢纽布置的地形条件，渠道施工、运行对当地居民生活干扰小，还可满足灌溉需要。

经过对以上两方案的技术经济比较，选择了沿右岸山体开挖引水渠道线路的方案。但是，右岸山体却普遍存在着第四纪松散堆积物。尤其部分地段岩层破碎、陡峻且地下水活跃，沿线山体崩塌、滑坡比较严重，尤其是河弯段突出的地段。针对这一情况，QFL 水电站在以上地段采取了下述必要的工程措施：

桩号 0＋140～0＋720 段为陡岩（沙页岩），工程艰巨，挖方量大，特别是 0＋400～0＋500 段为滑坡地带，故将明渠改为暗渠。

桩号 2＋320～4＋600 段，引水渠道线路下方有西山堰灌溉渠平行前进，施工期干扰大，并且此段山坡上有大量砾岩岩堆，施工困难，为此研究了明渠和隧洞两种方案，具体参数见表 3-1。

表 3-1　明渠和隧洞两种方案比较

比较项目	方案Ⅰ（明渠）	方案Ⅱ（隧洞）	说明
渠道线路总长度（m）	2280	1102	指比较段
明渠段长度（m）	2170	240	
隧洞长度（m）		862	
渡槽总长度（m）	100		两座
明挖土石方（m^3）	110 748	13 088	
洞挖石方（m^3）		9655	
渡槽钢筋混凝土（m^3）	260		
钢筋（t）	32		
浆砌块石（m^3）	6590	1887	
混凝土（m^3）	20	2272	
造价（万元）	79.84	56.1	明渠方案多 23.74 万元
施工条件	明渠工作面宽，施工容易	隧洞施工难，技术性强	
其他条件	占地多，施工期与西山堰干扰大，还要破坏部分民房	建成后运行费少，少两座渡槽、一座涵洞和若干人行桥等	明渠段除渡槽外其余建筑物未计算工程量及投资
地质条件	覆盖土夹大量砾岩岩堆	砂页岩及砾岩	

从表3-1可看出，方案Ⅱ（隧洞）明显优越于方案Ⅰ（明渠），因此，最终选择了无压隧洞方案。

又如1988年建成的四川省CP水电站，规划阶段引水渠全长5432.44m，其中包括一段长1040m的隧洞，是以明渠为主的引水方式。后在实际施工中，为避开不良地质条件和泥石流，将原明渠为主的方案改成了以隧洞为主的明渠和隧洞相结合的方式。

实践表明，由于渠道断面要素将随地形、地质及施工条件的不同而发生变化，因此实际工程中纯典型的渠道很少，通常情况下，水电站引水渠道均采用明渠—隧洞（或明渠—暗渠）相结合的方式。

2.4 引水渠道的断面形式和尺寸

2.4.1 渠道的断面形式

水电站引水渠道一般按设计渠顶高程和比降盘山修建，沿线的地形和地质条件不同，其断面形状也多种多样，如梯形、矩形等，其中以梯形最为常见。渠道边坡坡度取决于地质条件及衬砌的情况，在岩基上多采用窄深式矩形断面，土基上一般采用宽浅式的梯形断面。在选择断面形式时，除应尽力满足水力最佳断面外，同时还要考虑施工、技术方面的要求，确定合理实用断面，具体来说可参照以下条件进行选择：

（1）地面坡降陡且起伏大、地下水位低的山丘地区，采用窄深式断面。

（2）地势平坦、地下水位高、基土冻胀性较强，以及有综合利用要求的渠道，采用宽浅式断面。

（3）易受洪水、泥石流等危害，以及穿越村镇、工矿区的渠道，采用埋在地下的城门洞形、箱形暗渠断面。

另外，按建筑条件不同，渠道又可分为挖方渠道和半挖方渠道，如图3-4所示。

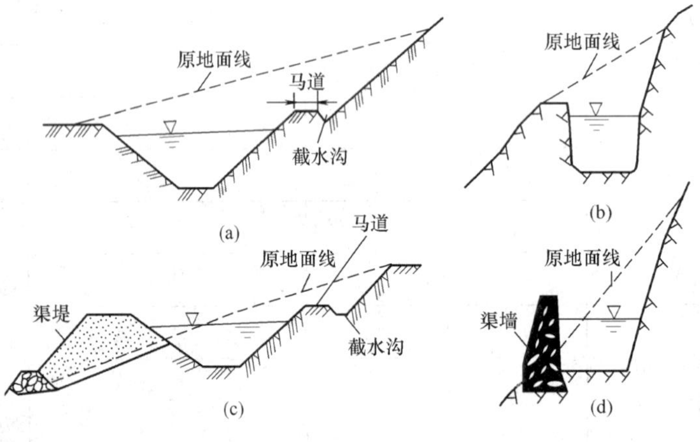

图3-4　引水渠道断面形式

(a)、(b) 挖方渠道；(c)、(d) 半挖方渠道

渠道断面高度等于最大水深加安全超高，渠道堤顶宽度和超高可参考表3-2确定。若渠道顶部有交通要求，应视需要而定。渠道边坡可根据土质条件、开挖深度或填筑高度确定，边坡系数可参考表3-3而定。

表 3-2　　渠道超高和顶宽

流量（m^3/s）	50～10	10～5	5～2	2～0.5	<0.5
渠顶超高（m）	1.0～0.6	0.45	0.40	0.30	0.20
渠堤顶宽（m）	2～1.5	1.5～1.25	1.25～1.0	1.0～0.8	0.8～0.5

表 3-3　　渠道断面边坡系数

土壤种类	$m=\cot\psi$		土壤种类	$m=\cot\psi$	
	水下	水上		水下	水上
粉砂	3～3.5	2.5	黏壤土、黄土、黏土	1.25～1.5	0.5～0.75
细砂、中砂和粗砂			卵石和砾石	1.25～1.5	1.0
（1）疏松和中等密实的	2.0～2.5	2.0	半岩性的抗水性土壤	0.5～1.0	0.5
（2）密实的	1.5～2.0	1.5	风化岩石	0.25～0.5	0.25
沙壤土	1.5～2.5	1.5	未风化岩石	0.1～0.25	0

2.4.2　渠道护面及断面尺寸

为减少渠道的渗漏损失，加强渠道的稳定性，减小渠道的糙率，降低水头损失以及防止渠中长草和穴居动物对渠道的破坏，通常在渠道的表面用各种材料做成保护层（即渠道护面）。根据所用材料不同，护面有混凝土护面、砌石护面、砾石护面、黏土护面和灰土护面、沥青材料护面、塑料薄膜护面等不同类型，如图 3-5 所示。

(a)

(b)

图 3-5　砌石护面

（a）干砌石；（b）浆砌石

我国动力渠道大多采用混凝土或浆砌石护面，少数未衬砌渠道大多运行效果不良。例如，2010 年 5 月 15 日，C 市东风渠龙泉段突然溃堤，周围几百亩农田被淹，农田中正处于生长期的葡萄和处于成熟期的枇杷受损严重。后经分析发现，堤坝所在区域有很多老鼠、螃蟹和白蚁，它们常在未做护面的土质堤坝上到处打洞，形成了密如网状的洞穴，加上汛期渠中涨水，就造成了东风渠管涌，以致溃堤。除安全问题外，渗漏问题、冲刷破坏、糙率增大等均不同程度地影响着不衬砌渠道。

确定渠道断面尺寸，首先要满足防冲、防淤、防草等技术条件，拟定几个可能的方案，经过动能经济比较，选出最优方案。经过动能经济计算后，得到的渠道断面 F_e 称为经济断面。

工程实践表明，渠道的经济流速 v_e 大致为 1.5～2.0m/s，则根据 $F_e = Q_{max}/v_e$，粗略估算渠道断面尺寸时，上述经验数据可作为参考。

QFL 水电站渠道全长 3258m，沿文锦江右岸傍山开引，除暗渠为矩形断面外，明渠采用梯形断面，渠中水深 2.75m，最大设计流量为 14.5m^3/s，流速为 1.44m/s，比降为 1/2000；全部采用浆砌块（卵）石衬砌，M7.5 水泥砂浆抹面，以防止渗漏，基本糙率采用 0.017。

学习任务二　压力前池选型与布置

1　案例

承 QFL 水电站案例。

2　分析讨论

引水渠道的末端，将渠底加深，渠道断面尺寸扩大，形成一水池，以便平稳水流和布置压力管道的进水口，这一水池就称为压力前池。它是水电站无压引水建筑物与压力管道的连接建筑物，也是无压引水系统中的平水建筑物。

2.1　压力前池的功用、组成及布置方式

2.1.1　压力前池的作用

无压引水式水电站的引水道末端必须设置压力前池，其作用如下：

(1) 平稳水压、平衡水量。当机组负荷发生变化时，引用流量的改变使渠道中的水位产生波动，由于前池有较大的容积，因此可减小渠道水位波动的振幅，稳定发电水头；另外，还可起到暂时补充不足水量和容纳多余水量的作用，适应水轮机流量的改变。

(2) 均匀分配和调节流量。从渠道中引来的水经过压力前池能够均匀地分配给各压力管道，管道进口设有控制闸门。

(3) 宣泄多余水量。当水电站停机时，通过溢流道向下游供水。

(4) 再次拦截污物和泥沙。前池设有拦污栅、拦沙、排沙及防凌等设施，防止渠道中漂浮物、冰凌、有害泥沙进入压力管道，保证水轮机正常运行。

2.1.2　压力前池的建筑物组成及其作用

压力前池一般由前室、进水室及其设备、泄水建筑物、冲沙和排冰设施等组成，见图 3-6。

(1) 前室。前室由扩散段和池身组成，上连渠道，下接进水室，具有渐宽渐深的断面，形成一定的容积。设置平面和立面扩散段，其目的是降低水流速度，以保证水流平顺地进入进水室，减小水头损失，使泥沙在此沉积。池身的宽度和深度受进水室布置的高压管道进口的数量和尺寸控制。

(2) 进水室及其设备。进水室是水轮机管道的进水口，一般为墙式结构，担负拦污、排冰及控制输水流量的任务，因此设有拦污栅、检修闸门、工作闸门及其启闭设备和通气孔等。

(3) 泄水建筑物。当水电站以较小的流量工作或停机时，多余的水量由泄水建筑物溢出，防止前池水位漫过堤顶，并保证向下游供水。泄水建筑物一般包括溢流堰、陡槽和消能设施。溢流堰应紧靠前池布置，其形式可分为正堰和侧堰两种，堰顶一般不设闸门，水位超

过堰顶时，则自动溢流。

（4）冲沙和排冰设施。从引水渠道带来的泥沙将沉积在前室底部，因此在前室的最低处应设冲（排）沙设施，并在其末端设有控制闸门，以便定期将泥沙排至下游。

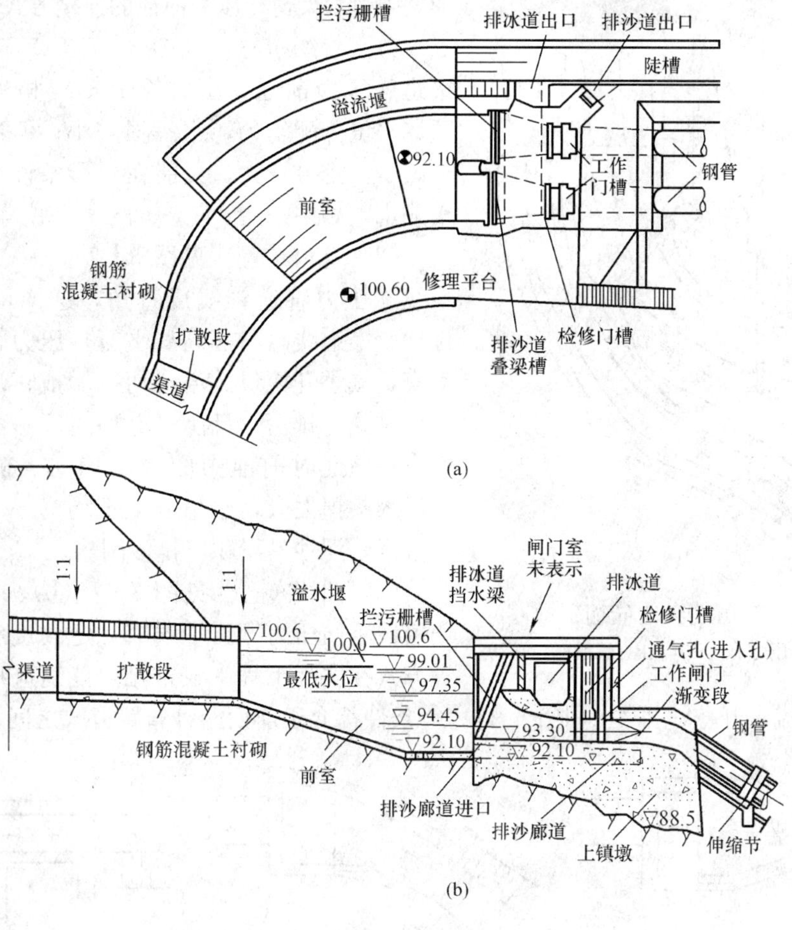

图 3-6　某水电站压力前池布置图（单位：m）

2.1.3　压力前池的位置选择与布置

2.1.3.1　位置选择

压力前池的布置应根据地形、地质和运行条件，结合整个引水系统及厂房布置进行全面和综合地考虑，力求做到前池的布置能引导和控制水流从引水渠道向压力管道平稳过渡和均匀配水，保证水电站正常运行和事故情况下的安全运行。一般应考虑以下因素：

（1）前池的整体布置应使水流平顺、水头损失最小，以提高水电站的出力和电能；应使渠道中心线与前池中心线平行或接近平行。

（2）前池应尽可能靠近厂房，以缩短压力管道的长度。前池中水流应均匀地向各条压力管道供水，使水流平顺，无旋涡发生。运行方面应力求清污、维护、管理方便，同时应使泄水不干扰厂房尾水。

（3）前池应建在稳定的天然地基挖方中，不应设置在填方或不稳定的地基上。一般情况下，应将前池设置在较陡峻的山坡顶上，尽量靠近厂房；但前池头部应退后陡坎 1～2m，以防由于池底板漏水引起所在位置山体滑坡和不均匀沉降导致前池及厂房建筑物的破坏。

2.1.3.2　布置方式

在工程实际中，压力前池通常有直线、直角和曲线等几种布置形式，见图3-7。每种布置形式中引水渠道与压力前池的连接方式，见图3-8。

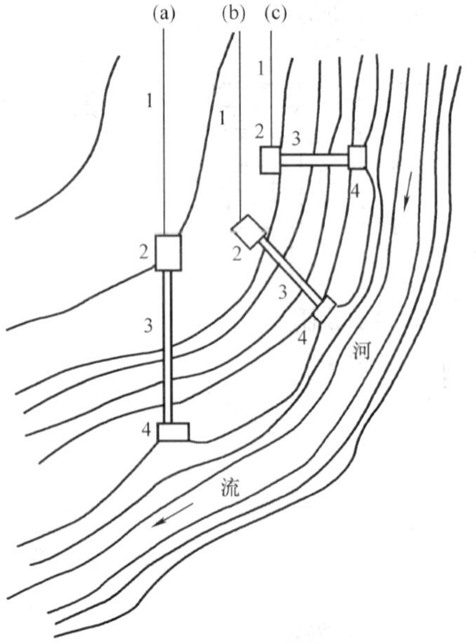

图3-7　压力前池布置图

1—渠道；2—压力前池；3—压力管道；4—厂房

(1) 直线布置。见图3-7 (a)、图3-8 (a)，渠道、压力前池、压力管道轴线相一致，水流平顺，水量分配均匀，水头损失小；但这种方式溢流较困难，挖方量大，只能在地形条件许可或渠道跌水式水电站中采用。

(2) 直角布置。见图3-7 (c)、图3-8 (c)，渠线与压力管道轴线成直角，这样可适应地形条件，使渠道线路与等高线平行，压力管道与等高线垂直，减小开挖量，溢流堰可做成正堰，有利于排水、排冰、排污，且泄水道远离厂房，不影响厂房安全；但此时前池中的水流偏向一侧，易形成旋涡，水头损失大，水量分配不均匀，转角处易形成死水区，泥沙易淤积，排沙困难。

(3) 曲线布置。见图3-7 (b)、图3-8 (b)，渠道线路与压力管道轴线成一定角度斜交。这种布置方式在实际工程中较常见，能适应地形、地质条件变化，水流、开挖、排沙、排水、排冰等条件都介于前面两种布置方式之间。

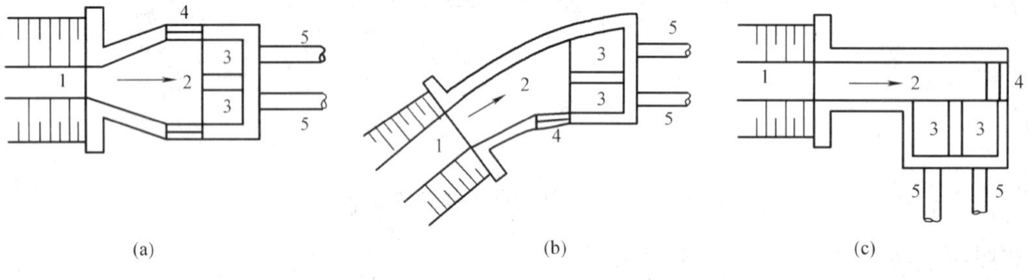

图3-8　压力前池平面布置图

1—引水渠；2—前室；3—进水室；4—溢流堰；5—压力管道

QFL水电站引水渠道平行等高线布置，而压力钢管垂直等高线布置，两者之间的衔接建筑物压力前池由前室、进水室、溢水道、放水底孔（兼冲沙底孔）四部分组成。为了减少前池挖方，减小水头损失，并保证有所需容积，根据地形将前室做成长带形，用渐变段与渠道相连，见图3-9。

2.2　压力前池构造、尺寸拟定及结构设计原则

2.2.1　压力前池各组成部分的构造和尺寸拟定

2.2.1.1　前室

前室是引水渠道末端与进水室之间的扩大加深部分（见图3-11），其主要作用是将渠道

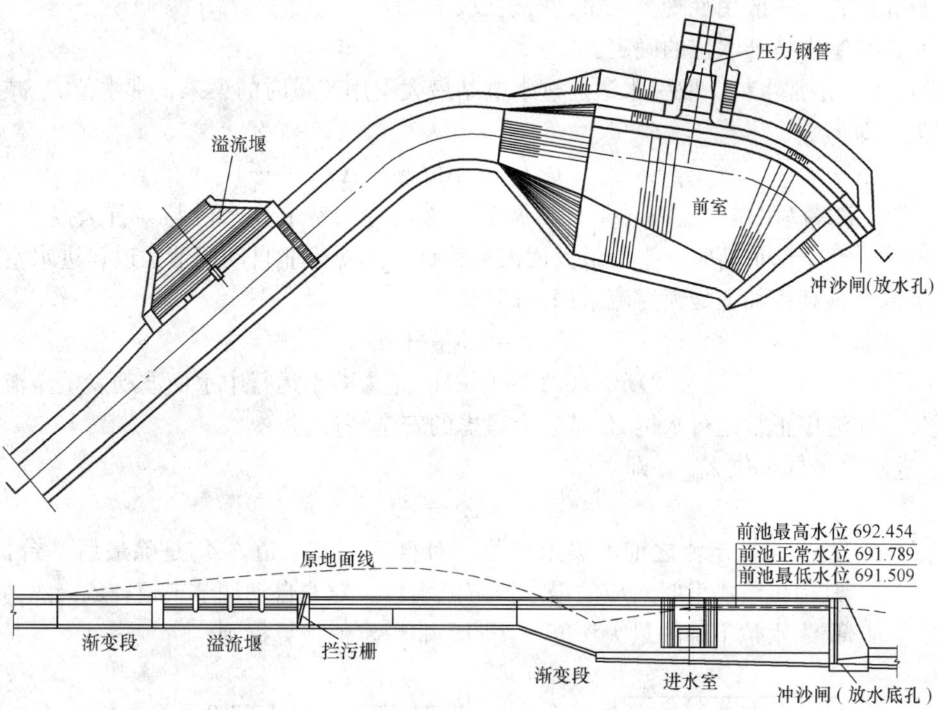

图 3-9　QFL 水电站压力前池布置图

断面过渡至进水室需要的宽度和深度。前室在平面上以 $\beta \leqslant 10° \sim 12°$ 的扩散角逐渐增加，β 不宜大于 10°，扩大后的宽度 $B=(1\sim1.5)B_{进}$。立面上以 1∶3～1∶5 的斜坡与前室底板连接。为便于沉沙、排沙，防止有害杂质进入进水室，在其末端设一水平段，且高程低于进水室底板 0.5～1.0m，以形成拦沙坎，扩大后的前室长度 $L=(2.5\sim3)B$。

当引水渠道较窄而前室较宽时，为减小池身的长度而不过分加大扩散角度，可在前室进口端设置分流墩，将前室扩散角加大到 $2\beta+\gamma$（γ 为分流墩夹角），见图 3-10（a）。当渠道线路与管轴线不一致时，为防止出现死水区，应在前室前加设导流墙，见图 3-10（b）。

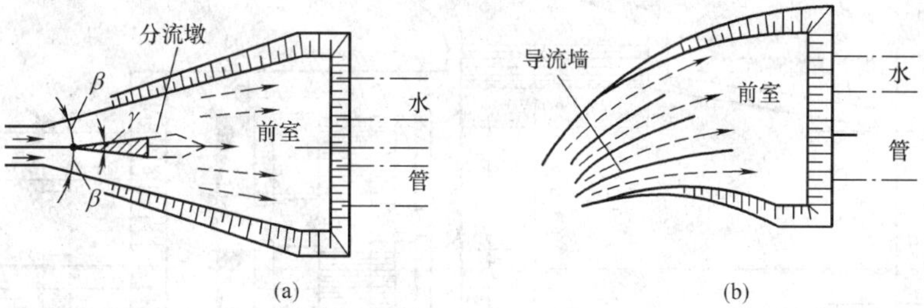

图 3-10　分流墩与导流墙

2.2.1.2　进水室

进水室是压力前池最主要的组成部分，是水轮机压力水管的进水口，当布置有两根以上的压力水管时，应以隔墩分成若干独立的进水室，每一进水室都设置拦污栅、检修闸门、工作闸门、通气孔、旁通管、工作桥和启闭设备等，工程中常采用的结构形式有压力式和开敞式两种，见图 3-6、图 3-11。进水室末端的压力墙既是前池的挡水墙，又常与压力管道进口镇墩合并设置，一般用混凝土或浆砌石筑成。

(1) 进水室中特征水位的确定。

1) 进水室正常水位。取引水道通过水电站最大引用流量时的渠末正常水位 Z_c 减去各种水头损失，即

$$Z_{进} = Z_c - (\Delta h_{进} + \Delta h_{门槽} + \Delta h_{栅} + \cdots) \tag{3-1}$$

2) 进水室最高水位 Z_{max}。对于自动调节渠道，进水室最高水位与渠首最高水位相同，或按水电站丢弃全部负荷时产生的最大涌浪高程计算。对于非自动调节渠道，进水室最高水位等于溢流堰顶高程加上最大溢流水深，即

$$Z_{max} = Z_{堰顶} + h_a \tag{3-2}$$

其中，$Z_{堰顶} = Z_c + (0.1 \sim 0.2)$m，$(0.1 \sim 0.2)$m 是为减小运行中水面波动发生溢流造成的流量损失，在池中正常运行水位 Z_c 基础上考虑的安全裕量。

3) 进水室最低水位 Z_{min}，即

$$Z_{min} = Z_0 - \Delta h_2 \tag{3-3}$$

式中　Z_0——发生非恒定流之前的渠末水位，对自动调节渠道，Z_0 是除最后一台机组外，其他机组满发时对应的渠末恒定流水位，对非自动调节渠道，$Z_0 = \Delta_{堰顶}$；

Δh_2——渠末水位下降的最大深度，按明渠非恒定流计算得到。

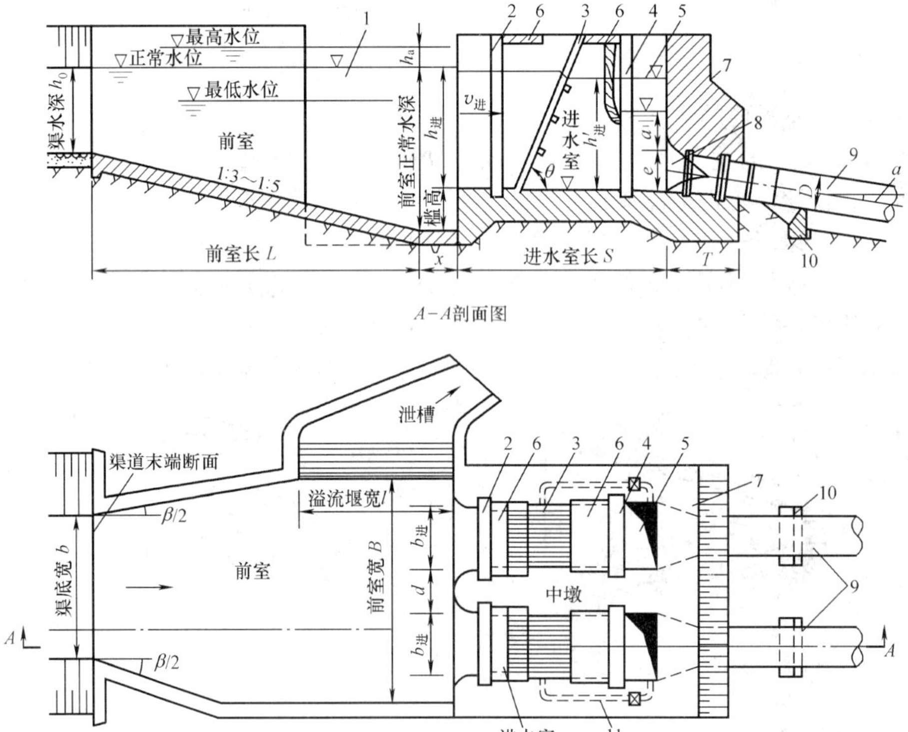

图 3-11　压力前池构造与尺寸

1—溢流堰；2—检修闸门；3—拦污栅；4—工作闸门；5—通气孔；6—工作桥；7—压力墙；8—压力管道进口；9—压力管道；10—支墩；11—旁通管

(2) 进水室各部分高程的确定。

1）压力管道顶部高程为

$$\Delta_{管顶} = Z_{min} - S \tag{3-4}$$

式中　S—— 最小淹没深度，m，参照式（2-1）（戈登公式）确定。

2）进水室底板高程为

$$\Delta_{管底} = Z_{min} - S - \frac{D}{\cos\alpha} \tag{3-5}$$

式中　D——压力管道直径，m；

α——压力管道轴线与水平线的倾角，（°）。

3）压力前池侧墙顶部高程为

$$Z_{墙顶} = Z_{max} + \delta \tag{3-6}$$

式中　δ——安全超高，可按表3-2查取，一般为0.3～0.5m。

（3）进水室尺寸拟定。

1）进水室宽度 B_J 与压力水管直径、根数及水电站的最大引用流量 Q_{max} 有关。单个进水室宽度 b_J 可按式（3-7）确定，即

$$b_J \geqslant \frac{Q_{max}}{v_J h_J n} \tag{3-7}$$

式中　v_J—— 拦污栅的允许过栅流速，一般不超过1.0～1.2m/s；

h_J——进水室入口水深；

n——进水室个数，与压力管道根数相同。

常取 $b_J = (1.5 \sim 1.8) D$。

若压力管道根数为 n，隔墩厚度为 d（若为浆砌石隔墩可取0.8～1.0m，混凝土隔墩可取0.5～0.6m），则进水室总宽度 B_J 为

$$B_J = nb_J + (n-1)d \tag{3-8}$$

2）进水室长度。进水室长度取决于拦污栅、检修闸门、工作闸门、通气孔、压力钢管入口渐变段等的布置需要。

2.2.1.3　泄水建筑物

泄水建筑物通常设在渠末或前池的侧墙上，有溢流堰和虹吸管两种形式。溢流堰的布置可为正堰或侧堰，下游布置泄水陡槽和消能设施，断面形状一般为流线形的实用堰。当前室最高水位确定后，所需溢流堰长度 L 为

$$L = \frac{Q_{max}}{M h_a^{3/2}} \tag{3-9}$$

式中　h_a——堰顶允许最大溢流水深，据规范统计，我国前池堰顶最大溢流水深 h_a=0.5～1m的占50%，h_a<0.5m的约占37.5%，h_a>1m的占12.5%；

M—— 溢流堰流量系数，对曲线形实用堰可取 M=1.7，对梯形实用堰可取 M=1.5。

2.2.1.4　冲沙和排冰设施

冲沙设施的布置形式以及冲沙方式、排沙量的大小，应考虑水源条件、泥沙特性以及运行方式等因素，合理确定。常见的冲沙设施有冲沙道和冲沙底孔两种。冲沙道可布置在前室的一侧或在进水室底板下做成廊道，其进口方向与管道进口方向相同，廊道的高度不小于0.6m；冲沙底孔常布置在前室一侧，孔口尺寸一般不小于1m²，冲沙流速通常为2～3m/s。冲沙孔有时也兼作前池的放水孔，当前池检修时用来放空积水。冲沙时，应尽量做到正面冲

沙，以保证冲沙效果。当受地形条件或其他条件限制无法采用正面冲沙时，可采用侧面冲沙，但此时宜设置导沙设施。冲沙道应配置控制闸门和启闭设备，闸门运行不应受淤沙影响。

在北方严寒地区，还应设置排冰道，以排除进入压力前池的冰凌。排冰道的底槛应在前池正常水位以下，并用叠梁门进行控制。排冰道多见于高、寒地区（如四川省甘孜、阿坝等地区）水电站中。

2.2.2 压力前池的主要设备

压力前池的主要设备有拦污栅、检修闸门、工作闸门、通气孔、旁通管、启闭设备和清污机等。以上设备的布置方式与进水口设备布置方式相同，在此不再赘述。

在图1-3所示的案例中，QFL水电站前池正常水位（溢流堰顶高程）为693.700m，前池长70m，底宽13m，总容积为5660m^3；进水室采用开敞式布置，为单个进水室，其底板高程为694.650m，进水室宽3.6m，边墙高6.55m，闸孔尺寸为2.0m×2.5m，为平板钢闸门，用20t电动卷扬机启闭，旁通阀设在进水室右边墩中，管径为0.25m。除进水室工作桥、启闭架等为钢筋混凝土外，其余均为浆砌块石。

为了供西山乡灌溉用水及放空前池进行检修，在前室末端设放水孔一处，兼作冲沙孔。该冲沙孔与前池中的水流流向一致，放空时低水位大流速夹沙效果好，运行实践表明，冲沙效果较好。

溢流堰采用侧堰，堰长16m，为真空剖面堰，堰顶最大水头为0.55m，选择布置在距前池进口约40m处的悬崖上，溢水直接泄入文锦江，见图3-9。

学习任务三　调压室选型与布置

1　案例

ZGD水电站是HS河干流规划的第二座梯级水电站，采用低闸引水式开发，闸址位于S省H县下游7.8km处的ZGD附近，厂址位于HY乡，闸、厂址相距8km。该水电站的开发任务主要是发电，无灌溉及漂木等要求。水库总库容为78.4万m^3，装机容量为84MW。该水电站主要工程包括首部枢纽、引水建筑物及厂区枢纽三大部分，其引水建筑物由压力隧洞、调压室和压力管道组成，见图3-12。

2　分析讨论

2.1　调压室的功用、要求及设置条件

2.1.1 调压室的功用

在较长的压力引水系统中，为了降低有压引水道的水击压力，满足机组调节保证计算的要求，常在压力引水道与压力管道衔接处建造具有自由水面的平水建筑物——调压室。

调压室利用扩大断面和自由水面反射水击波，将有压引水系统分成两段：上游段为压力引水道，下游段为压力管道。调压室的功用如下：

(1) 反射水击波。避免或减小压力管道传来的水击波进入压力引水道，从而降低了其设计标准，节省了引水道建设经费。

(2) 缩短了压力管道的长度，减小了压力管道及水轮机压力流道的水击压力，节省了高压管道建设费用和机组造价。

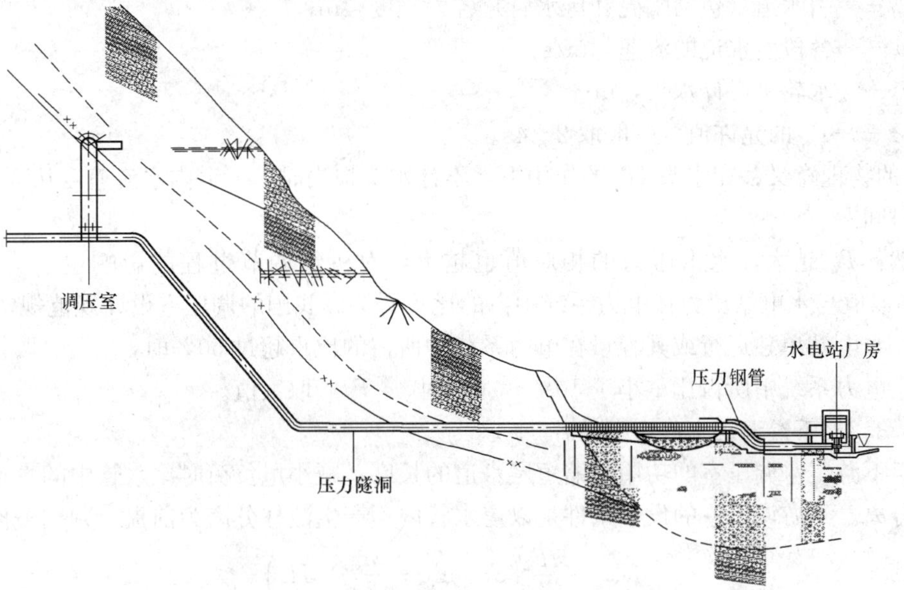

图 3-12　ZGD 水电站引水枢纽平面布置图

(3) 改善了机组在负荷变化时的运行条件及供电质量。

2.1.2　调压室的设置要求

根据调压室的功用，其设置应满足以下基本要求：

(1) 调压室应尽量靠近厂房，以缩短压力管道的长度。

(2) 调压室内水体应有自由表面和足够的底面积，以保证水击波的充分反射，避免穿室。

(3) 调压室的工作必须是稳定的。在负荷变化时，引水道及调压室水体的波动振幅小并迅速衰减，达到新的稳定状态。

(4) 正常运行时，水流经过调压室底部造成的水头损失要小。为此，调压室底部和压力管道连接处应具有较小的断面积。

(5) 结构安全可靠，施工简单方便，造价经济合理。

2.1.3　调压室的设置条件

调压室是改善有压引水系统和水电站运行条件的一种可靠措施，它可以布置在压力隧洞和管道之间，也可适应长尾水隧洞的需要而布置在厂房的下游长尾水隧洞中间。

调压室一般都设置在地下，尺寸较大，投资较高，工期长，特别是对于低水头水电站，调压室在整个引水系统造价中可能占相当大的比例。因此是否设置调压室，应在机组过流系统调节保证计算和机组运行条件分析的基础上，考虑水电站在电力系统中的作用、地形及地质条件、压力管道的布置等因素，进行技术经济比较后加以确定。

2.1.3.1　上游调压室的设置条件

作为是否设置上游调压室的近似判断条件，目前国内外倾向于用管道惯性时间（也可称为水流加速时间）T_w 来判断，即

$$T_w=\frac{\sum L_i v_i}{gH_p}\geqslant[T_w] \tag{3-10}$$

式中　L_i——引水道（包括蜗壳和尾水管）各段长度，m；

v_i——各段引水道的流速，m/s；

H_p——水轮机设计水头，m；

$[T_w]$——T_w 的允许值，一般取 2～4s。

T_w 的物理意义：在水头 H_p 的作用下，不计水头损失时，管道内水流速度从 0 增大到 v 所需的时间。

显然，T_w 越大，水击压力的相对值也越大，对机组调节过程的影响也越大。另外，$[T_w]$ 的取值与水电站出力在电力系统中占的比重有关。我国的调压室设计规范规定：

（1）水电站单独运行或其容量在电力系统中所占的比重超过 50%时，$[T_w]$ 取较小值。

（2）电力系统中所占比重小于 10%～20%时，$[T_w]$ 取大值。

2.1.3.2　下游调压室的设置条件

机组下游尾水调压室的功用是缩短尾水道的长度，减小甩负荷时尾水管中的真空度，防止水柱分离。下游调压室的设置条件是以尾水管内不产生液柱分离为前提，判别条件为

$$L_w > \frac{5T_s}{v_{w0}}\left(8 - \frac{\nabla}{900} - \frac{v_{wj}^2}{2g} - H_s\right) \tag{3-11}$$

式中　L_w——压力尾水道的长度，m；

T_s——水轮机导叶关闭时间，s；

v_{w0}——稳定运行时尾水管的流速，m/s；

v_{wj}——尾水管入口处的流速，m/s；

H_s——吸出高度，m；

∇——机组安装高程，m。

最终通过调节保证计算，当机组丢弃全部负荷时，尾水管内的最大真空度不宜大于 8m 水柱。但在高海拔地区应作高程修正。

2.2　调压室的基本类型

2.2.1　调压室的基本布置方式

根据调压室与厂房相对位置的不同，调压室的布置方式有以下四种：

（1）上游调压室（引水调压室）。调压室位于厂房上游的引水道上，如图 3-13（a）所示，这种布置方式适用于厂房上游有较长的有压引水道的情况，应用最广泛。

（2）下游调压室（尾水调压室）。当厂房下游尾水隧洞较长时，需设置尾水调压室，以减小水击压力，特别是防止在丢弃负荷时产生过大的负水击。尾水调压室应尽可能地靠近水轮机，如图 3-13（b）所示。

尾水调压室水位变化过程与上游调压室相似，但变化方向相反。当丢弃负荷时，水轮机引用流量减小，调压室需向尾水隧洞补充水量，水位先下降，达到最低点后再开始回升。当负荷增加时，尾水调压室的水位先上升，达到最高点后再开始下降。

（3）上下游双调压室系统。由于布置上的原因，有些地下式厂房的上下游都有较长的压力水道，为减小水击压力，改善机组运行条件，在厂房的上下游均设置调压室而成为双调压室系统，如图 3-13（c）所示。

丢弃全部负荷时，上、下游调压室的工作互不影响，可分别求出最高和最低水位。增加负荷或丢弃部分负荷时，水轮机的流量发生变化，两个调压室的水位都将发生变化，而任一

个调压室的水位变化，都将引起水轮机流量新的改变，从而影响到另一个调压室水位的变化。两个调压室的水位变化相互制约和相互诱发，这使整个引水系统的水力现象非常复杂。特别是当引水隧洞和尾水隧洞的特性接近时，可能发生共振，设计时不能只限于推求第一振幅，而应求出波动的全过程，研究波动的衰减情况。

（4）上游双调压室系统。在上游较长的有压引水道中，设置两个调压室，如图 3-13（d）所示。靠近厂房的调压室对于反射水击波起主导作用，称为主调压室；靠近上游的调压室用来帮助衰减引水系统的波动，降低主调压室的高度，称为辅助调压室。辅助调压室越接近主调压室，所起的作用越大，越向上游，其作用越小。引水系统水位波动的衰减由两个调压室共同保证，增加一个调压室断面可以减小另一个调压室的断面；但两个调压室的断面面积之和总是大于只设一个调压室的断面面积。如果引水道上有施工竖井可利用，采用双调压室可能是经济的。辅助调压室有时是因为水电站扩建或水电站运行条件改变，原有调压室容积不够而增设的；有时因结构、地质等原因，需设置辅助调压室，以减小主调压室的尺寸。

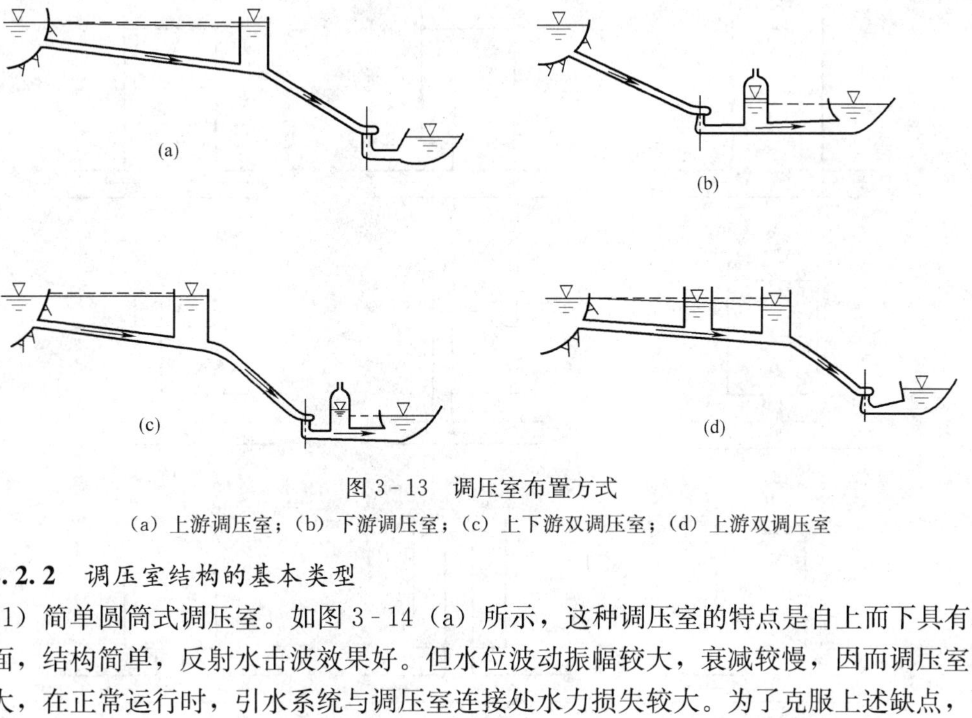

图 3-13　调压室布置方式

（a）上游调压室；（b）下游调压室；（c）上下游双调压室；（d）上游双调压室

2.2.2　调压室结构的基本类型

（1）简单圆筒式调压室。如图 3-14（a）所示，这种调压室的特点是自上而下具有相同的断面，结构简单，反射水击波效果好。但水位波动振幅较大，衰减较慢，因而调压室的容积较大，在正常运行时，引水系统与调压室连接处水力损失较大。为了克服上述缺点，可采用有连接管的圆筒式调压室，如图 3-14（b）所示。这种类型的调压室一般适用于具有下游调压室或低水头、小流量的水电站。

（2）阻抗式调压室。将圆筒式调压室的底部，用较小断面的短管或用较小孔口的隔板与隧洞及压力管道连接起来，这种孔口或隔板相当于局部阻力，即为阻抗式调压室，如图 3-14（c）、（d）所示。进出调压室的水流在阻抗孔口处消耗了一部分能量，可以有效地减小水位波动的振幅，加快衰减速度，因而所需调压室的体积小于圆筒式，正常运行时水头损失小。由于阻抗的存在，水击波不能完全反射，压力引水道中可能受到水击的影响。当孔口尺寸选择恰当时，可做到不恶化压力水道受力条件的效果。一般阻抗孔的面积不小于引水道的 15%，且不大于 60%，适用于引水道较短的中、低水头水电站。

简单式调压室与阻抗式调压室的区别：以阻抗孔的尺寸大小区分，当阻抗孔或连接管的断面面积小于调压室处压力水道断面面积的称阻抗式调压室，不小于压力水道断面面积的称为简单式调压室。

（3）双室式调压室。双室式调压室由一个竖井和上下两个储水室组成，如图 3－14（e）所示。上室供丢弃负荷时储水用，一般在最高静水位以上，在正常运行时是空的。下室在正常运行时充满水，供增加负荷时补给水量用，应在调压室中最低静水位以下。竖井用于连接上下室和引水道与压力管道。在恒定流情况下，调压室中的自由水面位于竖井中。刚丢弃负荷时，由于竖井断面较小，水位迅速上升，当水位达到上室时，其上升的速度放慢，从而减小波动振幅。当增加负荷时，水位迅速下降到下室中，并由下室补充不足的水量，因此限制了水位的下降。这种调压室所需的容积最小，适用于高水头、水位变幅较大的水电站。

实际工程中完全采用双室式调压室的实例较少，而是采用上、下室与竖井分别组合，其中竖井与上室组合的较多，又称为水室式调压室。上室有溢流堰或无溢流堰两种形式。

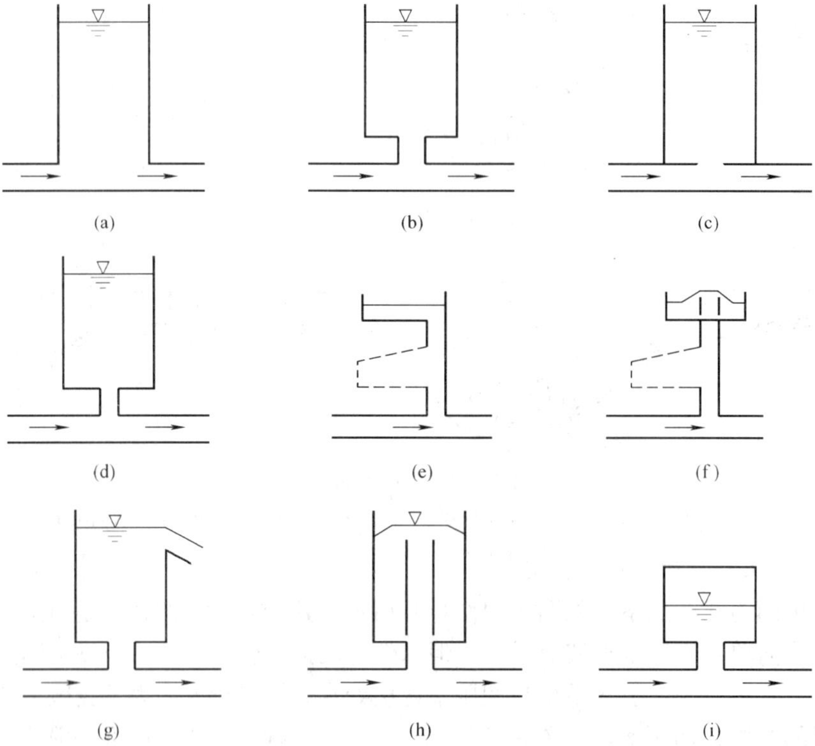

图 3－14　调压室的结构形式

（4）溢流式调压室。溢流式调压室顶部设有溢流堰，如图 3－14（f）、（g）所示。当丢弃负荷时，调压室的水位迅速上升，达到溢流堰顶后开始溢流，限制了水位的进一步升高，具有水位波幅小及衰减快的优点，有利于机组的稳定运行。溢出的水量，可以设上室加以储存，也可排至下游。

当弃水需排至下游时，需设置排泄水道，适用于在调压室附近可经济安全地布置泄水道的水电站。

（5）差动式调压室。由两个直径不同的同心圆筒组成，中间的圆筒直径较小，上有溢流口，称为升管，其底部以阻力孔口与外筒相通，外筒又称为大室，如图3-14（h）所示。丢弃负荷时，升管内的水位首先迅速升高，到达溢流堰口时开始溢出到外室。当升管内的水位降低到低于大室水位时，大室内的水通过底部的阻抗孔口回流，这样可以减小大室水位的波动幅度。在波动过程中，由于升管与大室大井之间常存在水位差，因此称为差动式调压室。但在正常运行时，两者的水位是相同的。大室断面由波动稳定条件控制。差动式调压室所需容积较小，水位波动衰减得也较快。

此种调压室兼顾了阻抗式调压室和溢流式调压室的优点，但其构造复杂，施工难度大，造价高，适用于地形和地质条件不允许设置大断面的中、高水头水电站。

（6）气压式或半气压式调压室。如图3-14（i）所示，在压力隧洞上靠近厂房的位置建造一个大洞室，室中一部分充水，另一部分充满高压空气，利用调压室中的空气压缩或膨胀，来减小水位涨落的幅度。这种形式的调压室可以靠近厂房布置，从而大大减小水击压力，反射水击波比较充分；但水位波动稳定条件较差，需要较大的调压室断面，还需配置空气压缩机，定期补气增加运行费用；适用于深埋于地下的引水道式地下水电站。气垫式调压室最早由挪威创建，在挪威建有10座气垫式调压室，近年来我国已有采用，如四川省自一里、小天都、金康、木座及广东省八乡等十几座水电站均采用气垫式调压室。

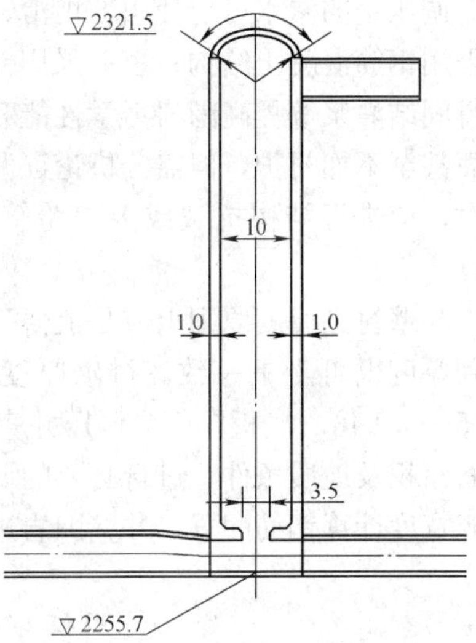

图3-15　ZGD水电站阻抗式调压室结构图（单位：m）

ZGD水电站的调压室修建在地下岩体中，根据水电站中等水头、小流量、调压井需要的稳定面积（托马断面）偏中等量级的特点，调压室形式初步比较了简单圆筒式、差动式和阻抗式三种形式。与差动式调压室相比，简单圆筒式调压室和阻抗式调压室结构更简单，施工更方便。再将阻抗式调压室与简单圆筒式调压室相比较，阻抗式调压室波动振幅更小、涌浪波动衰减快，因此该工程最终选用了阻抗式调压室，见图3-15。

调压室断面为圆形，内径为10.00m，底板高程为2255.7m，穹顶高程为2321.5m，相应井高65.8m，阻抗孔布置在井筒底板上，孔口直径为3.5m，为钢筋混凝土衬砌。井壁衬砌厚1.0m，周边围岩进行固结灌浆，以提高围岩力学指标和防渗漏，顶拱回填灌浆。施工、交通洞长118.70m，方圆形断面，宽4.5m，高4.5m，根据围岩条件分别采用了锚喷结构和现浇钢筋混凝土衬砌。

2.3　调压室结构设计要点概述

根据水力计算成果和地形、地质及技术经济条件等确定调压室的位置、结构形式和尺寸后，需进行结构设计，以确定调压室各构件的具体尺寸、细部构造及配筋。

调压室有塔式和井式两种典型结构。结构在地面上的称为调压塔，结构在地面下的称为调压井。调压塔（布置在地面以上的调压室）的结构如同水塔，荷载及结构计算可按照水塔的计算方法进行。随着施工技术及岩石力学的发展，并出于经济上的考虑，国内设计的调压室很少采用塔式结构，绝大多数为井式或半井式结构。

调压井由直井井筒、底板、顶盖和升管等组成。引水调压室直井大多数采用圆形，下室及尾水调压井则多数为矩形。根据具体地形、地质条件，也可采用其他便于施工、结构受力条件好的断面形状。简单圆筒式调压井的底板为一周边固结的圆板。当调压井用连接管或升管与引水道连接时，底板为内外边固结的中空圆环。当调压井顶部露出地面时，为防石块、杂物掉入井内，常设顶盖，小直径时可采用平盖板，大直径时宜用球形盖板。完全位于地下的调压室，则采用拱形顶板。设有顶盖的调压井要设通气孔。为进井观测检修之用，在顶盖边缘应设进人孔。

调压井通常离厂房及边坡较近，井体与地表临空面应有足够的埋深，如围岩单薄或破碎，调压室的渗水可能使山坡坍滑，危及厂房安全，因此对安全度与防渗性能要求较高，一般采用钢筋混凝土结构；也有采用锚杆使井壁与围岩连成整体，在井身则设置钢筋网，井壁进行固结灌浆等提高围岩力学性能和防渗效果的工程措施。若围岩新鲜完整，也可采用喷锚护面甚至不加衬护，但需分析论证漏水对边坡的影响，并采取相应的工程措施。当采用调压塔时，应进行结构抗裂或限裂验算。当采用调压井时，应根据具体情况进行防渗或限裂验算。

井壁衬砌厚度原则上应是上薄下厚，分段拟定。当调压井高度不大、岩性上下均匀时，衬砌厚度也可上下一致。衬砌厚度，先拟定后核算。初步取井壁厚度可按调压井直径的0.05～0.1倍、底板厚度为调压井直径的0.1倍拟定，再进行结构计算，根据调压井高度、断面面积及地质条件，进行必要的调整后重新计算。钢筋混凝土井壁衬砌按允许开裂、限制裂缝宽度计算钢筋配置，井壁围岩进行固结灌浆。

学习任务四　高压管道选型与布置

1　案例

承项目一中QFL水电站案例。

2　分析讨论

2.1　压力管道的功用与类型

2.1.1　压力管道的功用和特点

压力管道是指从水库、压力前池或调压室向水轮机输送水流的有压水道，它是水电站的重要组成部分，其特点是所处位置地形坡度较陡，管壁承受的内水压力大，还要承受水击的动水压力，位置靠近厂房，一旦发生事故会严重威胁厂房的安全。因此，压力管道对所用材料、设计方法和加工工艺等都有特殊要求。

压力管道的主要荷载为内水压力，管道的内径 D（m）、管道承受的水头 H（m）及其乘积 HD（m^2）值是标志压力管道规模及技术难度的重要参数值。XJB水电站右岸地下式厂房压力钢管直径为14.4m，是目前世界上直径最大的钢管。

2.1.2　压力管道的结构形式和适用条件

根据压力管道布置形式的不同，可分为坝体压力管道、地面压力管道和地下压力管道。

2.1.2.1　坝体压力管道

管身穿过坝体布置的压力管道称为坝体压力管道，根据布置形式不同，可以分为以下两大类：

(1) 埋设在坝体内部的压力管道，称为坝内埋管。

1) 斜式。如图 3-16 所示，进水口高程较高，上部管道内水压力小，由于管轴线平行于大坝主应力线，受力条件好，因此钢管周围钢筋用量较少，进口闸门及启闭设备造价较低；但弯道较多，用钢量较大，多适用于坝后式水电站。

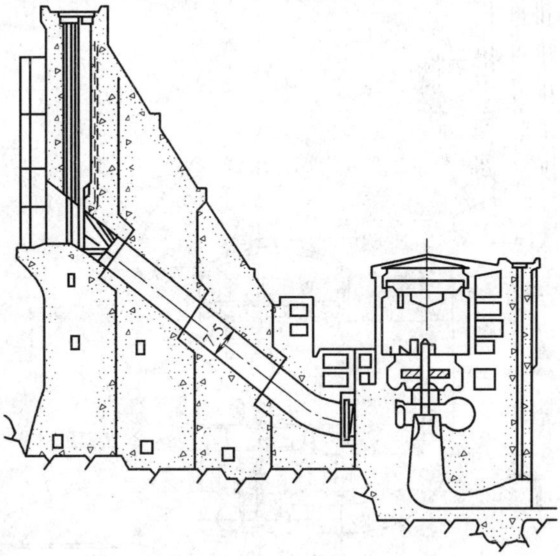

图 3-16　斜式坝体压力管道

2) 平式。如图 3-17 所示，进水口高程较低，进口闸门承受较大水头，结构复杂，管道内水压力较大；但管线短而直，水头损失和水击压力小，适用于薄拱坝、支墩坝和较低的重力坝坝后式水电站。

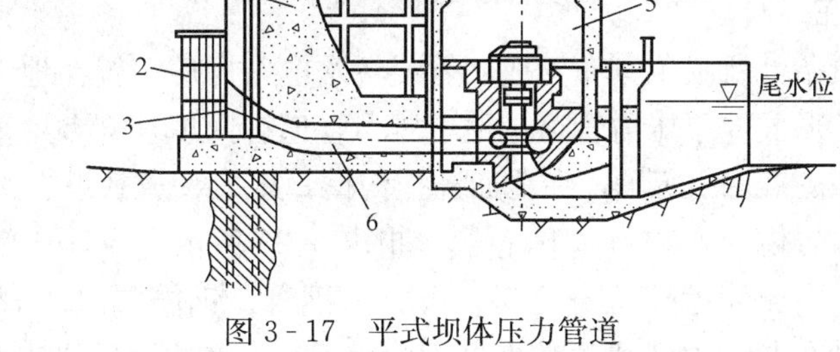

图 3-17　平式坝体压力管道

1—溢流坝；2—拦污栅；3—工作闸门；4—副厂房；5—主厂房；6—压力管道

3) 竖井式。如图 3-18 所示，进水口与厂房水平距离近而垂直高差大时采用。管道短，但弯管弯曲半径小，水头损失大，管道孔洞对坝体应力影响大，适用于坝内式和地下式厂房水电站。

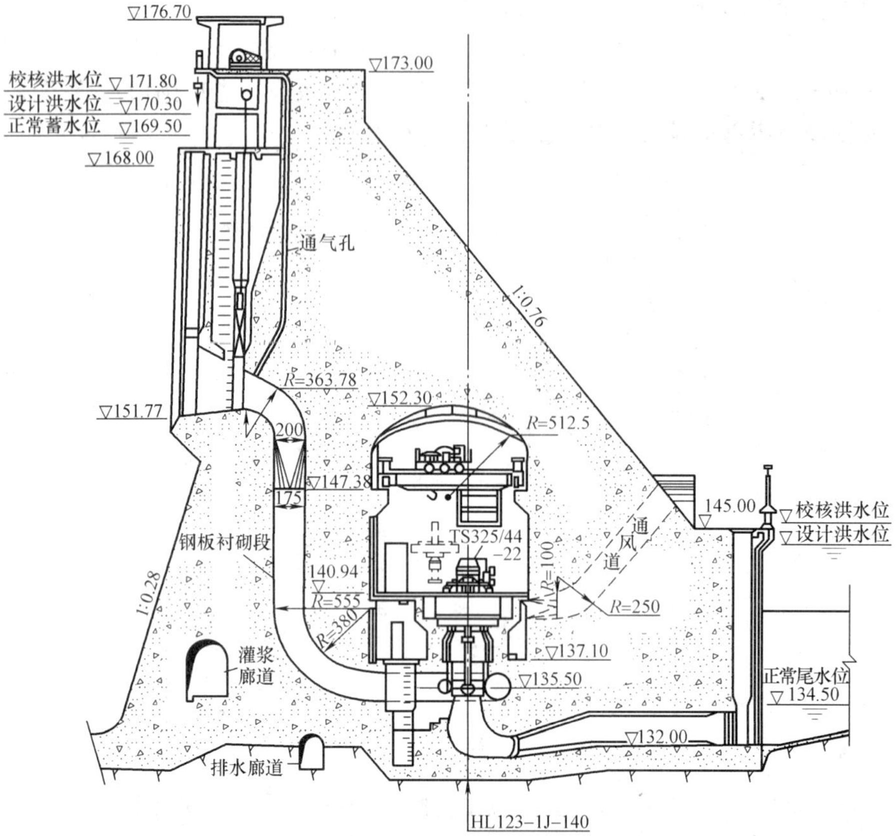

图 3-18　竖井式坝体压力管道（高程单位：m；尺寸单位：cm）

（2）坝后背管。钢管穿过上部坝体后布置在下游坝坡上，有效地改善了因管道穿过坝体对坝内应力的不良影响，见图 3-19、图 3-20。这种形式的压力管道相对长，管壁独立承受全部内水压力，用钢量多，多用于重力坝、薄拱坝、支墩坝。

2.1.2.2　地面压力管道

沿山坡脊线敷设的露天地面压力管道，又称为明管。无压引水式水电站多采用此种结构形式的压力管道，如图 3-21 所示。

2.1.2.3　地下压力管道

当受地形、地质条件所限不宜布置成明管或者水电站厂房布置在地下时，往往将压力管道布置在地面以下，形成地下压力管道。地下压力管道有回填管（多用于尾矿坝排水管）和地下埋管。回填管如图 3-22 所示，在地面开挖沟槽，压力管道敷设在沟槽内，然后回填土石。将压力管道埋入岩体中，称为地下埋管，如图 3-23 所示。

除上述分类外，高压管道按管身材料，可分为钢管、钢筋混凝土管与钢衬钢筋混凝土管，用于 *HD* 值较小的城市供水管道的玻璃钢管，近年来在水电站中也有使用的实例。

2.1.2.4　钢管

钢管强度高，抗渗性能好，广泛应用于中、高水头的引水式水电站和坝后式水电站。

钢管所使用的钢材应根据钢管结构形式、规模、使用温度、钢材性能、制作安装工艺要求以及经济合理等因素参照设计规范选定。

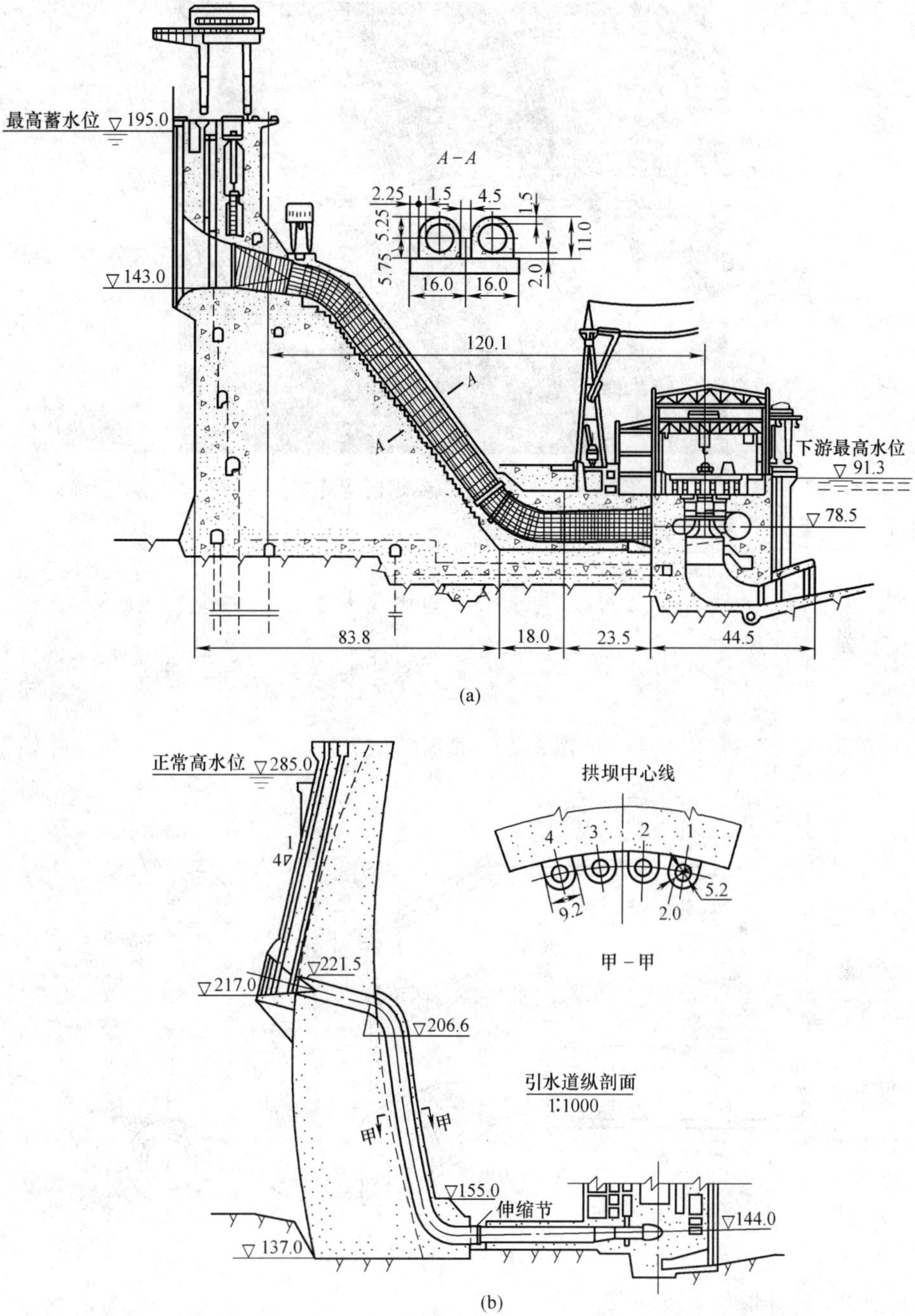

图3-19　坝后背管（单位：m）

2.1.2.5　钢筋混凝土管

钢筋混凝土管造价低、刚度较大、经久耐用，通常用于内压不高的中、小型水电站。除了普通的钢筋混凝土管外，还有预应力和自应力钢筋混凝土管、钢丝网水泥管和预应力钢丝网水泥管等。普通钢筋混凝土管适用于 $HD<50\text{m}^2$ 的情况，预应力和自应力钢筋混凝土管的 HD 值可达到 200m^2，而预应力钢丝网水泥管的抗裂性能好，HD 值可超过 300m^2。

图 3-20　三峡水电站坝后背管实例

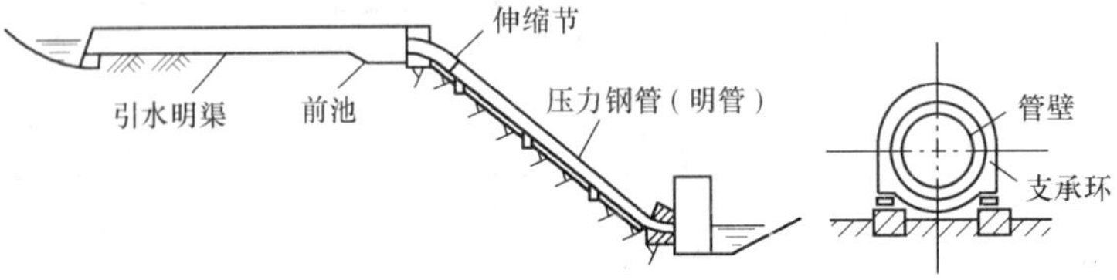

图 3-21　地面压力管道

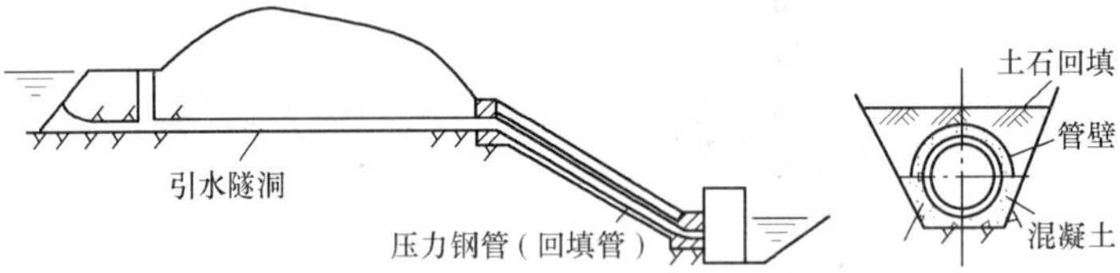

图 3-22　回填管

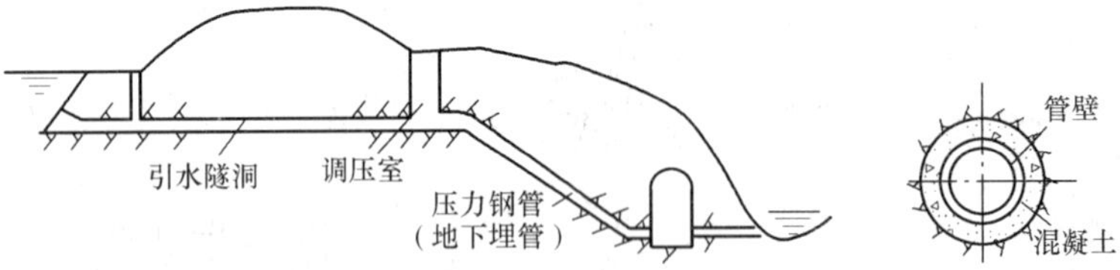

图 3-23　地下埋管

2.1.2.6　钢衬钢筋混凝土管

钢衬钢筋混凝土管是在钢筋混凝土管内衬钢板，在内水压力作用下，钢衬与钢筋混凝土联合受力，从而可以减小钢板的厚度，适用于 *HD* 值较高的情况。钢衬可以防渗，外包的钢筋混凝土允许开裂，有利于充分发挥钢筋的作用。此类管道一般按有压钢衬隧洞设计。

2.2　压力管道线路选择与布置形式

2.2.1　压力管道线路选择

压力管道的线路选择应结合引水系统中其他建筑物（前池、调压室）和水电站厂房的布置形式统一考虑，选择在地形和地质条件优越的地段。明钢管线路选择的一般原则如下：

（1）管道线路应尽可能短而直，以降低造价，减小水头损失，降低水锤压力，改善机组运行条件。因此，地面压力管道一般敷设在陡峻的山脊上。

（2）选择良好的地质条件。通常要求山体稳定、地下水位低，避开山崩、雪崩、沉降量很大的地区、洪水集中的地区、村镇居民区和交通道路等。如果无法满足要求，要有切实可行的防护措施；若不能避开村镇居民区，要考虑工程对环境的影响。

（3）尽量减小管道线路的上下起伏和波折，避免出现负压。如果需要在平面上转弯时，转弯半径可采用2～3倍的管道直径 D，尽量避免与其他管道或交通道路交叉。若不可避免，应设桥、涵来互相隔离。

（4）水头高、线路长的管线，要满足钢管运输安装和运行管理、维修等交通要求。

此外，为了避免钢管一旦发生意外事故而危及水电站设备和人身安全，需要设置事故排水和防冲工程设施。沿管道线路一般要设置交通道路，并有照明设施。根据工程具体情况，可在交通道路沿线设置休息平台、扶手栏杆、越过钢管的爬梯或管底通道等。

对于地下埋管，管道线路应选择在地质条件优越的地区，岩体应坚固、完整，有足够的岩体埋深。管道线路应尽量与岩层构造面垂直，避开活动断层、滑坡、地下水丰富的裂隙地带，减小施工难度和避免钢衬在外水压力作用下失稳，同时应注意方便施工。进水口应选择在进水条件好、山体稳定可靠的位置。如果选用多根管道，相邻管道间的岩体厚度要满足施工期和运行期的稳定和强度要求。

2.2.2　压力管道的布置形式

2.2.2.1　供水方式

压力管道向多台机组供水的方式有三种，即单元供水、联合供水、分组供水。

（1）单元供水（单管单机供水）。每台机组都有一条压力管道供水，一般不在压力管道末端设快速阀门，如图3-24（a）所示。该供水方式结构简单（无岔管），工作可靠，灵活性好，当某根管道检修或发生事故时，不影响其他机组正常工作，并且单元供水的管道易于制作和安装；但管道在平面上所占尺寸大，造价高；适用于坝体压力管道、单机流量大或长度短的地下埋管或明管。

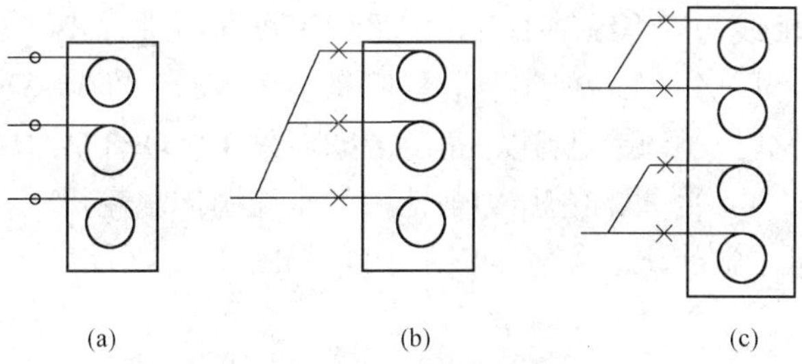

图3-24　压力管道的供水方式

（a）单元供水；（b）联合供水；（c）分组供水

o—有时可以不设的阀门；×—必须设置的阀门或闸门

（2）联合供水（一管多机供水）。一根主管向厂内各台机组供水，如图3-24（b）所示。主管在厂房前分岔，在进入机组前的每根支管上设快速阀门。该供水方式单管规模大，分岔管多，容易布置，造价较低；但主管检修或发生事故时，需全厂停机；适用于单机流量小、机组少、引水管道较长的引水式水电站。地下埋管中开挖距离相近的多根管井，布置有一定困难时，也常采用这种供水方式。

（3）分组供水（多管多机供水）。设两根及以上主管，每根主管向数台机组供水，在进入机组前的每根支管上设快速阀门，如图3-24（c）所示。该供水方式介于上面两种供水方式之间，适用于压力管线较长，机组台数多，单机流量较小的地下埋管和明管。

2.2.2.2　引进方式

管道与主厂房的关系主要取决于整个厂区枢纽布置中各建筑物的布置情况，常采用的明钢管引进厂房的方式有以下三种：

（1）正向引进。如图 3-25（a）和（b）所示，管道的轴线与水电站厂房的纵轴线垂直。该引进方式水流平顺，水头损失小，开挖量小，交通方便；但钢管发生事故时直接危及厂房安全；适用于中、低水头水电站。

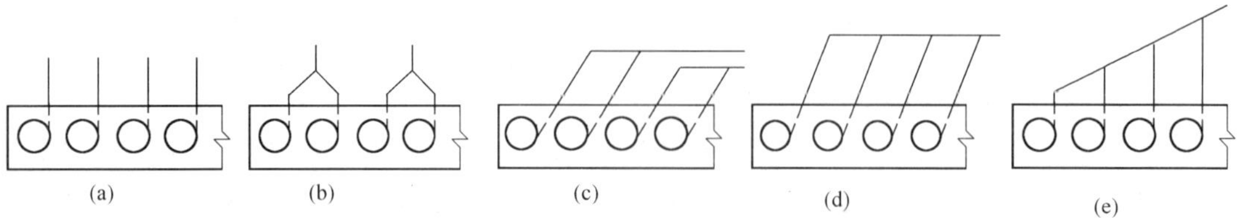

图 3-25　压力水管引进厂房的方式

（a）、（b）正向引进；（c）、（d）纵向引进；（e）斜向引进

（2）纵向引进。如图 3-25（c）和（d）所示，管道的轴线与水电站厂房的纵轴线平行。该引进方式一旦钢管破裂可以避免水流直冲厂房；但水流条件不太好，增加了水头损失，且开挖工程量较大；适用于高、中水头水电站。

（3）斜向引进。如图 3-25（e）所示，管道的轴线与水电站厂房的纵轴线斜交。该引进方式介于上述两种引进方式之间，常用于分组供水和联合供水的水电站。

QFL 水电站前池进水室与厂房之间通过钢管连接。厂址处地质条件良好，地形开阔，为避免垂直等高线布置的钢管爆裂时，管中水流直冲厂房，将厂房垂直等高线布置，因而主管轴线与厂房纵轴平行，即采用了纵向引进方式，如图 3-26 所示。

厂房内三台机组总装机容量不大（3×1250=3750kW，机组引用流量为 14m³/s），从节省钢材、降低造价这一角度考虑，采用了联合供水的方式，即通过一根内径为 2.0m 的主管（长 80m），纵向将压力前池中的水流引向水轮机，在进厂前 40m 处，将主管分成三根支管，支管垂直厂房上游墙伸入厂内，如图 3-26 所示。

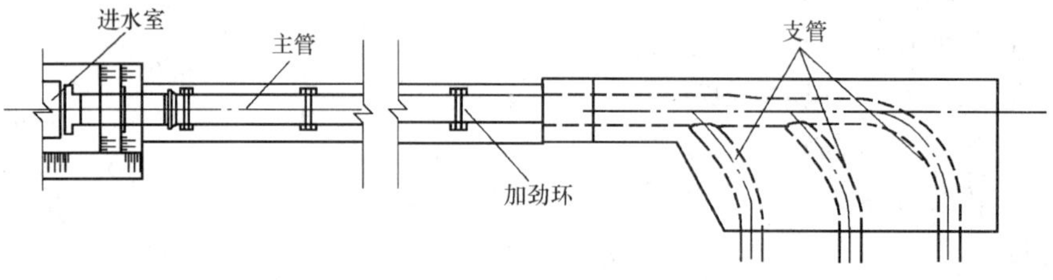

图 3-26　QFL 水电站压力管道纵向引进、联合供水

2.3　压力管道的经济直径与水力计算

2.3.1　压力管道的水力计算

压力管道的水力计算包括恒定流和非恒定流计算两部分。非恒定流计算称为水击计算，主要是确定管道中各点的动水压力和变化过程。恒定流计算主要是确定压力管道的水头损失，以供确定水轮机的工作水头、选择装机容量、计算电能和确定管径之用。水头损失包括沿程摩阻损失和局部水头损失两大部分。

2.3.1.1 沿程摩阻损失

水电站压力管道中的流态一般为紊流，沿程摩阻损失常用曼宁公式进行计算，即

$$i=\frac{n^2}{R^{\frac{4}{3}}}v^2 \tag{3-12}$$

式中 i——单位管长的摩阻损失；

n——压力管道糙率，可查水力计算手册选用；

R——压力管道水力半径，m；

v——压力管道中水流流速，m/s。

2.3.1.2 局部水头损失

压力管道的局部水头损失发生在进口、门槽、拦污栅、弯段、渐变段以及分岔处等部位，可根据水力学和工程设计手册中有关公式进行计算。

2.3.2 压力管道的经济直径确定

压力管道直径的确定是压力管道的主要设计内容之一。为建造压力管道，需要一定的基建投资 $K_{管}$，包括管道自身的材料、制安、场地平整、支承结构的建造等费用，建成之后，每年还需要投入运行费用 $C_{运}$。同时，由于发电引用流量在管道中会有水头损失 Δh，因此损失部分的能量将导致电能减小 ΔE，此时，就需要系统中的其他电站（一般为火电站，这一电站称为替代电站）来弥补因为水头损失而减小的 ΔE。替代电站的存在就意味着 $K_{管}$ 和 $C_{运}$ 的增大。

水电站的压力管道可以选用不同的直径，对于水头和流量一定的水电站，可以从以下两个方面考虑：

（1）水管直径越大，流速、水头损失越小，电能损失越小，无需修建替代电站，但相应的施工难度将增大，所需材料增多，修建投资增大，投入运转后，每年运行费用也增大。

（2）水管直径越小，流速增加，水头损失增大，电能损失也增大；但施工难度随着管径的减小而降低，耗材减少，水电站建设投资及年运行费均减小，同时需建替代电站。

一般情况下，总存在一个直径，能使电力系统年费用（压力管道和替代电站两部分的投资和年运行费用之和）最少，那么这一直径就称为压力管道的经济直径。通过以上分析可知，管道直径的确定不仅是一个技术问题，还是一个经济问题，应通过技术经济比较确定。目前，国内外计算压力管道经济直径的理论公式和经验公式很多，但其基本原理和基本方法都相似。

实际设计中，由于有些因素（如施工工艺和技术水平等）无法在计算公式中考虑，因此按照公式计算的结果一般作为参考。通常可以根据已有工程经验和计算公式确定几种直径，再分别进行造价和电量计算，综合考虑技术方面的因素后，选择最优直径。

在可行性研究和初步设计阶段，也可以用下面的经验公式或经济流速法确定压力管道的直径。

（1）经验公式，即

$$D=\sqrt[7]{\frac{5.2Q_{max}^3}{H}} \tag{3-13}$$

式中 Q_{max}——压力管道设计流量，m³/s；

H——设计水头（包括水锤压力），m。

(2) 经济流速法。压力管道的经济流速一般为 4～6m/s，最大不超过 7m/s。选定经济流速 v_e 后，根据管道引用流量 Q，用式 (3-14) 确定管道直径，即

$$D = 1.13\sqrt{Q/v_e} \tag{3-14}$$

2.4 明钢管的构造、附件与敷设方式

2.4.1 明钢管的构造

2.4.1.1 接缝与接头

如前所述，明钢管是指管身露置于大气中的钢管，在小型水电站中应用广泛，按其管身构造可分为以下几种：

(1) 无缝钢管。由在工厂轧制成的没有纵缝的管节，运到安装地点之后通过横向焊缝或法兰连接成整体的钢管。受制造条件的限制，无缝钢管直径一般较小（小于 60cm），适用于高水头小流量的情况。

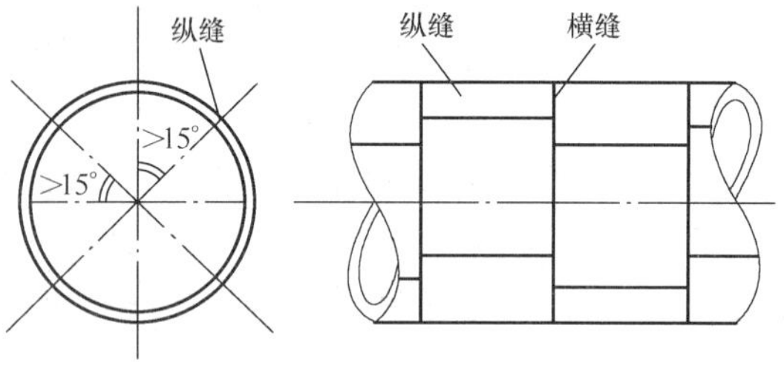

图 3-27　焊缝布置图

(2) 焊接钢管。由辊卷成圆弧形的钢板焊接而成。为了保证焊接质量，一般先在工厂制成 6～8m 长的管节，运到现场后逐节拼装，各管节间可焊接，也可通过法兰连接。对于大直径的钢管因运输不便时，可现场就地焊接。焊接钢管适用于较大直径的情况。焊缝结构如图 3-27 所示，由于焊接的纵缝是钢管强度的弱点，因此相邻两管节的纵缝应错开，并应避免布置在横截面应力较大的水平轴线和竖直轴线上，与水平轴线和竖直轴线的夹角应大于 10°，且相应弧线距离应大于 300mm 及 10 倍管壁厚度。

(3) 箍管。当 $HD>1000\text{m}^2$ 时，钢板厚度一般会超过 40mm，其加工比较困难，因而在这种情况下常采用箍管。箍管是在焊接钢管或无缝钢管外套以无缝的钢环，从而使管壁和钢箍共同承受内水压力，以减小管壁钢板的厚度。由于箍管加工复杂，因此仅用于水头很高的水电站。随着高强度钢材的广泛运用，目前我国箍管运用情况逐渐减少。

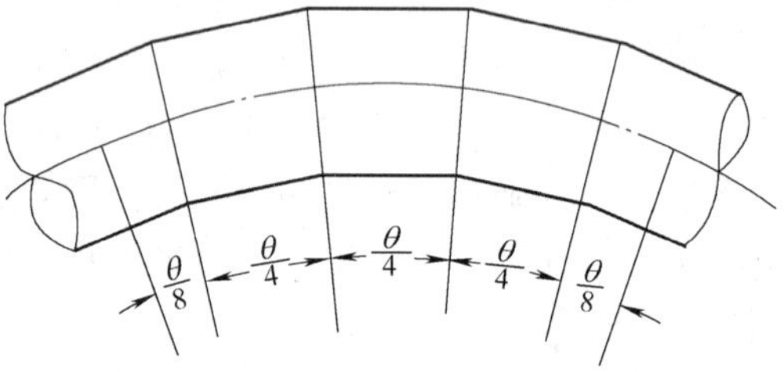

图 3-28　弯管示意图

2.4.1.2 弯管和渐缩管

明钢管随地形布置，经常会出现改变方向的情况，此时需要装置弯管，弯管由钢板焊接而成，见图 3-28，每一折线段两端径向线不宜超过 10°，以 5°～7°为宜；弯管的曲率半径不宜小于 3 倍管径。

不同直径钢管段连接时，需设置渐缩管。为减小水头损失，渐缩管的收缩角 θ 不宜过大，也不宜过小，是因为 θ 过小将增加渐缩管的长度，从而增加材料用量，通常采用 $\theta=10°\sim16°$，如图 3-29 所示。渐缩管和弯管之间常以横向焊缝连接。

2.4.1.3 加劲环

当薄壁钢管不能抵抗外压和满足不了运输或安装要求时，单纯增加管壁厚度来满足刚度要求不经济，此时可考虑加设刚性环（加劲环），如图 3-30 所示。刚性环常用 T 形或槽形型钢制作。

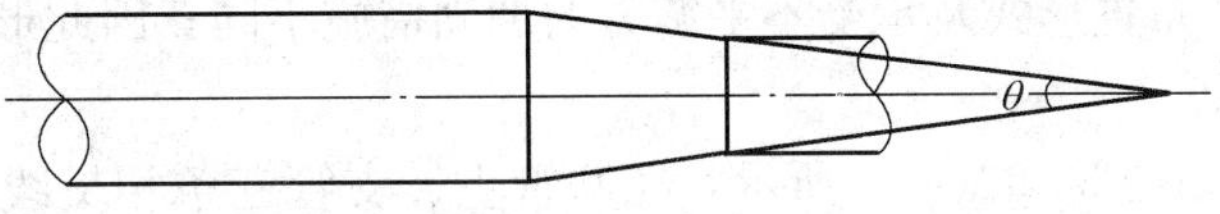

图 3-29　渐缩管示意图

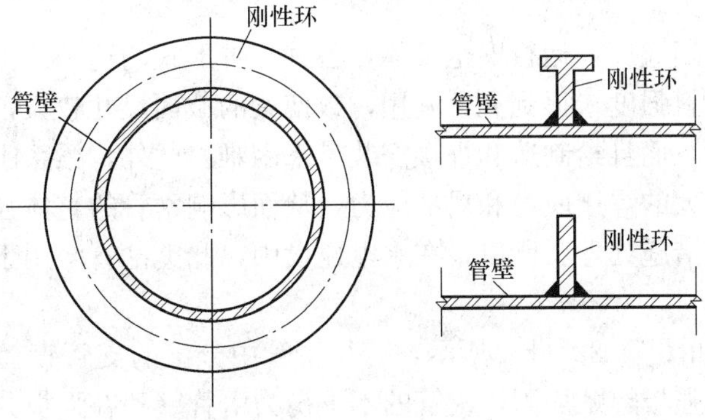

图 3-30　加劲环

2.4.1.4　分岔管

当水电站采用联合供水或分组供水方式时，需设置分岔管，将总管水流分配给各支管。常见的岔管有对称分岔和非对称分岔两种基本形式。当钢管正向进水时，采用对称分岔；当钢管为侧向和斜向进水时，多采用非对称分岔，见图 3-31。

（1）分岔管的工作特点及设计要求。

1）分岔管的工作特点。分岔管的结构复杂，水头损失大，位于钢管末端并靠近厂房，承受很大的内水压力。在岔管段，由于一部分管壁被割裂，因此不再是完整的圆形断面，内水压力所产生的环向力便不平衡，必须采取加固措施来承受被割裂处管壁的环向力，否则，将使管壁产生异常变形而破坏。

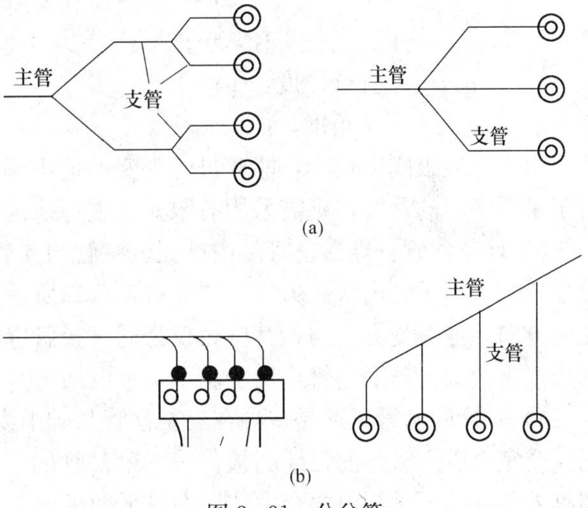

图 3-31　分岔管

(a) 对称分岔；(b) 非对称分岔

2）分岔管的设计要求。岔管是一个被加强的复杂曲面的壳体，其设计应满足如下要求：

a. 岔管的布置应考虑地形、地质、厂区布置和水头损失等因素，确保安全，经济合理。岔管的主、支管宜布置在同一平面内。

b. 加固措施应结构合理，不产生过大的应力和变形，便于制造和安装，节省材料。

c. 岔管段应尽量减小水头损失，减少涡流和振动。岔管的水头损失在整个引水系统中占较大比重，应采用平顺的外形轮廓并降低分岔处的流速，分岔后流速宜逐渐加快。为此，支管应采用锥管过渡，分岔角不宜过大，一般为 30°～45°。

（2）常用岔管形式。

在工程中，由于布置形式及承受不平衡力的加固措施不同，因此形成不同的岔管结构形式，如图3-32所示。

1）三梁岔管。如图3-32（a）所示，在岔管主、支管三条相贯线外侧各焊接矩形或T形断面的加强梁，分别称为腰梁和U形梁，由这些梁系构成空间结构，互相支承，共同承受不平衡区的内水压力。

三梁岔管过去应用甚广，运行安全可靠，各种布置形式均适用。由于梁系中的主要应力是弯曲应力，因此材料强度未得到充分利用，致使梁的截面尺寸较大，这不但浪费材料，加大了岔管的轮廓尺寸，而且给制造和焊接安装带来困难。此外，梁系刚度相对较大，在梁附近的管壁内将产生较大的焊接应力和局部应力，从而影响岔管的整体强度，为此，需要采取消除焊接应力的工艺措施处理。所以，在水电建设中，此类岔管多用于水头较高、流量较小的明钢管。

2）贴边岔管。如图3-32（b）所示，若从主管中分出的支管直径相对较小，在主、支管相贯线两侧采用补强板焊贴加固，岔管的不平衡力由管壁和补强板共同承担。补强板可以贴在外壁和内壁，也可以内外壁都贴。贴边岔管为组合薄壳结构，应力情况较复杂，但构造简单、施工简便，适用于$\frac{d}{D}\leqslant 0.7$的中、低水头钢管。补强板厚度一般与管壁等厚，同时岔管段的管壁厚度应比直线段管壁厚度增加25%～50%，贴边宽度B可按下述经验公式估算，即

$$B=(4\sim 5)r\sqrt{R\delta}(2R\sin\varphi) \qquad (3-15)$$

式中　R、r——主、支管半径，m；

δ——原管壁厚度，m；

φ——分岔角度，(°)。

由于补强板刚度较小，能通过管壳变形把不平衡力传给围岩，因此更适用于地下埋管，对于重要工程的岔管，则需采用有限元法进行结构应力分析。

3）球形岔管。球形岔管是由球壳、主管与支管、补强环和内部导流板组成。导流板上设平压孔，不承受内水压力，如图3-32（c）所示。球形岔管的优点是布置灵活，支管可为任何方向，球壳受力均匀，其应力仅为同直径管壁切向应力的一半；缺点是制造工艺复杂，水头损失较大。球形岔管适用于高水头水电站。

4）月牙肋岔管。这是一种在三梁岔管基础上发展起来的一种新型岔管，其构造特点是用一个完全嵌入管体的月牙肋板代替三梁岔管的U形梁，如图3-32（d）所示，使管壁被切割处各点的不平衡力之合力作用在月牙肋板形心上，从而可按轴向受拉构件确定其轮廓和截面尺寸。这样就可以充分利用材料强度，减小加固构件的尺寸，节约钢材。

月牙肋岔管有效地消除了三梁岔管的一些缺点，对于埋管情况，由于管壁受梁的约束较小，因此有利于将内水压力均匀地传递给混凝土衬砌和围岩。只要设计得当，在相当大的流量范围内，水头损失将比三梁岔管小。我国不少大中型水电站的地下埋管都采用了这种形式的岔管。

5）无梁岔管。无梁岔管是在球形岔管基础上发展起来的新型岔管，如图3-32（e）所示。它用锥管作为球壳与主、支管的连接段，以代替球形岔管中的补强环。锥管一端与主、支管连接，另一端与球壳片近似沿切线方向衔接，构成一个外形平顺、无明显的不连续接合

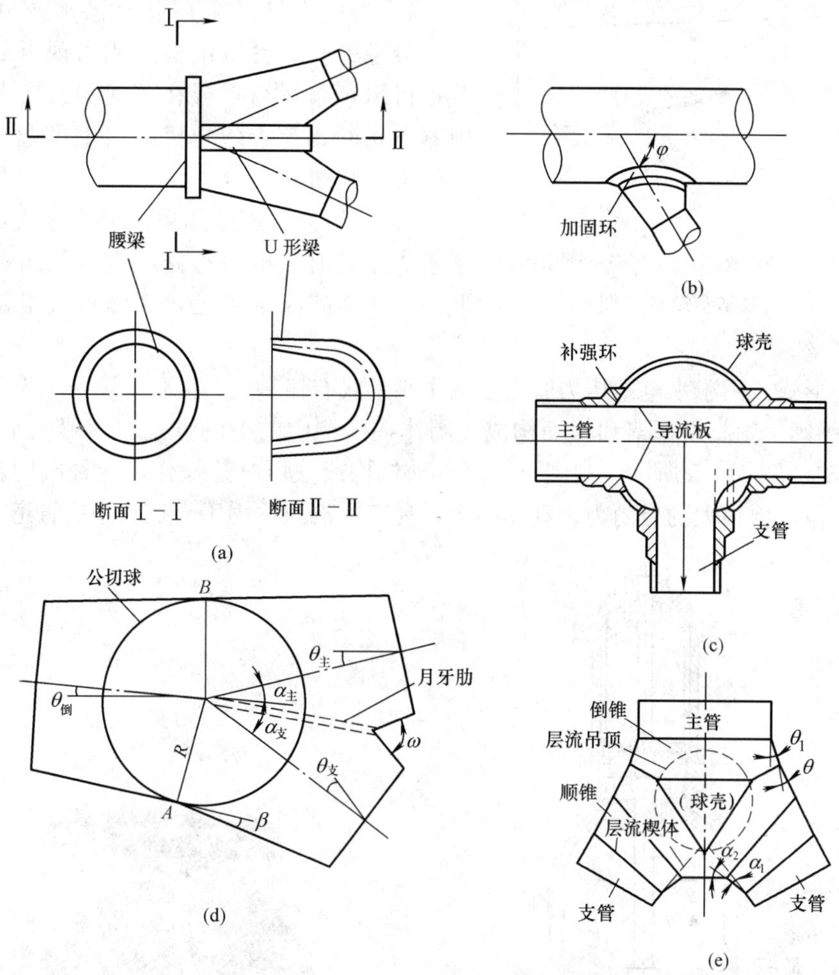

图 3-32 常用岔管形式

线的岔管，不仅克服了补强环与管壳刚度不协调的缺点，而且可充分发挥壳体结构的承载能力，结构合理，外形尺寸小，运输、安装均较方便。对埋管而言，采用无梁岔管有利于利用围岩的弹性抗力；缺点是体形较复杂，成型工艺难度大，在球壳顶部和底部易产生涡流，分岔处水流较紊乱，为此需在岔管内部设置导流板。无梁岔管适用于大中型水电站的地下埋管。

在项目一 QFL 水电站案例中，采用的是纵向引进的联合供水方式，在主管进厂前 40m 处，通过不对称贴边岔管（含锥管，岔管总长 40m，见图 3-33）将主管分成了三根支管（见图 3-26），管径由 2.0m 变为 1.5m（支管内径），支管垂直厂房上游墙伸入厂内。

2.4.2 明钢管的阀门和附件

2.4.2.1 阀门

(1) 作用。压力管道的进、出口处都要设置控制阀门，设在进口处的阀门通常采用快速平板闸门，是因为平板闸门价格便宜，构造简单，便于制造，所以只有在闸门布置困难时才采用阀门。对于上游有压力前池或调压室的明管，闸门装在压力前池或调压室内，设置在紧靠压力管道末端，即水轮机蜗壳进口处的阀门（称为主阀）。主阀的作用主要有以下两点：

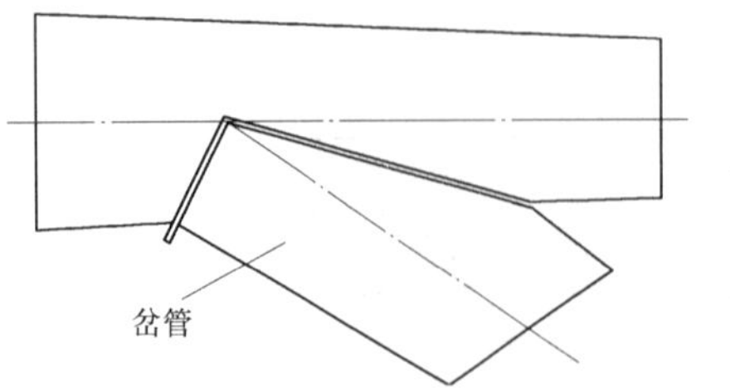

图 3-33　QFL 水电站 1 号岔管结构图
（2、3 号岔管结构类似）

1）当压力管道采用联合供水或分组供水方式时，可避免因一台机组检修或出现事故时，影响到其他机组正常运行；或在调速器、导水叶发生故障时紧急切断水流，防止机组产生飞逸，提高机组运行的可靠性和灵活性。

2）当压力管道采用单独供水方式，且管线较长或水头较高时，机组检修可直接关闭管道出口处的阀门，而不需放空管道，既缩短机组检修时间，也不浪费水量。

（2）形式。用于水电站压力管道上的主阀形式有三种。

1）闸阀。闸阀由框架和板面构成，阀体在门槽中的滑动方式与一般的平板闸门相似，如图 3-34、图 3-35 所示。闸阀一般用电动机构或液压马达操作。这种阀门止水严密，运行可靠，但需要很大的启闭力，动作缓慢，易产生汽蚀，用于直径较小的管道。

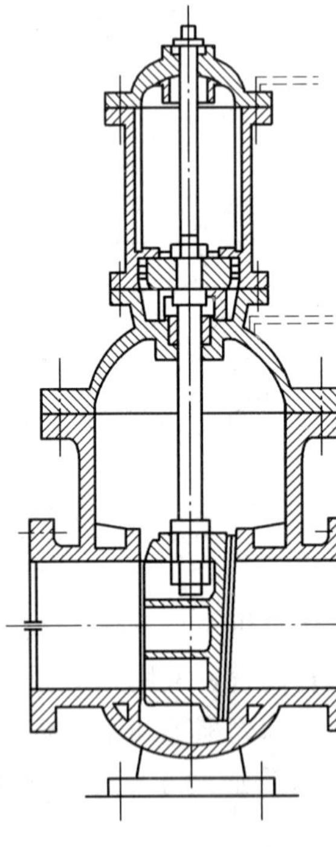

图 3-34　闸阀

图 3-35　闸阀实物图

2）蝶阀。如图 3-36、图 3-37 所示，蝶阀由阀壳和阀体组成。阀壳为一短圆筒，阀体形似圆盘，在阀壳内绕水平或垂直轴旋转。阀门关闭时，阀体平面与水流方向垂直；开启时，阀体平面与水流方向一致。蝶阀的操作有电动和液压两种，前者用于小型蝶阀，后者用于大型蝶阀。这种阀门启闭力小，操作方便迅速，体积小，质量轻，造价较低；但在开启状态下，由于阀体对水流的扰动，水头损失较大，易发生汽蚀现象；在关闭状态下，止水不严密，不能部分开启。该阀适用于大直径、水头不很高的情况。

目前，蝶阀应用最广，最大直径可达 8m 以上，最大水头已达 200m。

图 3-36 蝶阀

图 3-37 蝶阀实物图

3）球阀。球阀由球形外壳、可旋转的圆筒形阀体及其他附件组成，如图 3-38 所示。阀体圆筒的轴线与水管轴线一致时，阀门处于开启状态，若将阀体旋转 90°，使圆筒一侧的球面封板挡住水流通路，则阀门处于关闭状态。球阀的优点是在开启状态时没有水头损失，止水严密，结构上能承受高压；缺点是尺寸和质量大，造价高，适于高水头水电站。

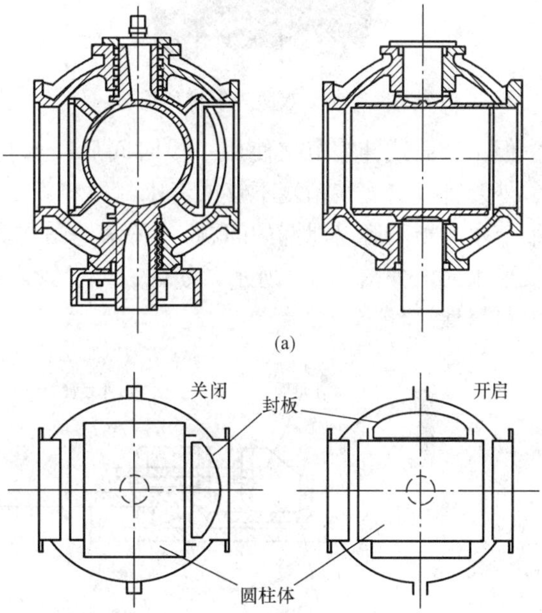

图 3-38 球阀

（a）关闭状态；（b）开启状态

主阀均可在动水中关闭，但需要用旁通管或旁通阀平压后在静水中开启。

2.4.2.2 附件

（1）伸缩节。露天式压力钢管受到外界温度变化或水温变化影响时，为了使管身能沿轴线自由伸缩，以消除温度应力，且适应少量的不均匀沉降，常在上镇墩的下游侧设置伸缩节。对伸缩节的基本要求是：能随温度变化自由伸缩，能适应镇墩和支墩的基础变形而产生的线变位和角变位，并留有足够余度。伸缩节的形式较多，常见的如图 3-39～图 3-41 所示。在阀门处的伸缩节应便于阀门拆卸，并允许产生微小的角位移。伸缩接头的间距不宜超过 150m，如果压力钢管由法兰连接且管段不长（不超过 3～4m），可以不设置伸缩节。

伸缩节除在露天式压力钢管上设置外，在坝后式水电站的坝体压力管道进厂前也常需设置。例如，我国 SX 水电站，其坝后式厂房的压力钢管 HD 值高约 1700m^2，属世界前列。大坝与厂房之间设有温度沉降缝，为适应温度变化及不均匀沉降而产生的位移，水电站 7～14 号机组压力钢管在此处均设置套筒式伸缩节［见图 3-39（a）］。这种形式的伸缩节具有较大的轴向位移补偿能力，并能适应少量的横向变位。

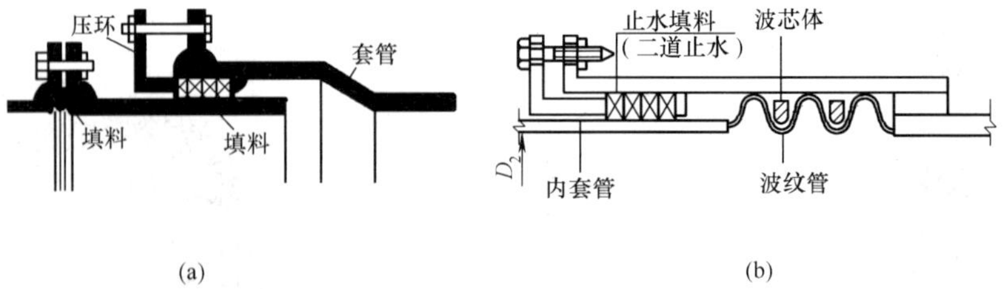

图 3-39　伸缩节

(a) 套筒式伸缩节；(b) 波纹密封套筒式伸缩节

图 3-40　双法兰卡箍伸缩节

图 3-41　法兰松套伸缩节

但是套筒式伸缩节在使用一段时间后，水封填料会出现不同程度的泄漏，其原因多是内、外套管制造安装精度不够或者水封填料安装不当或老化腐蚀破坏所致。为了解决套筒式伸缩节水封填料容易泄漏的问题，SX 水电站在套筒式伸缩节套管内加设薄不锈钢板制成的波纹形水封，如图 3-42 所示，使内、外套管之间形成双重水封系统，从而提高了伸缩节水封的可靠性。

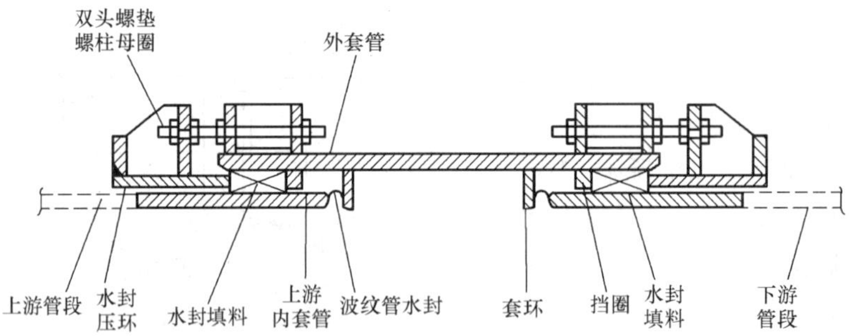

图 3-42　SX 水电站加设内波纹水封的套筒式伸缩节

(2) 通气孔与通气阀。通气孔（或通气井）设在压力管道进口闸门后，其作用与设置要求见有压进水口部分。通气阀常布置在阀门之后。当阀门紧急关闭时，水管中的负压使通气阀打开向管内充气，以消除管中负压；水管充水时，管中空气从通气阀排出。压力管道进口闸门处水头较大时，也可采用通气阀，如图 3-43 所示。

(3) 进人孔与排水阀。为了检修方便，在钢管镇墩的上游侧通常设置进人孔。进人孔间距一般为 150m，不宜超过 300m。进人孔为圆形或椭圆形，其直径（或短轴）一般不小于 45cm。为保证正常运行期间不漏水，进人孔盖与外接套管之间要设止水盘根，如图 3-44 所示。

为便于在检修钢管时将管内水流放空，通常在压力钢管的最低点设置排水阀。

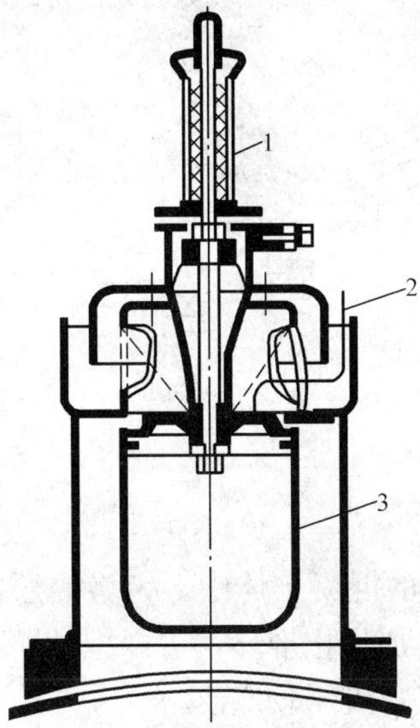

图 3-43 通气阀

1—弹簧；2—近期及排气；3—浮筒

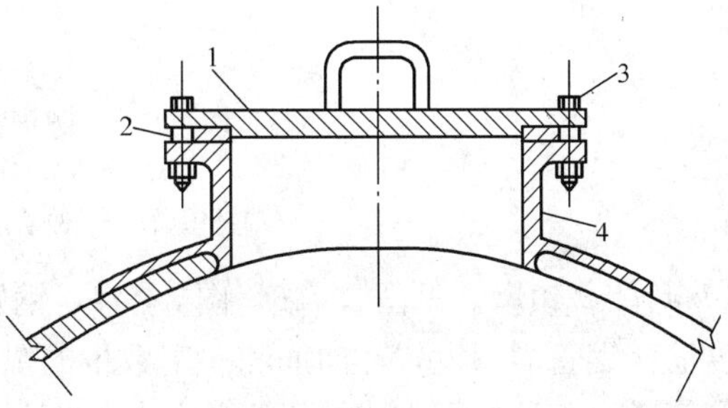

图 3-44 进人孔

1—孔盖；2—垫圈；3—螺栓；4—接管

（4）过流保护装置和防腐蚀措施。大型钢管应设置过流保护装置，这种装置在钢管破裂后管内流速增大时，能迅速发出信号关闭进口闸阀，防止事故扩大。此外，压力钢管上还常需装设测量压力、流量和管壁应力的设备，以及时了解压力管道的运行状态。

为了防止钢管管壁内外被泥沙磨损和锈蚀，应在管壁表面喷镀一层厚 150～200μm 的锌或者用油漆涂料保护。在严寒地区，明钢管还应设有防冻措施。

2.4.3 钢管的敷设方式和支承结构

2.4.3.1 敷设方式

明钢管属于薄壳结构，需要支承在一系列的墩座上。墩座分为镇墩和支墩。镇墩用来固定压力钢管，使钢管在任何方向上不发生位移和转角；支墩布置在镇墩之间，用来支承管身。根据是否在两镇墩间管身上设置伸缩节，可将管道的敷设方式分为：

（1）连续式。两镇墩之间的管身连续敷设，中间不设伸缩节，见图 3-45（a）。由于管道两端固定，当温度变化时，管身将产生很大的轴向温度应力。因此通常只在岔管段等特殊管段上采用。

（2）分段式。在相邻两镇墩之间的管身上设置伸缩接头，当温度变化时，管道可沿管轴线方向移动，如图 3-45（b）、图 3-46 所示，明钢管大都采用此种敷设方式。伸缩节构造复杂，易漏水，常布置在镇墩以下第一节管的横向接缝处，以减小伸缩节内水压力。

2.4.3.2 钢管支承结构

（1）镇墩。明钢管长度一般都很大，需分段敷设，并设置镇墩对钢管加以固定，同时承受因管道改变方向而产生的轴向不平衡力，防止管道产生位移。镇墩一般设置在压力管道转弯处（包括平面转弯和立面转弯），但当管道直线段较长时，每隔 120～150m 应设置一个中间镇墩。镇墩一般为混凝土重力式结构，混凝土强度等级一般不低于 C15。若基础为土基，镇墩底面宜做成水平式；若为岩基，底面宜做成台阶式。在寒冷地区，墩底基面应深埋在冻土线以下。根据固定压力管道的方式不同，镇墩可分为封闭式和开敞式两种形式。

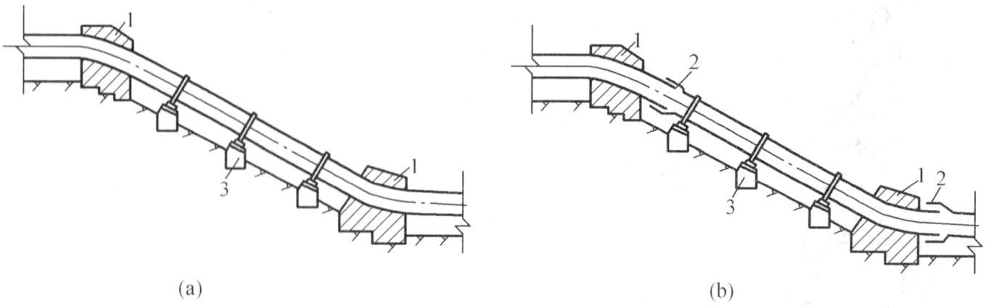

图 3-45　明钢管敷设方式

(a) 连续式；(b) 分段式

1—镇墩；2—伸缩接头；3—支墩

1）封闭式镇墩。见图 3-46、图 3-47，钢管被埋在封闭的混凝土体中。镇墩表层需布置温度筋，钢管周围设置环向筋和一定数量的锚筋，管道上要加焊止推环，可以把轴向下滑力传给镇墩。这种布置方式结构简单，节约钢材，固定效果好，应用较广泛。

图 3-46　压力钢管分段式敷设实例

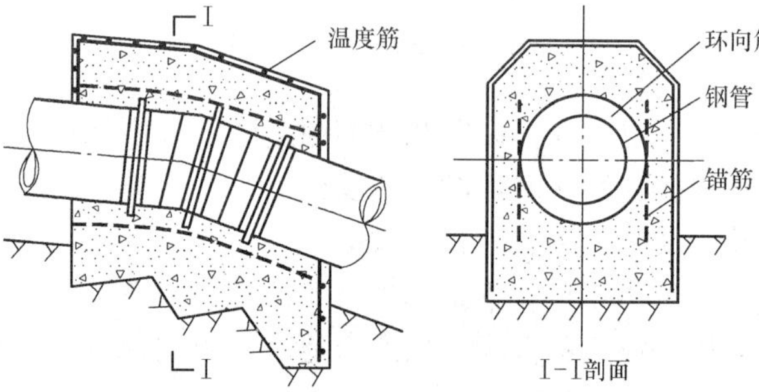

图 3-47　封闭式镇墩

2）开敞式镇墩。见图 3-48，利用锚栓将钢管固定在混凝土基础上。镇墩处的管壁受力不均匀，锚环施工复杂，其优点是便于检查维修，我国也有采用。

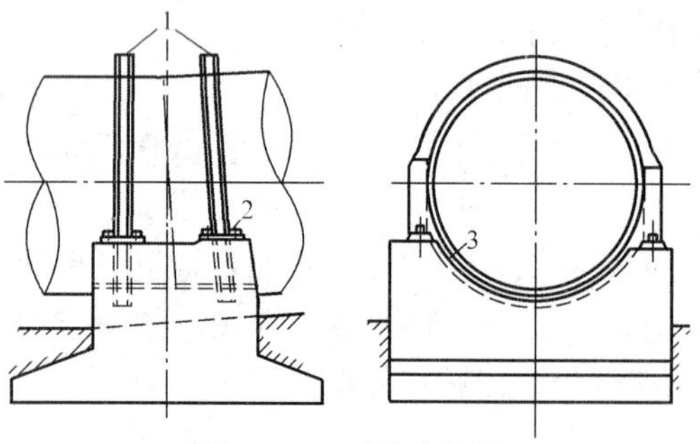

图 3-48　开敞式镇墩

1—锚定环；2—锚栓；3—灌浆

(2) 支墩。支墩设于镇墩之间的管身下，用于承受水重、管重的法向分力以及温度变化时管身与支墩间的摩擦力。相当于连续梁的滚动支承，允许水管在其顶部沿轴向自由移动（温度变化时）。支墩一般等间距布置，间距通常取 6～15m，设有伸缩节一跨的间距宜短些，管径 D 特别大时，宜短些。支墩间距最终应由钢管应力分析，并考虑钢管的安装条件、地基条件和支墩形式，经技术经济比较确定。为了使钢管受力明确并易于维护检修，要求钢管底部高出地面至少 60cm。

按管身与墩座间相对位移的特征，支墩形式有以下几种：

1）滑动式支墩。钢管发生轴向伸缩时，沿支座顶面滑动。滑动式支墩又可分为无支承环鞍形支墩和有支承环滑动支墩。无支承环鞍形支墩，见图 3-49 (a)，是将钢管直接支承在一个鞍形混凝土支座上，其包角β在90°～120°之间。为了减小管壁与支座之间的摩擦力，在支座上铺设钢板并在接触面上加润滑剂。这种支墩结构简单，但管身受力不均匀，摩擦力大，适用于管径1m以下的钢管。有支承环滑动支墩，见图3-49（b），支承环放在金属的支承板上，比前者摩擦力更小，适用于管径1～3m的钢管。

2）滚动式支墩。如图3-50所示，在支承环与墩座之间加圆柱形辊轴，滚轮外侧设防止横向移动的侧挡板。支承环与墩座呈线性接触，钢管发生轴向伸缩时，辊轴滚动，摩擦系数约为0.1，适用于垂直荷载较小而管径大于2m的钢管。

3）摆动式支墩。如图3-51所示，在支承环与支承面之间设置一摆动短柱。短柱下端与墩座支承板铰接，上端以圆弧面与支承环的承板接触。钢管沿轴向伸缩时，短柱以铰为中心前后摆动；其摩擦力很小，摩擦系数f约为0.05，能承受较大的垂直荷载，适用于管径大于2m的钢管。

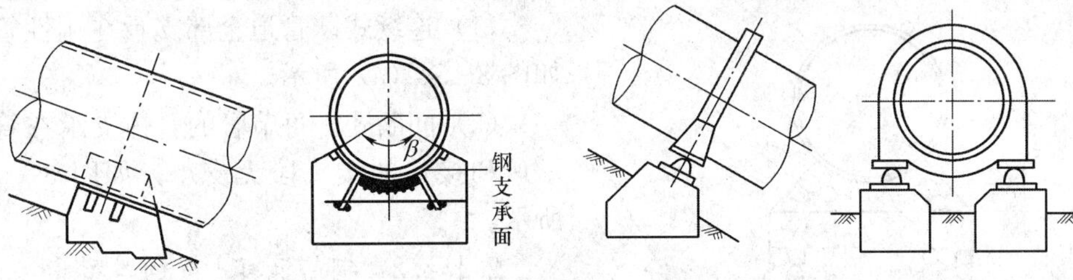

(a)　(b)

图3-49　滑动式支墩

（a）鞍式；（b）支承环式

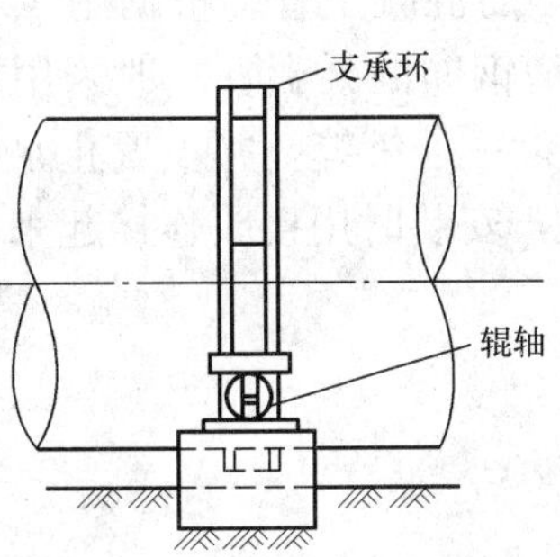

图3-50　滚动式支墩

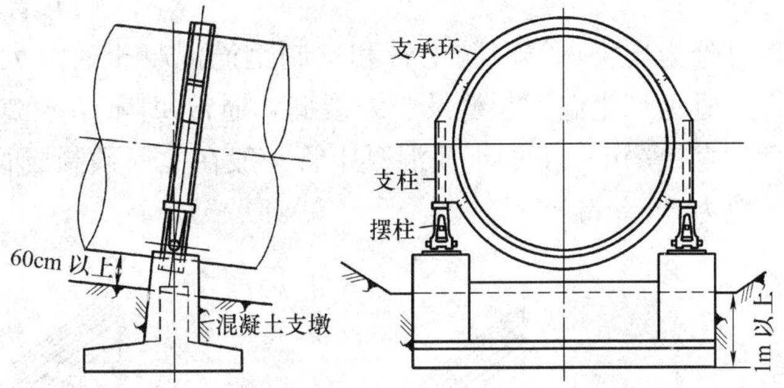

图3-51　摆动式支墩

QFL水电站共设有两个镇墩，管道与前池进水室平面倾角为24°30′，不设弯管，1号镇墩与进水室一并考虑。2号镇墩设在管道进厂前分岔处。1号与2号镇墩间为直段，在1号镇墩下设伸缩接头一个。在两镇墩间设置了7个滚动式支墩支承压力钢管，以避免压力水管在垂直和水平向发生位移，支墩间距为10m，如图3-52所示。

2.4.4　钢筋混凝土管

2.4.4.1　钢筋混凝土管的敷设方式

钢筋混凝土管通常敷设在刚性管座上，如图3-53所示。管座材料一般采用浆砌块石。地基较好，管径小于0.5m时，可将管子直接放在地基上；若为土基，管座下应加铺碎石或卵石。钢筋混凝土管的敷设方式常有以下两种：

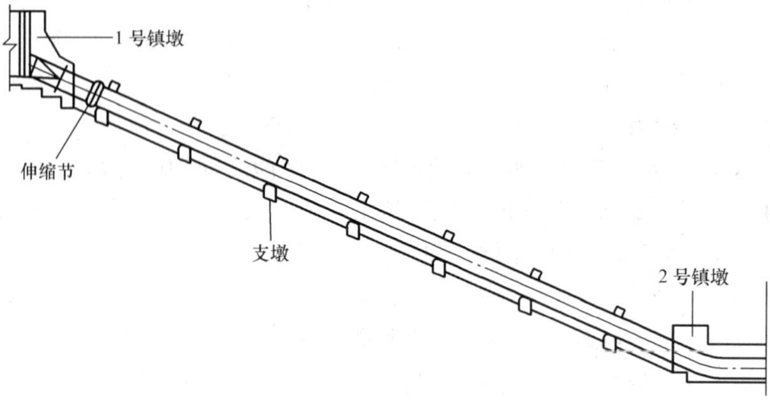

图 3-52　QFL 水电站镇（支）墩布置示意图

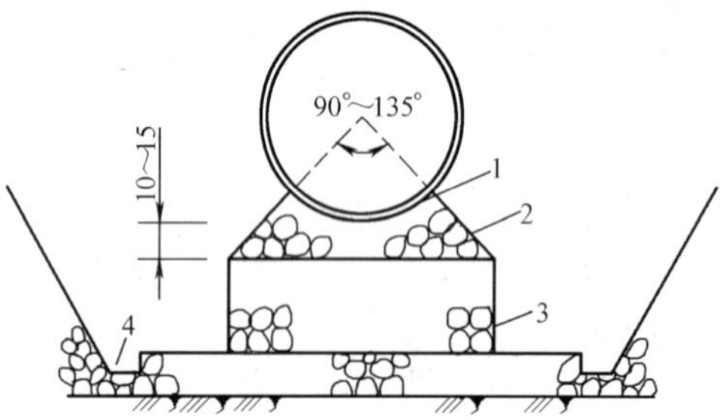

图 3-53　管座砌筑示意图（单位：cm）
1—灌注砂浆或混凝土；2—第二次浆砌石；
3—第一次浆砌石；4—排水沟

（1）连续式。管道全部支承在刚性管座上，如图 3-54（a）所示。

（2）间断式。每节管的管体支承在管座上，承口和接口的接头段无支承，如图 3-54（b）所示。

2.4.4.2　钢筋混凝土管的类型

钢筋混凝土管分为普通钢筋混凝土管、预应力钢筋混凝土管、自应力钢筋混凝土管及自应力钢丝网水泥管。

（1）普通钢筋混凝土管。根据施工方法不同，可分为现浇钢筋混凝土管和预制钢筋混凝土管。大中型钢筋混凝土管一般采用现场浇制，为避免产生温度裂缝及干缩裂缝，通常每隔 15 ～20m 设一伸缩缝，并设置止水，外加套管。直径 2m 以下的钢筋混凝土管一般在工厂预制成管段，安装时用接头连接起来，管段长一般为 3～5m。

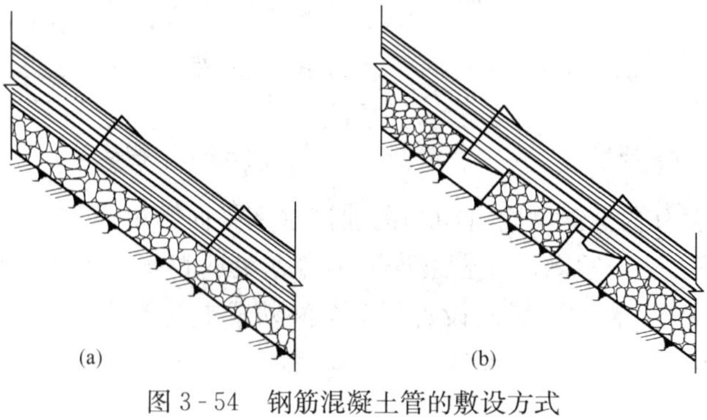

图 3-54　钢筋混凝土管的敷设方式
（a）连续式；（b）间断式

（2）预应力钢筋混凝土管。预应力钢筋混凝土管由钢筋（丝）和高强度混凝土制造，按生产工艺不同可分为三阶段管和一阶段管两种。

三阶段管的制管过程分三个阶段：先做混凝土管心，再在管心上缠绕预应力环向钢筋

（丝），然后加抹水泥砂浆保护层。

一阶段管是在制造过程中，施加环向钢筋（丝）预应力和管芯凝固一次完成。一阶段管节省水泥、管身较轻，并可避免三阶段管管芯与保护层砂浆可能黏结不紧的缺点；但三阶段管所需设备简单、质量易控制。所以，目前内水压力较高的钢筋混凝土管仍趋向于采用三阶段管。

预应力钢筋混凝土管弹性及密封性较好，抗拉强度高，维护费用少，节省钢材，可降低造价，便于现场自制，在小型水电站中的应用日渐广泛；其缺点仍是较重、性脆、怕碰撞等，给装卸、搬运、安装等带来一定困难。

（3）自应力钢筋混凝土管和自应力钢丝网水泥管。利用自应力混凝土或自应力水泥砂浆在凝固时的膨胀性张拉钢筋或钢丝网使之产生预应力。这种制管方法工序简单，无需张拉设备，成本低，其性能介于普通钢筋混凝土管和预应力钢筋混凝土管之间。

2.4.4.3　钢筋混凝土管的构造

（1）现浇钢筋混凝土管。

1）管道分段。为了在混凝土干缩及温度变化时管段能自由伸缩，一般要分段设置伸缩缝，土基时缝距为15～20m，岩基时缝距为10～15m。若在两伸缩缝之间加一长4～5m的短管，后期施工，间隔浇筑，则缝距可增至30～35m。

2）接头及止水。现浇钢筋混凝土管接头有平口式和套管式两种，如图3-55所示。平口式管构造简单，适用于水头较低的情况；套管式管是在接缝外圈加套管，构造较复杂，但止水效果好，适用于较高水头的情况。伸缩缝宽度一般为1.5～2.0cm，中间设有橡皮止水或金属片止水，止水材料常用紫铜片、镀锌铁片、塑料止水片及环氧树脂基液粘贴橡皮止水片等。常用的接头填料有沥青麻绳、沥青石棉线、沥青杉板等。

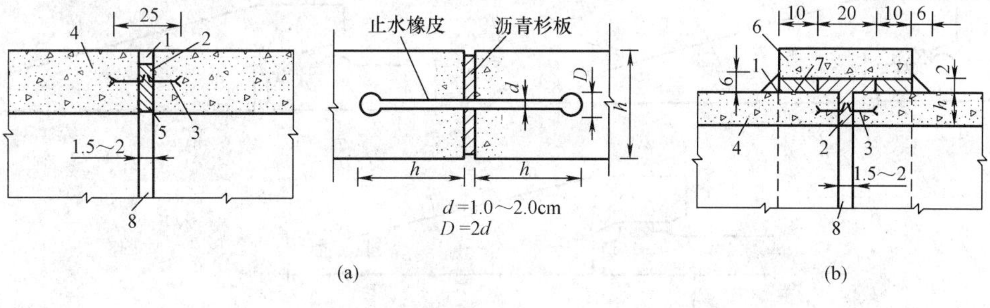

图3-55　现浇钢筋混凝土管接头及止水（单位：cm）

（a）平口接头；（b）套管接头

1—水泥砂浆封口；2—沥青麻线；3—金属止水片；4—管壁；5—沥青麻绳；6—套管；7—石棉水泥；8—伸缩缝，1.5～2.0cm

（2）预应力钢筋混凝土管。预应力钢筋混凝土管在工厂预制，质量易保证并可加快施工进度。考虑制作、运输及安装条件，管段长度一般为3～5m。管节形式有平口式和承插式两种。

1）平口式。平口式管的管节连接采用套管式接头，常用的接头有法兰套管式柔性接头及套管式刚性接头两种，如图3-56所示。柔性接头允许管节在纵向有3～5mm的相对位移及1.5°的转角，适应性较好；但金属消耗多，造价较高。刚性接头成本较低，但对地基不均匀沉降的适应性差，铺设安装费工，因此较少被采用。

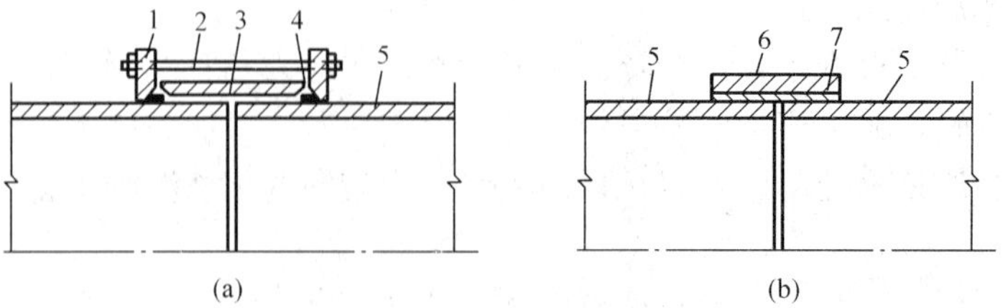

图 3-56　套管式接头

(a) 法兰套管式柔性接头；(b) 套管式刚性接头

1—法兰；2—螺栓栏杆；3—铸铁套管；4—橡胶圈；

5—平口式管；6—混凝土套管；7—接头填料

2）承插式。承插式管沿管节全长分为承口段、管体与插口段三部分，如图 3-57 所示。插口段套入承口段中，插口与承口间一般采用橡胶圈或塑料圈密封。此种柔性接头允许的纵向转角为 1.5°，位移为 10mm。承插口接头有三种形式，如图 3-58 所示。

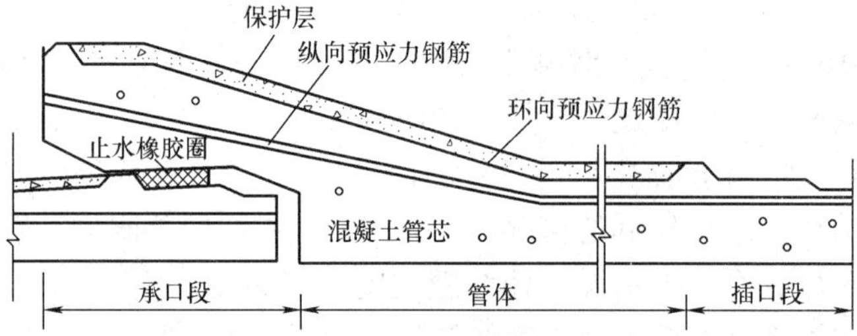

图 3-57　三阶段预应力承插式钢筋混凝土管构造图

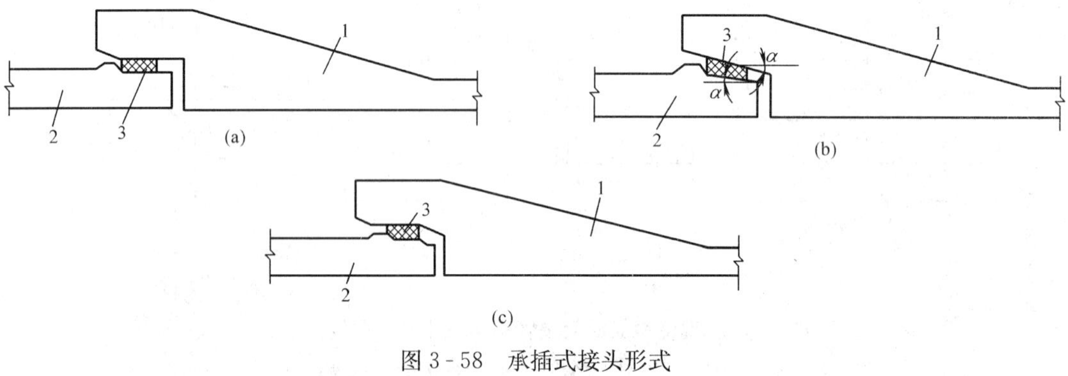

图 3-58　承插式接头形式

(a) 平直形；(b) 双楔形；(c)“63”型

1—承口；2—插口；3—橡胶圈

(3) 管节与阀门连接。管节与阀门一般采用法兰接头连接，即在阀门两侧接出金属短管，阀门与金属短管用法兰连接起来，如图3-59所示。金属短管承插口的规格尺寸均按管节承插口尺寸制造。

(4) 拆卸节。为便于管道的安装、拆卸，通常在镇墩下方布置管件（或称插入拆卸节）与管节相连。拆卸节由上连接段（兼作安装凑合节）、拆卸段和下连接段组成。上连接段与预埋在镇墩内的钢管焊接，拆卸段与上、下连接段用法兰连接，其间夹橡皮止水，下连接段与管节连接。下连接段插口规格尺寸按管节插口制造。如图 3-60 所示，拆卸节可以代替进人孔管节，给管径小的管道安装和检修带来方便。

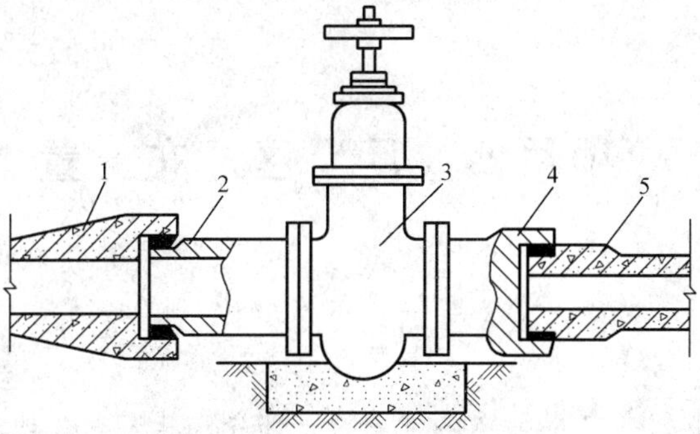

图 3-59　管节与阀门连接示意图

1—预应力管；2—金属短管乙；3—阀门；
4—金属短管甲；5—预应力管

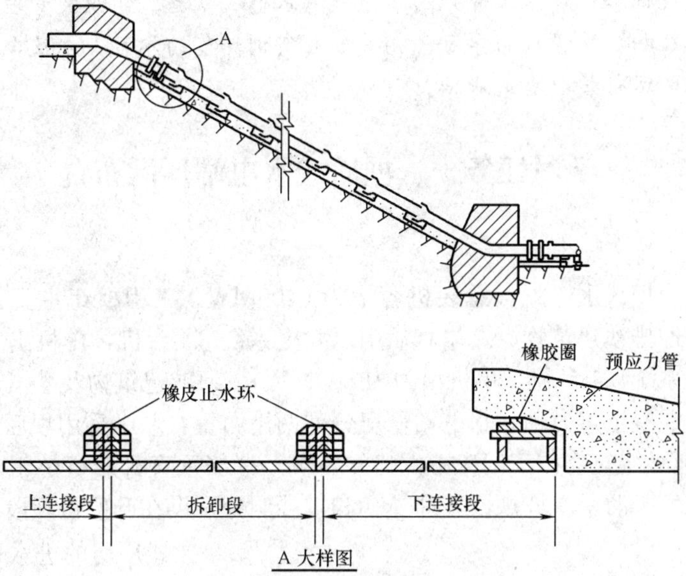

图 3-60　拆卸节与管节连接示意图

项目四　厂　区　布　置

项目概述

厂区布置是水利水电枢纽总体布置的一部分，其布置合理与否直接关系到工程投资的大小、施工的难易程度、运行维护的方便与否。通过该项目学习，将了解到构成厂区的各建筑物的作用、布置要求和布置形式，并对坝后式、引水式、河床式水电站立式机组地面式厂房较为典型的布置形式及其影响因素有进一步了解，为后续厂房布置设计和厂房施工部分的学习及《水电工程施工组织及管理》、《水工大坝运行监测及维护》等课程的学习、相关专业实训环节的学习，以及今后从事水电站设计、施工和运行管理奠定基础。

学习任务一　坝后式水电站厂区布置

1　案例

XJB水电站为坝式水电站，总装机容量为6400MW。工程枢纽主要由挡水建筑物、泄洪消能建筑物、冲排沙建筑物、左岸坝后引水发电系统（4台机，单机出力为800MW）、右岸地下引水发电系统（4台机，单机出力为800MW）、通航建筑物及灌溉取水口等组成。其中，拦河大坝为混凝土重力坝，水电站厂房分列两岸布置（左岸采用坝后式厂房，右岸采用地下式厂房），泄洪建筑物位于河床中部略靠右侧，一级垂直升船机位于左岸坝后式厂房左侧，灌溉取水口位于两岸岸坡坝段，冲沙孔和排沙洞分别设在升船机坝段的左侧及右岸地下式厂房的进水口下部。XJB水电站枢纽总体布置见图4-1。

图4-1　XJB水电站枢纽总体布置

下面结合该水电站左岸坝后引水发电系统讨论坝后式水电站厂区布置要求、形式和特点。XJB水电站坝后式厂房厂区布置见图4-2、图4-3。左岸坝后式厂房装机4台，单机容量为800MW，供水方式为单管单机。水电站建筑物由主厂房、副厂房、主变压器室、GIS户内式开关站、出线平台、回车场、进厂交通洞等组成。

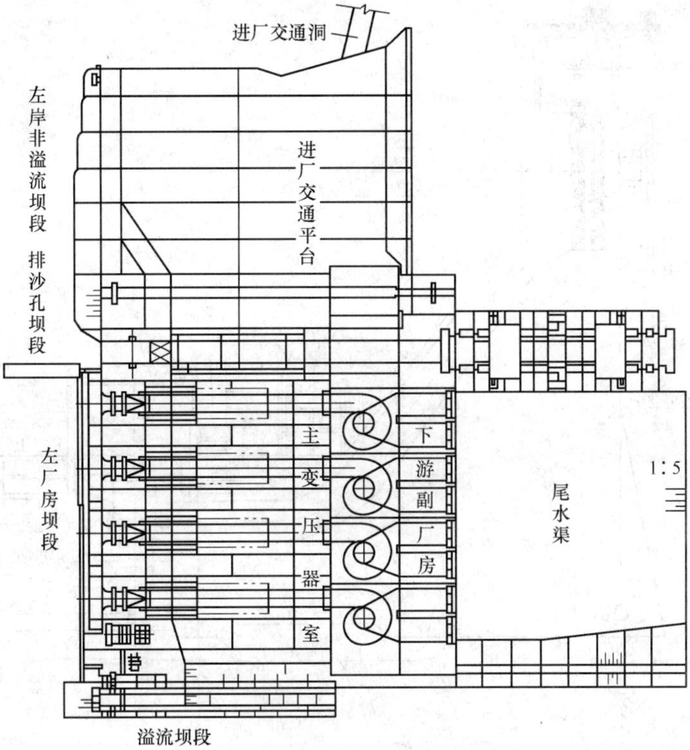

图 4-2　左岸坝后引水发电系统厂区平面布置图

主厂房布置在河床左侧非溢流坝后，厂坝间设有一道温度沉降缝把厂坝结构分开，以适应基础沉降变形和结构温度变形，其中主机间紧接厂房坝段下游，长度为 158.94m；安装间位于主机间左端，长度为 68.00m；厂房右侧与泄洪建筑物相邻，为避免溢流坝泄洪时洪水对厂房尾水的顶托和波动干扰，甚至将泥沙卷入尾水渠导致尾水渠淤积，在厂房和溢流坝之间设了一道较长的分流隔墙；厂房左侧紧邻通航建筑物，因空间限制，位于厂房左端的安装间，一部分（长 34.54m）布置在冲沙孔坝段和左岸非溢流坝段下游坝体混凝土平台上，一部分（长 33.46m）从垂直升船机的上游渡槽段下部城门洞中穿过，与通航建筑物呈重叠形式；副厂房由上游副厂房和下游副厂房两部分组成，上游副厂房布置在主机间上游厂坝之间，与主厂房之间用结构缝分开，下游副厂房布置在主机间下游尾水管上方；主变压器置于主厂房上游厂坝间主变压器室内，其上部是采用 GIS 联合单元布置的户内式开关室，其电压等级为 500kV；出线平台布置在 GIS 户内式开关室上游侧平台上，高程为 298.740m；回车场布置在安装间左端非溢流坝段的坝后平台上，并与进厂交通洞相接；进水管和尾水渠顺河流方向布置。

2　分析讨论

2.1　厂区的组成及布置

2.1.1　厂区的组成及其功用

水电站是以水能为原材料生产电能的工厂。电能的生产及输送除需水轮机、发电机、各种机电辅助设备和自动远动控制设备、变电和配电设备外，还需要将水流平顺地引入水轮机并引导其归河，将各种机电设备布置在恰当位置，为安装、检修及运行创造条件，为运行管

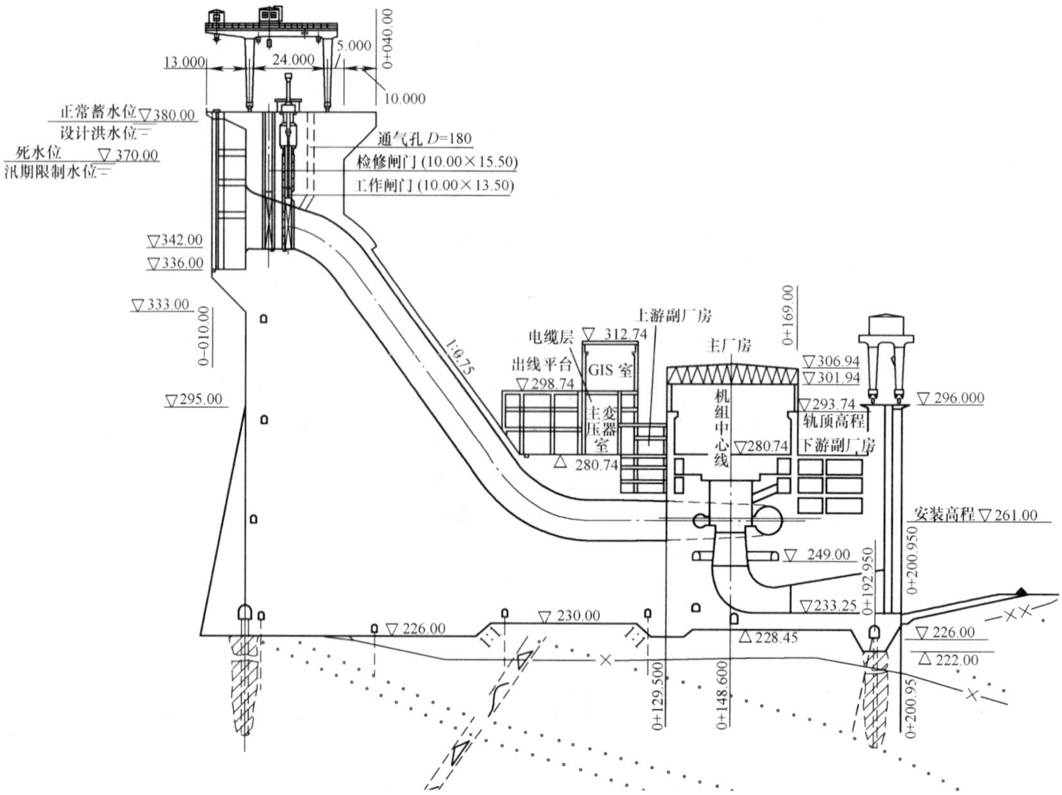

图 4-3 左岸坝后式厂房厂区布置横剖面图（单位：m）

理人员提供良好工作环境的对应建筑物。这些机电设备和建筑物常集中布置于一个区域，这个区域就是厂区。

按建筑物的功能划分，厂区由主厂房、副厂房、主变压器场、高压开关站、水电站引水和尾水建筑物、进厂交通等部分组成。

（1）主厂房。主厂房由主机间和安装间组成，安装水轮发电机组的房间称为主机间，为水轮发电机组的安装和检修提供场所的房间称为安装间。主厂房是直接将水能转变为电能的车间，是水电站厂区的核心建筑物。

（2）副厂房。为安装各种机电自动化控制设备和辅助设备，为运行人员提供工作、休息场所的房间称为副厂房，它是保证主厂房正常发电的辅助场所，应紧靠主厂房布置。

（3）主变压器场是安装主变压器的场所。发电机发出的电流，电压一般不高，若需远距离输送给用户，必须升高电压，才能减少电能损失，因此需设升压变压器，又称主变压器。场地应靠近主厂房布置，以减小昂贵的低压母线长度。

（4）高压开关站。安装高压开关、高压母线和保护措施等高压电气设备的场所。升高电压后的高压输电线由此将电能输往用户，这些设备可布置在室外，也可布置在室内，应尽量靠近主变压器场和中控室布置。当主变压器场和开关站两者布置在一起时，称为变电站。

（5）水电站引水和尾水建筑物。引导水流平顺进入水轮机的高压管道和顺畅归河的尾水渠。

（6）进厂交通。水电站厂房施工和运行期间物资、机电设备（特别是大件）、人员进出的通道，通常采用铁路或公路。

按设备的功能划分，厂区主要由以下五大设备系统组成：

（1）流道系统。由进水管、主阀、蜗壳、水轮机、尾水管、尾水闸门、尾水渠等组成；其功用是引进水流，完成水能向机械能的转换，并将流出水轮机的水流导向下游。

（2）电流系统。由发电机，发电机 A 、B、C 三相的母线引出点和中性接出点，发电机母线，发电机电压配电装置（户内开关室），主变压器，高压配电装置及各种电缆等组成；其功用是完成机械能向电能的转换，并将其升高电压后向电网输送，又称一次回路系统。

（3）电气操作控制系统。由机旁盘、励磁设备、中央控制室的各种监测表计、电流和电压互感器、继电保护装置、控制电缆、自动及远动装置、通信及调度设备等组成；其功用是通过各种监测设备和操作机构保证水电站各种设备正常运行和实现综合自动化，又称二次回路系统。

（4）机械控制设备系统。由水轮机的调速设备、主阀、减压阀、拦污栅和各种闸门的操作控制设备等组成；其功用是操作控制水电站各种水力机械，以保证其按要求正常运行。

（5）辅助设备系统。由厂用电系统、油系统、气系统、水系统、起重设备、各种机电维修和试验设备等组成；其功用是满足水电站机电设备的安装、检修、维护、运行的需要。

2.1.2　厂区布置的任务和原则

厂区布置的任务是以水电站主厂房为核心，合理安排主厂房、副厂房、变压器场、高压开关站、引水道（可能还有调压室或前池）、尾水道、交通线等的相互位置。

由于各水电站地形、地质、环境条件和水电站形式以及整个枢纽工程布局的不同，其厂区布置形式也多样，但均应遵循以下主要原则：

（1）整体布局紧凑。最重要的是布置好主厂房的位置，同时兼顾其他部分。厂区各建筑和设备既有各自的作用和要求，彼此之间又有密切的联系和配合，应该使各部分在空间位置上尽可能集中、相互协调，高程不要相差过大，满足水电站出线方便，电能损失小，便于设备的运输、安装和维护；与枢纽中其他建筑物，特别是与挡、泄水建筑物或过坝建筑物的关系要协调，运行时不应产生干扰。

（2）系统衔接清楚。主要指电气一次回路系统从发电机出线侧经副厂房开关室、母线道到主变压器低压侧，再从主变压器高压侧到高压开关站（接受监测和操作控制）将电送出（水电站）。整个系统清晰明了，联系紧密，线路短而且运行可靠。

（3）内外交通方便。对外要求车辆进出主、副厂房方便，进出开关站方便；特别是主、副厂房间联系方便。

（4）施工简单。厂区布置要避免施工干扰，以便加快工程进度，争取提前发电，对分期施工的水电站，布置上要满足分期投产的需要。

（5）投资省。选择厂区布置方案，应在满足运行可靠、检修方便的前提下，采用工程量较少、投资较省，并有可能较早投入运行，经济效益高的方案。

2.2　坝后式水电站厂区布置

从 XJB 水电站左岸坝后式厂房厂区布置可以看出，坝后式水电站厂区的布置特点是：各部分布置比较集中紧凑，为避免削弱上游坝趾，保证大坝安全，厂坝间应有一定距离，而这一空间常常被用来布置主变压器场和高压开关站，大多数情况下，部分副厂房（主要是电气部分）也布置于此。这样布置充分利用了厂坝间空出的平台，节省了土建投资，高低压出线都很方便，电缆和昂贵的母线较短，可减小电能损失，运行管理、维护方便，主变压器场（或室）地面高程可采用与安装间同高，主变压器由专用轨道拉进厂检修，节省了现场安装、检修必需的起重设备；但主变压器的通风、散热条件不如其他开敞空间；在XJB水电站这样的大中型坝后式厂房中，因其水轮机设计过流量大，尾水管扩散段尺寸较大，下游尾水平台上方空间也常常被用来布置副厂房（主要是油气水系统）。对大型水电站而言，副厂房布置于此，节省占地面积和土建投资，运行管理方便；不利方面是会影响主厂房通风采光，且因尾水管一般在运行中有振动，对仪器表盘会有影响，因此中控室布置于此时，应考虑仪表等元件减振措施；对中小型水电站而言，如尾水管扩散段长度有限，副厂房布置在尾水平台上要增加尾水管长度，加大土建投资时，坝后式厂房也有将部分副厂房设在主厂房端部的布置方式，但这样布置，当机组较多时，会使电缆和母线加长；如厂坝间距离不能满足主变压器场和开关站同时布置于此的要求，也可将开关站布置在邻近厂房的空地上，此时应注意避开断层、滑坡、危岩、滚石等不利的地质区段，避免高压架空线跨越溢流面，同时避免泄洪水雾对高压线相间绝缘的不利影响。

坝后式厂房靠岸边布置时，进厂交通一般采用从安装间下游进入，但像XJB水电站这样因左侧布置有升船机，采用进厂交通从安装间端部进入的布置形式也不鲜见；XJB水电站尾水渠与原主河道一致，在尾水渠与泄洪建筑物消力池之间设置长分流隔墙的布置形式，是坝后式水电站常用的布置形式，这样布置是考虑了两个流道流速不同，既满足了水流平顺、水头损失小的水力条件，同时分流隔墙避免了泄洪时尾水渠内形成壅水、旋涡和出现淤积或冲刷。

综上所述，坝后式水电站厂区典型布置方案见图4-4。

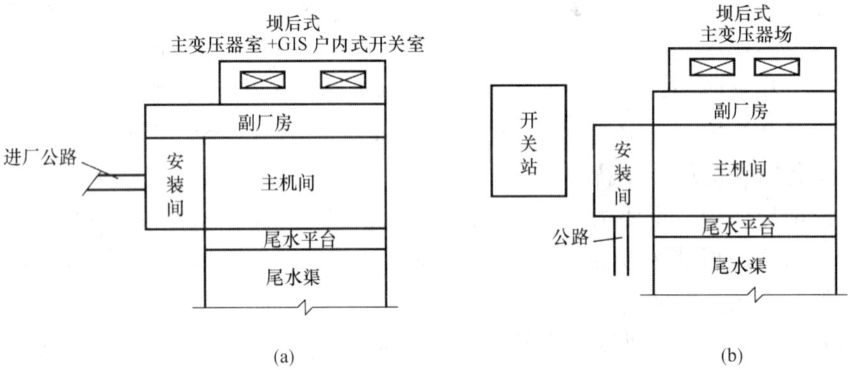

图4-4　坝后式水电站厂区典型布置方案

学习任务二　引水式水电站厂区布置

在引水式（包括混合式）水电站中，水电站厂房通常布置在河道下游的岸边，形成河岸式厂房，下面主要讨论这种形式的引水式水电站厂区布置方案。

1　案例

JLT水电站位于X州的喀什河上，是喀什河流域规划中的第十个梯级水电站，为混合式开发的有压引水式水电站。水电站总装机容量为460MW，4台机组，单机出力为

115MW。工程枢纽由拦河坝、表孔泄洪洞、深孔泄洪洞、发电引水洞、压力管道、河岸式厂房等建筑物组成。

下面将结合该水电站讨论引水式水电站岸边式厂房厂区布置要求、形式和特点。JLT水电站厂区布置见图4-5、图4-6。该水电站建筑物由主厂房、副厂房、主变压器室、GIS户内式开关室、出线平台、尾水渠、进厂公路等组成。

由图4-6可知，发电厂房布置在坝轴线下约450m处左岸一凸岸部位，发电引水隧洞采用两机一洞，至进厂前水平段采用Y形布置的月牙肋分岔管分为4根支管正向进厂，向4台机组供水。主厂房纵轴线基本沿等高线布置，总长度为116.3m；安装间布置在主厂房右端，进厂公路自安装间端部进入；副厂房主要布置在主厂房上游侧，主机间上游侧主要布置电气一次设备，安装间上游侧主要布置电气二次设备，还有一部分副厂房布置在主厂房下游侧尾水平台下方空间；4台主变压器布置在一次副厂房上游侧平台；GIS户内式开关室置于一次副厂房顶层，GIS户内式开关室楼顶布置出线平台；尾水渠斜向河道下游归河。

2　分析讨论

由JLT水电站厂区布置情况可以看出，引水式水电站地面式厂房厂区布置特点是：水电站厂区距拦河大坝较远，位于较为平坦的河岸边，以减少开挖量，主厂房纵轴线与地形等高线接近平行，因对外公路大多也沿河岸等高线布置，故进厂交通往往从端部进入安装间；但需注意尾水渠出水与河道流向交角不宜过大，以免受下泄洪水顶托或河床推移质的淤积。为保证尾水渠出口平顺，可在尾水渠出口修建一导墙或导流堤，以顺畅地导走尾水。但导墙不能过分缩窄河床，以免泄洪时因河床变窄抬高尾水位而减小发电水头；由于该类水电站厂房往往布置在高而陡的山岩下方，因此厂房后坡一定要有足够的稳定性。当边坡地质条件较差或过陡时，应对后坡加以处理，如该水电站厂房后边坡地质条件较差，且开挖边坡高度大，自然地形陡，为此采取了预应力锚索群固坡的稳定措施。

在工程实际中，保持厂房后坡稳定的工程措施还可采用如设置挡土墙，或上段削边坡，减小边坡角度，或设置保坎、抗滑桩等边坡稳定措施，具体采用措施应因地制宜，合理选用。

该水电站引水压力管道水平进厂，分岔管布置在厂前开挖出的基坑内再回填，因而在主厂房上游有足够的空间布置副厂房，这样布置，副厂房在结构上可与主厂房靠在一起，又可利用压力管道分岔和进厂段墩体作为基础，既节省了土建投资，又方便出线和运行管理。通常引水式水电站主厂房下游侧较少布置副厂房，但JLT水电站尾水管平段尺寸较大，在尾水平台下布置副厂房不会增加土建工程量和水下工程量，反而减少了工程占地，因此在尾水平台下布置了一部分副厂房；当主厂房上游侧有足够的空间时，主变压器也可设置于此。例如，JLT水电站就采取了这样的布置方式，这样出线方便，缩短了母线和电缆，便于巡视、维护和排除故障，如有条件，主变压器可进厂房检修。当机组台数不多，且厂房与后面山坡间空间狭窄时，为减少开挖，可将主变压器布置在厂房一端的进厂公路旁，个别水电站也有布置在尾水渠旁的，此时应该特别注意主变压器防洪问题；当采用GIS户内式开关室时，常采用布置在主变压室顶部或副厂房顶层的布置形式。当采用户外式开关站时，所需占地面积较大，因此在河岸式厂房中大多布置在邻近厂房或主变压器场的山坡上。当开关站所需的面积较大而岸坡又较陡时，往往需要很大的开挖平整和护坡工程量。为减少开挖，也可采用台阶布置方案，将设备布置在不同的高程上。

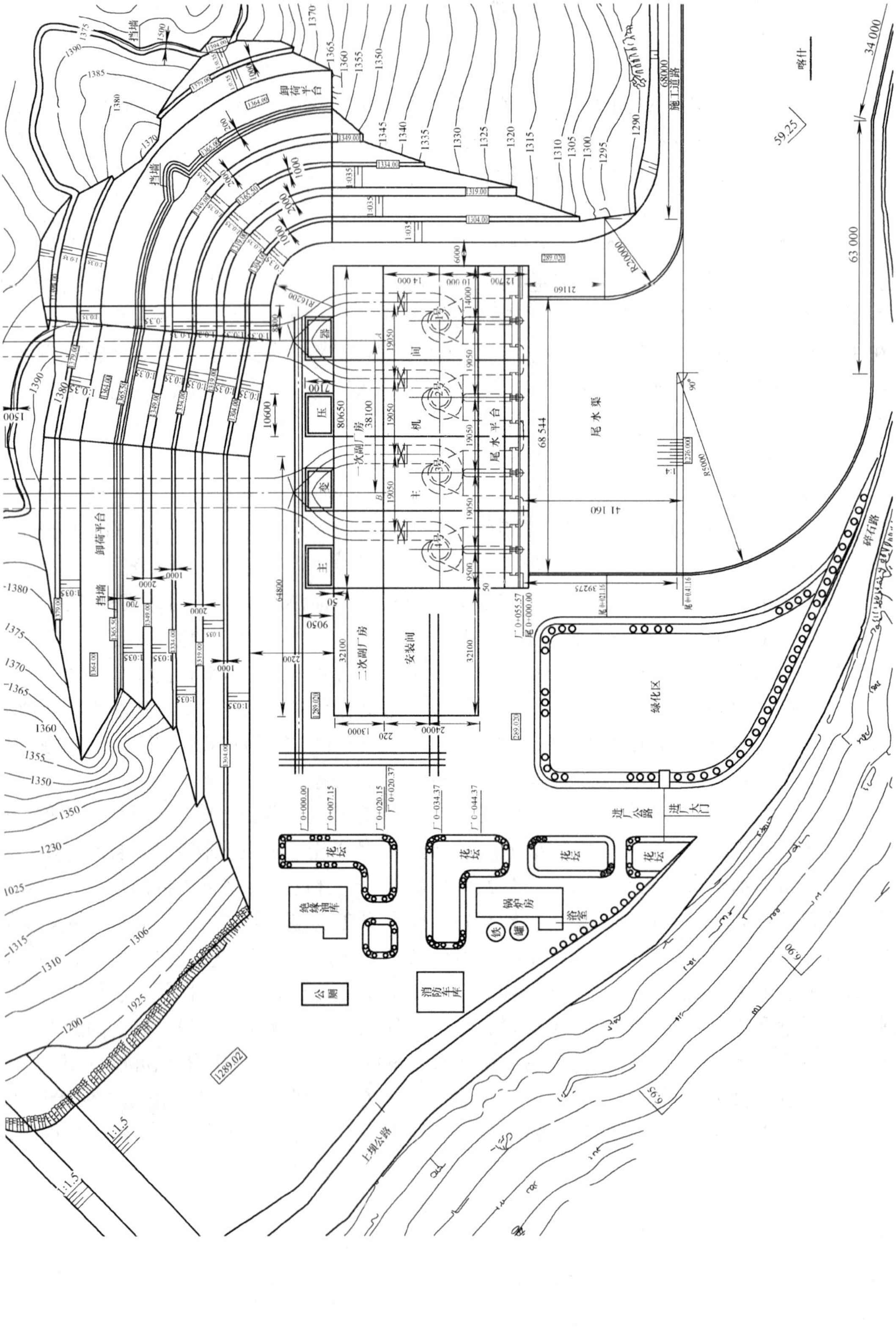

图 4-5　JLT水电站厂区平面布置图

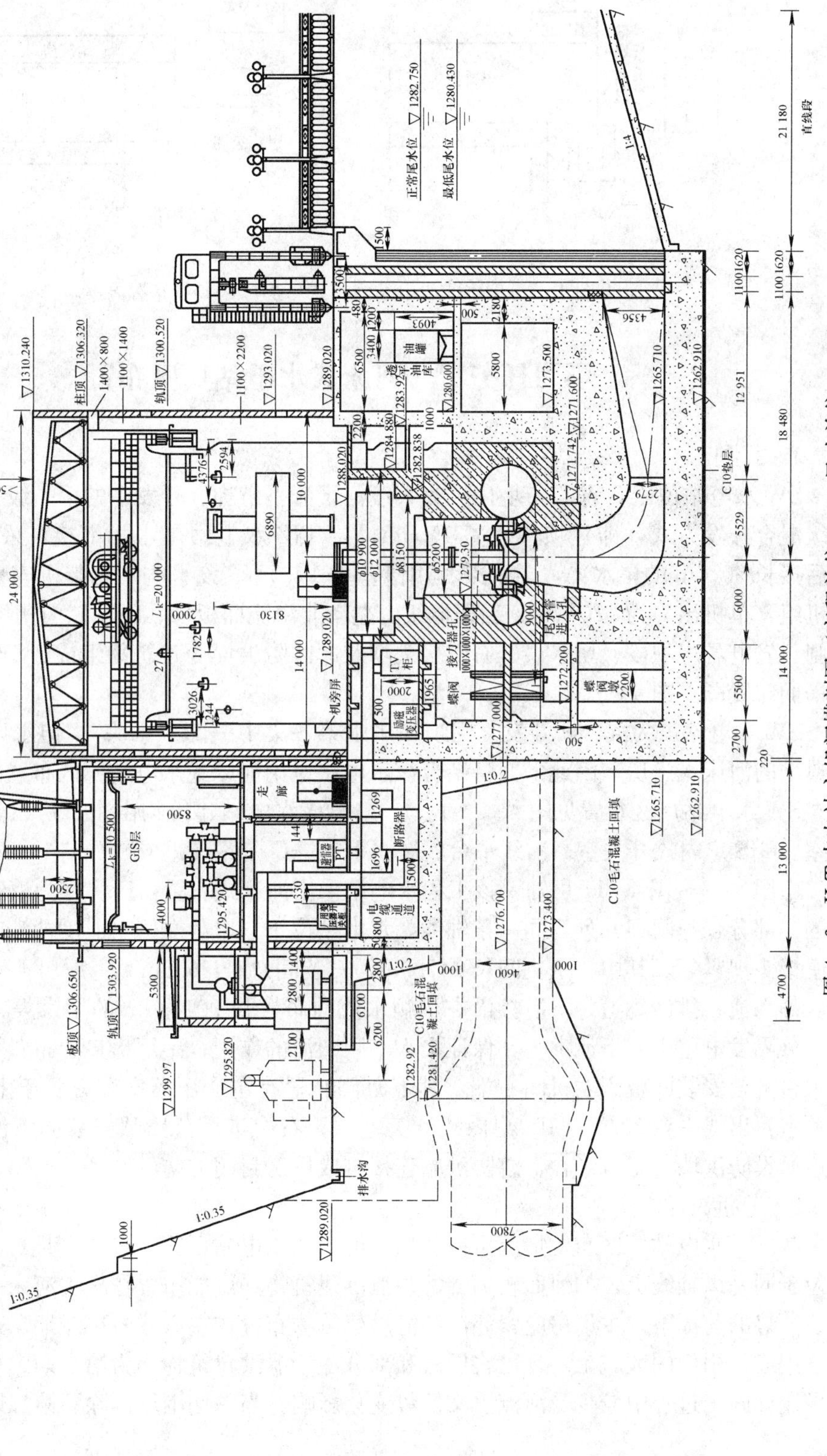

图 4-6 JLT 水电站主机间横剖图（高程单位：m；尺寸单位：mm）

综上所述，引水式水电站河岸式厂房厂区典型布置方案见图 4-7。

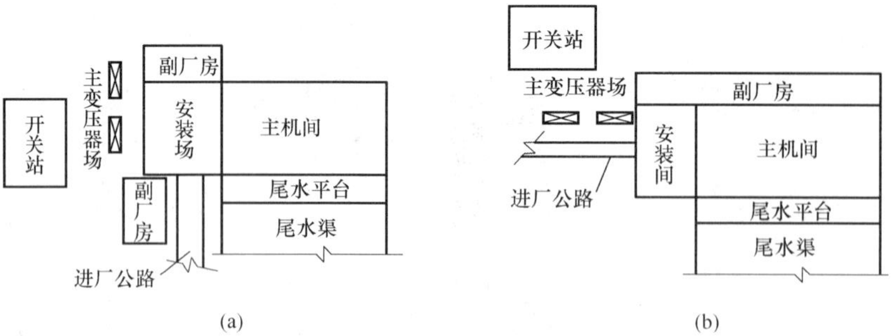

图 4-7　引水式水电站河岸式厂房厂区典型布置方案

学习任务三　河床式水电站厂区布置

1　案例

SW 水电站位于 S 省 L 市境内，为大渡河干流下游梯级开发中的第一级，该水电站采用一级混合开发方式，即建坝壅水高 15.5m，与 TJZ 水电站尾水相衔接，采用河床式厂房，厂后接长 9015m 的尾水渠，尾水渠利用落差为 14.5m。该水电站总装机容量为 480MW，4 台机组，单机出力为 120MW。工程枢纽由左岸非溢流面板坝、闸坝储门槽段、10 孔泄洪冲沙闸、发电厂房坝段、尾水渠、右岸接头坝及库区防洪堤等建筑物组成。SW 水电站枢纽总体平面布置图见图 4-8。

SW 水电站虽为混合式开发（闸坝和尾水渠各集中一部分水头），但水电站厂房形式仍为典型的河床式厂房，因此下面将结合该水电站讨论河床式水电站厂区布置要求、形式和特点。SW 水电站厂区布置见图 4-9～图 4-11。该水电站建筑物由主厂房、副厂房、主变压器室、GIS 户内式开关室、出线平台、尾水渠、进厂公路等组成。

由图 4-9～图 4-11 可知，该工程水电站采用河床式布置，厂房作为枢纽工程挡水建筑物的一部分，与闸坝并列为同一条轴线，水电站位于右岸，左侧与泄洪冲沙闸相接，右侧与右岸接头坝紧邻。其中，主机间长 147.5m，安装间总长 56.5m。主厂房上游布置有导沙底坎、静水池、排沙廊道，下游接沿右岸顺水流向布置长 9015.0m 的尾水渠，尾水渠左堤起到了分隔发电尾水和下泄洪水，保证渠水平顺归河的作用；副厂房集中布置在主厂房下游尾水平台上；安装间位于主机间右端，其下游侧布置有主变压器室和叠置于上的 GIS 户内式开关室，出线平台布置在 GIS 户内式开关室顶；右岸进厂公路从安装间下游直接进厂，公路边所设防洪墙与尾水平台下游防洪墙连接构成厂房封闭的防洪体系。

2　分析讨论

从 SW 水电站厂区布置情况可以看出，河床式水电站厂区布置特点是：主厂房与闸坝并列位于同一纵轴线上，如河面较宽，冲沙泄洪建筑物尽可能布置在靠主河床一岸，在尽量保持原河势的前提下，主厂房应紧邻冲沙泄洪建筑物布置在左岸或右岸滩地。这种布置形式可以不用或仅用低围堰施工，且可将厂房和部分冲沙泄洪建筑物作为第一期工程，以束窄原河床导流，施工过程中较少受河流水文情势变化影响。当一期围堰拆除、第二期工程开始截流

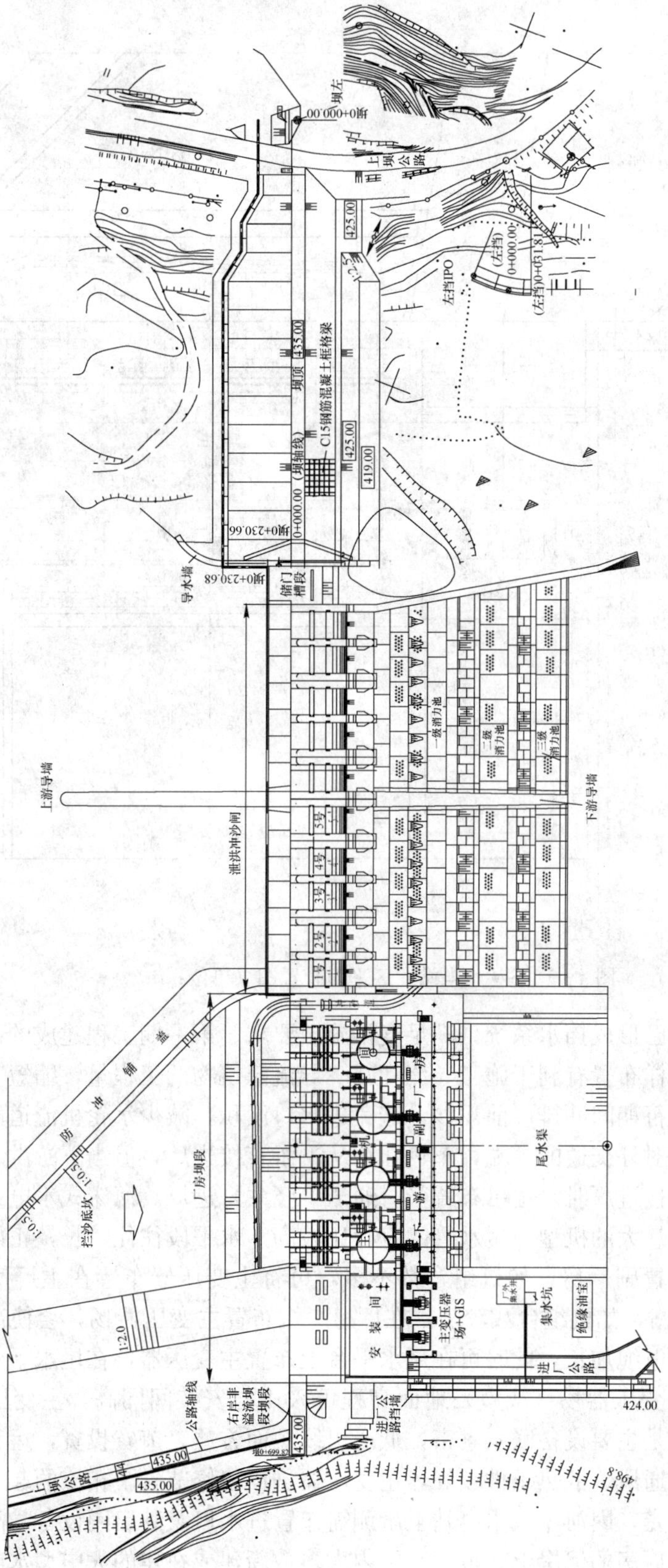

图 4-8　SW 水电站枢纽总体平面布置图（单位：m）

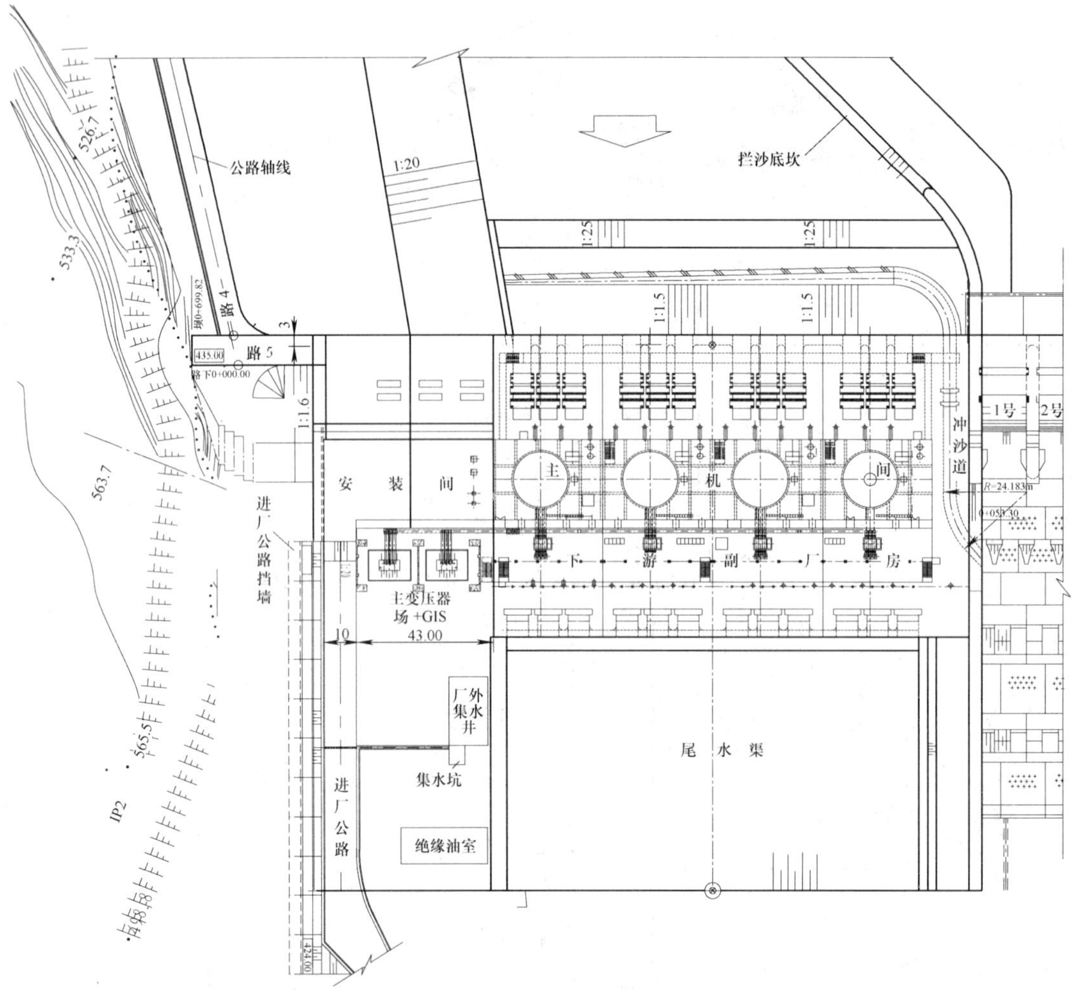

图 4-9　SW 水电站厂区平面布置图（单位：m）

时，水电站厂房自身已形成挡水系统，满足度汛施工要求。第一期工程建成的冲沙泄洪建筑物用作二期导流，这样布置有利于施工导流和减少导流建筑物的工程量，缩短工期，争取提前发电；同时可在运行期间冲排厂前泥沙，避免进水口淤积，减少水轮机流道磨损；安装间通常布置在主厂房有对外交通的一端，车辆往往从下游直接进厂，但当下游洪水变幅太大或不便布置水平通道直接进厂时，也可布置竖直通道（竖井）进厂。河床式水电站采用的机组一般都是水头低、流量大的机型，尾水管的直段比较高、水平段往往较长，正好可以利用尾水平台上、下空间布置副厂房，如机组台数不多，可将主变压器布置在主厂房安装间下游侧。例如，SW 水电站，如机组台数较多，在厂房一端布置主变压器场，会使部分机组的发电机低压母线和联系电缆加长，此时可在尾水平台上布置主变压器，在尾水平台下面的空间布置副厂房。这时主变压器场（或室）地面高程可采用与安装间同高，主变压器可进厂检修。这样布置的优点是主要设备联系紧密，低压出线短而方便，节省投资，运行管理、维护较方便，主变压器的通风、散热条件较好，主变压器进厂检修节省了相应的起重设备；缺点是影响主厂房通风采光。因河床式水电站上游侧需布置进水口及其启闭设备，故高压开关站通常只能布置在靠近厂房的河岸上。近年来国内大多数新建或在建的大中型水电站中，高压

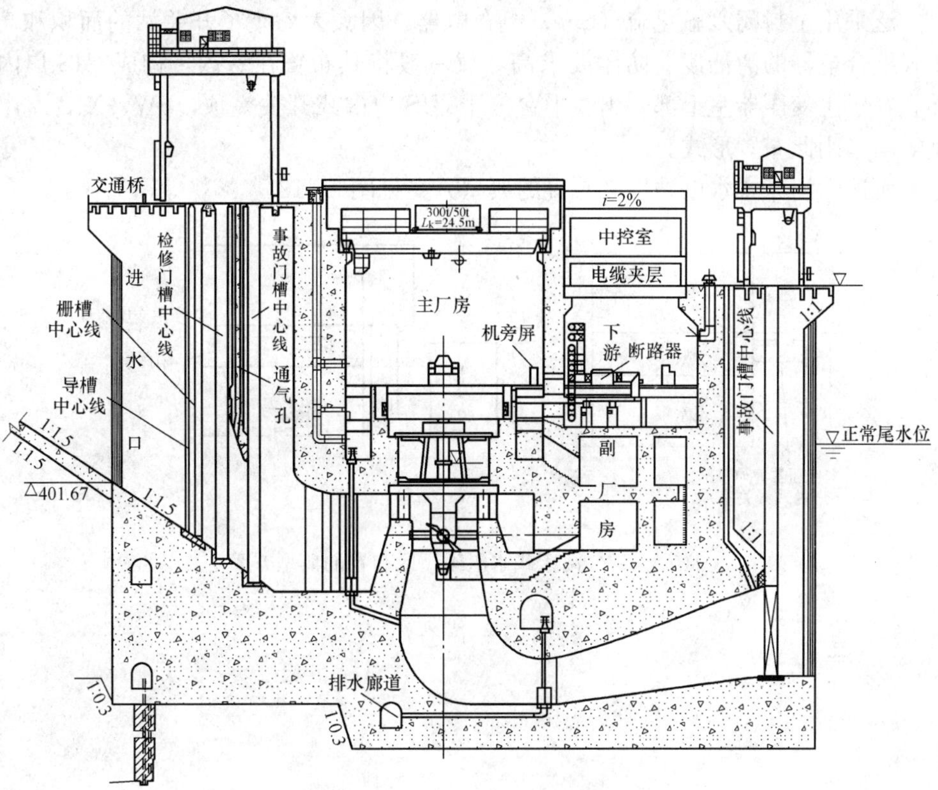

图 4-10　SW 水电站主机间横剖图

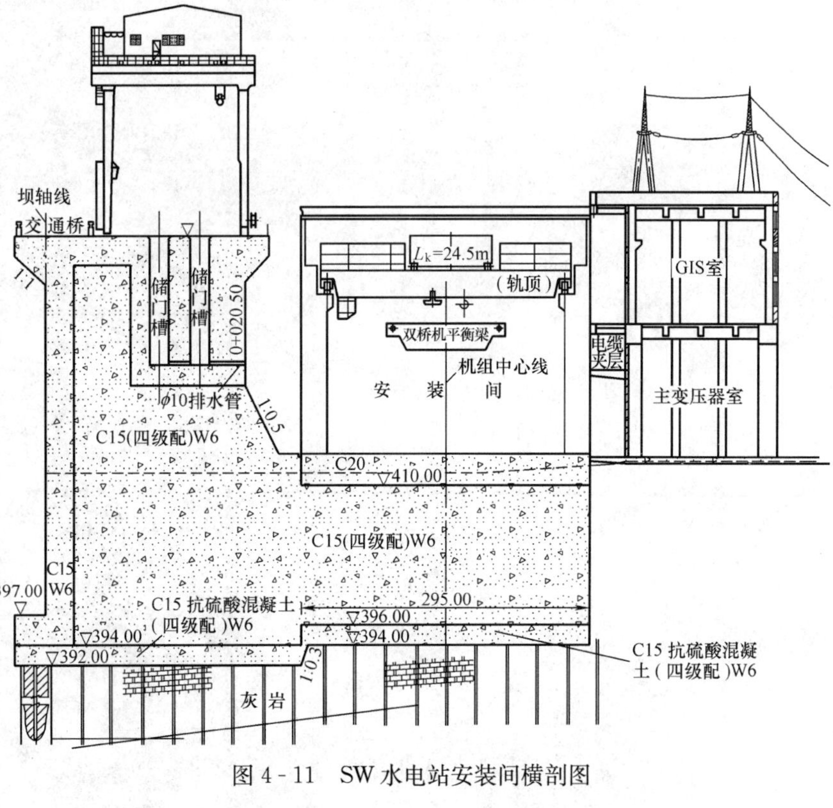

图 4-11　SW 水电站安装间横剖图

开关已广泛采用全封闭六氟化硫（SF_6）组合电器，因大大缩小了开关站的面积和高度，加之封闭式组合电器的清洁度、防尘要求高，故一般将其布置在室内，构成 GIS 户内式开关室，并叠置于主变压器室上部，出线平台位于 GIS 户内式开关室顶，SW、XJB 左岸坝后式水电站等均采用此布置形式。

综上所述，河床式水电站厂区布置的典型方案见图 4-12。

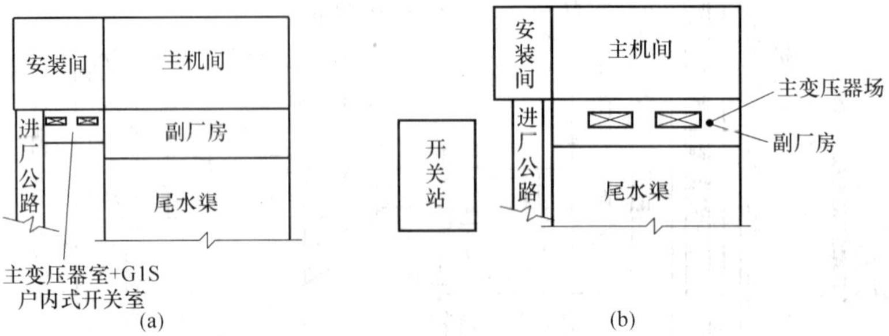

图 4-12　河床式水电站厂区布置的典型方案

项目五　立式机组厂房布置设计

项目概述

水电站厂房的布置设计包括机电设备布置和结构布置两部分。前者的任务是妥善安排各种机电设备的位置，给它们创造良好的安装、检修及运行条件；后者的目的是确定厂房的结构形式，确定各构件的相互连接关系，估计各构件的尺寸，为厂房的结构分析计算打下基础。在我国，安装立式机组的地面式厂房最为常见和典型。在该项目学习中，将以一引水式水电站岸边式厂房为例，通过分析讨论，明确主厂房的总体轮廓构成；理解立式机组厂房布置中水轮机、发电机、调速设备、主阀、起重设备以及油、气、水系统等辅助设备在厂内的布置要求和规律、支承方式及其主要影响因素，理解影响厂房结构形式、各构件间相互连接关系选择的主要因素；明确主厂房内交通道布置的内容、要求及其主要影响因素；掌握主厂房轮廓尺寸拟定的工作程序和具体方法；能用图纸和相关数据资料陈述布置设计成果；为后续厂房施工部分的学习及《水电工程施工组织及管理》、《水工大坝运行监测及维护》等课程的学习、相关专业实训环节的学习，以及今后从事水电站设计、施工和运行管理奠定基础。

学习任务一　下部块体结构布置与设计

在该项目学习开始之前，先认识一下立式机组厂房的总体轮廓。图 5-1 所示为某引水式水电站主厂房横剖面图。由图 5-1 可知，由于主厂房内布置有众多机电设备，而各种设备都有各自要求的装置高程，因此为满足设备布置需要，厂房在竖向分成若干层，发电机层（高程为 284.784m）、出线夹层（高程为 280.984m）、水轮机层（上游侧高程为 276.784m，下游侧高程为 278.104m）、蝶阀廊道层（高程为 273.028m）、蜗壳尾水管层和基础结构层。其中，发电机层、出线夹层、水轮机层和蝶阀廊道层是工作人员可以到达的空间，而蜗壳尾水管层和基础结构层主要是为表达厂房该部分结构构造而划分的，没有明显的“层”，通常仅设有一些狭窄通道，见图 5-2～图 5-5。

习惯上将发电机层以上空间称为厂房上部结构，以下空间称为厂房下部结构，水轮机层以下称为下部块体结构。上、下部结构高度之和（即由尾水管基底至屋顶的高度）就是主厂房总高度（主厂房高，为 29.569m）。下部结构高程比较低，往往要承受周边土压力、下游尾水压力和地下水压力，四周墙体与下部块体整体连接，也称为水下墙。

主厂房有两条重要的控制轴线：一条为主厂房纵轴线，即各机组中心连线（全厂仅一条）；另一条为主厂房横轴线，即与纵轴线垂直的机组中心线（根数与机组台数相同），

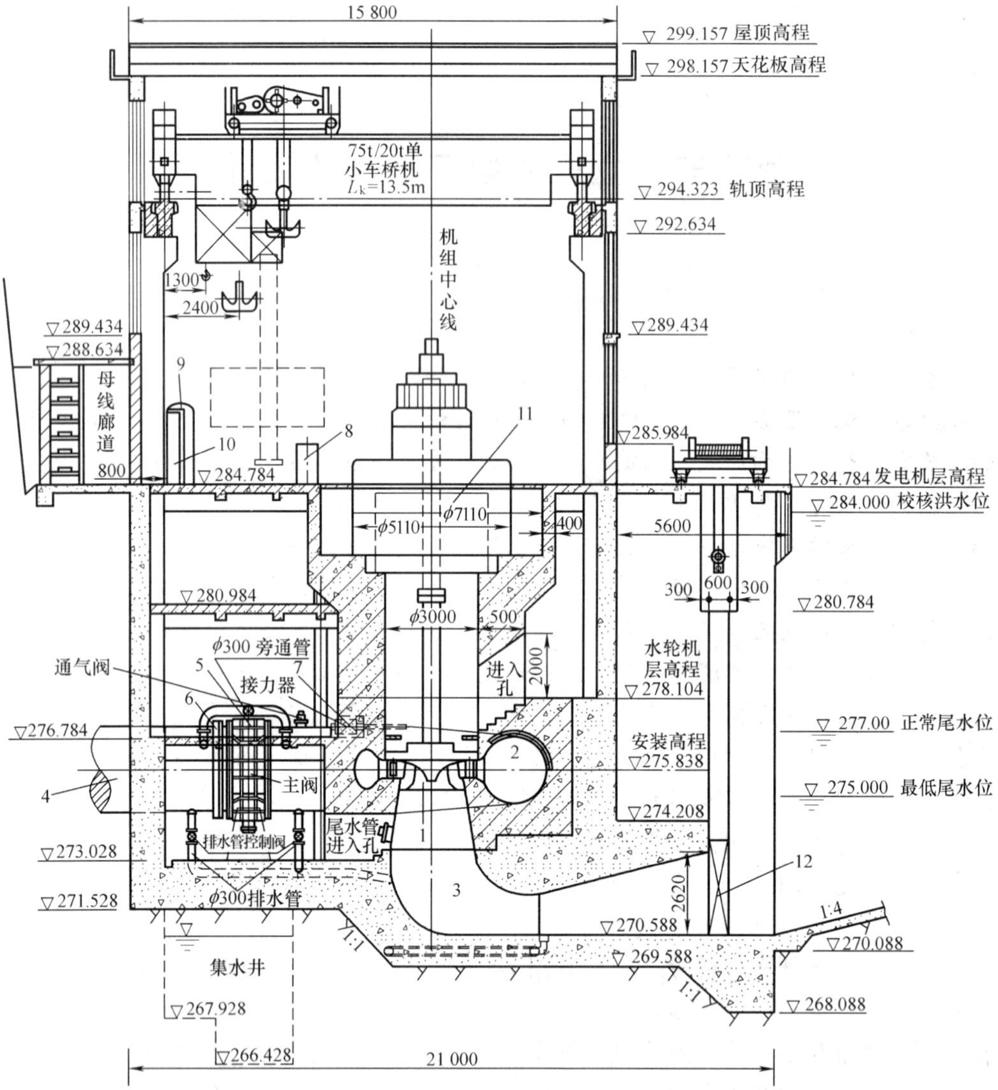

图 5-1　某引水式水电站主厂房横剖面图（高程单位：m；尺寸单位：mm）

1—水轮机；2—蜗壳；3—尾水管；4—压力管道；5—蝶阀；6—伸缩节；7—调速器接力器；8—操作柜；9—油压装置；10—机旁盘；11—发电机；12—尾水闸门

见图 5-2。

一台机组在厂房纵轴线上所占的范围为一个机组段长度，相邻两台机组轴心间的连线长称为机组间距。当厂内机组等间距布置时，机组段长度等于机组间距。各机组段长度和安装间长度之和就是主厂房总长度（主厂房总长度为 58.00m）；主厂房在横轴线上所占的范围就是主厂房的宽度（主厂房上部结构宽度为 15.80m，下部基础宽度为 21.00m）。主厂房的总高度、总长度和总宽度就是反映主厂房总体轮廓的尺寸。

1　案例

由上所述可知，水电站厂房在水轮机层以下称为下部块体结构。在图 5-1 所示的水电站厂房中，即为高程 278.104m 以下部分。在这一空间主要布置有水轮机、水轮机进出水设

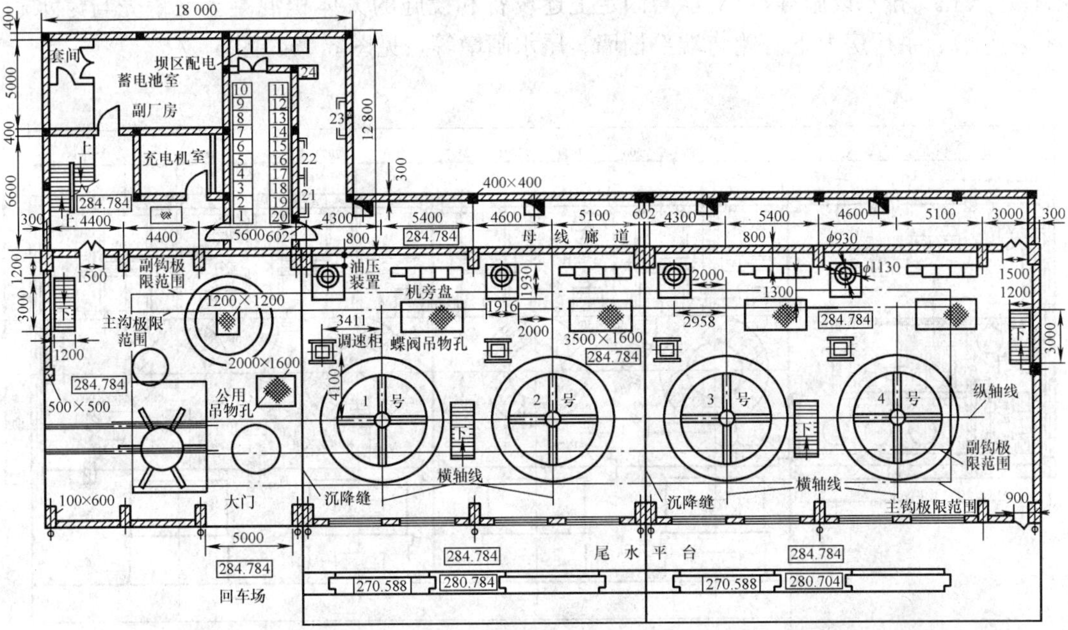

图 5-2　引水式水电站发电机层平面图（高程单位：m；尺寸单位：mm）

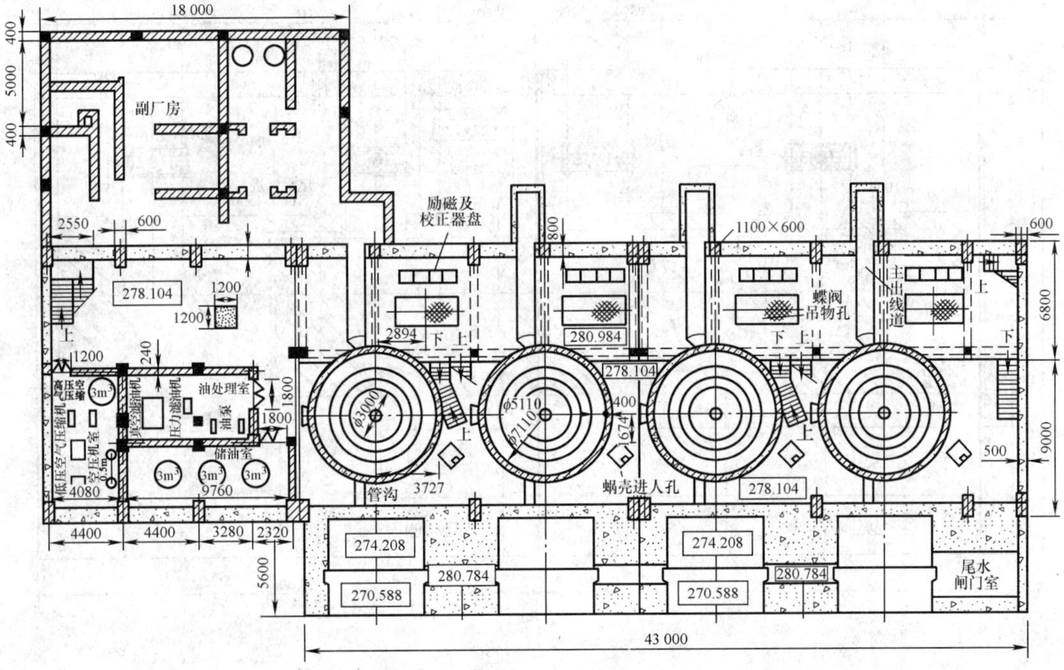

图 5-3　引水式水电站出线夹层平面图（高程单位：m；尺寸单位：mm）

备（进水钢管、伸缩节、蝶阀、蜗壳、尾水管、尾水闸门）及其附属设施（蜗壳进人孔、尾水管进人孔、排水设施等），支承与固定上述设备和设施的大体积混凝土（蜗壳与尾水管外围混凝土）、主厂房上下游侧与端部挡墙、尾水闸墩等，见图5-6、图5-7。

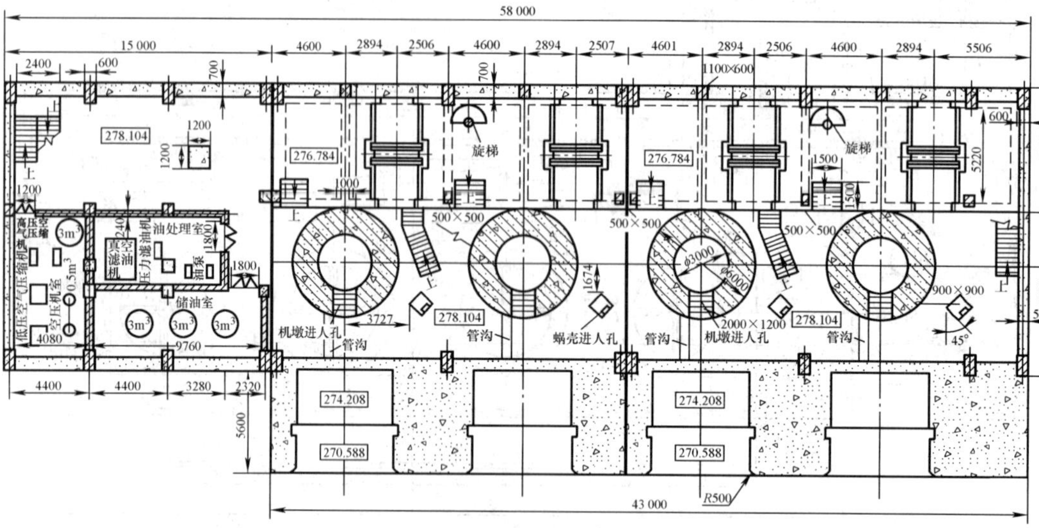

图5-4　引水式水电站水轮机层平面图（高程单位：m；尺寸单位：mm）

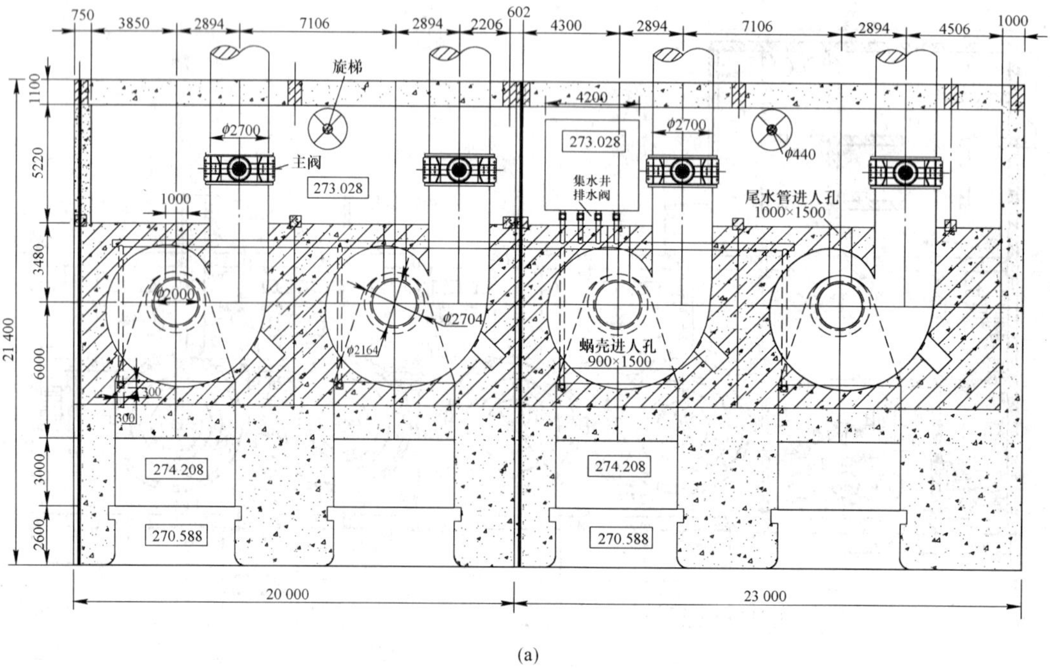

(a)

图5-5　引水式水电站蜗壳尾水管层平面图（高程单位：m；尺寸单位：mm）（一）

(a) 蜗壳层平面图

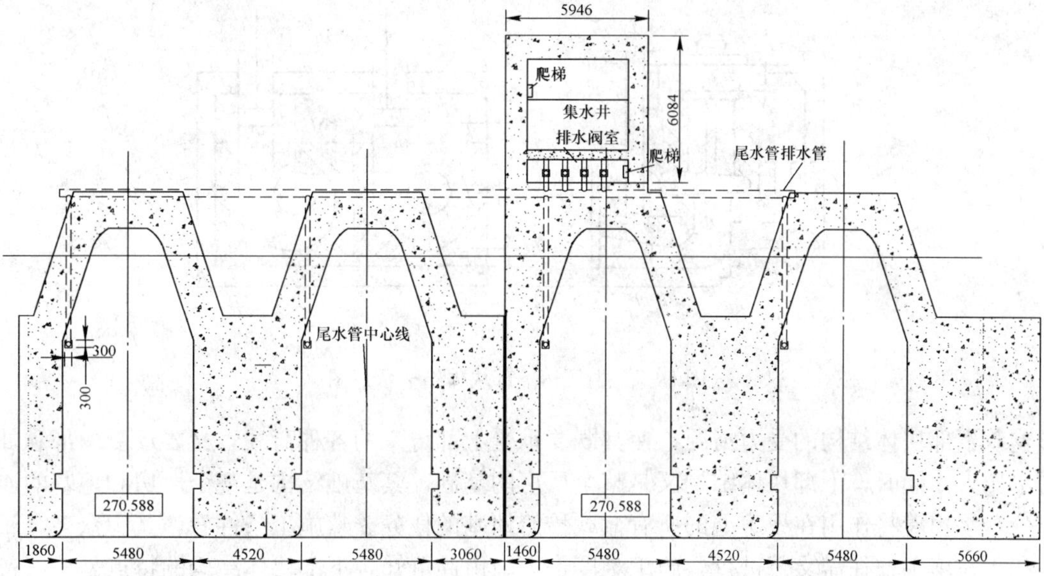

(b)

图 5-5　引水式水电站蜗壳尾水管层平面图（高程单位：m；尺寸单位：mm）（二）

（b）尾水管层平面图

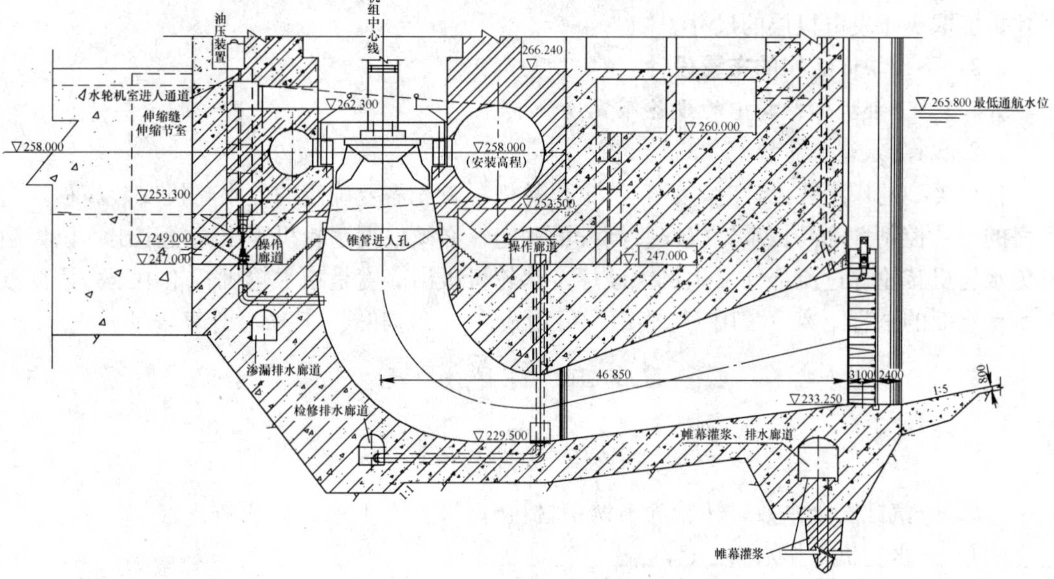

图 5-6　坝后式水电站厂房下部块体结构

2　分析讨论

2.1　下部块体结构的特点

由上述案例中可以看出，下部块体结构中包含蝶阀廊道层（高程为 273.028m）、蜗壳尾水管层及基础结构层。其中，主要布置的是厂房流道系统，如进厂管段、蜗壳、尾水管，它们的形状和尺寸在很大程度上影响着下部块体结构的形状和尺寸。它们复杂的工作环境直接

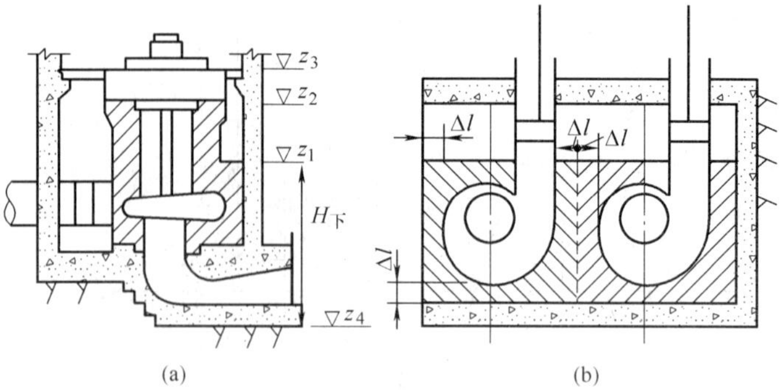

图 5-7　主厂房下部块体结构示意图

影响着下部块体结构的受力情况，使其既要承受上部传来的各种荷载，又要承受内部和外部的水压力。同时，下部块体结构又是整个厂房的基础，其基础结构是整个厂房和地基的连接部分，承担着将作用在厂房上的所有荷载传给地基的任务。从施工条件看，其中众多金属埋件和土建施工往往需交替进行，施工难度也大。由此可知，下部块体结构的特点是截面尺寸大、形状不规则、受力复杂、整体性强、施工难度大。

根据经验，在低水头水电站厂房中，下部块体结构的混凝土方量可达全厂的 90%左右，在高水头水电站厂房中也可达 70%左右，一般情况下，机组过流量大的主厂房的长度和宽度取决于下部块体结构的尺寸，只有中高水头、采用低比转速机组、引用流量比较小的水电站才可能取决于发电机层的尺寸。

2.2　下部块体结构的布置设计

2.2.1　下部块体结构中的设备布置

2.2.1.1　水轮机布置

任何类型的厂房在设计时，一旦选定水轮机，首先需要确定的是水轮机安装高程，这是厂房的一个控制性标高。水轮机安装高程的确定，必须根据水轮机吸出高度定出，以控制和避免水轮机转轮等过流部件发生汽蚀破坏。水轮机吸出高度是指水轮机转轮中压力最低点到下游尾水面的垂直距离，常用 H_s 表示，可用式（5-1）和式（5-2）计算，即

$$H_s = 10.0 - \frac{\nabla}{900} - k\sigma H \qquad (5-1)$$

或

$$H_s = 10.0 - \frac{\nabla}{900} - (\sigma + \Delta\sigma)H \qquad (5-2)$$

式中　k——汽蚀安全系数，转轮为不锈钢材料时，$k \leqslant 1.1 \sim 1.2$，否则 $k = 1.2 \sim 1.4$；

H——水轮机工作水头，m；

∇——水电站当地海拔高程，m；

σ——汽蚀系数；

$\Delta\sigma$——汽蚀修正系数，据设计水头 H_p 查图 5-8 得到。

计算得到的 H_s 有正有负，当转轮最低压力点位于下游最低尾水位以上时，H_s 为正，位于最低尾水位以下时为负。图 5-1 所示的河岸式水电站厂房吸出高度 $H_s = 0.558$m。

水轮机的安装高程常用 Z_s 表示，因水轮机类型和装置方式不同而不同。对立轴安装的反击式水轮机而言，机组安装高程是指水轮机导叶中心线所在的水平面高程，见图 5-6、图

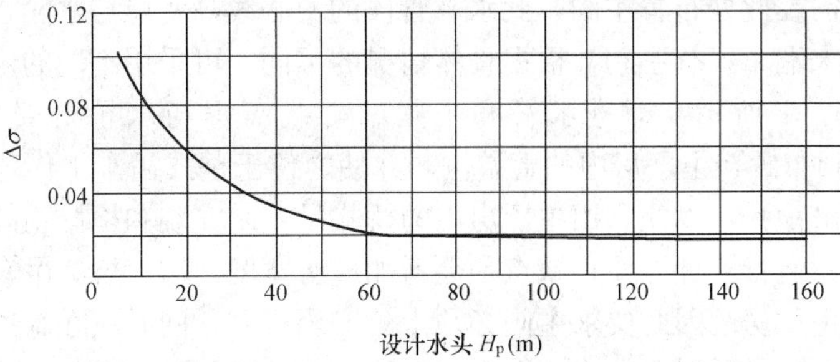

图 5-8　汽蚀修正系数

5-9；对卧轴安装的反击式水轮机而言，机组安装高程是指水轮机主轴中心线所在的水平面高程，见图 5-10。下面分别介绍它们的计算公式。

（1）立轴混流式水轮机

$$Z_s = Z_a + H_s + b_0/2 \qquad (5-3)$$

式中　Z_s——水轮机安装高程，m；

H_s——吸出高度，m；

b_0——导叶高度，m；

Z_a——下游最低尾水位，m。

下游尾水位随过流流量和河道水位变化而经常变化，影响因素也较复杂。综合利用水库泄向下游的流量不仅取决于发电要求，还受其他用水部门的影响，工程中初步拟定时可采用以下方法：对有调节水库的多机组水电站，采用与一台机组在设计水头下发出额定出力相应的下游水位；对无调节水电站或仅作日调节的径流式水电站，采用对应于设计保证率的枯水流量时的下游水位。

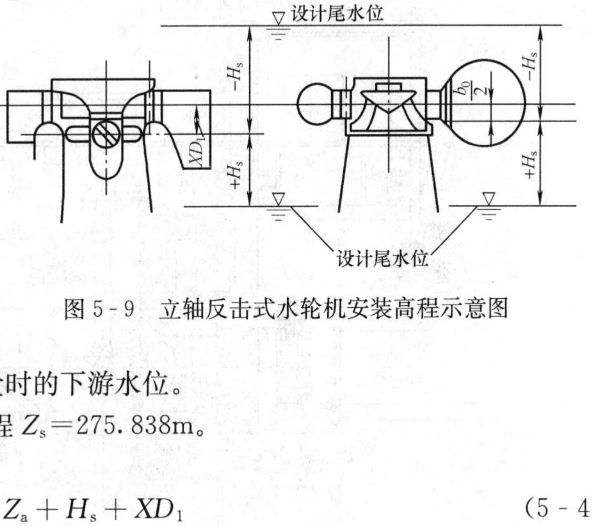

图 5-9　立轴反击式水轮机安装高程示意图

图 5-1 所示的引水式水电站安装高程 Z_s=275.838m。

（2）立轴轴流式和斜流式水轮机

$$Z_s = Z_a + H_s + XD_1 \qquad (5-4)$$

式中　X——结构系数，转轮中心与导叶中心距离与 D_1 的比值，一般取 X=0.38～0.46；

D_1——转轮标称直径，m。

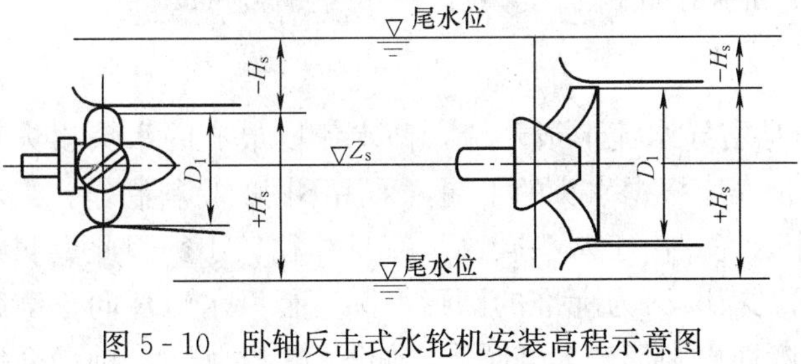

图 5-10　卧轴反击式水轮机安装高程示意图

（3）卧轴混流式和贯流式水轮机

$$Z_s = Z_a + H_s - \frac{D_1}{2} \qquad (5-5)$$

2.2.1.2　进水管和主阀布置

由图 5-1 和图 5-4 可知，为便于与蜗壳连接，压力管道进厂后，管中心线水平布置，设分岔管的引水式水电站可能还需在此处布置主阀，此水平管段的中心线高程应与水轮机安装高程相同。

如在压力管道末端布置有主阀，根据具体情况的不同，可采用不同的主阀布置方式：一种布置方式如图 5-1 所示，即进水管和主阀中心线高程与水轮机安装高程相同（为 275.838m），将主阀布置在主厂房内的上游侧，并使之位于桥式吊车工作范围之内，阀上各层楼板都设有主阀吊物孔，以便利用主厂房内的桥式吊车来安装和检修主阀。这种布置方式的优点是比较紧凑，运行管理方便；缺点是会增加厂房宽度，增大桥式吊车跨度，万一主阀爆裂，水流会淹没主厂房。因此要求主阀必须十分安全可靠，同时应在廊道地面设置排水沟并连至渗漏集水井。另一种布置方式如图 5-11 所示，即将主阀布置在主厂房外专设的阀室中，主阀的运输、安装、检修需专设起重运输设备和通道。这种布置方式的优点是厂房宽度和桥式吊车跨度不会因此增大，因主阀室设有专门的水流出口，一旦主阀爆裂可将水流排走，不会对主厂房造成危险；缺点是需增设安装、检修主阀的专用起重运输设备及连通阀室的排水道，运行维护不太方便。第二种布置方式通常适用于高水头的地下式厂房。

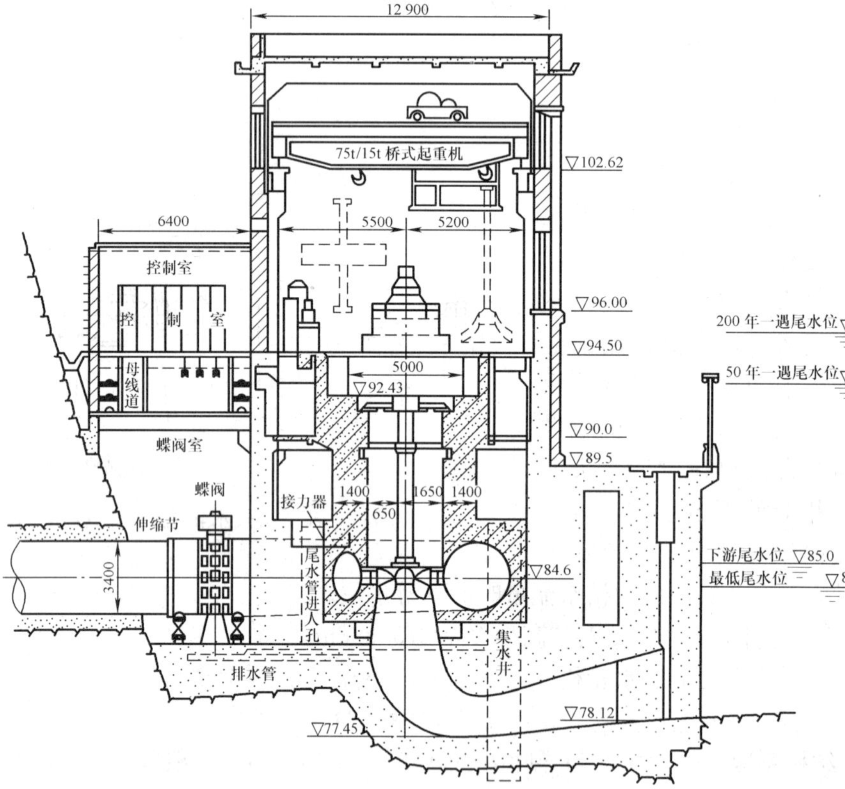

图 5-11　设置专用主阀室的主厂房横剖面图（高程单位：m；尺寸单位：mm）

2.2.1.3　蜗壳布置

蜗壳是水轮机的引水部件，其作用是引导水流形成环流，使水流以最小的水头损失均匀、轴对称地进入水轮机。在工程上，蜗壳应根据水头的不同，采用不同的材料制作。当水头高于 40m 时，一般采用金属材料制作蜗壳。由于水头较高，流量往往较小，因此金属蜗壳的包角 φ 一般较大，常采用 345°。蜗壳横断面为标准的圆形，圆直径沿水流环向逐渐减小，在蜗壳尾部，为了和座环相衔接，断面由圆形变为椭圆形，如图 5-12 所示。前面介绍的引水式水电站和国内外很多水电站，诸如美国大古力水电站、巴西与巴拉圭共建的伊泰普水电站、我国的丹江口水电站、二滩水电站、三峡水电站等的水轮机均采用了金属蜗壳。

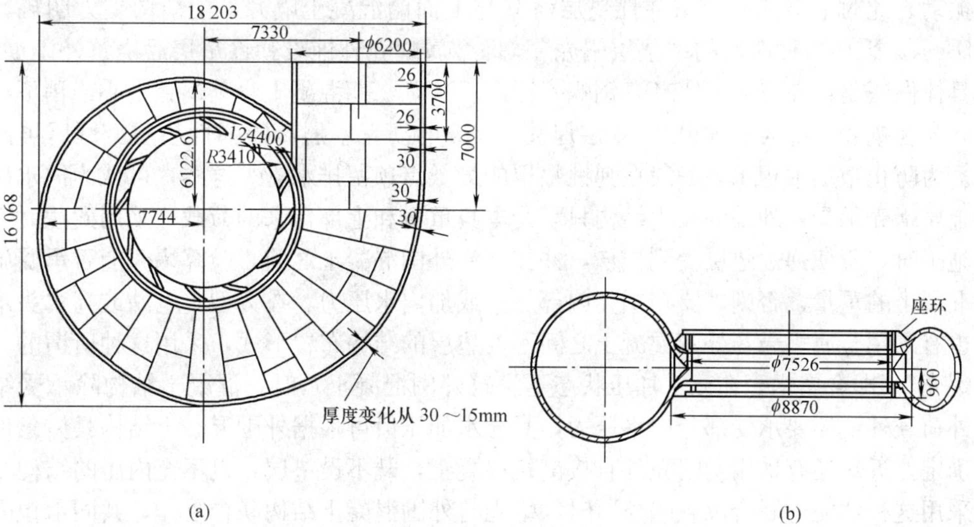

图 5-12 金属蜗壳（单位：mm）

在水头低于 40m 的低水头、大流量水电站中，从技术经济上考虑，蜗壳则常采用钢筋混凝土制作。为减小厂房尺寸，降低水电站造价，钢筋混凝土蜗壳的包角一般采用 180°～225°，最常用的是 180°。为方便施工，蜗壳的断面常常做成梯形（也称为Γ形断面），而梯形断面根据厂房设计的要求可采用四种不同的形状，如图 5-13 所示。一般为了方便布置接力器，多采用平顶式（$n=0$）或下伸式（$m>n$）的蜗壳断面；只有当为减少进口段的岩基开挖，或者下游水位变幅较大，需要在蜗壳下布置泄水底孔或尾水管形状特殊时，才采用对称式（$m=n$）或上伸式（$m<n$）的蜗壳断面。

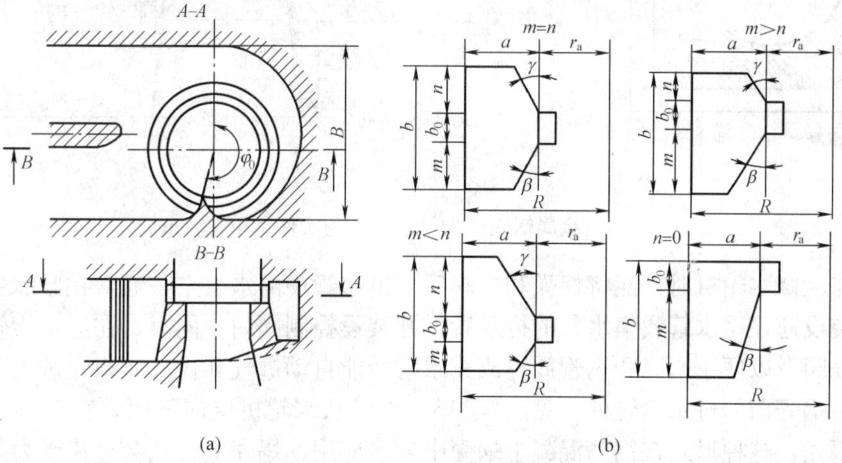

图 5-13 钢筋混凝土蜗壳

水轮机安装高程确定后，通常根据制造厂家推荐的蜗壳形式和提供的尺寸进行蜗壳布置。

以图 5-1 所示的引水式水电站为例，当采用金属蜗壳时，其内圈焊接在座环的上下环蝶形边上，金属蜗壳完全埋入下部大体积混凝土中，由混凝土承受部分不均衡的作用力，并防止振动。此时上半部通常用弹性垫层将其与上面的混凝土隔开，使结构受力明确，如图 5-14所示。采用这种所谓的“垫层蜗壳”（即金属蜗壳外铺设弹性垫层后浇筑外围混凝土）时，具体做法是：在安装好座环，钢蜗壳固定就位，二期混凝土浇至蜗壳中心或稍下些的高程后，先在蜗壳上部表面铺设 2～3 层厚 4～5cm 的沥青木屑砖等弹性垫层，然后再浇筑混凝土。为防止垫层中积水，一般在弹性垫层的最低点预留排水管。这样，可认为内水压力全部由金属蜗壳承受，外围混凝土结构只承受本身重量和上部传来的荷载。采用此法时，应注意在施工时，不使弹性垫层受到损伤，并在浇注外围混凝土之前，验算蜗壳能否承受施工期上部混凝土的重量，否则，要在蜗壳内部加撑或加内水压力。在大型水电站或高水头水电站中，也有采用金属蜗壳与外围混凝土之间不设垫层的结构布置形式，采用这种所谓的“充水加压蜗壳”（即金属蜗壳在充水加压状态下浇筑外围混凝土）时，混凝土结构除承受结构自重和外荷载外，还要承受部分内水压力，其充水加压值可根据外围混凝土结构具体条件分析研究确定。近年还有采用钢蜗壳外直接浇筑混凝土，既不设垫层，也不充内压的结构布置形式，采用这种“完全联合承载蜗壳”时，蜗壳与外围混凝土结构联合工作，共同承担内水压力等荷载。这种构造形式可减小蜗壳钢板厚度，在较高水头、大流量的水电站中采用较经济；但为了保证联合受力，施工工艺较复杂，技术要求高。

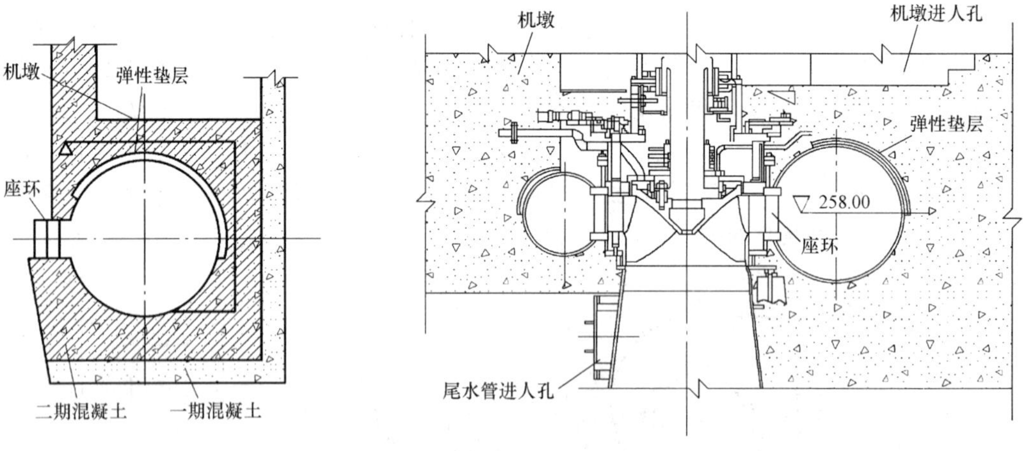

图 5-14　金属蜗壳弹性垫层示意与实例（单位：m）

为了在检修水轮机时，能将蜗壳和主阀后面进水管中的水放空，通常在紧靠主阀下游钢管的底部装设通往尾水管或集水井的排水管，并装设控制阀门。同时，在进水钢管的顶部还应安装通气阀，以便于蜗壳和钢管放空或充水时，能自动进气和排气。蜗壳进人孔一般可设在主阀下游蜗壳前的进水钢管处，见图 5-15；也可从水轮机层向下用垂直孔洞连通一水平短洞进入蜗壳，这种形式在钢筋混凝土蜗壳中较多应用，蜗壳上开孔会恶化受力条件，结构加强措施是不可忽视的。

在图 5-1 所示的案例中，金属蜗壳采用 345°包角，进口断面半径为 $\rho=1.266$m，采用“垫层蜗壳”布置；蜗壳进人孔布置在厂房纵轴线下游左侧，由水轮机层设竖井爬梯下到相应高程后经一水平短洞进入；蜗壳排水管设在主阀下游进水管底部，并通向尾水管；盘形控

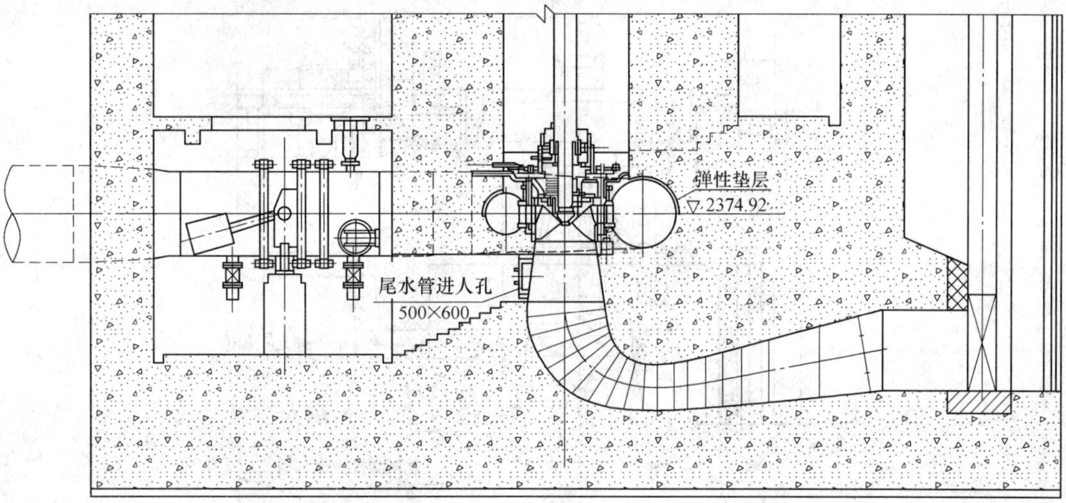

图 5-15　金属蜗壳布置实例（高程单位：m；尺寸单位：mm）

制阀布置在主阀廊道排水阀室内，见图 5-16。

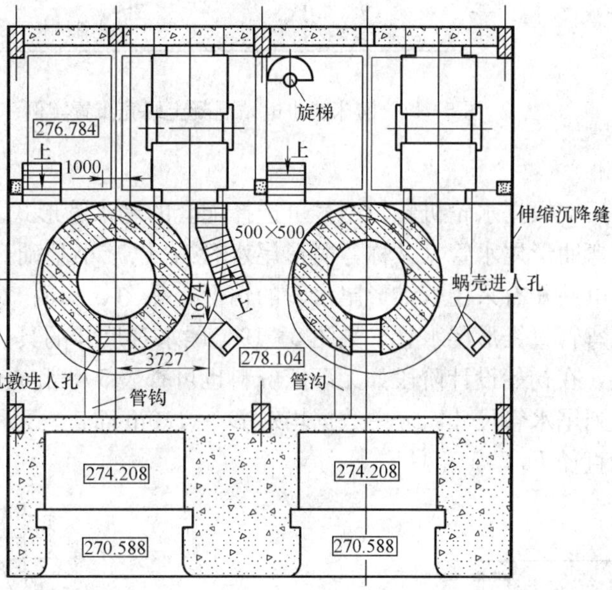

图 5-16　金属蜗壳进人孔布置实例（高程单位：m；尺寸单位：mm）

对采用混凝土蜗壳的水电站，蜗壳和引水道的排水管通常设在底板最低高程的进水段末端，并通向尾水管。蜗壳进人孔多设在前半部，由廊道进入，如图 5-17 所示。

2.2.1.4　尾水管布置

尾水管是反击式水轮机重要过流部件之一，其主要功用如下：

(1) 将通过水轮机的水流导向下游。

(2) 当转轮装在下游水位之上时，在转轮出口处形成静力真空，以利用转轮至下游水位之间的水头。

(3) 通过扩大转轮出口断面，在转轮出口处形成附加动力真空，以利用转轮出口处大部

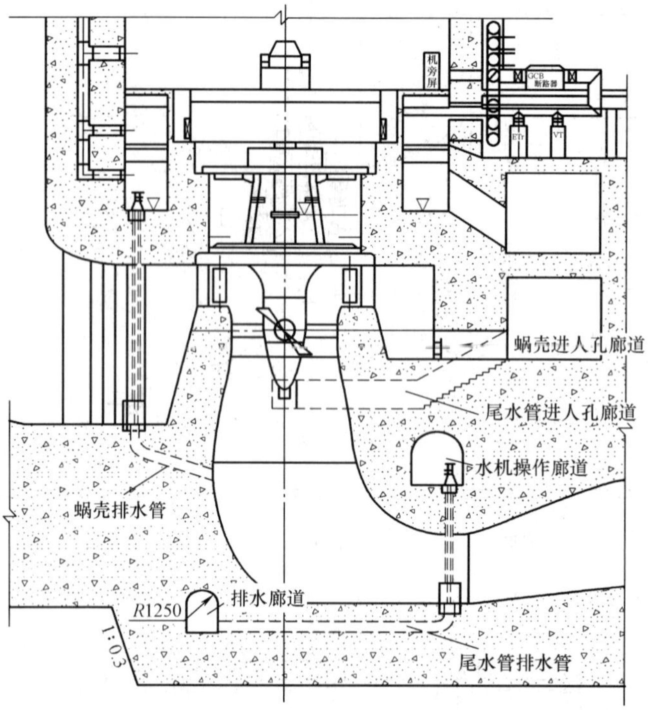

图 5-17　河床式水电站混凝土蜗壳布置实例

分动能。

水轮机选定后，根据水轮机转轮型号可选择配套的尾水管形式。在安装立式机组的水电站中，大多选用弯曲形尾水管（又称弯肘形尾水管），以减小基础开挖深度，见图 5-1；只有小（二）型水电站才有采用直锥形尾水管的情况，见图 5-18；对于卧式安装的混流式水轮机则通常采用弯管直锥形尾水管，见图 5-19。尾水管尺寸的具体数据，一般由制造厂家按型谱配套提供，在初始设计阶段如无厂家资料也可查表 5-1 和表 5-2（对应图 5-20），这是推荐的标准系列尾水管尺寸，表中数据均对 $D_1=1.0$m 而言，采用时，表中数据均应乘以实际采用的转轮直径 D_1。

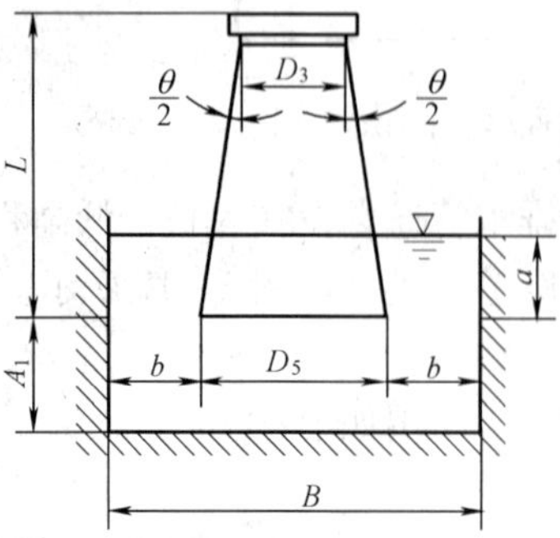

图 5-18　直锥形尾水管

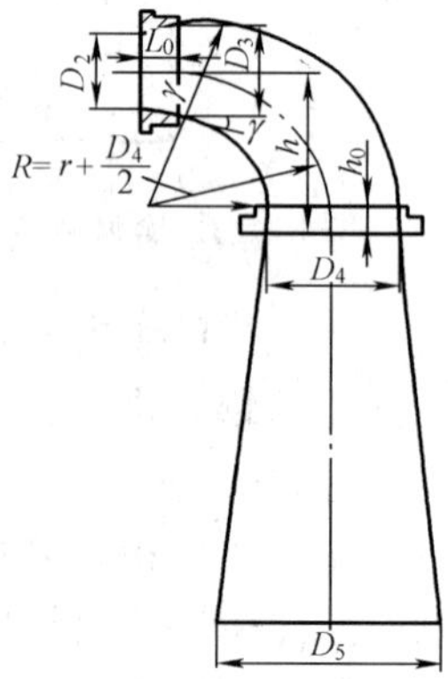

图 5-19　弯管直锥形尾水管

由图 5-20 可知，弯曲形尾水管由直锥段（又称锥管段）、弯管段（又称肘管段）、水平扩散段三段构成。直锥段的断面为圆形，与转轮出口相接，其作用是扩散水流，降低弯管入口流速，减小弯管段水头损失，因此处流速较大，易汽蚀，需设置钢板衬砌。弯管段是尾水管中几何形状最复杂、水流最紊乱的一段，断面从进口的圆形断面变为出口的矩形断面，水流流向由垂直方向改变为水平方向，并使水流在水平方向扩散，以便与水平扩散段连接。水平扩散段是一矩形断面的扩散段，一般两侧为平行平面，宽度 B 不变，避免影响机组段长度，顶板上翘，仰角 $\alpha=10°\sim13°$；底板一般为水平，当下游河床较高时，为减少开挖，也可做成倒坡，坡角一般不超过 $6°\sim12°$，见图 5-21。

表 5-1　标准系列弯曲形尾水管尺寸

尾水管型号＼尺寸	h/D_1	D_1	h	L	B_5	D_4	h_4	h_5	h_6	L_1	应用范围
Z_1	1.915	1.000	1.915	3.500	2.200	1.100	1.100	1.000	0.550	1.417	低比转速轴流式 ZZ440、ZZ360
Z_3	2.300	1.000	2.300	4.500	2.380	1.170	1.170	1.200	0.584	1.500	中比转速轴流式 ZZ440、ZZ560
Z_5	2.300	1.000	2.300	4.500	2.500	1.230	1.230	1.270	0.617	1.590	中比转速混流式 HL180、HL160
Z_5	2.500	1.000	2.500	4.500	2.500	1.230	1.230	1.250	0.617	1.590	中、高比转速轴流式 ZZ560、ZZ600
Z_6	2.500	1.000	2.500	4.500	2.740	1.352	1.352	1.310	0.670	1.750	中、高比转速混流式 HL230、HL310、HL240、HL220
Z_6	2.700	1.000	2.700	4.500	2.740	1.352	1.352	1.310	0.675	1.750	高比转速轴流式 ZZ660、ZZ560
Z_8	2.300	1.000	2.300	3.500	2.170	1.040	1.040	0.937	0.510	1.410	低比转速混流式 HL100、HL110

表 5-2　标准型弯管

型号＼尺寸	D_4	h_4	B_6	L_1	h_6	a	R_6	a_1	R_7	a_2	R_8
Z_1	1.100	1.100	2.200	1.417	0.550	0.395	0.940	1.205	0.660	0.087	0.634
Z_3	1.170	1.170	2.380	1.500	0.584	0.422	1.000	1.275	0.703	0.093 4	0.677
Z_5	1.230	1.230	2.500	1.590	0.617	0.446	1.060	1.350	0.745	0.097 7	0.710
Z_6	1.352	1.352	2.740	1.750	0.670	0.487	1.160	1.478	0.815	0.107	0.782
Z_8	1.040	1.040	2.270	1.410	0.510	0.369	0.879	1.135	0.640	0.080 3	0.590

布置尾水管时，对于混流式转轮，应使尾水管直锥段的顶端与水轮机的基础环相接；对于轴流式转轮，应使尾水管直锥段的顶端与转轮室里衬相接；尾水管出口顶部应潜没于最低尾水位之下 0.3～0.5m。

为了检修水轮机，还需要设置尾水管进人孔和排水管。进人孔一般设在尾水管的直锥段，当上游有主阀室时，尾水管进人孔可设在该处，由主阀室进入尾水管，如图 5-1 所示。

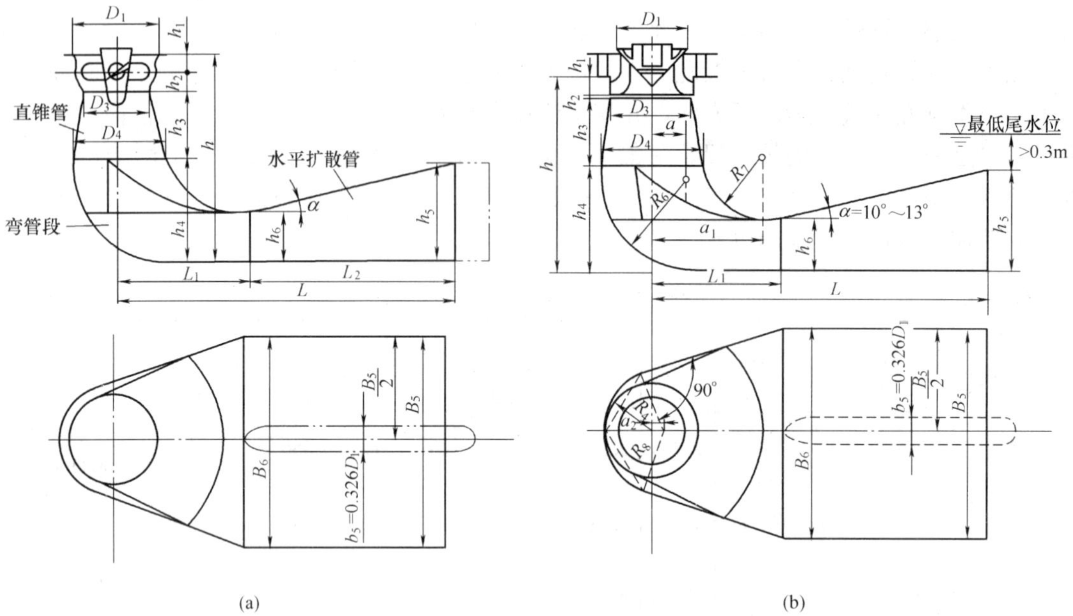

图 5-20　弯曲形尾水管

(a) 转桨式水轮机弯曲形尾水管；(b) 混流式水轮机弯曲形尾水管

如水电站没有主阀室，则可由水轮机层沿竖井下至尾水管进人孔高程后，再沿水平短洞进入尾水管，或由设置的专用廊道进入；尾水管的排水管进口应设在尾水管的最低点，如图 5-21，末端通入集水井或排水廊道，排水管上应设控制阀门。

2.2.1.5　尾水闸门布置

尾水闸门一般设置在尾水管的出口，当检修水轮机或机组做调相运行时，封闭尾水管出口。尾水闸门常用的有平板闸门和叠梁闸门等，可数台机组共用一套闸门，平时将闸门存入专设的门库中或放置在尾水闸墩上，运用时，沿尾水平台吊到指定地点。尾水闸门启闭机的形式，可根据起重量的大小选择门式起重机、活动绞车或电动葫芦等，见图 5-21。

2.2.2　下部块体结构尺寸初拟

下部块体结构中设备布置的同时，应初步拟定块体结构的轮廓尺寸：高度、长度、宽度。厂房块体结构尺寸的初步拟定，除了受过流设备（水轮机、蜗壳、尾水管等）尺寸影响外，还必须考虑厂房的混凝土施工条件、运行条件、强度、刚度、稳定性等多方面的因素。

主厂房混凝土施工为满足机电埋件的安装以及加快土建施工进度的需要，一般划分为两期进行浇筑。在机电大量埋件安装前浇筑的混凝土，称为一期混凝土，一般包括尾水管弯管段、水平扩散段（含少量埋设件）、上下游挡水或挡土墙、构架立柱、吊车梁、屋顶结构；在机电埋件安装时浇筑的混凝土，称为二期混凝土，一般包括蜗壳与尾水管直锥段外围混凝土、机墩、各层楼板等。在下部块体结构中因埋件甚多，施工最为复杂。

2.2.2.1　高程与高度拟定

以水轮机安装高程为基准，根据选定的水轮机转轮、蜗壳、尾水管尺寸，向下可定出尾水管顶部高程、尾水管底部高程以及厂房基础开挖高程，向上可定出水轮机层地面高程。

下面结合图 5-1 所示的引水式水电站案例拟定如下：

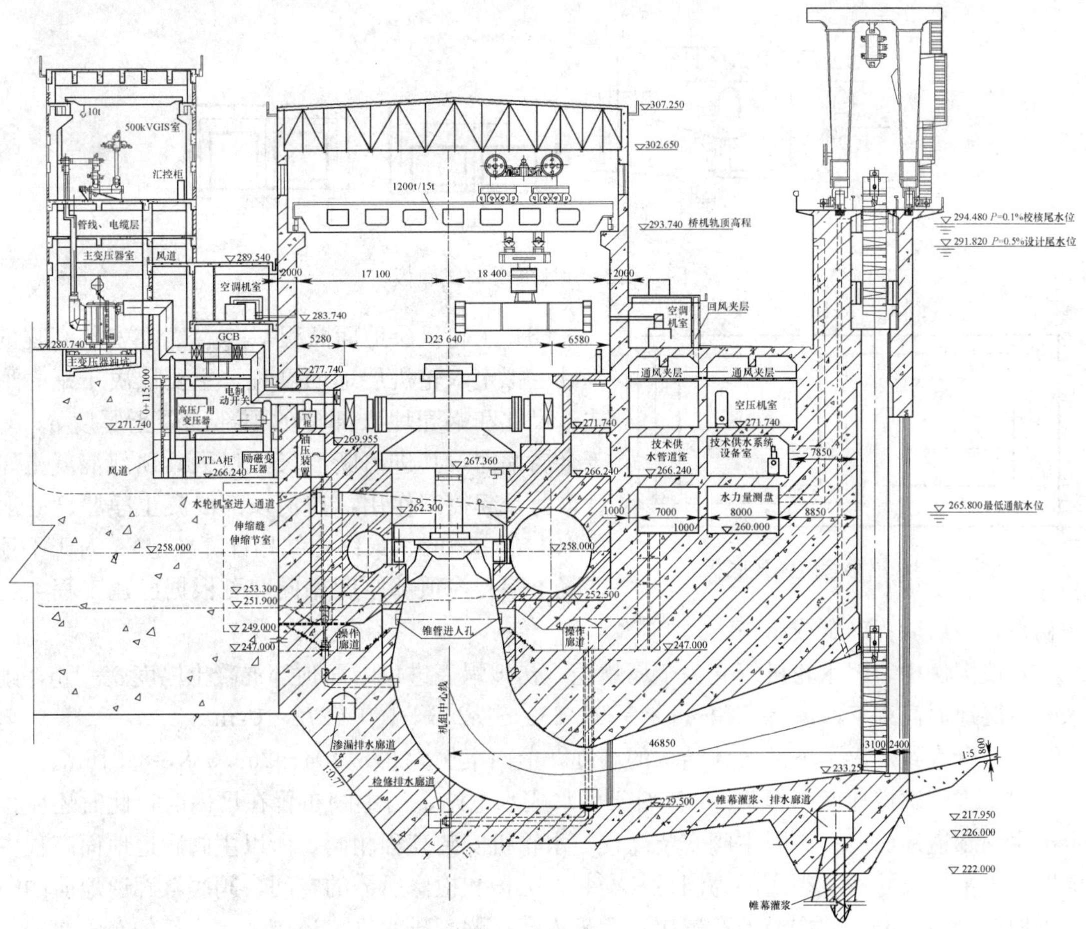

图 5-21　坝后式水电站厂房横剖面图（高程单位：m；尺寸单位：mm）

（1）尾水管底部高程 $\nabla_{尾底板}$。前面已定出该水电站水轮机安装高程 $Z_s=275.838$m，据水轮机制造厂家给出的资料，导叶高度 $b_o=0.50$m，尾水管高度 $h=5.00$m，蜗壳进口断面半径 $\rho=1.266$m，主阀半径 $R_f=1.81$m，则尾水管顶部高程 $\nabla_{尾顶板}=Z_s-b_o/2=275.838-0.50/2=275.588$m，尾水管底部高程 $\nabla_{尾底板}=275.588-h=275.588-5.00=270.588$m。

（2）厂房基础开挖高程 $\nabla_{建基面}$。尾水管水平扩散段结构形式，可根据地质条件的不同，采用底板与立墩分离式或整体式。分离式结构的特点是水平扩散段底板与尾水管中墩、边墩、弯管段底板用永久缝分开，见图 5-22；其优点是改善了底板受力情况，可减小底板厚度，甚至可以取消混凝土底板，只做一薄层光面护砌即可。但分离式底板仅适用于坚硬而完整的岩基。整体式结构的特点是水平扩散段底板与尾水管中墩、边墩及弯管段底板连成一体，形成箱形封闭式结构，见图 5-23；其优点是增强了结构的整体性和刚度。整体式结构适用于软基或较破碎岩基。底板厚度可先凭经验估算，以后再进行验算。一般情况下，岩基上的尾水管底板厚度取 1～2m。

因该引水式水电站厂房位于较为完整坚硬的岩基上，故尾水管水平扩散段采取分离式底板，初拟尾水管底板厚度 $S=1$m，则厂房基础开挖高程 $\nabla_{建基面}=$尾水管底部高程 $\nabla_{尾底板}-S=270.588-1.0=269.588$m。

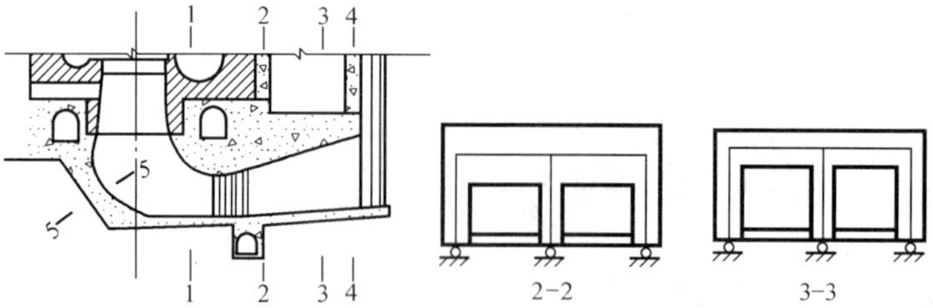

图 5-22　尾水管分离式底板

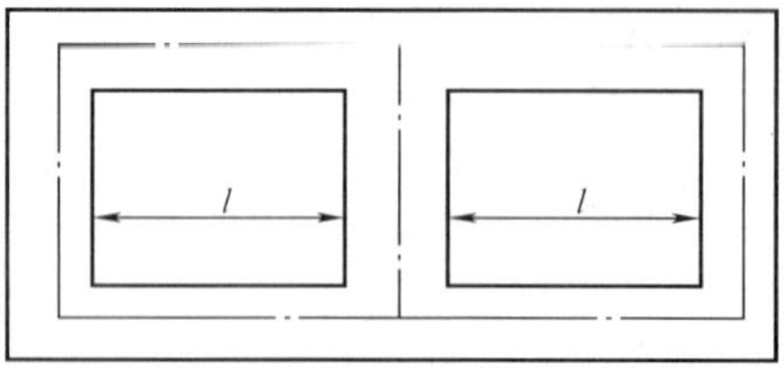

图 5-23　尾水管整体式底板

(3) 水轮机层地面高程 $\nabla_{水轮机层}$。在安装高程的基础上拟定水轮机层地面高程，主要取决于蜗壳形式、尺寸和蜗壳埋入部分的顶部混凝土厚度 δ。对于金属蜗壳，其进口断面尺寸最大，顶部混凝土厚度最薄，起控制作用，初估顶部混凝土净厚度一般可取 1.0～2.0m（最终由结构计算核定）；对于平顶混凝土蜗壳，顶部厚度相同，可根据已建工程类比法初拟，最后验算确定或修正。

在该案例中，因水轮机蜗壳为金属蜗壳，初拟蜗壳进口断面顶部混凝土厚度 $\delta=1$m，则水轮机层地面高程 $\nabla_{水轮机层}=Z_s+\rho+\delta=275.838+1.266+1.0=278.104$m。

这样就大致定出了下部块体结构的高度，上面案例为 278.104－269.588＝8.516m。

(4) 主阀廊道地面高程 $\nabla_{主阀层}$。对于引水式水电站，当主阀布置在厂内时，此时还应拟定出主阀廊道地面高程。因主阀安装高程与水轮机安装高程相同，所以主阀廊道地面高程主要取决于主阀尺寸和主阀底部为满足其安装、维护和检修所需的空间，阀底至廊道地面的空间可取 0.8～1.0m。若在该处布置尾水管进人孔、蜗壳排水管，还应考虑它们的布置要求进行调整。

对于不设主阀而设置钢管伸缩节的水电站，伸缩节的下面也要留出安装、检修所需的空间。

主阀廊道地面高程 $\nabla_{主阀层}=Z_s-R_f-(0.8\sim1.0\text{m})=275.838-1.81-1.0=273.028$m，见图 5-24。

2.2.2.2　长度拟定

厂房下部块体结构的长度在中、低水头大流量水电站中，往往决定着机组段长度。当厂房中机组等间距布置时，机组段长度与机组间距 l_c 相等。此时，机组间距通常取决于蜗壳沿纵轴方向的最大宽度 l_1+l_2 及蜗壳安装要求的施工场地条件。如果是尾水管扩散段宽度控制块体长度，则最大宽度为扩散段宽度 B 与尾水闸墩厚度 T 之和。

蜗壳和尾水管尺寸由制造厂家提供，对金属蜗壳，为了满足蜗壳的拼装、焊接、蜗壳外侧预埋件的布置及钢筋绑扎、二期混凝土浇筑等施工要求，在蜗壳四周的混凝土厚度 Δl 不得小于 0.8m。当采用充水加压浇筑混凝土的蜗壳时，尚需考虑安装及拆卸闷头和充水加压装置所需的空间。对于混凝土蜗壳，其壁厚则由强度、刚度及构造需要确定；尾水管闸墩厚度 T 主要取决于尾水闸门槽深度、设备布置和闸墩结构受力条件要求的厚度，一般为 2～3m，大、中型水电站可达 3～4m，见图 5-25。

厂家提供的蜗壳沿纵轴方向最大宽度 $l_1+l_2=7.29$m，尾水管出口最大宽度 $B=5.48$m，

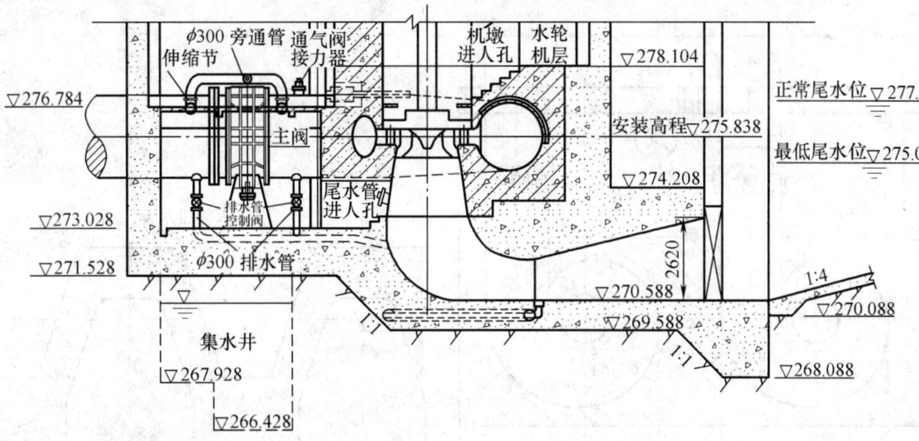

图 5-24　河床式水电站厂房下部块体结构（单位：m）

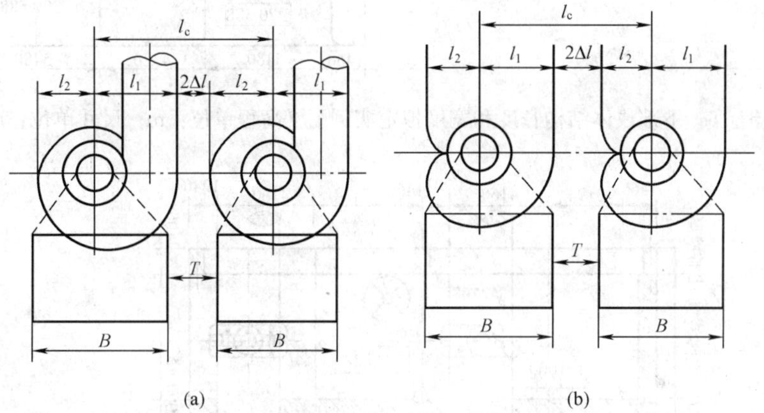

图 5-25　蜗壳、尾水管尺寸决定的机组间距示意图

(a) 金属蜗壳；(b) 混凝土蜗壳

初估时取蜗壳外围二期混凝土厚度 $\Delta l=1.0$m，尾水闸墩厚度 $T=3.0$m，则机组段长度 $l=l_1+l_2+2\Delta l=7.29+2\times1.0=9.29$m 或 $l=B+T=5.48+3.0=8.48$m。因此，取机组段长度为 9.3m，这是由下部块体结构长度初步拟定的，机组段长度的最后确定还应考虑发电机层布置所需长度的要求，取两者中的大值，见图 5-26。

2.2.2.3　宽度拟定

同样，在中、低水头大流量水电站中，下部块体结构的宽度决定着厂房的宽度，它主要受蜗壳在横轴方向的最大宽度、安装施工要求、二期混凝土空间条件、阀室（或廊道）的宽度、发电机层桥式吊车有效起重范围和轨道间的死行程对宽度的影响以及水下挡墙厚度等因素的影响。在图 5-1 所示的引水式水电站中，就应考虑主阀室（或廊道）宽度对厂房总宽度拟定的影响。上、下游侧水下挡墙厚度一般可估取 1～3m，主阀室（或廊道）的宽度主要受主阀尺寸、主阀吊运要求、主阀上下游布置伸缩节和各种管道附件要求的影响，初拟时可取 4～5m，见图 5-27。

在上面案例中，厂家提供的蜗壳沿横轴方向最大宽度 $l_3+l_4=3.718+2.484=6.202$m，

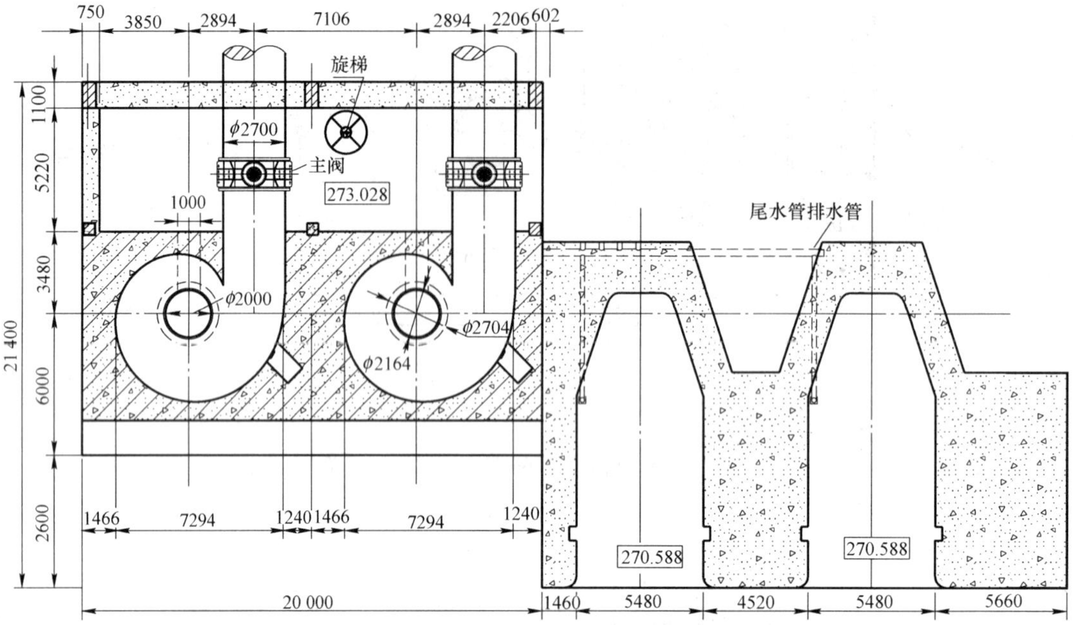

图 5-26　下部块体结构长度和宽度拟定实例图（高程单位：m；尺寸单位：mm）

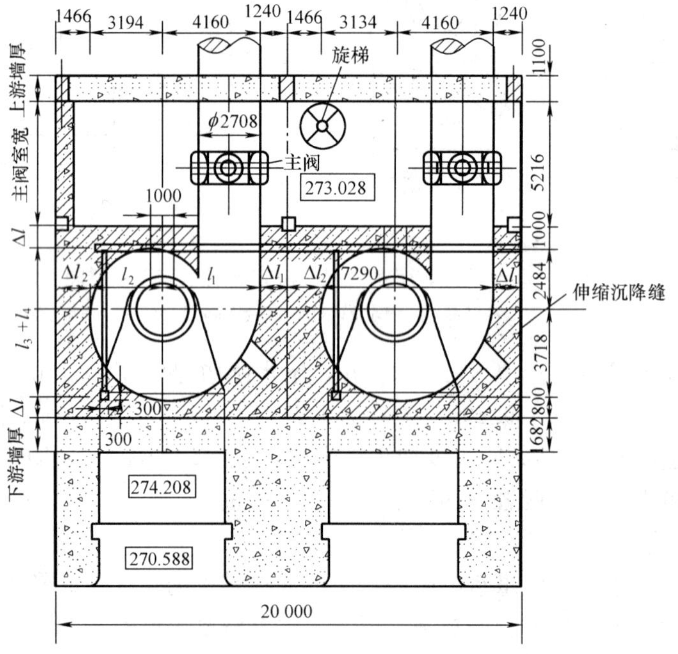

图 5-27　下部块体结构宽度示意图（高程单位：m；尺寸单位：mm）

蜗壳外围混凝土厚度 Δl 初拟为 1.0m，主阀廊道宽度初拟时取为 4.5m，上游侧挡土墙厚度初拟时取为 1.1m，下游侧挡水墙厚度初拟时取为 1.5m，则厂房纵轴线上游侧宽度＝l_4＋Δl＋主阀廊道宽度＋上游侧挡土墙厚度＝2.484＋1.0＋4.5＋1.1≈9.084m；厂房纵轴线下游侧宽度＝l_3＋Δl＋下游侧挡水墙厚度＝3.718＋1.0＋1.5≈6.218m，下部块体结构总的宽度＝9.084＋6.218＝15.302m，取15.3m。

按下部块体结构布置要求确定的厂房平面尺寸为初拟尺寸，还必须与上部各层布置所要求的厂房平面尺寸相比较，最后确定的厂房尺寸必须满足厂内机电、土建和运行等各方面对布置的要求。

学习任务二　水轮机层布置

1　案例

在图5-1所示的水电站厂房中，高程在284.784～278.104m之间的空间称为水轮机层。在该层中间布置有发电机及其机墩，固定在机墩孔洞中的调速系统的接力器，机井中布置的水轮机顶盖、导叶转动机构和主轴等，从风罩壁上引出的发电机主引出线和中性点引出线，电压、电流互感器，水下挡墙、固定在墙上和机墩壁上的油、气、水管路及仪表、照明等辅助设备，布置在地面上的电缆沟、排水沟、蜗壳进人孔、通向发电机层的楼梯等。

2　分析讨论

从上面案例中可以看出，水轮机层主要布置有机墩、水下挡墙等结构及电流系统和辅助设备系统的设备，以及一些辅助设施。该层布置的结构虽不是整体性很强的大块体混凝土结构，但也不同于一般杆件结构，是由一些深梁、粗柱、墩体、厚墙组成的。其中，占据最突出位置的就是发电机的支承结构——机墩，它的形式和尺寸对水轮机层的布置影响很大。该层布置的主要设备多而复杂，为了方便运行、减少事故，避免机电管线的交叉布置而互相干扰，根据我国建成水电站的运行经验，通常将机和电的设备分侧布置，或将机和电的设备分别布置在机组横轴线的左右侧。如不得已必须同侧布置，务必使电缆在上、管路在下，以免管路滴油、滴水造成电气设备事故。

如该层高度很大，则还可在此加设一出线夹层，将电流系统的发电机引出线和中性点引出线等布置在此层，使其与油、气、水管路隔离，有利于电气设备安全运行。

2.1　发电机的布置

在图5-1所示的案例中，发电机组选用了悬挂式发电机，简称悬式发电机。这种发电机的推力轴承位于转子上方，支承在上机架上（或内）。发电机的传力方式为：机组转动部分重量（发电机转子、水轮机转轮，有些水电站可能还有励磁机转子）→推力轴承→定子外壳→机墩；固定部分重量（推力轴承、上机架、发电机定子，有些水电站可能还有励磁机定子）→定子外壳→机墩，见图5-28。

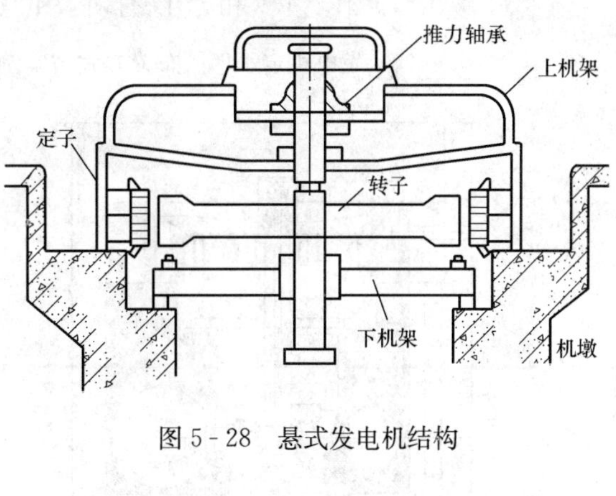

图5-28　悬式发电机结构

在水电站中，发电机的形式还有伞式。这种发电机的推力轴承位于转子下方，支承在下机架上。发电机的传力方式为：机组转动部分重量→推力轴承→下机架→机墩。上机架只支承上导轴承（有些水电站可能还有励磁机定子），见图5-29。

悬式发电机的稳定性比伞式发电机的稳定性好，故转速大于150r/min时，多采用悬式

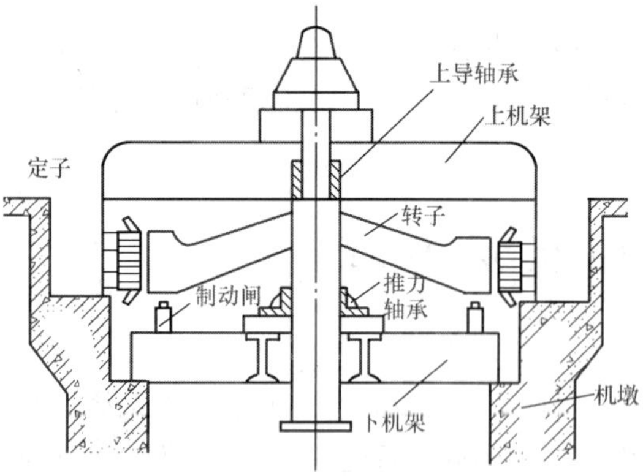

图 5-29　伞式发电机结构

发电机。伞式发电机总高度较低，可降低水电站厂房高度，故转速小于 150r/min 时，多采用伞式发电机。

在该案例中，悬式发电机采用了定子埋入布置方式，即整个发电机除上机架外，均全部埋入发电机层楼面以下的机坑中，见图 5-30；此外，还有上机架埋入布置（即包括上机架也埋入了发电机层楼面以下的机坑中）和定子外露布置（即整个发电机全部露置于发电机层楼面之上）方式，见图 5-31 和图 5-32。定子外露布置方式（也称开敞式布置方式）因其占去发电机层楼面很多空间，显得十分拥挤，同时水轮机层高度小，不便在其间布置夹层，尽管发电机检修维护方便，但目前已很少采用。前两种布置方式，虽然要增加一些厂房高度，但发电机层较宽敞，利于辅助设备布置，设备吊运、安装、检修、出线均较方便；由于提高了水轮机层层间高度，因此可在此加设出线夹层，尽管机体检修、维护不太方便，发电机层楼板较复杂，但因其优点突出，仍应用广泛。

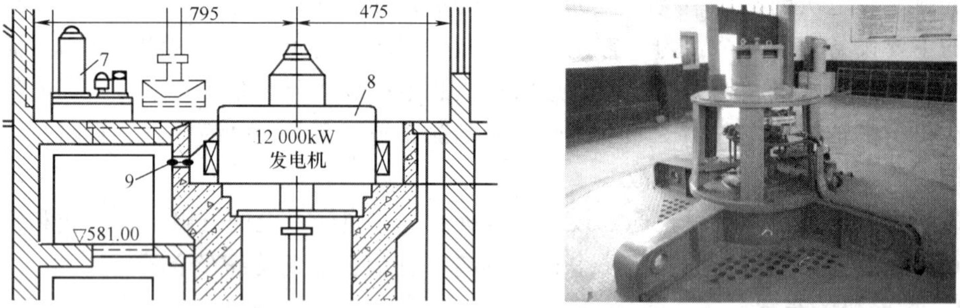

图 5-30　发电机定子埋入布置方式与实例图（高程单位：m；尺寸单位：mm）

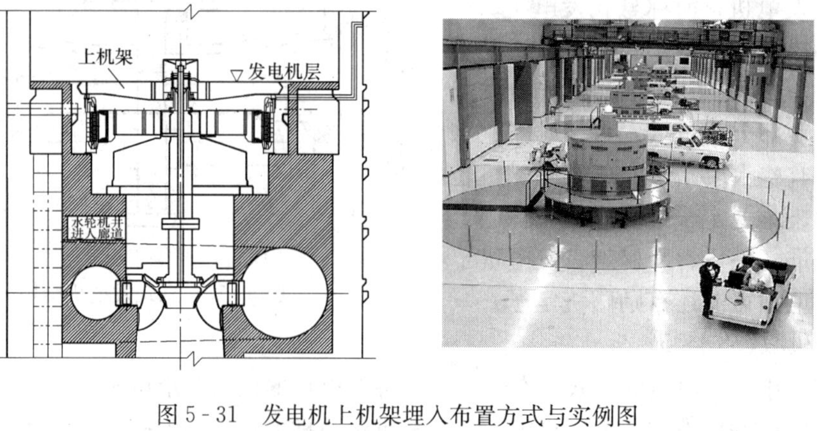

图 5-31　发电机上机架埋入布置方式与实例图

2.2　发电机的支承结构布置

发电机的支承结构又称机墩，其作用是：①将发电机支承在预定位置上，给机组的运

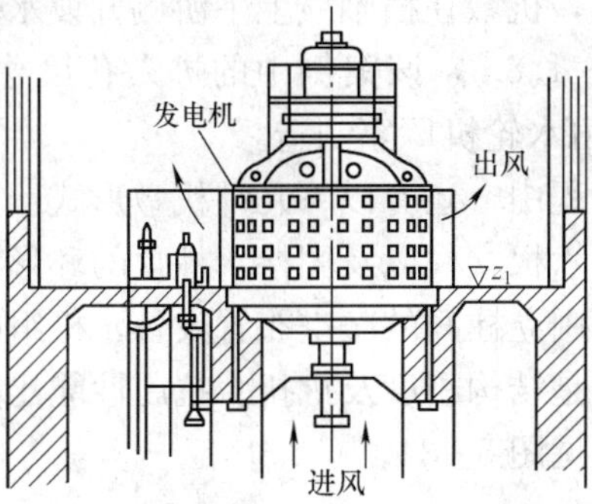

图 5-32　发电机定子外露布置方式与实例图

行、维护、安装、检修创造条件；②对于采用悬式、伞式发电机的立式机组，机墩将承受机组的全部动、静荷载，并传给下部块体结构。为了承受这些荷载，机墩必须具有足够的强度、刚度和良好的抗震性能。

在图 5-1 所示的案例中，采用的机墩形式为圆筒式机墩，其结构特点是：为等直径等厚度的钢筋混凝土空心圆筒形结构，有时为了施工立模方便，也有将外围做成正八角形的；其优点是刚度大，抗扭、抗震性能好，结构简单，施工方便；缺点是占水轮机层空间较大，使辅助设备布置和预埋管路等较为不便，水轮机井空间较小，使水轮机安装、检修不够方便。圆筒式机墩广泛用于各种水头和容量的机组。

机墩的筒壁厚度一般在 1.0m 以上，设计时总是先用类比法拟定尺寸，再核算调整。在该案例中，发电机组为中型，筒壁厚度为 1.5m，它的底部固接于蜗壳顶部的大体积混凝土上，上部与发电机通风道的风罩连接（定子外露布置时与发电机层楼板连接）。圆筒的内部空间称为水轮机井，机组的主轴位于其中。水轮机安装、检修时，转轮和顶盖可由井中吊进和吊出。因此，水轮机井上部直径必须大于转轮外径（最好能大于顶盖的外径，以便整体吊装），而小于下支架的直径。对于伞式发电机，主要取决于水轮机转轮吊运要求，常令水轮机井上部内径仅比水轮机转轮直径大 0.5～0.7m；对于悬式发电机，主要取决于发电机下机架支承架尺寸要求，初拟时一般比发电机转子直径小 0.6～1.5m，施工设计时按厂家提供的资料确定。水轮机井的下部直径可略小于座环外径，一般为 (1.3～1.4)D_1，这样可使机墩荷载的一部分经水轮机座环传至下部块体结构，这也是我国机墩常见的传力方式，即一部分经座环传至下部大体积混凝土；一部分经蜗壳顶板混凝土传至下部大体积混凝土，见图 5-33。

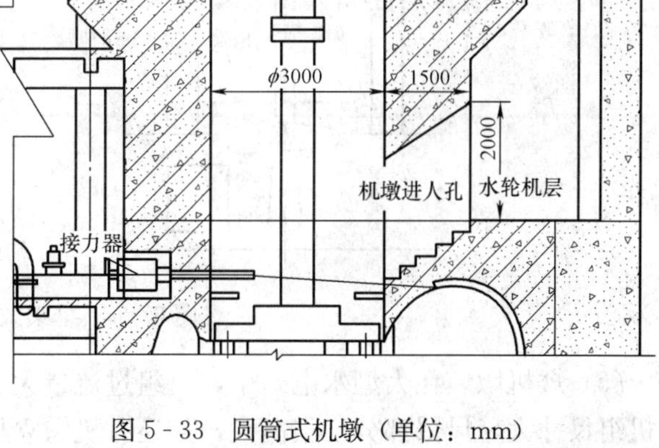

图 5-33　圆筒式机墩（单位：mm）

机墩的上游侧，即蜗壳最小断面处，布置接力器，机墩在横轴线上下游侧开设水轮机井进人孔，一般高度不小于 1.8～2.0m，宽度为 1.2～1.8m，该案例中的进人孔尺寸取为 2m×1.2m 左右。水轮机井下部常设一段钢板里衬，由水轮机厂家制造。

除了上述案例中采用的圆筒式机墩外，在工程中，还有以下几种机墩形式：

(1) 环梁立柱式机墩。结构特点是由四根或六根立柱以及固接于柱顶的环形梁组成，发电机支承在环形梁上；优点是水轮机层可充分利用立柱间的净空布置设备，机组的出线、安装、检修均较方便，机墩的混凝土用量省；缺点是结构刚度及抗扭、抗震性能比圆筒式机墩差，结构施工也略复杂些，多用于中小型机组，见图 5-34。

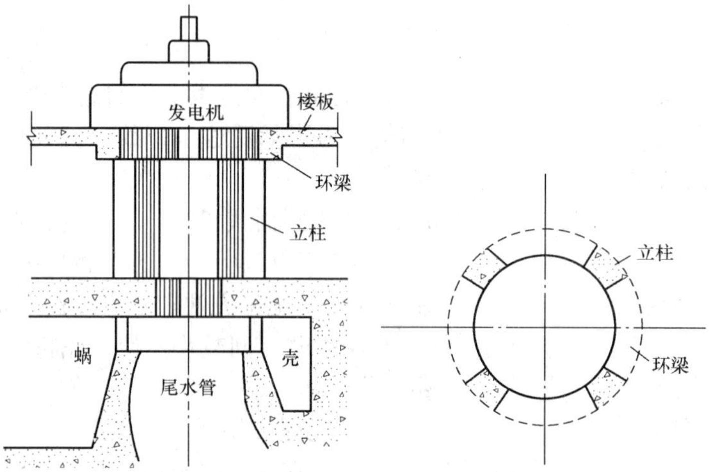

图 5-34　环梁立柱式机墩

(2) 框架式机墩。结构特点是机墩由两个平行的钢筋混凝土框架和两根横梁所组成，发电机支承在框架上部的梁系上；优点是可方便地利用框架下的空间布置辅助设备和管路等，机组的安装、检修都较方便，施工简单，节省材料，造价较低；缺点是刚度、抗扭及抗震性较差，一般适用于小型机组，见图5-35。

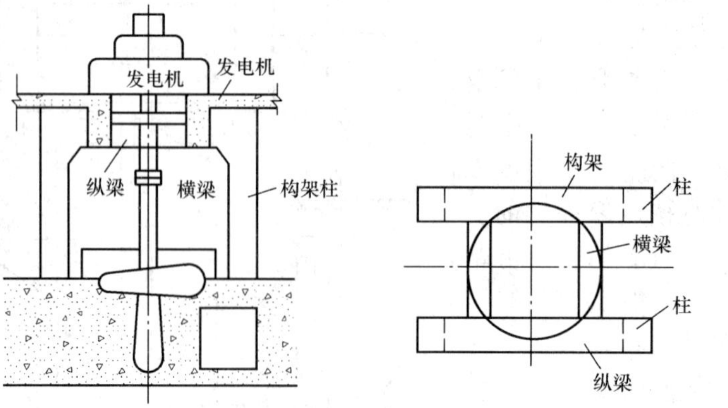

图 5-35　框架式机墩

(3) 矮机墩。在大型水电站中，机组过流量大、水轮机比转速高、发电机直径较大，由于机组尺寸大，风罩部分已很高大，如还有机墩立柱部分，则水轮机层会过高，因此在圆筒式机墩的基础上，去掉立柱形成矮机墩。该机墩的结构特点是在蜗壳顶板上设若干矮小的座墩，机墩与蜗壳顶板连成一体，发电机即支承在这些矮小座墩上；优点是刚度和强度都很大，见图5-36、图5-37，适用于大型机组。

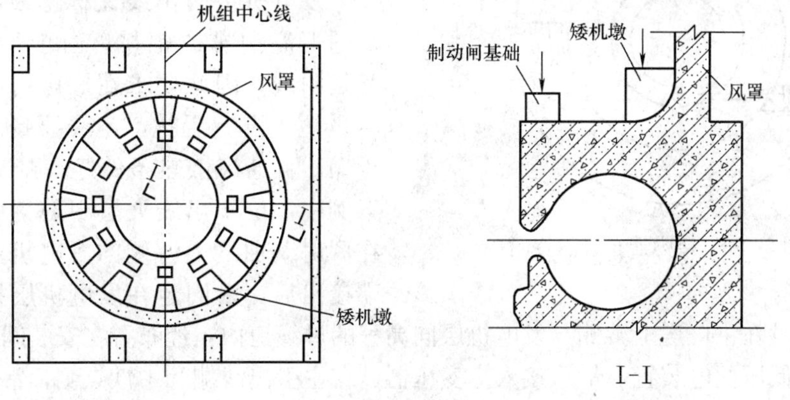

图5-36　矮机墩结构

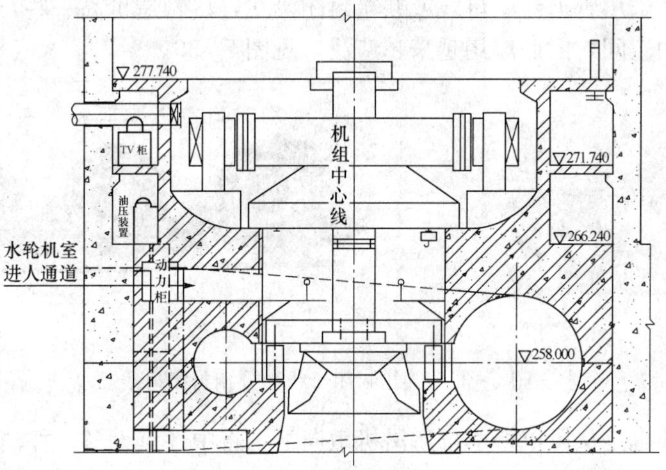

图5-37　矮机墩实例

2.3　水轮机调速器布置

调速器由操作柜、油压装置和接力器（或称作用筒）三个主要部分组成，并用油管和传动设备连成一体。其中，接力器是直接控制水轮机导叶开度、调节进入水轮机的流量，以保持机组转速稳定的机构。对于金属蜗壳，蜗壳尾部断面尺寸较小，接力器布置于此对蜗壳顶板混凝土结构削弱最小，且便于与水轮机顶盖上的调速环连接。因此，接力器常布置在蜗壳断面较小的上游侧，固定在机墩的孔洞中，见图5-38。对于平顶混凝土蜗壳，接力器可布置在任意位置，但一般布置在蜗壳进口断面顶部。接力器在图5-1所示的案例中，布置在厂房纵轴线上游侧（见图5-33）。操作柜和油压装置一般布置在发电机层，具体布置要求和规律见发电机层布置。

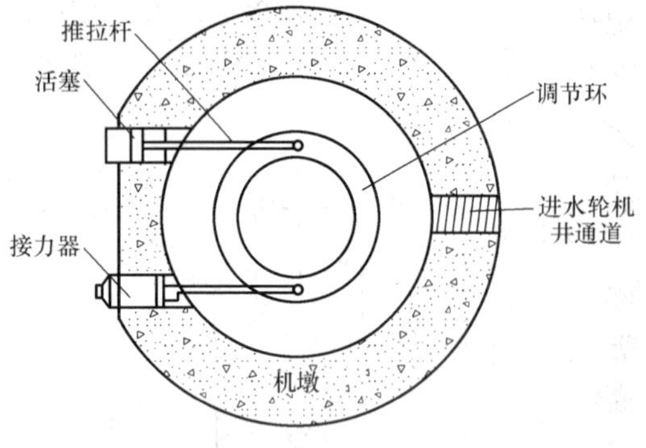

图 5-38　接力器布置示意图

2.4　发电机附属设备布置

水轮机层布置的发电机附属设备主要有发电机主引出线、中性点引出线等。

发电机主引出线又称母线，一般采用方形的汇流铜排或铝排。由于母线价格较贵，又是明线，因此要求在厂房内的母线长度应尽量短，没有干扰，出线要畅通，母线道应干燥，且通风散热条件好。在图 5-3 所示的案例中，位于出线夹层中的主引出线由布置在厂房纵轴线上游侧的发电机定子上的引出端接出后，沿固定在发电机层楼板下的母线架穿墙进入设在主厂房上游侧与发电机层同高程的母线道内，经布置在安装间上游侧的一次副厂房中的低压配电装置，最后接入主变压器。在主引出线侧和中性点侧，常接有电流互感器，并安装在风罩外壁或机墩外壁上，主引出线侧还接有电压互感器，可安置在机墩外壁上，也可布置在一次副厂房内与低压开关柜并列，母线架应用铁丝网围护。在现代水电站中，主引出线大多采用管道封闭母线或共箱封闭母线，尽管造价高一些，但运行安全和可靠性高，可减小占用空间，因而应用越来越广泛，见图 5-39。

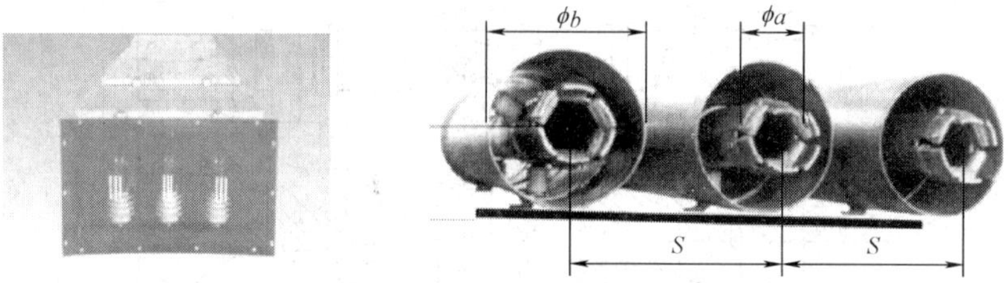

图 5-39　共箱封闭母线与分相封闭母线

中性点引出线也是从风罩壁引出后沿机墩向下，将中性点设备，如消弧线圈等布置在水轮机层地面上，并设网保护。但中性点引出线的位置应与发电机主引出线位置错开一定角度。在图 5-3 所示的案例中，中性点引出线与发电机主引出线错开近 90°，布置在机组右侧纵轴线上，靠机墩外壁。

2.5　辅助设备布置

水轮机层布置的机电辅助设备主要是油、气、水系统各种设备与管线。为便于区分，方便管理，油、气、水系统各种设备与相应管线常漆上不同颜色。一般油系统用红色和黄色表示；气系统用白色表示；水系统用绿色和蓝色（或黑色）表示。进行油、气、水系统布置时，应注意油、气设备的防火防爆要求。一般地，油、气、水系统的布置不应影响主厂房的尺寸，仅是如何合理利用现有空间的问题。下面结合图 5-1 所示的立式机组河岸式厂房介绍其布置要求和规律。

2.5.1　油系统

水电站上各种机电设备所用的油主要有两种：绝缘油和透平油。绝缘油的作用是绝缘、散热及灭弧；透平油的作用是润滑、散热及传递能量，因此又称润滑油。绝缘油主要是各种变压器及油开关等电气设备用油；透平油主要是各种轴承润滑及油压操作用油。这两种油性质不同，用途不同，不能相混。为便于管理，应按两个独立油系统分开设置。

水电站的用油量较大，为了保证大量的油经常处于良好状态，需要设油系统。水电站上的油系统一般包括下列组成部分：

(1) 油库。接受和储存油的地方，内设油桶（或罐）。透平油的用油设备均在厂内，故透平油库一般布置在厂内，只有在油量很大时才在厂外另设储存新油的油库；绝缘油用量大的主变压器和开关站都在厂外，所以绝缘油库常布置在厂外主变压器和开关站附近。厂内油库常布置在安装间下层、水轮机层或副厂房内。在图 5-1 所示的案例中，透平油库设在安装间下与水轮机层同高的房间。绝缘油库设在厂外公路边，兼顾主变压器和油开关用油需求。

(2) 油处理室。内设油泵及滤油机（滤油机可采用离心分离机、压滤机及真空滤油机）等，一般布置在油库旁。透平油与绝缘油常合用油处理设备，相邻几座水电站也可合用一套油处理设备。在图 5-4 所示的案例中，油处理室紧邻透平油库布置在安装间下，与绝缘油共用，其间布置有真空滤油机一台，压力滤油机一台。油库和油处理室设有防火隔墙和独立的出口，门口有防止油向外漫溢的门槛。

(3) 中间排油槽。当油库设在厂外时，在厂房下部结构中布置中间排油槽，以存放由各种设备中排放出来的污油。在图 5-1 所示的案例中，因油库位于厂内，故未设中间排油槽，而是在油库中用一污油桶接受污油。

(4) 补给油箱。用油设备中的油有消耗时，需向用油设备补充新油，以抵偿其消耗。在图 5-1 所示的案例中，补给油箱布置在厂房吊车梁之下，以自流方式向用油设备补充新油，如无法保证自流方式供油，可用油泵补油。

(5) 废油槽。用于收集用油设备漏出的废油。常设在每台机组的最低点，如图 5-1 所示的案例中设置在蝶阀廊道内，也可设在底层交通廊道内。

(6) 事故油槽。充油设备（主要指变压器）及油库发生燃烧事故时，需迅速将油排走，以免事故扩大。油应排入专设的事故油槽内，不允许直接排入下游河道，以免污染环境及河水。事故油槽应布置在便于充油设备排油的位置，以便于灭火。油槽内的积水要经常排除，以保持必需的储油容积。在图 5-1 所示的案例中，事故油槽布置在厂内 1 号机组与安装间相邻侧蝶阀廊道下部基础结构中，距油库和布置在主厂房端部的主变压器都较近，且便于灭火。

(7) 油管。油系统各组成部分及用油设备之间以油管相连。油干管常沿水轮机层一侧水下挡墙纵向布置，再由干管向各部件引出支管。在图 5-1 所示的案例中，油干管沿水轮机层下游侧水下挡墙纵向布置，再由干管引出支管沿布置在水轮机层地面上的管沟敷设到圆筒机墩外壁，向上连接用油设备。

2.5.2　气系统

水电站厂房的压缩空气系统是保证机组安全和经济运行不可或缺的部分。压缩空气系统可分为高压空气系统和低压空气系统。高压空气的主要用途是调速器油压装置用气，油压装置的压力油箱中约有 2/3 为压缩空气，以保证调速器用油时油压不会有过大的变动；高压空气开关灭弧用气。高压空气的压力一般为 20～25 个大气压（2～2.53MPa）。低压空气的主要用途是发电机停机时的制动用气；机组调相运行时，向水轮机顶盖下压气，以压低尾水管中的水位；蝶阀关闭后向空气围带中充气，以减少漏水；水电站检修时各种风动工具（如风镐、风钻、研磨机等）的用气；设备清扫（如吹扫发电机定子绕组和转子上的灰尘与污物）用气；闸门及拦污栅防冻及清理用气。低压空气的压力一般为5～7大气压（0.5～0.7MPa）。用气设备若远离厂房，如高压开关站或进水口等，应就地另设压缩空气系统。

气系统主要由压气机、储气罐、输气管道及阀门组成。压气机工作时噪声很大，因此应远离中央控制室。储气罐常与压气机布置在一起，压气机室一般布置在安装间下层、水轮机层另一端部或副厂房中。当储气罐特别大时，也可移至厂外，以确保安全。

在图5-1所示的案例中，气系统有高压气机2台，$3m^3$储气罐1个；低压气机2台，$0.5m^3$储气罐2个，以及相应的管线和阀门。两个气系统合并布置在安装间下与水轮机层同高的房间内，管线布置同油管。

2.5.3　水系统

水电站的水系统根据功能的不同可分为供水系统和排水系统两大类。

2.5.3.1　供水系统

厂房的供水系统按用途的不同可分为技术用水、消防用水及生活用水。技术用水主要是机电设备的冷却与润滑用水，如发电机空气冷却器或油冷却器、机组各导轴承及推力轴承油冷却器、变压器油冷却器、油压装置油槽冷却器、空气压缩机气缸冷却器等冷却用水，水轮机导轴承、水轮机主轴密封润滑用水。其中，发电机冷却用水耗水量最大，约占技术用水总量的80%。技术用水对水质要求高，不允许含泥沙和杂质，否则，易造成空气冷却器的堵塞；不能含对管道和设备有腐蚀作用的化学成分，必要时水系统中设水过滤器；水量和水压应有保证，水温一般要求在4～25℃的范围内。消防用水应有两个水源，以保证消防用水的可靠性，流量应满足15L/s，水压应能喷射到建筑物可能燃烧的最高点，并有2～4m的裕度。生活用水应保证水质符合卫生要求，必要时应设净化设备，用水量以厂房运行人员数量按定额确定。

供水系统的取水方式常取决于水电站的工作水头，一般有以下四种：

(1) 上游坝前取水。需在上游坝前设专门的取水建筑物（深式或虹吸式进水口）和引水建筑物；适用于水头在20～60m的坝后式厂房和河床式厂房，一般采用自流或自流减压供水。这种取水方式运用可靠，易满足水温和水质要求，可仅在水轮机层设过滤器过滤；但设备复杂、基建和维修费用较大。

(2) 由厂内压力钢管或混凝土蜗壳取水。取水管设在主阀上游压力水管两侧或旁通阀处或混凝土蜗壳侧壁上；适用于水头为40～80m，一般采用自流供水，水压过高时需设减压阀降压，不经济，水压过低则不能满足要求。这种取水方式设备简单、造价低，但对联合供水，一旦主管检修，全厂停水，为此需设备用水源。

(3) 自下游尾水渠中水泵取水。当水头低于20m自流供水水压不足，或高于80m自流减压供水已不经济时，宜采用水泵供水，水源为下游河道，应设置专用水池，水泵房可设在尾水管上部混凝土中。这种取水方式水源可靠，但造价较高，因此常作为上面两种取水方式的备用水源。

(4) 地下水源取水。凿井取水，当其他方法不适用，且有合适的地下水源，或作备用水源时采用。这种取水方式水质和水温有保证；但凿井费用高，特别要注意水量是否有保证。

总之，供水系统主要由水源、供水设备、水处理设备、管网和量测控制元件组成。供水管路应尽可能靠近机组，以缩短管长，减小水头损失。各机组的供水管应相互连通，互为备用。供水泵房应设在水轮机层或水轮机层以下的洞室内。在图5-1所示的案例中，水轮机$H_{max}=68m$，$H_{min}=45m$，所以采用钢管取水方式供水，1号与2号机组、3号与4号机组互为备用，另设置尾水渠取水为备用水源。供水管线布置同油管，由于该水电站水质较好，含泥沙和杂质较少，因此只在沿下游墙布置的干管上设置了水过滤器。

2.5.3.2　排水系统

水电站厂房的排水系统按用途不同可分为检修排水和渗漏排水。排水系统一般由排水沟、排水管道（包括各种阀门）、集水井（或排水廊道）及各种水泵组成。

检修排水的作用是机组检修时放空蜗壳及尾水管。机组检修时通常采用的排水操作流程是：首先关闭机组前的主阀或进水闸门；接着将蜗壳及尾水管中的一部分水经尾水管自流排往下游，待蜗壳及尾水管内水位与下游尾水位齐平时，关闭尾水闸门；然后将蜗壳在座环底环之下的积水利用蜗壳排水管自流排到尾水管中，利用尾水管底部设置的排水管将剩余积水排至排水廊道或集水井，再排往下游，尾水管底部设置的排水管设盘形阀控制。具体排水方式有以下几种：

（1）通过排水廊道排往下游。在厂房最低处沿纵轴向设一廊道，各尾水管的积水自流排入廊道（尾水管的排水管设阀门控制）后，用水泵抽走。由于廊道容积大，尾水管中的积水排除迅速，因此可缩短检修时间。也有在安装间下部再设集水井，排水廊道的水需排到集水井后用水泵抽排下游。该排水方式常用于河床式厂房。

（2）通过集水井排往下游。各尾水管与集水井之间用管道相连，并设阀门控制，尾水管的积水可自流直接排入集水井，再用水泵抽走。该排水方式应用广泛。

（3）采用分段排水。每两台机组之间设集水井及水泵，构成一个检修排水系统。

（4）采用移动水泵排水。不设集水井，直接将临时移动水泵装在需检修的机组处进行排水。

后两种排水方式只用于容量不大的水电站上。

渗漏排水的作用是排走厂房内的技术用水、生活用水、各种部件及伸缩缝与沉降缝的渗漏水。凡能自流排往下游的（如发电机冷却用水）均自流排走，其余用水及渗漏水则先引入集水井内，再用水泵排往下游。

根据我国水电站运行经验，厂内渗漏排水及检修排水宜分开设置，因蜗壳和尾水管检修排水量往往很大，而集水井容积常常较小，如水泵抽排不及时，容易导致淹没厂房事故。对中、小型水电站，经论证可考虑两系统合并，但必须在两系统管路和集水井之间设止回阀，只允许集水井中的水通过水泵向下游排出，而尾水不得倒灌，以防水淹厂房。

渗漏排水与检修排水的集水井可布置在安装间下层、厂房另一端或尾水管之间或厂房上游侧的下部块体结构的底部，集水井之上设水泵室，集水井的底高程要足够低，以便自流集水。每座渗漏集水井的排水泵应不少于两台，其中一台备用，排水泵应能自动操作，集水井要设置水位警报信号装置。每座检修集水井至少配两台排水泵，且均为工作泵，可不考虑自动操作。

渗漏排水和检修排水两个系统的排水泵现较多采用深井水泵，其电动机在顶端，可安装在与水轮机层同高的房间内，防潮防淹。

在图5-1所示的案例中，因水电站为中水头中型水电站，经论证，检修排水和渗漏排水两个系统合并设置，只在2～3号机组间蝶阀廊道层底部设置了一个集水井和两台离心水泵。在蝶阀下游进水钢管底部设排水管通至尾水管弯管段，盘形控制阀设在蝶阀廊道中。尾水管的排水管入口设在尾水管肘管段闸墩底部集水坑中，末端与集水井相通，盘形控制阀布置在蝶阀廊道中，发电机冷却用水直接自流排入下游尾水渠中，见图5-5。

2.6　水轮机层空间尺寸拟定

水轮机层平面尺寸对厂房平面尺寸一般不起控制作用。当主阀布置在厂房内时，水轮机层上游侧的宽度应校核主阀吊运在该层通过时的空间要求；当厂内无主阀时，主要需考虑运行和交通要求，其层间高度主要取决于机组的主轴长度、机墩结构布置和水轮机层层间运行要求。水轮机层层间高度一般不得小于3.5～4.0m；若增设出线层（在不增加机组主轴长度的情况下），出线层层间高度也不宜小于3.0m。

在图5-1所示的案例中，水轮机层间高度为6.68m，为方便布置，在上游侧加设了出线夹层，其高度为3.8m；为保证层间运行高度的要求，同时也为满足接力器布置的需要，水轮机层地面在上游侧主阀廊道顶部下降到高程276.784m，水轮机层在此处的高度为4.2m。

学习任务三　发电机层布置与设计

1　案例

发电机层是安放水轮发电机、调速器和机旁盘的场地，是机组安装、检修吊运的主通道，又是运行人员巡回检查设备、监视机旁盘仪表的场所。因此，发电机层应布置得整洁、明亮，尽量宽敞，适当考虑美观，以利各种仪表正常工作，并给值班人员创造良好的工作环境，见图5-40、图5-41。

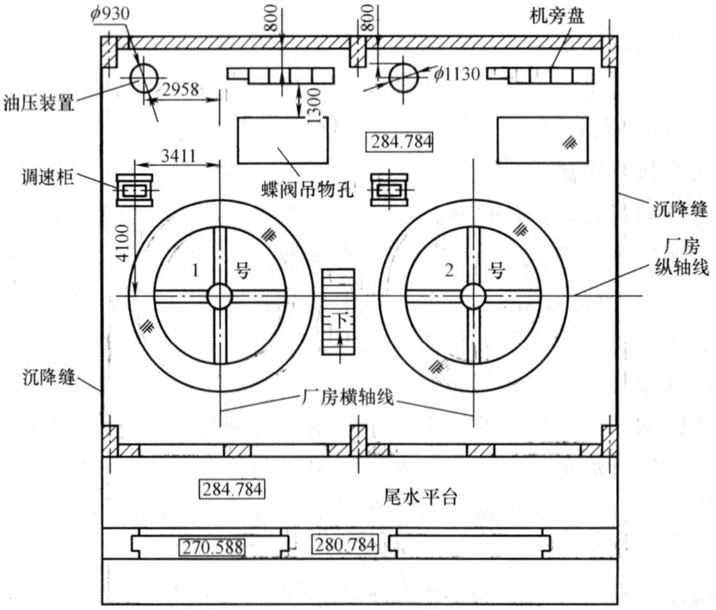

图5-40　发电机层布置示意图（高程单位：m；尺寸单位：mm）

在图5-1所示的案例中，发电机层上游侧靠墙布置有油压装置、机旁盘，机旁盘下游侧布置有蝶阀吊物孔，操作柜布置在接力器上方靠机组横轴线上游右侧，1号与2号机组之间、3号与4号机组之间分别布置有一个通向出线夹层和水轮机层的楼梯，厂房右端头增加布置了一个通向出线夹层的楼梯，发电机采用定子埋入布置，发电机上机架出露在发电机层，发电机层上部在高程294.323m处布置有桥式吊车一台，主机间上游侧设为吊运厂内大件的主通道，下游侧为辅助通道；除设备外，构成发电机层以上的上部结构主要有屋顶结构、构架、吊车梁、发电机层楼板、外墙，以及采光通风、消防等辅助设施。发电机层地面高程为284.784m，机组等间距布置，机组间距 l_c=10.0m，主机间在发电机层以上的总宽度为15.8m，总长度为43m，总高度（即上部结构高度）为14.373m。

图5-41　发电机层布置实例

2　分析讨论

2.1　设备布置

2.1.1　水轮机调速器布置

如前面水轮机层布置中所介绍的，水轮机调速器由操作柜（或称调速柜）、油压装置和接力器（或称作用筒）三个主要部分组成，并用油管和传动设备连成一体。接力器一般布置在水轮机层蜗壳断面较小的上游侧，以便与固定在水轮机顶盖上的控制环连在一起。

下面讨论调速柜和油压装置的布置要求和规律。操作柜是调速器的核心，它以油管与接力器连接并控制油的流向，使接力器动作控制导叶开度，及时调整引用流量大小，以满足运行要求；接力器的动作同时通过回复连杆（或钢丝绳）反馈给操作柜，节制动作幅度。因此，操作柜与接力器的位置应尽量上下对应，以缩短油管并便于安排回复装置。由于运行人员在开、停机及试验时需进行手动操作，因此为能同时看见操作柜与机旁盘上的各种仪表，调速柜应尽可能靠近机旁盘。

油压装置为调速系统提供一定压力的操作用油，它以压力油管及回油管与操作柜相连接。为了缩短油管，油压装置应尽可能靠近调速柜，因此，油压装置往往与调速柜同布置在发电机层。调速柜和油压装置还应布置在桥式吊车吊钩的工作范围之内，周围留1m左右的通道，以便安装、检修。各机组的调速器应尽量布置在本机组段内，以免主机组分期安装时，给施工和安装带来困难。

由上面的分析可知，调速系统三部分的位置主要取决于接力器的位置。在图5-1所示的案例中，接力器布置在上游侧厂房横轴线上，操作柜布置在接力器上方的发电机层，操作柜中心线距机组横轴线 3.411m，距机组纵轴线 4.1m；油压装置靠墙布置在操作柜上游侧，其外缘距墙内缘 0.8m，位于桥式吊车主副钩工作范围之外，为不因吊装油压装置而加大吊车跨度，导致加宽厂房，油压装置的安装、检修需要另挂起重葫芦吊运；回油箱悬挂在与油压装置对应的发电机层楼板下。

2.1.2　机旁盘布置

机旁盘主要是用于就近操作发电机开停机，监视和控制机组运行，或机组检修后调试机组，所以应布置在发电机层靠近发电机的地方。机旁盘一般包括机组自动操作盘、继电保护盘、测量盘和动力盘等，每台机组 3～5 块。采用电气液压式调速器时，其电气元件盘常和机旁盘并列布置在一起。对于采用金属蜗壳的中、高水头水电站厂房，机旁盘与调速器操作柜常布置在发电机层上游侧。机旁盘与厂房墙之间应有不小于 0.8m 的检修试验通道，盘面距主阀吊物孔边缘应有 0.6～0.8m 的通道，以便在主阀检修时，盘前通道不受影响。

在图 5-1 所示的案例中，每台机组有机旁盘 4 块，加上电气液压式调速器的电气柜 1 块，并列布置在蝶阀吊物孔上游侧，距孔边缘 1.3m，距墙内缘 0.8m，见图 5-40。

2.1.3　励磁系统布置

励磁系统的作用是向发电机转子供给形成磁场的直流电源。直流励磁机励磁系统一般由励磁机和励磁盘组成，励磁机为直流发电机，采取与水轮发电机同轴方式布置；励磁盘的作用是控制和调整发电机励磁电流，每台机组有 3～5 块，它与励磁机联系较多，因此最好布置在空气比较干燥的主机房内，或布置在与发电机层同高的副厂房中。现在有很多发电机采用晶闸管励磁系统，该系统由励磁盘和励磁干式变压器组成。励磁干式变压器一般布置在水轮机层或与水轮机层同高的副厂房中。

图 5-1 所示的案例中采用直流励磁机励磁系统，直流励磁机与发电机同轴，布置在发电机顶部，每台机组在出线夹层布置了 3 块励磁盘。

2.1.4　起重设备布置

2.1.4.1　起重设备任务、构造和工作范围

水电站厂房内均需安装起重设备，其作用是满足厂房内水电机组等大型设备的安装、检修需要。安装在主厂房内的起重设备常采用电动桥式吊车（简称桥吊）。桥吊一般由横跨厂房的移动桁架式大梁、小车、驱动操纵机构和提升机构等部分组成，见图 5-42。桥吊的大梁可在吊车梁顶的轨道上沿主厂房纵向行驶，桥吊大梁上的小车可沿该大梁在厂房横向移动，于是桥吊的主副吊钩就可达到主厂房的绝大部分范围，见图 5-43。桥吊大梁、小车移动的极限位置构成的范围称为桥吊的工作范围，见图 5-44。厂房内所有需要用桥吊来吊运的设备，都必须布置在桥吊的工作范围内，当吊车运行时，不能影响其他设备正常运行。

2.1.4.2　桥吊选择

水电站的吊车因工作间歇时间长、利用率低，属轻级工作制吊车。对厂内桥吊进行选择，主要是确定以下参数：桥吊起重量、台数、跨度和安装高程。桥吊的起重量取决于需要由它吊运的最重部件，一般情况下厂内最重部件为发电机转子：悬式发电机的转子需带轴吊运，伞式发电机的转子可带轴吊运，也可不带轴吊运；对于低水头水电站，最重部件可能是带轴或不带轴的水轮机转轮；对于采用扩大单元接线的机组，最重部件也有可能是需由它吊

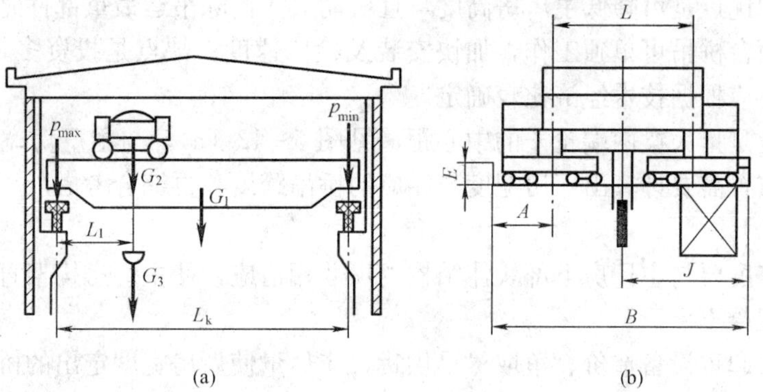

图 5-42　桥吊构造示意图

图 5-43　桥吊构造实例

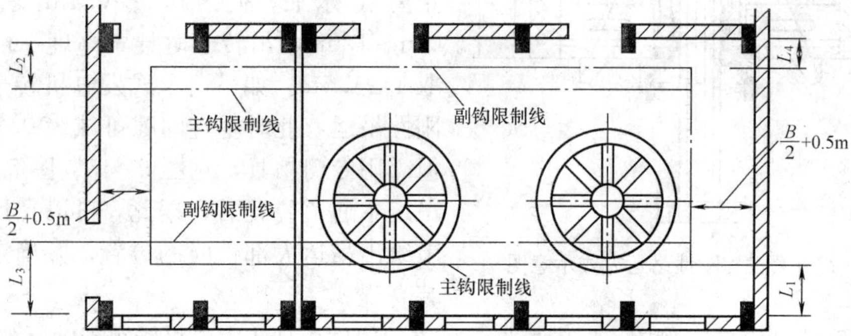

图 5-44　桥吊的工作范围示意图

运的主变压器。

一般而言，当起重量不大时，通常采用一台双钩桥吊；起重量大于 75t 时，可采用双小车桥吊。双小车桥吊优势在于与同规格的单小车桥吊相比，不仅质量轻、外形尺寸小，而且用平衡梁吊运带轴转子时，大轴可以超出主钩极限位置以上，从而降低主厂房的高度；双小车桥吊还便于翻转大型重件。双小车桥吊的缺点是用平衡梁吊大件时，要求两台主钩同步动作，吊件由厂房一侧吊至另一侧时可能要换钩。

当机组台数多于 6 台或机组较大时，常采用两台桥吊。与采用一台双小车桥吊相比较，采用两台桥吊的优点是可降低主厂房高度，且机动灵活，除吊运最重部件时需两台桥吊联合工作外，平时两台桥吊可单独工作，加快安装及检修速度；缺点是投资多，厂房要略加长。桥吊的台数最终应根据技术经济比较确定。

桥吊的跨度是指大梁两端轮子的中心距，见图 5-42（a），与主厂房宽度密切相关。一般先根据厂房布置需要计算出厂房宽度与相应的桥吊跨度，再综合考虑以下因素最终确定桥吊跨度：

（1）桥吊跨度要与主厂房下部块体结构的尺寸相适应，使主厂房构架直接坐落在下部块体结构的一期混凝土上。

（2）为降低起重设备造价、争取尽早供货，应尽量使厂房宽度定出的桥吊跨度能采用制造厂家标准系列产品中的标准跨度。

（3）满足发电机层及安装间布置要求，使主机房内主要机电设备均在主、副吊钩工作范围之内，以利安装检修。

起重量确定后，可按产品系列表选择满足前两个条件的吊车，据此进行发电机层的布置，需要时再进行修改。

桥吊的安装高程是指吊车轨道的轨顶高程。桥吊的跨度与安装高程决定着发电机层以上主机间的空间大小。在该空间内除了布置有发电机的部分上部部件及机旁盘、调速器等设备外，还要满足吊运机组最大及最长部件而不影响其他机组正常运行的要求。在进行最大部件吊运时，通常有刚性吊运和柔性吊运两种不同的吊运方式。当吊运发电机定子、悬式发电机转子、贯流式水电机组的管形支座等部件时常采用柔性吊运，此时吊运部件与周围建筑物及设备之间的最小间隙（即吊运安全距离），水平方向为 0.2～0.4m，垂直方向为 0.6～1.0m，吊转子时挂索高度一般初估时可取 1～1.5m；如吊运伞式发电机转子，常采用刚性吊运，此时垂直间隙可减为 0.25～0.5m，但需用专门吊具，见图 5-45、图 5-46。选定吊运主通道位置后，据此，可以在厂房横剖面上绘出吊运大部件时的位置，并确定桥吊的安装高程。

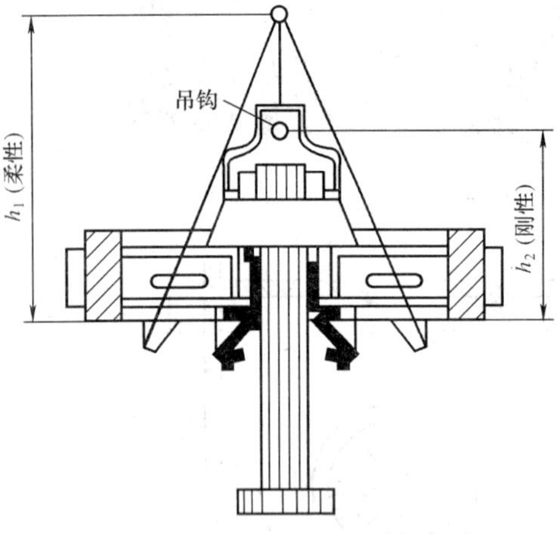

图 5-45　柔性和刚性吊运方式示意图

在图 5-1 所示的案例中，厂内最长、最重的部件为悬式发电机转子带轴，重 64.5t，转子带轴长 6.87m，以此选得一台 75/20（主、副钩起重量分别为 75、20t）型双钩桥吊，标准跨度 L_k=13.5m。因厂内布置有蝶阀，上游侧宽度较大，故主通道选在上游侧，最大部件从操作柜和油压装置之间通过，两者之间距离有 3.284m。此时，因操作柜高度仅为 1.3m，故采用转子下部主轴从两者之间通过，而转子从操作柜顶部通过，这样虽比吊运部件从地面通过增加了 20cm 厂房高度，但未因吊运需要增加厂房宽度和桥吊跨度，吊运位置见图 5-1。桥吊的安装高程即按此吊运位置吊运转子的要求定为 294.323m。转子吊起后距操作柜顶部的垂直间隙近 0.8m，转子主轴法兰底距发电机层楼面垂直间隙有近 0.6m，符合要求。

(a)

(b)

图 5-46　采用柔性和刚性吊运方式实例

(a) 采用柔性吊运的管形支座；(b) 采用刚性吊运的转子

2.1.5　交通系统等辅助设施布置

2.1.5.1　厂内交通布置

在主、副厂房内，为了满足机电设备的运输、安装和检修，以及运行人员的巡视检查与操作维护，保证水电站安全、正常地运行，必须设置交通道。交通道分为水平通道和垂直通道。

(1) 水平通道包括门、过道、轨道、廊道等。

1) 门。主厂房对外应设大门，以便运输大部件。大门尺寸根据运输最大部件的需要确定，通常采用旁推门、上卷门或活动钢门。为了保持厂房内部的清洁、干燥与适宜的温度，不运输大部件时大门应关闭。其余各种房间门的形式和尺寸应根据该房间需通过的最大设备轮廓确定，安排各种房间开门部位时要考虑防火的安全出口，安全出口的门净宽不小于0.8m，门应向外开。某些可能产生负压的房间，如闸门室，门最好向里开，以便出现负压时门可自动开启。

2) 过道。厂内在发电机层及水轮机层常设贯穿全厂的水平通道，水平通道分为主通道（大部件吊运通道）和辅助通道（人行通道），主通道宽度由厂内最大部件吊运要求决定，各种人行通道一般宽为1～2m，最窄处≥0.75m。

3) 轨道。为满足厂内各种机电设备的运输、安装和检修设置的各种轨道，如吊车轨道、主变压器轨道、尾水闸门启闭设备轨道、进厂铁轨等。

4) 廊道。为满足水电站运行、巡视检查与操作设置的各种廊道，如尾水管进人孔廊道、主阀廊道、排水廊道、排水管操作廊道等。

(2) 垂直通道包括上下各层交通，常设各种楼梯、爬梯、吊物孔、进人孔等。

1) 楼梯。发电机层和水轮机层之间的垂直交通一般采用普通楼梯，其宽度不小于0.9m、坡度小于45°（以34°为宜）。大型水电站每台机组需设专用楼梯，中型水电站至少每两台机组要设一座楼梯。楼梯的位置应使运行人员巡视方便，并保证发生事故时能迅速到达现场。只供少数人员使用或偶然使用的楼梯，为节省空间，可采用旋梯或爬梯，坡度常在60°～90°之间，宽0.7m。厂房高度大或各层高差大的可设电梯。

2) 吊物孔。为了吊运下层各种设备，各层楼板上常需布置吊物孔，如蝶阀吊孔、水泵吊孔、公用吊物孔等；其尺寸由经吊物孔吊运的最大设备的轮廓尺寸决定。吊物孔应位于桥吊工作范围之内及所吊设备顶部或附近。

3）进人孔。为检修或观察设备而设，如蜗壳进人孔、尾水管进人孔、机墩进人孔等。

在图 5-1 所示的中型河岸式厂房中，在安装间下游侧设有一宽 5.0m 的进厂大门，为满足主变压器进厂检修的需要，在与主变压器场相邻的安装间端部设有一宽 7.4m 的卷帘门和主变压器进厂轨道；在主厂房上游侧两端设有两道分别与母线廊道和上游副厂房相通的双开门；在主厂房下游侧左端设有一道单开门通往尾水平台；厂内发电机层上游侧设有吊运大部件的主通道，下游设有辅助通道，最窄处为 1.65m；水轮机层下游侧通道最窄处为 2.3m；在高程 294.323m 处的吊车梁顶部铺设有桥式吊车轨道；尾水平台上设有启闭尾水检修闸门的移动台车轨道；在主厂房上游侧下部设有宽 5.2m 的蝶阀廊道，在主厂房上游墙外设有一连通 4 台机组的母线廊道，母线廊道地面与发电机层同高。

在主机间共设三道楼梯，在主机间左端设一转角楼梯，可下到出线夹层，再由端部单跑楼梯下到水轮机层；在 1 号及 2 号机组和 3 号及 4 号机组之间各设一道单跑楼梯，下到出线夹层，再由出线夹层下到水轮机层，楼梯宽均为 1.2m；安装间的右端布置一道双跑楼梯，可下到水轮机层，宽为 2.5m；水轮机层上游侧地面比下游侧低 1.32m，每台机组段上游侧均设 6 步台阶通行。此外，在圆筒式机墩横轴线下游侧设一进人孔（2m×1.2m）；在水轮机层下游侧下部结构中设一蜗壳进人孔竖井（0.9m×0.9m），内设爬梯；尾水管进人孔短平洞（1.5m×1m）自蝶阀廊道进入，见图 5-4。

在主机间主阀顶部以上各层楼板上设有 3.5m×1.6m 的蝶阀吊物孔，以便对蝶阀进行吊运检修；为了能对安装间下面设备进行吊运，在安装间楼板上设一 2m×1.6m 的公用吊物孔，平时覆以金属盖板，见图 5-47。

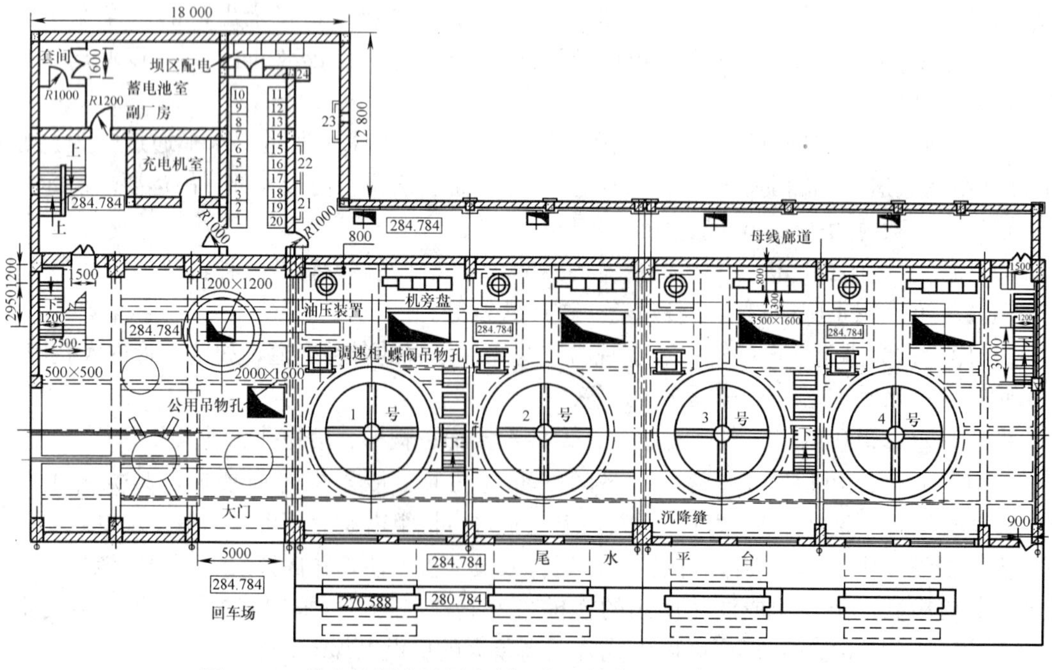

图 5-47　发电机层布置图实例（高程单位：m；尺寸单位：mm）

2.1.5.2　辅助设施布置

在厂房的布置设计中，还应综合考虑和妥善解决厂房的采光、通风、取暖、防潮、防火保安等方面的问题，下面对这些问题仅作一些基本介绍。

(1) 采光。布置地面式厂房的主、副厂房时应考虑开窗的要求，以便尽可能自然采光。主厂房的自然采光主要靠厂房两侧的大窗，吊车梁以上的窗子主要起通风的作用。大窗开在构架柱之间的墙上，为长形独立窗。窗宽度不要太小，以使照明均匀。窗的高度一般不小于房间进深的1/4。在发电机层楼板以上的窗台高度不宜超过1～1.5m，以保证窗子附近有足够的光线，且便于通风。日光不要直接照射到仪表盘面上。

夜间及水下部分的房间要安排合适的人工照明。人工照明分为工作照明、事故照明、安全照明、检修照明及警卫照明。其中，事故照明是指当交流电源中断时自动投入的直流电照明，而安全照明是指设有防触电措施或采用36V及以下电压的照明。中央控制室及主机房内的照明不能使仪表盘面上产生反光，以保证运行人员能清晰地观察仪表。

(2) 通风。地面式厂房应尽量采用自然通风。当自然通风达不到要求，或下游水位过高而不能有效地采用自然通风时，或在产生过多热量的房间，如变压器室、配电装置室等，或在产生有害气体的房间，如蓄电池室、油处理室等，才装设人工通风系统。对于产生有害气体的房间要设置专用的排风系统，以免有害气体渗入其他房间。人工通风系统的进风口要设在排风口上方，若低于排风口但高于室外地面2m以上，要考虑防虫及防灰沙的措施。主通风机室的位置除满足通风系统气流组织的合理性外，还应远离中央控制室、载波机室等安静场所，以免噪声干扰。

(3) 取暖。厂房内的温度在冬天不能过低，以保证机电设备的正常运行。冬季如水电站正常发电，则发电机层、出线层、水轮机层、母线廊道等处靠机电设备发出的热量即可维持必需的温度。发热量不足以维持必须保持一定温度的房间，可用电辐射取暖或电热取暖。中央控制室也有装设空气调节器的，以便在冬季取暖、夏季降温。蓄电池室及油处理室的取暖方式必须满足防火及防爆的要求。

(4) 防潮。地面式厂房水下部分的房间要注意防潮，坝内及地下式厂房的防潮问题更为重要。过分潮湿，可能造成电气设备的短路、误动作或失灵，可能引起机械设备加速锈蚀，并使运行人员的工作条件恶化。防潮的措施主要有以下几项：

1) 防渗防漏。外墙混凝土要满足抗渗要求，必要时可加设防潮夹层；要减少设备漏水；伸缩及沉降缝要加设止水；冷却水管、混凝土墙及岩石表面如有结露滴水，则要用绝热材料包扎。

2) 加强排水。已渗漏进厂房或防潮夹层的水要迅速排除，避免积存，在水轮机层和主阀廊道层均需设置地面排水沟。

3) 加强通风。潮湿部位宜采用以排湿为主的通风方式，减小空气中的湿度。

4) 局部烘烤。以电炉或红外线烘烤，防止设备受潮。

(5) 防火保安。为了保证生产安全，防止人为破坏，必须在厂房和厂区加强保安措施；水电站厂房要高度重视防火工作，防止因水电站发生事故可能给国民经济造成的严重损失。因此，各种建筑构造、设备布置以及人事管理，均应符合防火保安的专门规定，大型水电站还应满足国防上的特殊要求。

为安全考虑，主、副厂房各层至少要有两个安全出口，要布置疏散用的走廊及楼梯；消防用的通道及消防器材，要装设事故照明。

厂内的油库要用防火墙隔开，墙的厚度要大于0.3m，柱的截面尺寸要大于0.4m，门要能防火。为防止事故中燃油外流扩大火势，油库门要设拦油槛，其高度应能使油库形成容纳一只最大油桶油量的容积，并有相应的油、水排出措施。油库内要设足够的消防器材，推荐采用水喷雾灭火。厂房内充油的电气设备如油浸式变压器及油开关，若充油量超过600kg，则应布置在防爆间隔内，并以防爆走廊通向外面。采用干式变压器是杜绝变压器火灾事故的根本措施。蓄电池室不仅发散有害气体，而且具有燃烧及爆炸的危险。蓄电池室的一切设施都要符合防火防爆的要求，并布置在地面以上，且有对外的窗户，以便泄压，减小爆炸的损失。

在图5-1所示的案例中，发电机层由于上游侧设母线廊道，主厂房上游墙下部不能开窗，采光主要靠下游墙上开的大窗，并辅以人工照明，因此为保证窗户附近有足够的光线，并便于通风，下游窗台高度取为1.2m；下部各房间和交通道采用人工照明，厂内另设有事故照明系统，提供其电源的蓄电池室设在上游副厂房第一层，并为其设置了一套独立的机械通风系统；为在主厂房发电机层以上空间采用自然通风，除在吊车梁以上设有通风小窗外，在厂房上游墙高出母线廊道的部位加设了窗户，而副厂房大多数房间通过合理设置门窗满足自然通风要求，并力求开窗洞口与整个建筑物协调统一；在下部房间除通过加强通风来达到防潮要求外，在一些布置了电气设备的房间还设置了局部烘烤设备，中控室设置了空调；厂房各层均设有消防设施，油库和油处理室等房间房门均向外开，油处理室和油库设门槛防油外溢。

2.2　发电机层与主厂房空间尺寸拟定

发电机层的空间尺寸是在厂房布置设计中逐步确定的，是在下部结构布置设计的基础上进行的。

2.2.1　主厂房长度拟定

主厂房的长度取决于主机间长度和安装间长度 l_a。主机间长度则受机组台数 n、机组间距 l_c、端机组段长度（L_1、L_2）的影响。

在主机间，当机组等间距布置时，中间机组的机组段长度和机组间距是相等的。在下部块体结构尺寸初拟中，已根据下部块体结构的布置，初拟出机组段长度（即机组间距）。但这个长度还应满足发电机层布置的需要。发电机层布置所需的机组间距，主要取决于发电机风道内径 D_f 和相邻机组间通道布置。该通道内如仅布置楼梯，则不应小于2.0m，如还布置有附属设备，则应考虑附属设备的布置要求及其旁通道要求（≥0.8m），一般可用式（5-6）估算，即

$$l_c = D_f + \text{风道间通道宽} = D_{\text{定子}} + 2 \times \text{风道宽} + \text{风道间通道宽} \qquad (5-6)$$

将发电机层布置所需的机组间距与下部结构布置所需机组间距相比较，择其大者作为厂房机组间距设计值。在中、高水头水电站中，机组间距一般由发电机层布置决定。

对于位于厂房两端的机组段长度（称为端机组段长度），往往因端机组吊运设备要求需要额外加长。而影响端机组段长度的因素主要有吊车台数、安装间位置、厂内有无主阀及吊车宽度和阻进器形式等。

（1）当安装间位于左侧，厂内无蝶阀，有一台桥吊时，见图5-48。

与安装间相邻的边机组吊运不受限制，故只需满足发电机层设备布置要求，以及蜗壳外

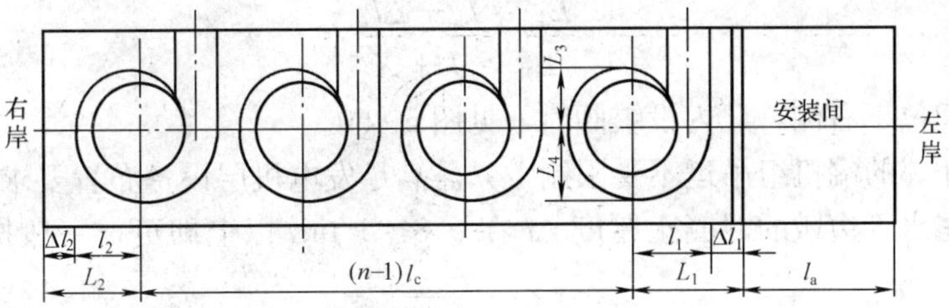

图 5-48　安装间位于左侧时端机组长度示意图

围混凝土厚度或尾水管边墩的混凝土厚度 Δl 在 0.8～1.0m 以上即可，一般按式（5-7）计算，即

$$L_1 = l_1 + \Delta l_1 \tag{5-7}$$

与安装间相对一侧端机组段长度的拟定，既要考虑结构最小厚度要求，一般按式（5-8）计算；同时还要考虑边机组吊运要求，一般按式（5-9）计算，两者取其大者，即

$$L_2 = l_2 + \Delta l_2 \tag{5-8}$$

$$L_2 \geqslant J + X \tag{5-9}$$

式中　L_1、L_2——厂房左端机组和右端机组长度；

l_1、l_2——蜗壳在纵轴线上的平面尺寸；

Δl_1、Δl_2——蜗壳左右侧外围混凝土厚度（$\geqslant$0.8m）；

J——桥吊宽度的一半，即主钩至桥吊外侧的距离，由初步选定的桥吊资料查取；

X——阻进器（或称挡车板）厚度，即桥吊外侧至端墙的距离，可取 $X=$0.4～0.9m。

对转轮直径较大的机组，初步估算时可取 $L_2 \geqslant 1.76D_1$。

(2) 安装间位于右侧，厂内无蝶阀，有一台桥吊时，见图 5-49。

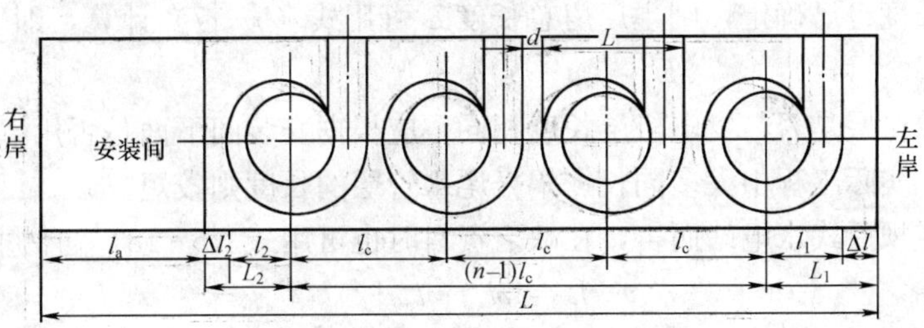

图 5-49　安装间位于右侧厂内无主阀时端机组长度示意图

与安装间相邻的端机组吊运不受限制，故只需满足发电机层设备布置要求，以及蜗壳外围混凝土厚度或尾水管边墩的混凝土厚度 Δl 在 0.8～1.0m 以上即可，一般按式（5-10）计算，即

$$L_2 = l_2 + \Delta l_2 \tag{5-10}$$

与安装间相对一侧端机组段长度的拟定，既要考虑结构最小厚度要求，一般按式（5-11）计算；同时还要考虑端机组吊运要求，一般按式（5-12）计算，两者取其大者，即

$$L_1 = l_1 + \Delta l_1 \tag{5-11}$$

$$L_1 \geqslant J + X \tag{5-12}$$

(3) 安装间位于右侧，厂内设蝶阀时，见图 5-50。

与安装间相邻的端机组吊运不受限制，只需满足发电机层设备布置要求，以及蜗壳外围混凝土厚度或尾水管边墩的混凝土厚度 Δl 在 0.8～1.0m 以上即可，一般按式 (5-13) 计算，即

$$L_2 = l_2 + \Delta l_2 \tag{5-13}$$

与安装间相对一侧端机组段长度的拟定，既要考虑结构最小厚度要求，一般按式 (5-14) 计算；同时还要考虑端机组主阀吊运要求，一般按式 (5-15) 计算，两者取其大者，即

$$L_1 = l_1 + \Delta l_1 \tag{5-14}$$

$$L_1 \geqslant l'_1 + J + X \tag{5-15}$$

式中　l'_1——机组中心线至主阀中心线的距离。

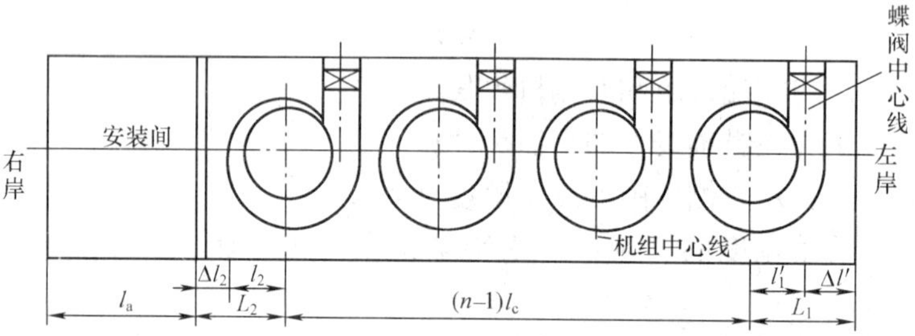

图 5-50　安装间位于右侧厂内设主阀时端机组长度示意图

因此，主机间长度 $L_{主机}$ 为

$$L_{主机} = (n-1)l_c + L_1 + L_2 \tag{5-16}$$

如安装间长度也已确定，则主厂房总长度 L 可用式 (5-17) 计算，即

$$L = (n-1)l_c + L_1 + L_2 + l_a \tag{5-17}$$

主厂房水轮机层是否与发电机层长度相同，应根据安装间下面是否用于布置辅助设备及实际需要确定，实际工程中大多同长，蜗壳尾水管层的长度则较短。

对引水式或坝后式水电站而言，在缺乏资料时也可用式 (5-18) 初估主厂房长度，即

$$L = nl_c + l_a + \Delta l \tag{5-18}$$

其中，$l_c=(4\sim5)D_1$；$l_a=(1.25\sim1.5)l_c$；$\Delta l=(0.2\sim0.8)D_1$。

在图 5-1 所示的案例中，由下部块体结构布置要求定出的机组段长度（即机组间距）为 $l_c=9.3$m，而由发电机层布置定出机组间距 $l_c=5.11$（定子外径 $D_{定子}$）$+2\times1.0$（风道宽一般取 0.8～1.5m）$+1.2$（楼梯宽）$+1$（过道宽）$=9.31$m，综合考虑发电机层附属设备和楼板梁系布置需要后机组间距调整为 10.0m。对 1 号和 4 号边机组，由于安装间位于主机间右侧，厂内设蝶阀，因此与安装间相邻一侧的 1 号机组无吊运限制，其端机组段长度 L_2 按其他机组同侧下部块体结构的布置要求为 $L_2=l_2+\Delta l_2=3.134+1.0\approx4.2$m，综合考虑发电机层楼板结构在该侧的布置要求，将其调整为 $L_2=3.555+0.4+0.6\approx4.6$m；而与安装间相对一端的 4 号机组，从满足结构厚度需要考虑：相应端机组段长度 $L_1=l_1+\Delta l_1=$

4.16+1≈5.2m（机组间距确定时调整为5.4m），从满足4号机组蝶阀吊运要求需要考虑：$L_1=l'_1+J+X$，其中，机组中心线至蝶阀中心线的距离$l'_1=2.894$m，1/2桥吊宽度（即主钩至桥吊外侧的距离）据初步选定的桥吊资料查得$J=4.35$m，取挡车板厚$X=0.4$m，考虑0.3m的安全裕量，加上37外墙厚，则$L_1=2.894+4.35+0.4+0.3+0.4=8.344$m；最终选定$L_1=8.4$m。

因此，主机间长度应该为$L_{主机}=(n-1)\times l_c+L_2+L_1=(4-1)\times 10.0+4.6+8.4=43$m，加上安装间长度15m，便可得主厂房长度$L=58$m。

2.2.2　主厂房宽度拟定

主厂房的宽度常以厂房纵轴为界，分为上、下游侧两部分来确定。通常先拟定出厂房下部块体结构宽度，再根据发电机层布置和大部件吊运要求拟定上部结构宽度，并对水轮机层运行所需宽度进行校核，上、下各层结构宽度必须协调，以保证厂房上部承重结构坐落在下部大块体混凝土上。

上部结构宽度$B_上$（即发电机层总宽度）取决于发电机尺寸，最大部件的吊运方式，吊车形式，主、副钩距边墙的极限活动范围，附属和辅助设备的布置，最小交通过道宽度等因素，一般分上游侧宽度和下游侧宽度，分别按下述要求拟定。

（1）上游侧宽度B_s。当上游侧作吊运主通道（发电机采用定子埋入布置，上游侧布置有附属设备）时

$$B_s=R_{定子外}+\text{吊运大件的空间要求}+\text{附属设备尺寸}+\text{附属设备到墙的距离}+\text{外墙厚} \tag{5-19}$$

当上游侧作非主通道时（主阀在厂内，发电机层布置同上）

$$\begin{aligned}B_s=&R_{定子外}+\text{风道宽(或}R_{风罩内})+\text{通道宽}(\geqslant 0.8\text{m})\\&+\text{主阀吊物孔宽}+\text{附属设备到孔缘的距离}+\text{附属设备尺寸}\\&+\text{附属设备到墙的距离}+\text{外墙厚}\end{aligned} \tag{5-20}$$

（2）下游侧宽度B_x。当下游侧作非主通道（未布置附属设备）时

$$B_x=R_{定子外}+\text{风道宽}+\text{通道宽}(\geqslant 0.8\sim 1.2\text{m})+\text{构架下柱厚} \tag{5-21}$$

当下游侧作主通道时

$$B_x=R_{定子外}+\text{吊运大部件的空间要求}+\text{构架下柱厚} \tag{5-22}$$

则，上部结构宽度（发电机层总宽度）为

$$B_上=B_s+B_x \tag{5-23}$$

以此宽度校核水轮机层布置所需的宽度。在水轮机层，中间布置水轮机井，而上、下游侧一般分别布置水轮机辅助设备（即油、气、水管路等）和发电机辅助设备（电流、电压互感器及电缆等）。在满足这些设备布置要求后，以不影响水轮机层交通来确定水轮机层的宽度。

以发电机层布置及吊运需要拟定的上部结构宽度，还应与下部块体结构宽度相协调，如拟定的下部块体结构宽度小于上部结构宽度，则应调整，以满足上部结构布置需要。最后据此初拟的厂房上部结构宽度，在桥吊系列产品中选出与之相适应的产品。如该宽度与桥吊标准跨度L_k不匹配，除大型水电站外，应在前面布置的基础上，尽量调整厂房上部结构宽度，选用系列产品，争取提前供货，节约费用。否则，应与桥吊供应商协商调整桥吊跨度尺寸。

在图5-1所示的案例中，发电机层上游侧布置有机旁盘、油压装置，发电机采用定子埋入布置，紧靠基坑上游右侧布置有调速器操作柜，厂内最大部件发电机转子带轴从上游侧

布置的操作柜和油压装置之间吊运通过为上游侧宽度拟定的控制条件，因此，上游侧宽度 B_s＝4.1（操作柜中心线至机组中心线距离）＋0.7/2（0.7m 为操作柜在该方向的尺寸）＋3.315（最大吊运部件所需吊运空间尺寸）＋0.93（压力油罐外径）＋0.8（油罐至墙面距离）＋0.4（37 砖墙）≈9.9m；下游侧作为厂内辅助通道，其宽度 B_x＝7.11/2（风道内半径）＋1.2（辅助通道宽）＋1.1（构架柱截面高度）≈5.9m，则上部结构宽度 $B_上$＝9.9＋5.9＝15.8m。据此选定 75/20 型系列产品中标准跨度 13.5m 的桥吊，其安装所需宽度为 13.5＋2×0.385（轨道中心至吊车端梁外缘距离）＋2×0.6（吊车端梁外缘至厂房墙内壁的最小距离）＋2×0.4≈16.27m，这意味着上部结构设计宽度 15.8m 对应的吊车端梁外缘至厂房墙内壁的最小距离仅有 0.365m，不足 0.6m，而吊车端梁外缘至上柱内缘距离有 0.265m，比 0.2m 的最小距离大，因此厂房上部结构实际宽度仍采用 15.8m 不变，但沿厂房纵轴设了两个让车小室。

前面根据下部块体结构布置拟定的厂房宽度为 14.3m，为与上部结构宽度 15.8m 相协调，将下部块体结构上游侧宽度增加 1.2m，从 8.7m 调整为 9.9m，下游侧宽度增加 0.3m，从 5.6m 调整为 5.9m。

校核水轮机层布置和运行要求时，主要校核水轮机层上游侧主阀吊运要求的空间是否合理。从选定的桥吊主要参数表中可查出主、副钩在上游侧的极限位置（吊钩中心至轨道中心的距离）为 L_1＝2.4m，L_3＝1.3m。根据主阀布置，主阀中心线至轨顶中心线的距离为 2.75m，大于主钩上游极限距离 L_1＝2.4m，因此主钩能吊到主阀；因主阀距机组中心线距离为 6.0m，主阀吊运过程中与风罩壁间净距为 1.345m，满足吊运安全要求。

综上所述，主厂房上部结构宽度设定为 15.8m。

厂房下部含尾水平台在内的总宽度为 21.4m（或 21m），即上部结构宽度为 15.8m，加上尾水平台宽度 5.6m（或底部为 5.2m）得到。而尾水平台宽度由尾水管在厂房外墙所余长度 9.0－5.9＝3.1m，加上综合考虑尾水闸门和启闭设备布置要求后增加的 2.5m 得到。

2.2.3　发电机层地面高程 $\nabla_{发电机层}$ 的拟定

发电机层地面高程是根据拟定出的水轮机层地面高层和相应的布置，综合考虑以下因素后拟定的：

（1）发电机布置方式和机墩结构布置。根据确定出的水轮机层地面高程、选定的发电机支承结构的形式，以及发电机布置方式，先拟定水轮机井进人孔高度，一般取 1.8～2.0m，加上进人孔顶部的深梁高，一般不小于 1.0m，得出发电机定子的安装高程（即机座顶面高程），主机组的轴长也随之确定。若发电机采用定子外露式布置，这就是发电机层地面高程；如采用定子埋入布置或上机架埋入布置，则需再加上发电机定子高度，或按上机架埋入程度再加上一部分或全部上机架高度，得出发电机层地面高程。

（2）水电机组尺寸。套用现成机组时，发电机与水轮机之间的间距是给定的，也即在水轮机安装高程的基础上，加上安装高程以上的水轮机转轮尺寸、水轮机主轴长、发电机主轴法兰底到发电机定子安装高程之间的主轴长，再加上发电机定子的高度或者还加上上机架高度，从而可得到发电机层地面高程。

（3）发电机层楼板最好高于下游最高尾水位，以利于对外交通及开窗采光、通风。当下游洪水位过高时，宜采用高于较常见的下游水位，并考虑厂房的防洪措施。此点将在后面安装间布置时加以说明。

总之，水轮机层的层间高度不得小于 3.5～4.0m；若增设出线层，其高度也不宜小于

3.5m，且发电机层楼板最好与安装间同高。

在图5-1所示的案例中，该水电站机组为套用机组，据机组尺寸定出的发电机层地面高程为284.784m；因发电机采用定子埋入布置，机墩为圆筒式机墩，进人孔高取2m，孔顶深梁高取1m，加上定子高度2.17m，故考虑发电机布置方式和机墩结构布置算得的发电机层地面高程为$\nabla_{发电机层}=283.274$m。最终选取的发电机层地面高程$\nabla_{发电机层}=284.784$m，虽然比后者高了1.51m，但水轮机层层间高度达6.68m，可在水轮机层与发电机层之间的上游侧加设一出线夹层，且高于下游最高水位284.000m，厂房不用采取防洪措施。

2.2.4　吊车轨顶高程拟定$\nabla_{轨顶}$

吊车轨顶高程指桥吊轨道轨面高程。在发电机层地面高程的基础上拟定该高程，主要应考虑的因素是厂内最大吊运部件尺寸、吊运通道及通道下是否有设备、最大部件吊运方式（即采用刚性或柔性吊运）、安装间与发电机层地面是否同高等。

（1）当安装间与发电机层地面同高，吊运部件从机组上游或下游侧地面通过时，可采用式（5-24）计算，即

$$\nabla_{轨顶}=\nabla_{发电机层}+a+H_m+e+h \tag{5-24}$$

式中　a——吊运部件距地面的垂直安全距离，由吊运方式确定，一般$a\geqslant 0.3$m；

H_m——吊运部件的最大高度，一般为发电机转子带轴（悬式发电机转子一般带轴整体吊运，伞式发电机转子可与其轴分开吊运）或水轮机转轮带轴（水轮机转轮一般与轴整体吊运）或主变压器高度（主变压器进厂检修时）；

e——吊具长，取决于吊运方式，柔性吊运$e=1.2\sim1.5$m，刚性吊运$e=0.8\sim1.0$m；

h——吊钩极限高度（即吊钩中心至轨道顶面的最小距离），由初步选定的桥吊厂家提供的桥吊资料查得，一般为1.2～1.3m。

（2）当安装间与发电机层同高，吊运部件从机组（或地面固定设备）顶部通过时，可采用式（5-25）计算，即

$$\nabla_{轨顶}=\nabla_{发电机层}+\text{地面固定设备高度}+a+H_m+e+h \tag{5-25}$$

由此可见，在满足吊运部件及发电机层布置要求的条件下，主厂房可以（在一定范围内）做得窄而高，或者宽而低。因此，桥吊的跨度和轨顶高程必须与其他因素结合并相互协调，通盘考虑。

在图5-1所示的案例中，厂内最大吊运部件为发电机转子带轴高度$H_m=6.87$m（转子底缘至下法兰盘底面高1.44m，以上部分高5.43m），转子下部主轴从上游侧布置的操作柜（高度为1.3m）和油压装置（高度为2.634m）之间地面吊运通过；转子则需从操作柜顶部通过，根据初步选定的75/20型桥吊资料查得的吊钩极限高度（即吊钩中心至吊车轨顶的高度）$h=0.869$m，悬式发电机转子带轴采用柔性吊运，初估吊具至吊钩中心高度为$e=1.2$m，则轨顶高程为

$$\begin{aligned}\nabla_{轨顶}&=\nabla_{发电机层}+a+H_m+e+h=284.784+0.6(\text{最小垂直安全距离})\\&\quad+6.87+1.2+0.869\approx294.323\text{m}\end{aligned}$$

校核转子从操作柜顶部通过需要的轨顶高程为

$$\nabla_{轨顶}=284.784+1.3+0.6+5.43+1.2+0.869=294.183\text{m}$$

最终选取大者294.323m为轨顶高程设计值。

2.2.5 屋顶高程$\nabla_{屋顶}$拟定

在桥吊轨顶高程确定的基础上，由厂家给出的资料可查得选定桥吊的外形尺寸（即桥吊在轨顶以上的高度）。桥吊起重小车顶部与厂房屋顶大梁底缘或天花板（或吊顶、灯具底）之间应留有不小于20～30cm的余隙，并应考虑安装和检修桥吊的措施（如在厂房端部天花板上留出一块活动区域，供桥吊小车安装、检修之用），在此之上再加上屋顶大梁的高度及屋面板厚度（屋顶结构高度初估时可参考已建工程），就得到屋顶高程$\nabla_{屋顶}$，即

$$\nabla_{屋顶} = \nabla_{轨顶} + h_{余隙} + h_{屋顶结构} \tag{5-26}$$

从而得到主厂房总高度

$$H = \nabla_{屋顶} - \nabla_{建基面} \tag{5-27}$$

综上所述，可见主机间的轮廓尺寸长、宽、高是相互影响的，在拟定厂房主机间轮廓尺寸过程中需要平立面、长宽高交错进行，多因素研究，达到协调统一。

在图5-1所示的案例中，由厂家给出的资料查得选定桥吊在轨顶以上高度为3.534m，预留桥吊小车顶部至厂房屋顶大梁底缘净距为0.3m，屋顶结构选用预制钢筋混凝土雁形屋面板，参考已建工程初步确定高度为1.0m，则可初步确定出厂房屋顶高程为

$$\nabla_{屋顶} = \nabla_{轨顶} + h_{余隙} + h_{屋顶结构} = 294.323 + 3.534 + 0.3 + 1.0 = 299.157\text{m}$$

主厂房总高度为

$$H = \nabla_{屋顶} - \nabla_{建基面} = 299.157 - 269.588 = 29.569\text{m}$$

学习任务四　安装间布置与设计

1　案例

在图5-1所示的案例中，安装间位于主厂房右端，由一条三级公路从厂房下游进入安装间。安装间地面高程为284.784m，安装间宽15.8m、长15m，主变压器将进厂检修。为此，在与主变压器场相邻的安装间端部设有一宽7.4m的卷帘门和主变压器进厂轨道。在安装间楼面设有一公用吊物孔，在发电机转子检修场地中间设有一主轴孔，轴孔下与水轮机层同高的副厂房地面设有一大轴承台，安装间右端上游侧设有一普通双跑楼梯通往下层副厂房，见图5-51。

2　分析讨论

2.1　位置与面积

安装间是设备运输和人员出入的主要进出口，对外交通道路（公路或铁路）必须能直达安装间，以便利用厂内桥吊装卸设备。因此，安装间通常设在靠河岸对外交通方便的厂房一端。

安装间又是机组大部件进行安装和检修的场所，其面积通常按一台机组扩大性检修的需要确定。一般在安装间应能放置发电机转子、发电机上机架、水轮机转轮、水轮机顶盖四大部件，占地面积小及较轻的部件可灵活堆置于发电机层，具体布置时应考虑以下因素：①机组大部件的布置位置应满足安装及大修过程中吊运大部件次序的要求；②机组大部件之间、部件与墙柱和固定设备之间的净距，应根据安装检修工艺要求和交通条件，在1～2m范围内选取；③在机组安装检修过程中，安装场应满足车辆进厂及装卸的要求（厂内另有卸货平台者除外）；④机组大部件要布置在主钩的工作范围内，尤其是发电机转子的位置。为便于

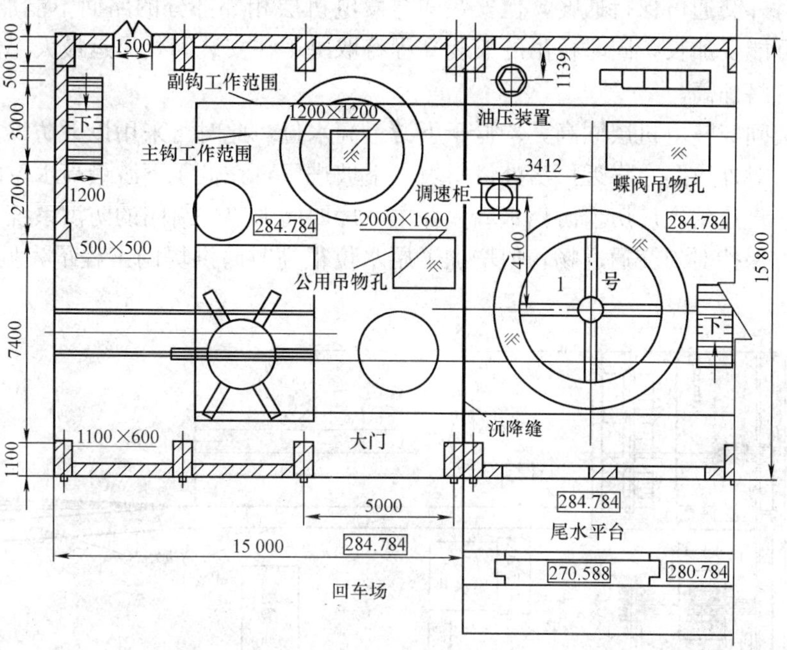

图 5-51　安装间布置实例图（高程单位：m；尺寸单位：mm）

桥吊通行，安装间应与主机间同宽，所以安装间的面积就取决于它的长度，在缺乏资料时，根据经验，安装间的长度可取 1.25～1.5 倍机组段长度（或机组间距）；对于多机组水电站，安装间面积可根据需要增大或加设副安装间。

2.2　高程与布置

安装间的高程主要取决于对外交通道路（公路或铁路）的高程及发电机层楼板的高程。安装间最好与对外道路同高，均高于下游最高水位，以保持洪水期对外交通畅通无阻。安装间最好也与发电机层同高，以充分利用相邻场地，安装、检修工作方便。

当水电站的下游尾水过高，发电机层楼板低于下游最高尾水位时，进厂交通也会有一段在最高尾水位以下。这时可采用以下几种布置方式：

（1）安装间与对外道路同高，均高于发电机层和下游最高水位，见图 5-52。

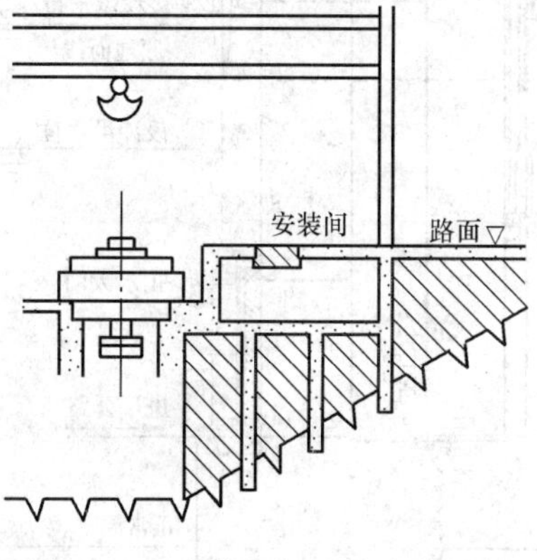

图 5-52　安装间与对外公路同高高于发电机层示意图

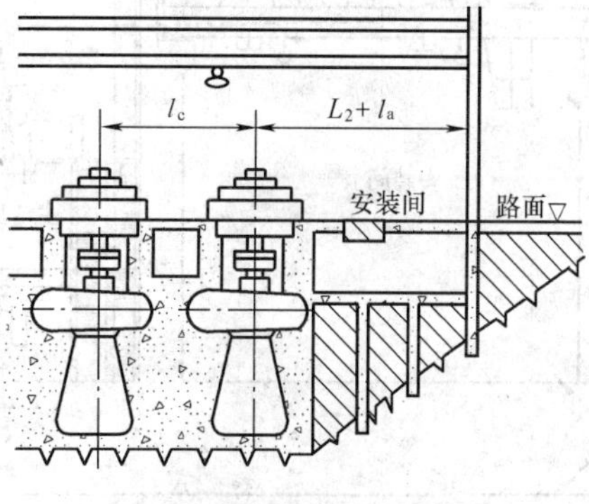

图 5-53　安装间与发电机层、对外道路同高示意图

洪水期对外交通可保持通畅，但安装间与发电机层相邻部分的路面不能加以充分利用，安装间因此可能要加长，同时桥吊的安装高程将取决于在安装间处吊运最大部件的要求，整个主厂房结构将加高。

(2) 安装间与发电机层同高，均低于下游最高水位，此时可采用以下防洪措施：

方案一：对外道路在靠近厂房处设斜坡，下坡进厂，在低于下游最高水位的路边筑防洪堤，防洪堤一直连到主厂房下游挡水墙，在主厂房四周形成一封闭的防洪系统。这种方案的好处是可随时保持对外交通通畅，但增加了尾水位很高时防洪堤的工程量，见图5-53、图5-54。

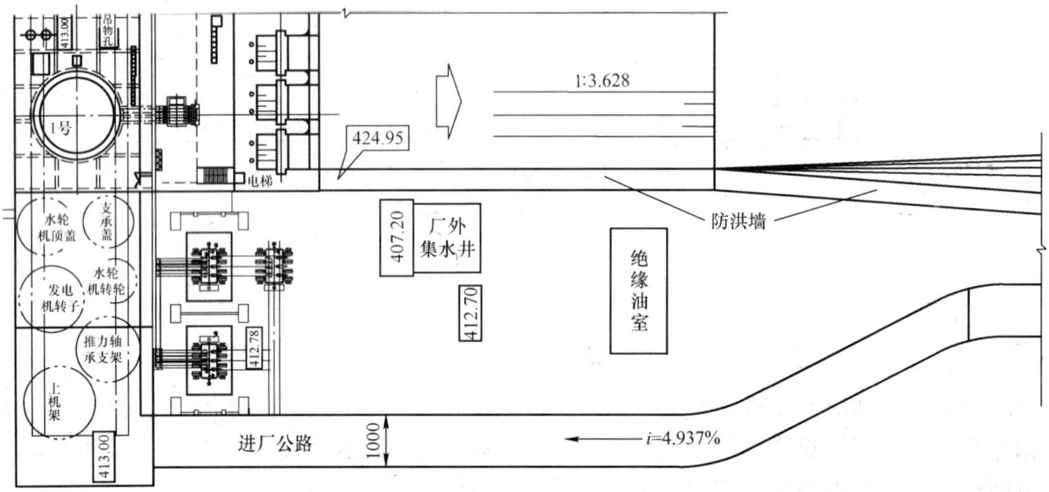

图5-54　安装间与发电机层同高，进厂道路旁设防洪墙实例图

方案二：将主厂房大门做成防洪止水门，有洪水时将大门关闭，断绝对外运输，值班人员可由高处的通道进入厂房，见图5-55，闸门漏水由排水沟排入集水井。

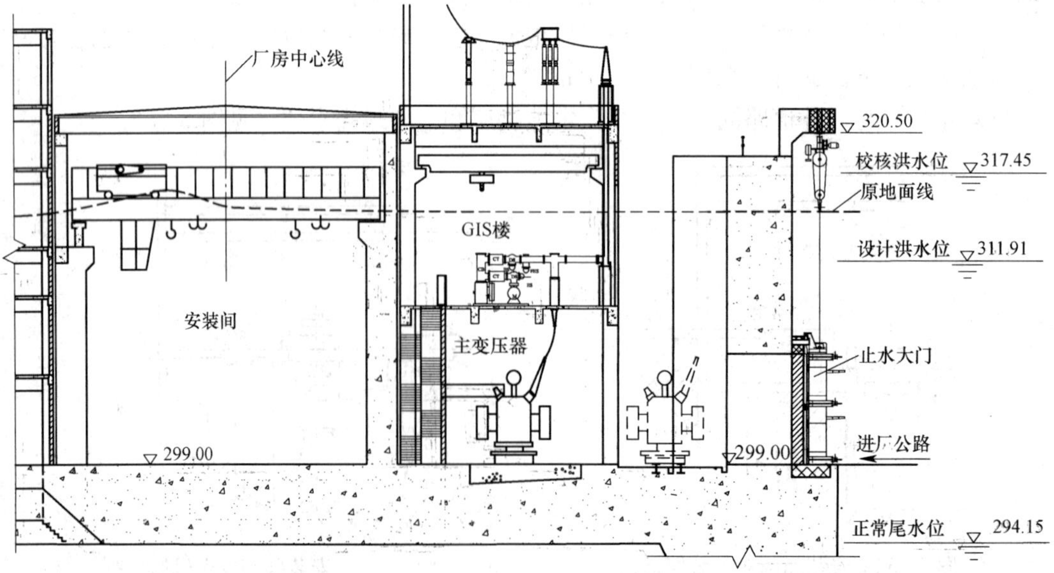

图5-55　主厂房大门做成防洪止水门实例图（单位：m）

(3) 安装间与发电机层同高，均低于对外道路。在安装间上专门划出一块货车停车卸货处，此停车处高于安装间而与对外道路同高。这时安装间场地将不能充分利用，而厂房的屋顶高度可能取决于厂外道路和卸车场的要求，见图5-56。

(4) 安装间与发电机层楼板同高，均高于下游最高水位及对外道路，见图5-57。

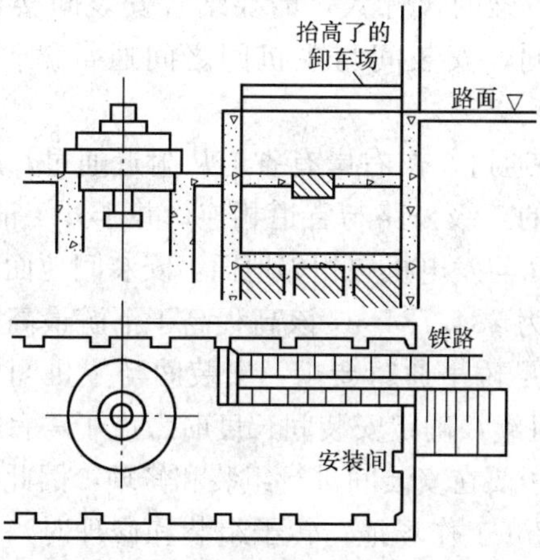

图5-56　安装间与发电机层同高且低于对外道路示意图

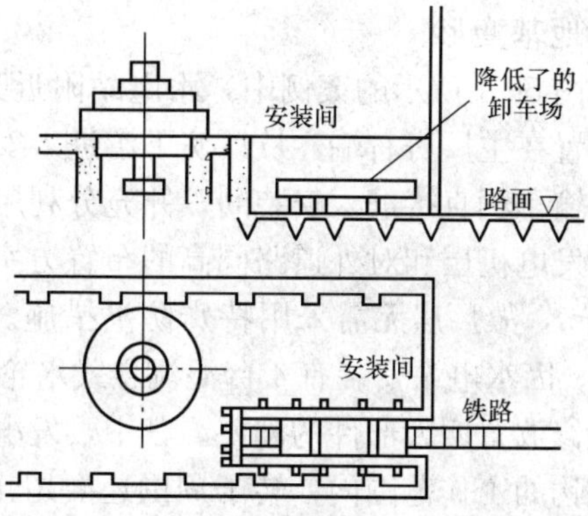

图5-57　安装间与发电机层同高且高于对外道路示意图

在实际工程中，安装间布置方案应具体情况具体分析，并结合水文、地质、地形、施工条件、工程量估算等进行多方案比较，因地制宜。

进行安装间布置设计时，除其位置、面积、高程拟定外，还要考虑以下设施的布置：

发电机转子放在安装间上时轴要穿过地板，地板上在相应位置要设大轴孔，面积要大于大轴法兰盘。为了组装转子时使轴直立，在轴下要设大轴承台，并预埋地脚螺栓。

主变压器进入安装间进行安装检修时，要考虑主变压器运入的方式及停放的地点。主变压器大修时常需吊芯检修，在安装间上设尺寸相当的变压器坑，以便将整个变压器吊入坑内，然后将铁芯抽出至安装间地坪，以免增加厂房高度。目前，大型变压器常做成钟罩式，检修时采取就地吊罩，起重量和起吊高度大为减小，安装间可不再考虑设变压器坑。

安装间内或其下部应考虑试重块的堆放或设置试重地锚。厂房内的桥吊在安装就位后或大修后要进行静、动荷载试验。做静荷载试验时，桥吊要吊起的荷载为起重量的125%；做动荷载试验时，荷载为起重量的110%，并反复检验刹车装置的可靠度。试重块常由钢筋混凝土块所组成，体积很大，一般堆放在安装间内的试重块坑内，也可放在厂外。当桥吊起重量很大时，可采用铸铁试重块，以减小体积。桥吊起重量大于150t时，试重块体积过于庞大，难觅合适之处堆放。此时可在安装间下设置地锚或利用大轴承台的地脚螺栓（它们必须能承受的向上拉力不小于桥吊起重量的110%），并在地锚和桥吊主钩之间加设测力器，进行静荷载试验，而略去动荷载试验。此法若不易实施，可采用起升机构负荷试车装置（即减小滑轮组倍率的方法）及少量试重块对起升机构在使用中易出问题的制动器、变速器、轴承及相应电气设备进行动荷载试验，并试吊机电设备最重件离地100mm左右，对吊车大梁、吊钩、滑轮组、钢丝绳等进行试验。

安装间的大门尺寸要满足运输车辆进厂要求，如通行标准轨距的火车，其宽度不小于

4.2m，高度不小于5.4m。通行载重汽车的大门宽度不小于3.3m，高度不小于4.5m。

因安装间承受的荷载大，安装间的基础最好坐落在岩基上。若安装间本身是在岩基中开挖而成的，则安装间下部可不必开挖，而只在必要的地方（如转子大轴承台）进行局部开挖。如岩基坐落较深，则安装间下常有很大的空间可以利用，以布置各种机电辅助设备。要注意安装间的结构问题，因其荷载大、梁的尺寸大，需要结合安装间楼板梁格布置，加设中间支柱。因荷载、高度等各不相同，安装间与主机间之间通常设伸缩缝，以适应地基变形。

在图5-1所示的案例中，水电站附近无铁路通过，但右岸有省道从附近通过，故将安装间布置在主厂房右端，从厂房下游进入安装间的三级公路与省道相连，并于开工前建成。为使运输车辆直接进入安装间，并充分利用安装间与发电机层相邻地面，安装间地面高程采用了与发电机层和对外道路同高的布置方案，均为284.784m。该高程高于下游最高洪水位284.00m，故厂房无需采用特殊防洪措施。为满足桥吊通行要求，安装间与主机间同宽为15.8m。因水电站安装有4台混流悬式水轮发电机组，确定安装间长度时考虑了一台机组扩大性检修放置四大部件的需要。其中，发电机转子要在安装间进行组装和修理，因此必须布置在主钩的工作范围内，转子周围还要留出1～2m工作场地；转子组装和修理时，大轴要处于直立位置，因此，安装间楼板相应位置开设了一个比主轴法兰稍大的边长为1.2m的主轴孔，平时覆以盖板；大轴穿过后支承在下部特别设置的大轴承台（也称转子检修墩）上，承台顶端预埋地脚螺栓，待大轴法兰套入后，用螺母固定；发电机上机架重量不大，但尺寸较大，占地多；包括水轮机转轮和顶盖在内的机组大部件均应放置在吊钩工作范围内，同时周边留有1～2m的工作场地，最终确定安装间长度为15m。主变压器也将进厂检修，因此在与主变压器场相邻的安装间端部设有一宽7.4m的卷帘门和主变压器进厂轨道（主变压器场地面与安装间同高）。此水电站主变压器采用钟罩式，主变压器检修吊装对厂房上部结构高度不起控制作用，无需设置主变压器坑。

安装间的基础为岩基，由于出露高程较低，因此利用安装间下面开挖出来的空间布置油库、油处理室和空压机室，桥吊试重块也堆放于此处。为了吊运安装间下部副厂房内的设备，在安装间楼面设有一公用吊物孔，安装间右端上游侧设有一普通双跑楼梯通往下部副厂房，进厂大门设在下游侧，尺寸为5.0m×6.0m，见图5-51。

学习任务五　厂房结构布置与设计

1　案例

在图5-1所示的案例中，主厂房为河岸式厂房，安装间和主机间之间设一道伸缩沉降缝，主机间采用两机一缝，在2号和3号机组之间设有一道伸缩沉降缝。屋顶为预应力混凝土雁形板，构架柱为现浇钢筋混凝土矩形变截面柱，吊车梁采用单跨简支预制钢筋混凝土T形梁，发电机层以上外墙采用37砖墙，下部结构挡土墙采用0.7～1.1m厚钢筋混凝土墙，下游侧挡水墙采用0.9m厚钢筋混凝土墙，发电机层和安装间楼板均为现浇板梁式结构，发电机支承结构采用钢筋混凝土制作的圆筒式机墩，上部风罩墙与发电机层楼板整体浇筑。

2　分析讨论

厂房结构布置设计的任务主要是确定厂房的结构形式，确定各构件的结构形式、布置形式、相互连接关系，估算各构件尺寸，选定合适的建筑材料，为结构分析计算提供依据。厂房结构布置与前面介绍的机电设备布置密切相关、相辅相成，必须同时进行。由于副厂房的结构与一般工业与民用建筑相似，因此以下只讨论主厂房的结构布置。

2.1　主厂房结构系统概述

2.1.1　厂房结构的分缝和止水设置

水电站厂房在竖向为一多层结构，对立式机组而言，从上至下常分为发电机层、出线层、水轮机层、蜗壳尾水管层、基础结构层。其中，出线层在规模较小的厂房中一般没有。习惯上以发电机层楼板为界限划分为上部结构和下部结构，上部结构与一般工业与民用建筑相似，为杆件结构的板梁柱构成，多采用钢筋混凝土结构，也有采用钢结构的，小（二）型水电站中也有采用砖混结构形式的，下部结构多为钢筋混凝土或少筋混凝土块体结构，见图5-58。

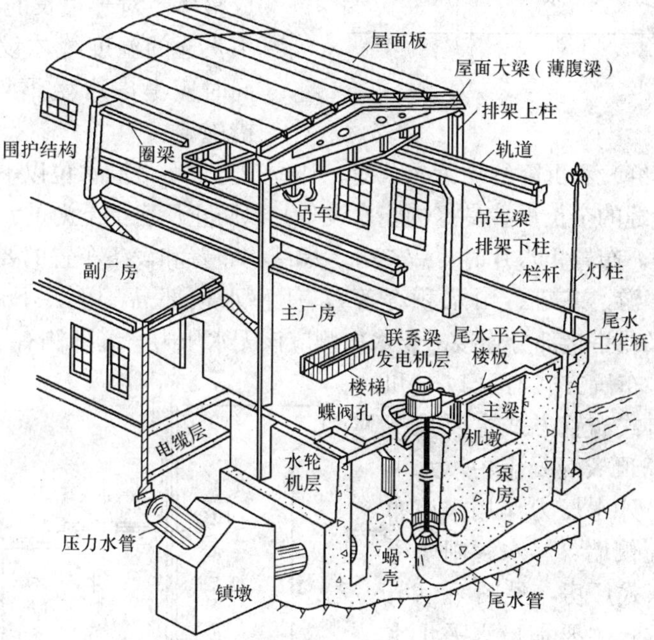

图5-58　厂房结构系统三维示意图

由于厂房结构形式和尺寸上下部分差异较大，在温度变化或混凝土干缩的影响下，结构中会产生较大的附加应力，并产生裂缝，为此，在厂房结构中常需采取设结构缝（温度缝）的措施来减小甚至消除其影响。此外，由于在主机间和安装间、主厂房和副厂房及坝后式厂房的厂、坝间存在基础的不均性和承受的荷载差异大的情况，因此可能导致地基产生不均沉降，从而在结构中产生较大附加应力，为此，也需在结构中采用设缝的措施来减小甚至消除影响，使结构受力明确，结构构造和计算得到简化。在实际工程中，常将温度缝和沉降缝合并设置为温度沉降缝。

对机组段比较长的大、中型水电站，一般每一相邻机组段设一道温度沉降缝（即一机一缝），缝间距为20～30m，经论证后可放宽到40～50m（软基上可长一点，完整岩基上要短一点），机组段较短时，也可采用两机一缝或三机一缝的布置方式。在坝后式厂房中，机组段的分缝还应与大坝的分缝相一致，形成进水口坝段和机组段的配合。伸缩沉降缝通常贯通设置，即从上（屋顶）贯通至下（基础底板）。分缝处屋顶、吊车梁、楼板均应断开。缝宽在岩基上一般设为1～2cm（上部结构可适当加大），软基上小于6cm。缝中充填弹性防渗止水材料，尤其是迎水面，见图5-59。

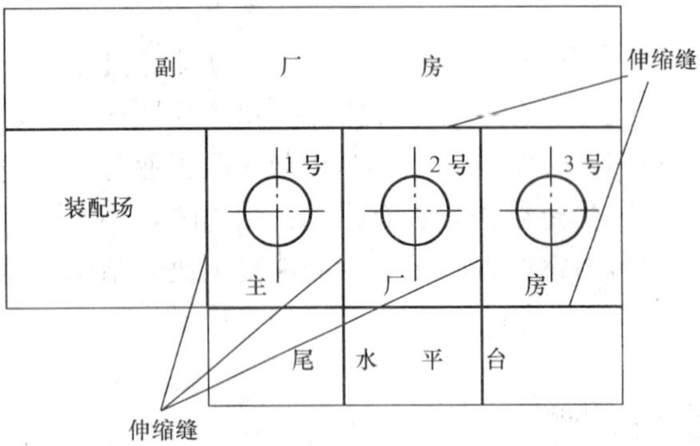

图5-59　厂房分缝示意图

对于建在可压缩性地基（如黏土基）上的厂房，如用贯通性的横缝将厂房分成若干独立的段，则可能由于各段的不均沉降而影响厂内桥吊通行。因此，对于不太长的厂房，最好将温度缝只做到下部块体结构为止，取消贯通缝，同时加强底板结构，使之沿纵向连成整体。对于很长的厂房，则每隔几条不贯通的温度缝才设一条温度沉降缝，同时应考虑产生不均匀沉降时的应对措施。

伸缩缝（温度缝）和沉降缝均为永久缝，凡位于上下游最高水位以下并与河水相连通的分缝部分，都应沿缝的全长设置良好的止水设备，以防止厂房上下游的水和地表水等通过永久变形缝进入厂房。布置止水片时，应充分考虑结构布置和设备布置的要求，分析渗水可能的来源（上游、下游、基础、雨水积存等），使止水顶部高于上、下游最高水位 $Z_{上max}$、$Z_{下max}$，并使各交叉或搭接部分连接。止水内侧应该无水压力，缝外侧有水压力。

工程中的止水布置方式有开口式和封闭式。所谓开口式布置方式主要是指水平止水设在蜗壳顶板混凝土中，水下部分混凝土受内、外水压力作用。该布置方式可改善蜗壳侧墙、尾水管闸墩受力，通常用于河床式厂房，见图5-60。所谓封闭式布置方式主要是指水平止水设在下部块体结构底部，缝内无水或基本无水，通常用于坝后式厂房，见图5-61。

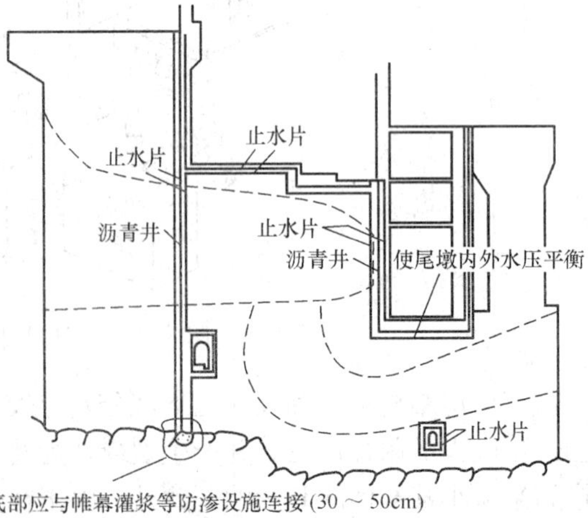

图5-60　厂房下部结构中开口式止水布置方式示意图

变形缝内常用的止水材料有紫铜片、不锈钢片、镀锌铁片、橡胶、塑料、沥青以及高分子合成材料等，可根据缝的变形、水压力、地区气温及缝的部位选定。

永久缝止水设计一般采用两道止水铜片或迎水面的第一道用铜片、第二道用镀锌铁片，止水片宜做成“⌒”形，两道止水片之间的缝用沥青麻绳塞紧，作为辅助止水。中间也有采用坝工中采用的沥青井做辅助止水的，在沥青井内设置电气加热设施，加热温度以能使沥青融化、达到自由流动为目的。另外，在第一道止水铜片至迎水结构面的缝隙间，一般用沥青油毡或沥青杉板填实，见图 5-62。

对于作用水头不大的厂房，止水可适当简化，在气候温和地区可用塑料止水片，在寒冷地区可用橡胶止水片来代替止水铜片或镀锌铁片，以降低费用；对于河床式厂房，上游压力墙中设置的止水由于阻水要求较高，因此应遵照 SL 319—2005《混凝土重力坝设计规范》有关设置止水的规定设计。

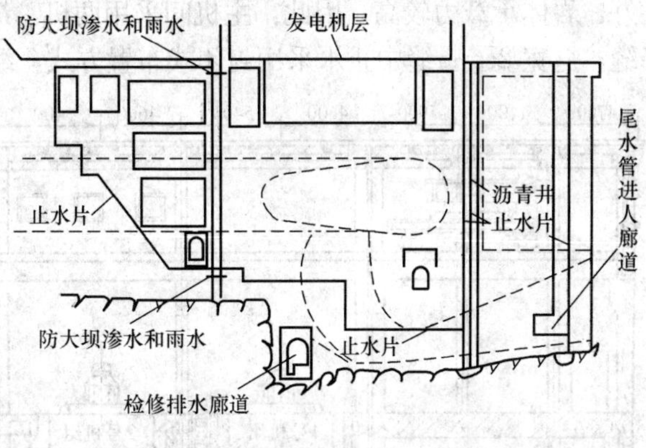

图 5-61　厂房下部结构中封闭式止水布置方式示意图

永久缝的垂直止水后面宜设置排水孔，以能将残余渗漏水引至室内排水系统予以排除。排水孔可采用预制多孔混凝土管，预埋在混凝土浇筑块两侧，见图 5-62（a）。

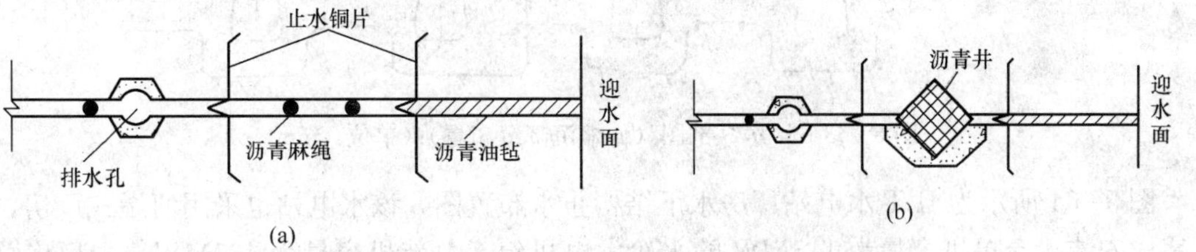

图 5-62　厂房水下结构永久缝止水设计示意图

止水片在施工安装时，必须注意位置准确，嵌、焊接牢固，精心施工，防止钢筋穿刺止水片，拆模时严防损坏。否则，难以补修，影响止水效果。

厂房水下结构中止水设计，必须有专门的止水设计图反映，它们应包括厂房水下结构全部永久缝在高出上、下游最高水位范围内的止水布置图以及各种类型的止水大样图、安装图、排水孔大样图、材料表等，同时还要编写施工说明条文。

2.1.2　主厂房结构系统的传力情况

对于常见的立式机组厂房，主厂房的结构系统传力情况大致如下：

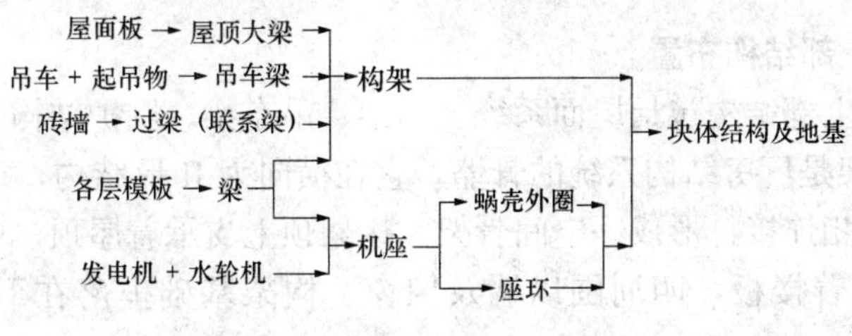

这是基本的但较粗略的传力情况，某些细部结构的传力情况可能各有不同。例如，一部分砖墙及各层楼板的荷载可能直接传至上、下游墙而不传给构架；为了减小机组运行时振动对楼板上设备的影响，楼板可能与机墩分开，则各层楼板的荷载就不再传至机墩等。

在图 5-1 所示的案例中，考虑主机间和安装间荷载差异较大，在安装间和主机间之间设了一道伸缩沉降缝，该水电站厂房机组间距为 10.0m，厂区出露的岩基以砂岩为主，总体完整性好，岩体承载力较高。因此，主机间采用两机一缝，在2号和3号机组之间设置一条伸缩沉降缝，缝宽2cm；缝中止水采用封闭式布置方式，缝中充填沥青杉板，见图5-63。

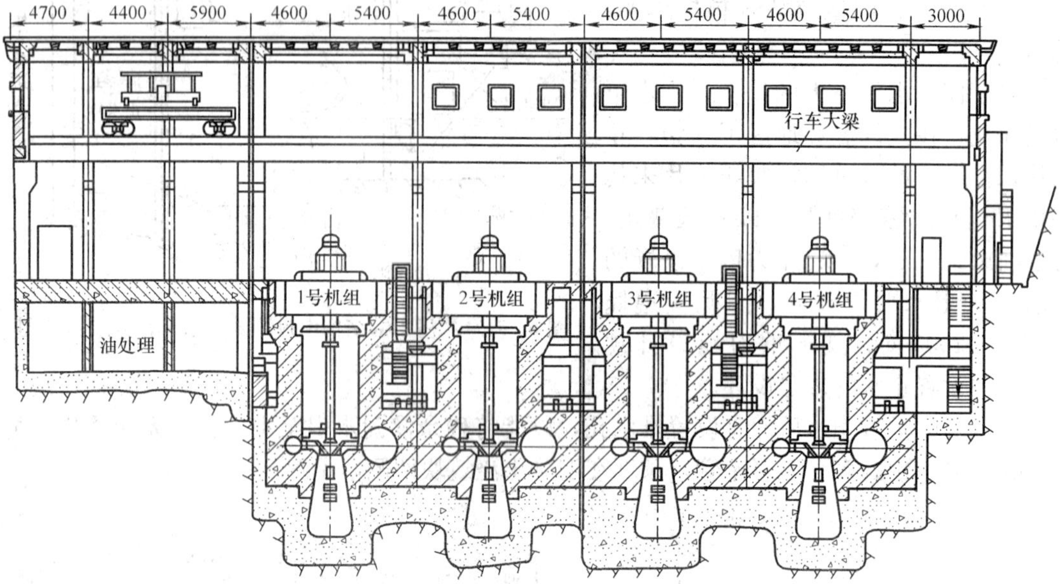

图5-63　厂房纵剖图（伸缩沉降缝布置）（单位：mm）

图5-64所示为JLT水电站厂房水下结构止水布置图，该水电站也采用河岸式厂房，主厂房内安装4台单机容量为115MW的水轮发电机组，总装机容量为460MW。主厂房总长116.3m、宽25.5m、高46.43m。机组间距为20.05m，安装间布置在主厂房右端，一次副厂房布置在主机间上游侧，与主机间同长，二次副厂房布置在安装间上游侧，与安装间同长。由于厂房基础均处在微风化岩体内，岩体较完整，岩性为安山岩及凝灰角砾岩，各项物理力学指标均满足厂房基础要求，因此厂房除在安装间与主机间、主厂房与上游侧副厂房之间各设置一道伸缩沉降缝外，采用一机一缝，缝距为20.5m，缝宽2cm。厂房伸缩沉降缝中止水采用封闭式布置方式，底部水平止水设在主、副厂房底板中，上游垂直止水设在上游侧副厂房的上游墙中，高于主变压器平台（高程为1289.02m），下游垂直止水设在尾水闸墩迎水面，顶部至1288.72m，高于下游最高尾水位（高程为1284.23m），并与设在尾水平台顶面的水平止水衔接。

2.2　主厂房的上部结构布置

水电站主厂房的上部结构包括屋面系统、构架、吊车梁、围护结构（外墙）及楼板，见图5-58。其中，构架是厂房结构系统的骨骼，它在横向为Π形结构，在纵向则以联系梁或圈梁、吊车梁等构件相连接，形成一空间骨架。构架顶上支承着屋顶，中间支承着联系梁及吊车梁，可能还支承着楼板，四周围以墙及门窗。构架基础坐落在下部大块体混凝土结构上。

2.2.1　屋顶结构

屋顶结构是封闭式地面厂房的一个重要组成部分，其主要作用是隔热、避风雨和遮阳光，个别水电站中还在其上布置升压变电设备。屋顶结构形式一般采用外排水平屋顶，屋面最小坡度值多为1∶10～1∶20，除特殊情况下采用现浇钢筋混凝土肋形结构外，现在大多采用钢筋混凝土预制预应力大型屋面板或钢桁架屋顶。预制大型屋面板一般直接支承在两构架立柱横梁（或纵向联系梁）上，屋面板之上还要设隔热层、防水层及保护层，见图5-65。

2.2.2　吊车梁

吊车梁支承在构架立柱牛腿上，其主要作用是敷设吊车轨道，承受吊车、吊物动、静荷载，并将其传给构架立柱。我国吊车梁多采用钢筋混凝土结构，其结构形式可分为现浇整体

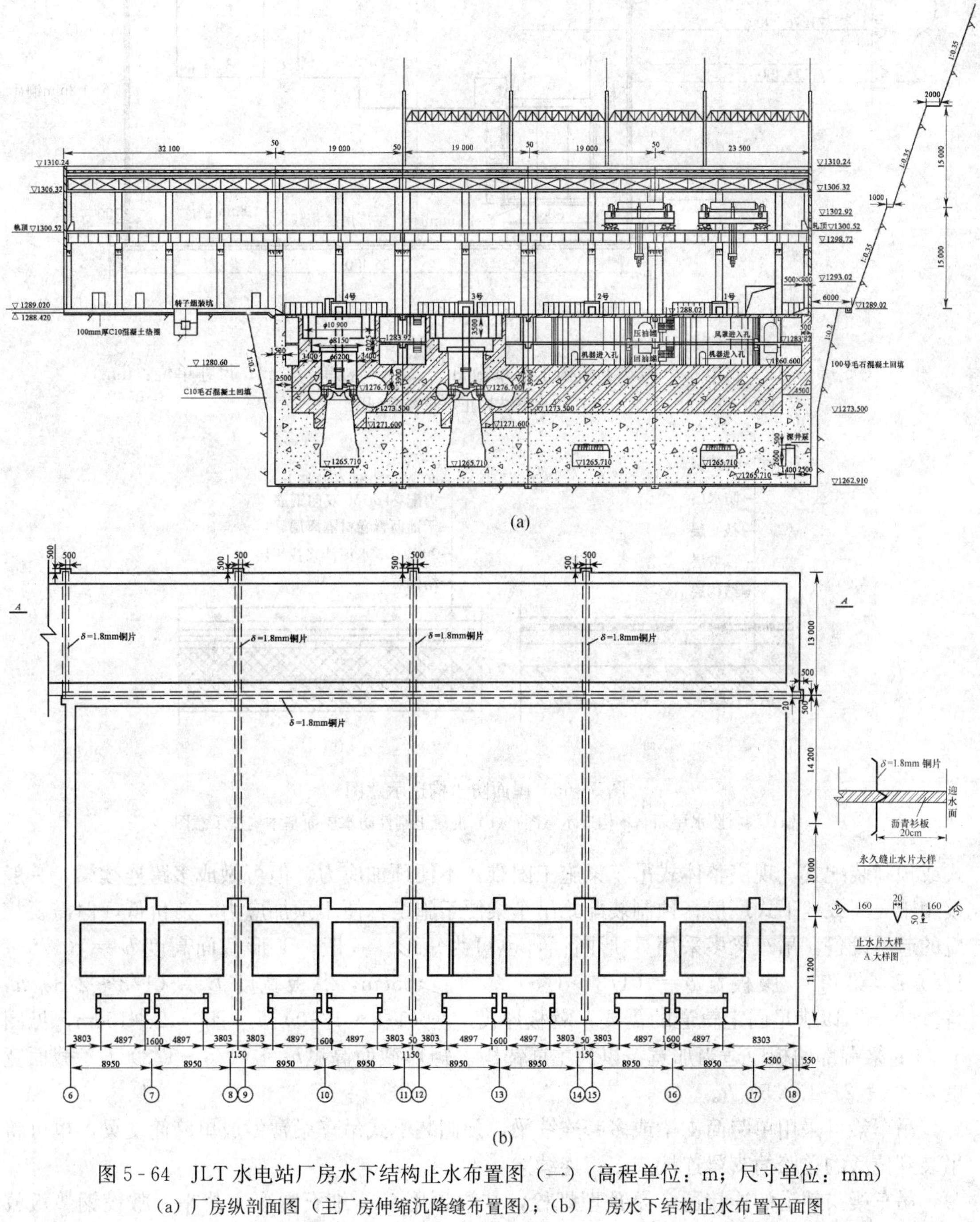

图5-64　JLT水电站厂房水下结构止水布置图（一）（高程单位：m；尺寸单位：mm）

（a）厂房纵剖面图（主厂房伸缩沉降缝布置图）；（b）厂房水下结构止水布置平面图

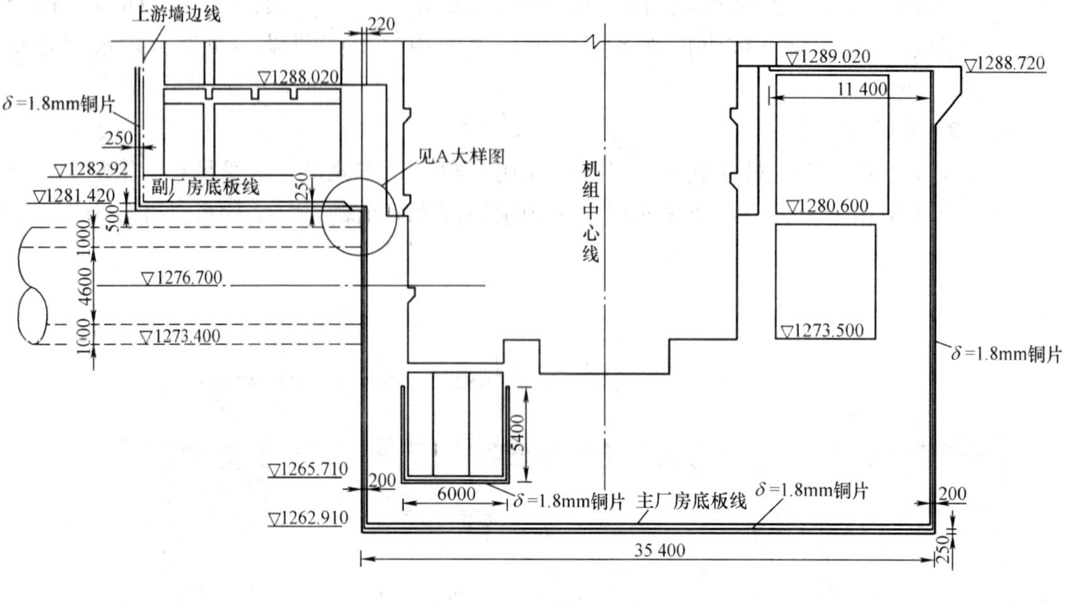

(c)

图 5-64　JLT 水电站厂房水下结构止水布置图（二）（高程单位：m；尺寸单位：mm）

（c）厂房水下结构止水布置横剖图

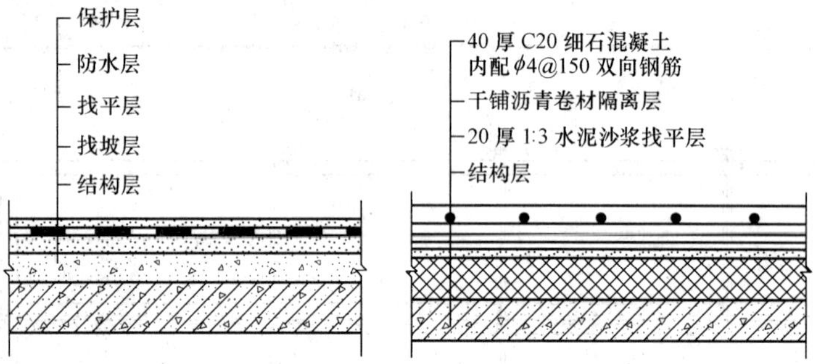

(a)　(b)

图 5-65　屋面防水构造示意图

（a）卷材防水屋面基本构造示意图；（b）混凝土刚性防水屋面基本构造示意图

式或预制装配式。现浇整体式吊车梁施工困难，不便预加应力，但可做成多跨连续梁，一般仅用于大型或地下式厂房；预制装配式吊车梁便于施工，便于预加应力，造价低，但需要相应的起吊设备。吊车梁多采用 T 形断面，也可为矩形。一般，T 形截面高度 $h=(1/5\sim1/8)L$（梁跨），腹板宽 $b=(1/3\sim1/5)h$，且≥35cm，翼板宽度 $B=(1/3\sim2/3)h$，且≥40cm，以满足固定轨道的需要，翼板厚度 $t=(1/6\sim1/10)h$，且≥12～15cm，见图 5-66。梁端部肋板应适当加宽，以利主筋锚固。矩形截面高度 $h=(1/5\sim1/8)L$，截面宽度 $b=(1/2\sim1/2.5)h$。

吊车梁可采用单跨简支梁或多跨连续梁，预制装配式吊车梁常做成单跨简支梁，也可将吊装到位后的单跨简支梁连接成多跨连续梁。

吊车梁与轨道的连接通常是预埋螺栓，在梁顶用 C30 细石混凝土找平，敷设钢垫板放置钢轨，再用连接板固定。预埋螺栓或翼板中预埋钢管，可通过带孔的模板与吊车梁两侧的模板固定来定位。如采用现浇方式，为防吊车梁在施工中产生较大的垂直变形，在梁跨中部的脚手架应适当加密，以保证浇筑后预埋螺栓基本上在同一水平面上，见图 5-67。

吊车梁在梁底与柱牛腿相接触，又在上翼缘一侧与上柱相连。吊车梁与构架柱的连接方式分为活动式与固定式两类。对于单跨简支梁，可将一个牛腿上支承的两根梁作固定，另一个活动，间隔布置；多跨连续梁可在中间某跨做成固定支座，其余均作为活动支座。

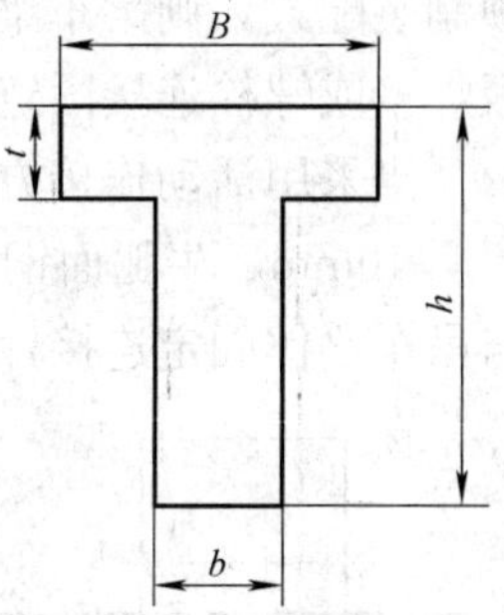

图 5-66　T形截面吊车梁

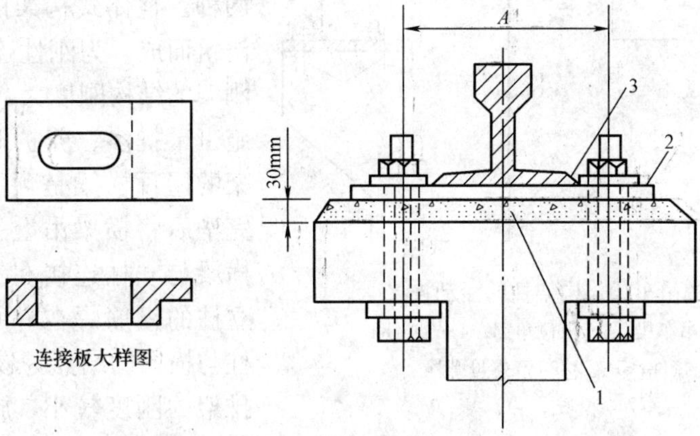

图 5-67　吊车梁与轨道的连接

1—C30 细石混凝土找平；2—钢板（厚度大于 8mm）；3—局部电弧焊

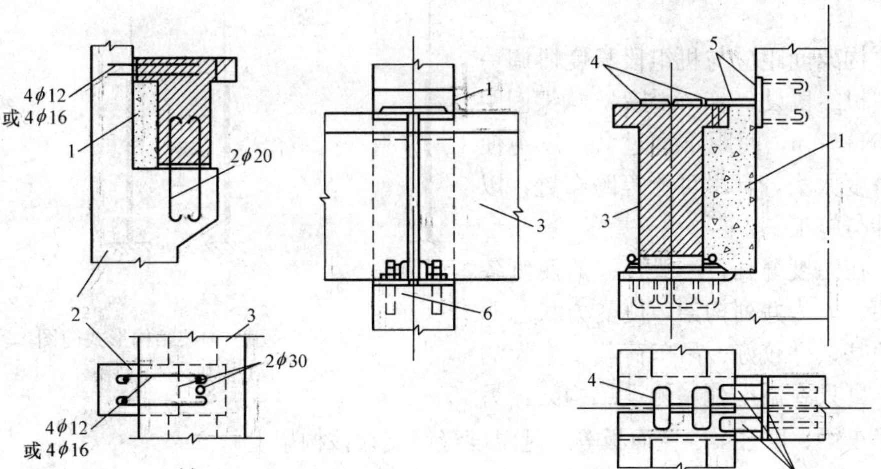

图 5-68　吊车梁与构架柱的固定连接

1—灌注混凝土；2—柱；3—吊车梁；4—梁顶预埋钢板焊接；5—柱预埋钢板焊接；6—预埋钢板角钢焊接

当采用固定连接方式时，若吊车梁为现浇整体式，这时需在浇筑立柱和牛腿时预埋水平和垂直钢筋，插入梁中与梁浇筑在一起，梁柱间留空处灌注 C20 以上混凝土；若吊车梁为预制装配式，则吊车梁与构架柱连接的地方应埋设支承钢板或角钢（$\delta>10$mm），一般用钢板焊接或螺栓连接固定，见图 5－68。

当采用活动连接方式，吊车吨位大于 30t 时，应在吊车梁底和牛腿面垫以钢板，梁底钢板厚 10mm，牛腿面钢板厚大于或等于 8mm，并埋设限位角钢，角钢焊在牛腿上，但并不与吊车梁作固定连接，见图 5－69。

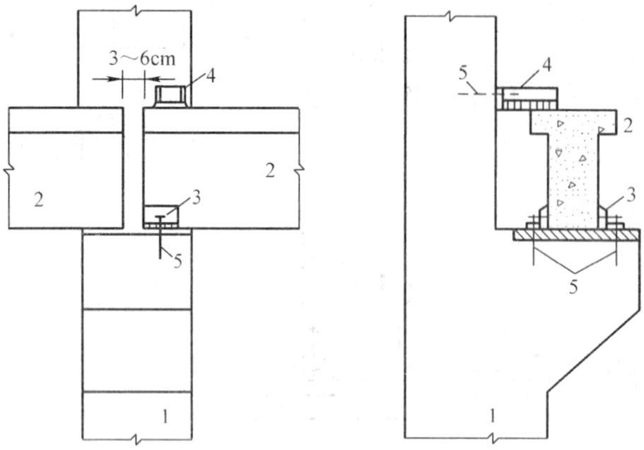

图 5－69　吊车梁与构架柱的活动连接

1—柱；2—吊车梁；3—限位角钢；4—带滑动孔眼连接件；5—≥ϕ25 双螺母螺栓

2.2.3　构架

我国水电站厂房构架一般为钢筋混凝土结构，是厂房上部的主要承重结构，在结构上分为整体式及装配式两种。整体式构架的立柱与横梁整体浇筑而成，为刚性连接，故又称刚架。刚架的结构刚度大，但模板工作量大、施工干扰多、养护时间长。装配式构架的屋顶横梁是预制的，在立柱浇筑完毕后将横梁吊上去安装，用螺栓将横梁与立柱连接在一起，或将大梁与立柱的钢筋焊在一起再进行填缝，立柱与横梁的结点为铰接，故又称排架。排架的刚度较小，施工中要有合用的吊装设备，可提高施工速度，在厂房中应用较广。整体式及装配式构架的立柱与下部块体结构间一般都做成固接，见图 5－70。

厂房构架的布置应注意满足以下要求：

（1）构架间距应与机组段长度协调一致，每一机组段设 2～3 个构架，构架间距一般为 6～10m，间距不宜过大，以免使吊车梁跨度太大，且尽可能等跨布置，以简化设计与施工。

（2）在温度缝处，一般在缝的两侧各设一构架，成为并列构架，使受力状态明确。在地基条件较好、吊车荷载不太大的情况下，可只在温度缝一侧设单构架，另一侧的吊车梁、联系梁、屋面板等跨越温度缝简支在该构架上。

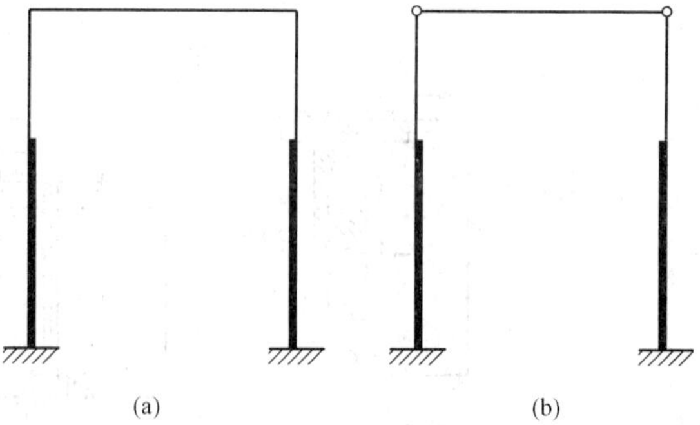

图 5－70　构架结构形式简图

（a）刚架；（b）排架

（3）构架立柱应避免直接坐落在尾水管、蜗壳或钢管的顶板上，最好布置在尾水管边墩或中墩上，坐落在蜗壳轮廓线以外 0.8～1.2m 的一期混凝土上。

（4）构架布置应与下部结构布置统筹考虑。构架要固接在下部结构的一期混凝土上，以便尽早浇筑、尽早安装吊车，加速二期混凝土施工及机组安装；确定下部结构尺寸时，要保证立柱的固接条件，使基础刚度大于立柱刚度的 12～15 倍，同时尽可能抬高基础高程，缩短立柱，改善受力状态。

(5) 构架设计应考虑分期安装机组的工作条件，在后期安装的机组段，其二期混凝土未浇筑前，构架应能保证吊车的安全运行。

整体式构架的横梁常采用矩形截面，梁高一般为跨度的1/12～1/8，高宽比为2.0～3.5。装配式构架的横梁常采用T形或工字形截面，横梁顶沿长度方向呈双坡，跨中高度等于跨度的1/15～1/10，高宽比为2.5～4.0。当横梁跨度较大时，可采用预应力结构或桁架式结构。构架立柱一般采用矩形截面，因构架由上而下分层承受着屋顶结构、吊车梁和楼板传来的荷载，故立柱一般做成台阶形变截面杆件，也可采用工字形截面，以节约材料。如立柱采用实腹矩形截面，可按轴心受压杆件初估，而后将所得截面尺寸加大50%～80%。立柱自牛腿顶面划分为上柱和下柱，下柱高度 $H_下$ 取柱固定端至牛腿顶面的距离，一般下柱截面高度 $h_1 > 1/10H_下$，常取 $(1/6 \sim 1/8)H_下$，h_1/b_1 宜取1.2～1.5，截面短边尺寸不宜小于40～50cm。初估构架尺寸时，也可用类比法参考已建水电站的资料进行，见图5-71 (a)。

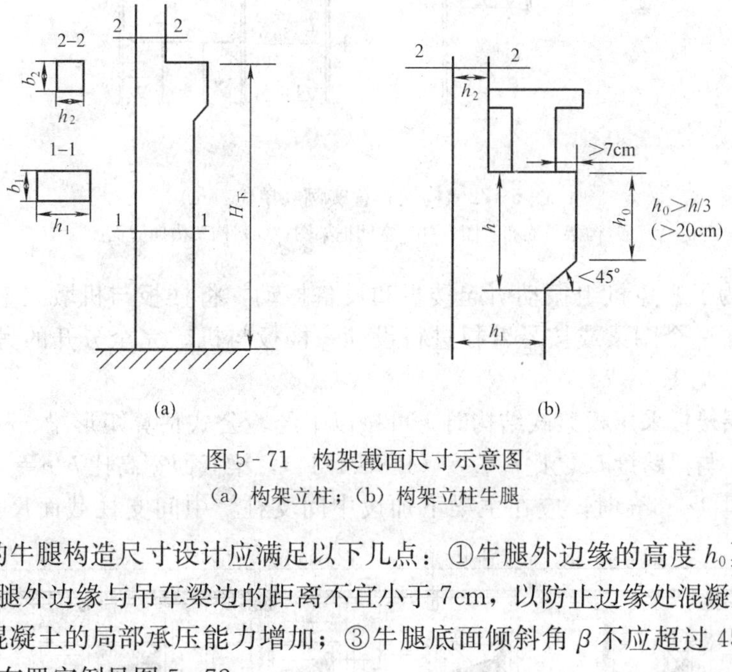

图5-71　构架截面尺寸示意图

(a) 构架立柱；(b) 构架立柱牛腿

构架立柱的牛腿构造尺寸设计应满足以下几点：①牛腿外边缘的高度 $h_0 \geqslant h/3$，且不小于20cm；②牛腿外边缘与吊车梁边的距离不宜小于7cm，以防止边缘处混凝土保护层脱落，并使垫板下面混凝土的局部承压能力增加；③牛腿底面倾斜角 β 不应超过45°，见图5-71 (b)，构架立柱布置实例见图5-72。

2.2.4　发电机层和安装间楼板

水电站主厂房发电机层楼板的特点是孔洞多、形状不规则、荷载大、有冲击荷载等，因而多采用现浇钢筋混凝土（二期混凝土）板梁式或纯板式结构。板梁式楼板结构由板、次梁、主梁（即横梁）构成；在构架上、下游立柱间或构架立柱与机墩间设主梁，当主梁跨度过大（>4～6m）时，可在主梁下加设1～2根中间立柱（下柱），以不妨碍水轮机层布置和运行管理为宜；主梁之间布置次梁，其上支承着楼板。进行厂房平面布置时，要同时考虑梁格的布置方式，是因为在重物下（如调速器、油压装置等），各种直径或宽度大于1m的孔洞（如蝶阀吊孔、吊物孔、楼梯等）周围宜布置梁系，且次梁间的楼板最好是单向板，以简化构造，方便施工。楼板的厚度不宜小于15cm，见图5-73。纯板式结构每一机组段除构架处设主梁（横梁）外，其余全部为板，钢筋则按辐射状及环状放置。

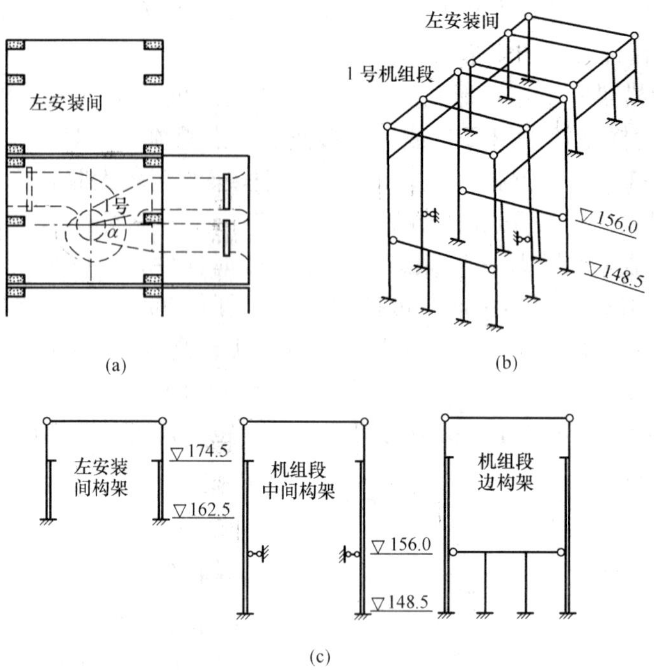

图 5-72　构架布置实例（单位：m）

(a) 构架平面布置图；(b) 空间框架图；(c) 构架横向立面图

有的水电站，为了避免机组振动引起楼板和设备振动，将楼板与机墩完全分开，靠近机组的楼板可布置一个圈梁或按悬臂板进行设计。楼板与机墩完全分开的另一个好处是楼板可以先施工，见图 5-74。

当发电机层楼板采用板梁式结构时，可按以下经验公式估算矩形梁、柱截面尺寸：主梁：截面高度 h 与梁跨度 L 之比 $h/L=$（1/8～1/14），梁截面宽高比 $b/h=$（1/2～1/3.5）。当主梁跨度超过 4～6m 时，应在主梁下加设中间支柱，中间支柱截面尺寸一般 $h\times b\geqslant$

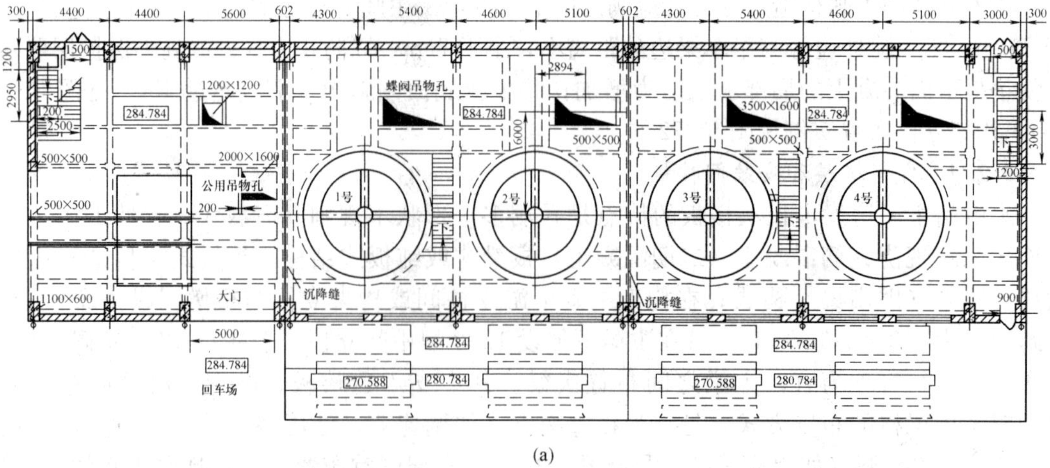

图 5-73　主机间发电机层板梁式楼板梁系布置实例（一）

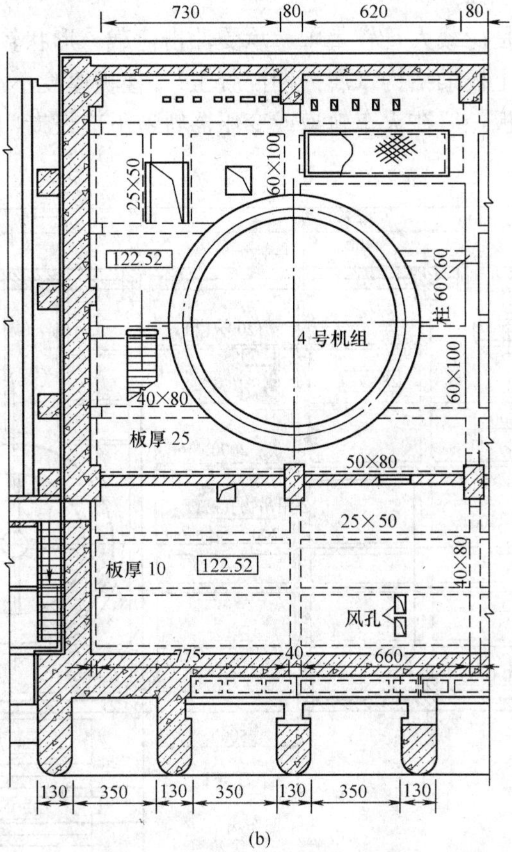

图5-73　主机间发电机层板梁式楼板梁系布置实例（二）
［高程单位：m；尺寸单位：图（a）中为mm，图（b）中为cm］

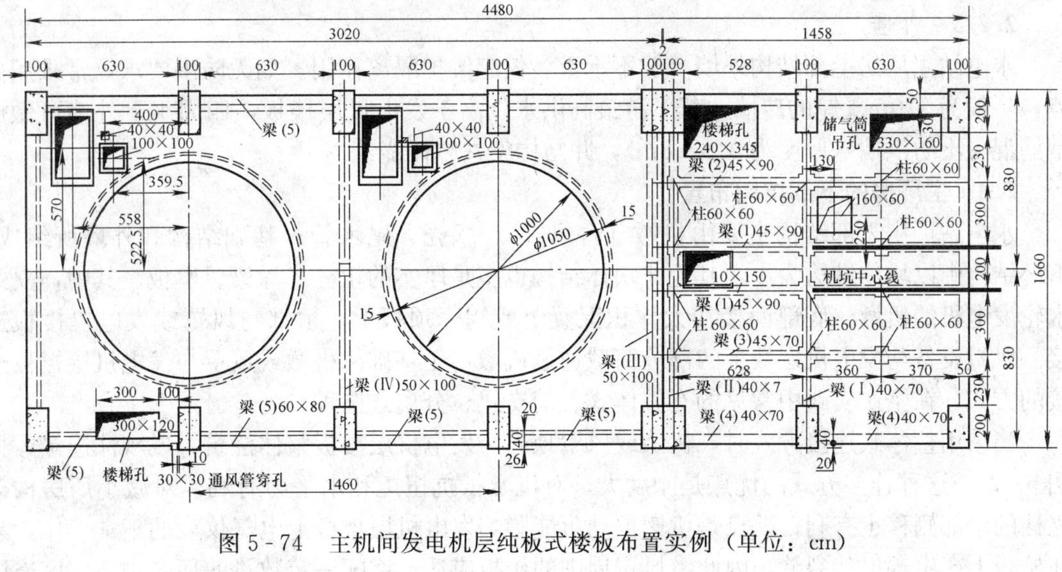

图5-74　主机间发电机层纯板式楼板布置实例（单位：cm）

25cm×25cm；次梁间距一般为2.5～3m，矩形截面次梁高跨比$h/L=$（1/12～1/18），梁截

面宽高比 $b/h=$（1/2～1/3.5）。

安装间楼板的特点是荷载大且较集中，承受冲击荷载，形状较规则，开孔少，因而均采用现浇整体式钢筋混凝土板梁结构（属一期混凝土）。楼板厚度不小于25cm。梁系布置和尺寸估算都同发电机层楼板，但在火车轨道或变压器轨道下应设专门的梁柱系统，见图5-75。

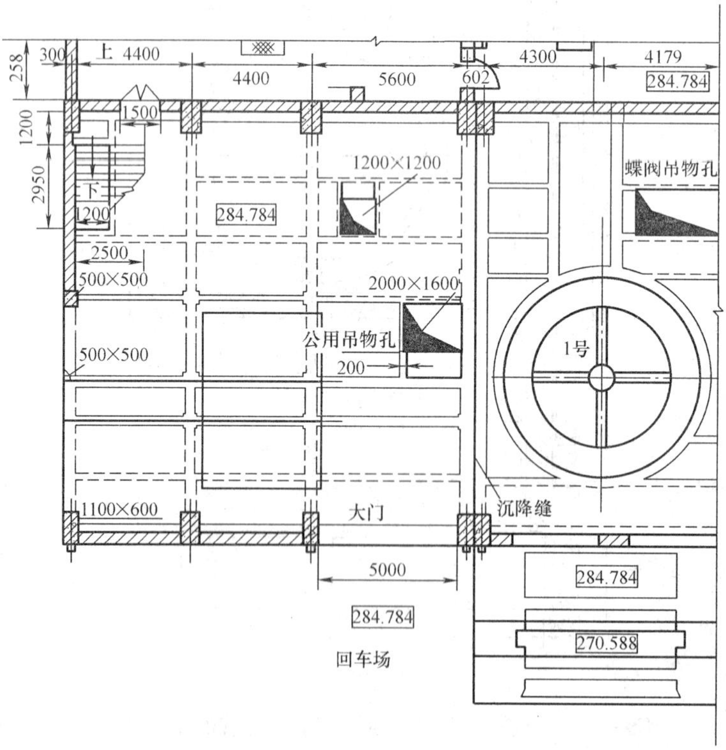

图5-75　安装间板梁式楼板梁系布置实例（高程单位：m；尺寸单位：mm）

2.2.5　外墙

水电站主厂房上部结构外墙一般不承重，仅起维护隔离作用。如无防洪要求，常采用砖墙，一般为370mm厚的砖墙；若下游最高洪水位高于发电机层楼板，四周水下外墙可做成钢筋混凝土防洪墙（厚度为0.8～8m），并与构架柱整体浇筑。

2.3　主厂房的下部结构布置

水电站厂房下部结构主要由机墩（含风罩）、蜗壳、尾水管、基础结构和外墙所组成。下部结构中以块体结构为主，其他非块体结构也多是厚实的粗柱、深梁、厚板。其中，立式水轮发电机的机墩，底部固接在大体积混凝土或蜗壳顶板上，顶部与风罩或发电机楼板连接。机组设备与发电机层楼板的部分荷载通过机墩传至基础。机墩或风罩与发电机层楼板连接的方式，在生产实践中常见的有整体式、简支式、分离式三种。

当采用整体式连接方式时，机墩或风罩顶部与发电机层楼板整体浇筑，成刚性连接，见图5-76。这种连接方式的优点是刚度大，对机墩抵抗扭矩和水平力有利，对减小厂房构架立柱的中部侧移也有利；缺点是机墩振动可能影响发电机层楼板上电气仪表的正常工作，易在楼板上产生辐射状裂缝，因此沿风罩周围的楼板应适当增配一定数量的环向钢筋。该连接方式应用最广泛。

当采用简支式连接方式时，发电机层楼板搁置在风罩墙顶部或机墩挑出的悬臂牛腿上，支座处设置弹性防振垫层，见图5-77。这种连接方式的优点是可减轻机墩振动对楼板的影响；缺点是连接构造复杂，不能增加机墩刚度、抗扭能力。因此，该连接方式应用较少。

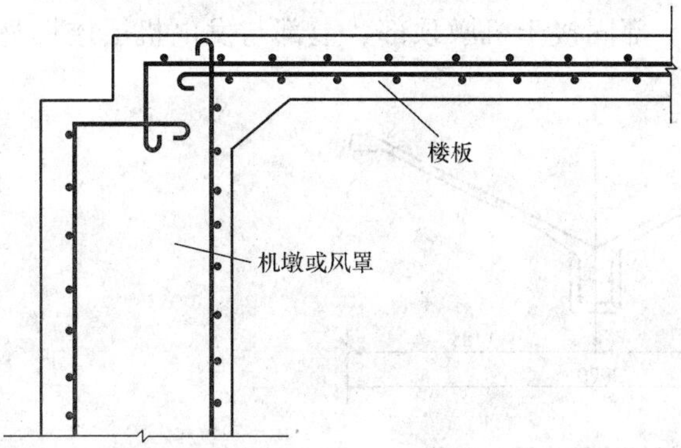

图5-76　机墩与楼板的整体式连接

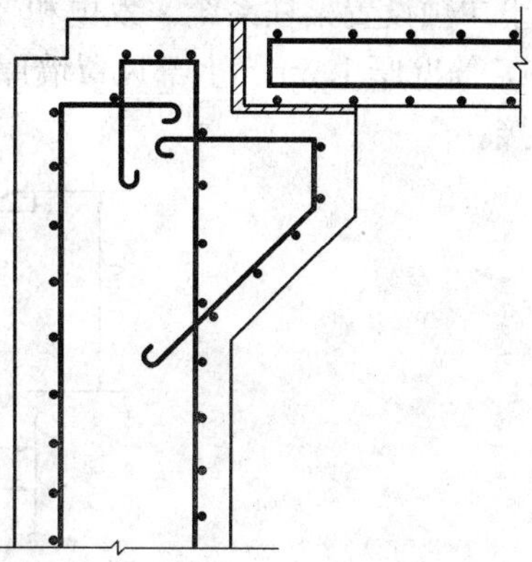

图5-77　机墩与楼板的简支式连接

当采用分离式连接方式时，发电机层楼板与机墩或风罩墙完全分离，各自独立工作，互不影响，楼板荷载通过设在机墩或风罩周围的梁系传给主梁与立柱，再传至块体结构，见图5-78。这种连接方式的优点是楼板的浇筑以及上面的设备安装均可在机墩施工前进行，有利于加快施工进度，发电机层电气设备不受机墩振动影响；缺点是对提高机墩的刚度、抗扭和抗震性能无帮助。该连接方式通常应用于中、小型水电站厂房中。

此外，引水式地面厂房的下游墙最高尾水位以下部分要承受较大的水压力，必须满足防渗抗裂要求。它常按底部固接在下部块体结构（如尾水管顶板）及上边自由、左右支承在尾水平台支墩上的连续板（或双向板、单向板）设计，因此要合理拟定尾水平台支墩的净距、块体尺寸及尾水管顶板的刚度，改善下游墙的受力状态。上游墙及端墙一般不直接挡水，但也可能承受地下水压力和土压力。在结构布置时，要协调上游墙及端墙与下部结构的连接方式，为外墙提供有效的支承条件，改善受力状态。

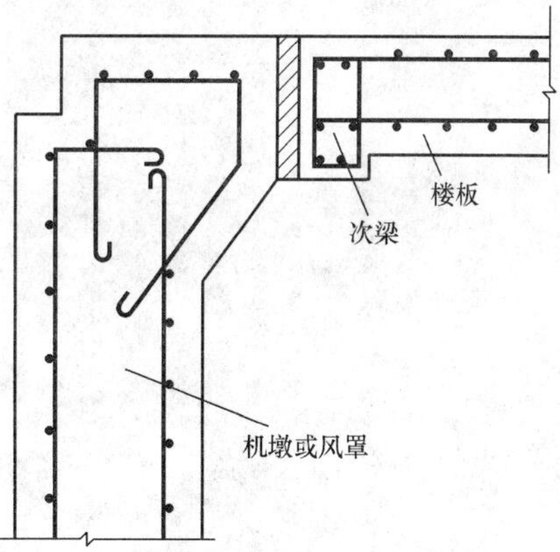

图5-78　机墩与楼板的分离式连接

在图5-1所示的案例中，河岸式厂房屋顶采用预制预应力混凝土雁形屋面板，见图5-79，雁形屋面板支承在排架柱之间的纵向联系梁上，跨度为15.4m。构架柱采用现浇钢筋混凝土矩形截面排架柱，上柱截面尺寸为60cm×50cm，下柱截面尺寸为110cm×60cm，排架上游侧立柱底部固接于主阀廊道底部混凝土，下游侧立柱底部固接于水轮机层底部大块体混凝土。吊车梁采用单跨简支预制钢筋混凝土T形梁，跨度同排架立柱间距为9.8m，梁截面高度为1.2m，腹板宽度为0.4m，翼缘宽度为0.8m，厚度为0.2m。发电机层以上外墙采用370mm厚的砖墙，下部结构上游侧和两端挡土墙采用0.7～1.1m厚混凝土墙，下游侧挡水墙采用0.9m厚混凝土墙，混凝土挡水墙两侧与立柱（或尾水闸墩）固接，底部固接于尾水管顶板上，上部自由端高程为 284.784m。发电机层和安装间楼板均为现浇板梁式钢筋混凝土结构，发电机层楼板厚度为 20cm，安装间楼板厚度为 25cm。安装间楼板为满足主变压器进厂检修结构受力要求，在主变压器运输轨道下单独设置梁柱系统。发电机支承结构采用钢筋混凝土制作的圆筒式机墩，机井内径为 3m，筒壁厚 1.5m，上部风罩墙厚 40cm，下部固接于机墩顶部，上部与发电机层楼板整体连接。

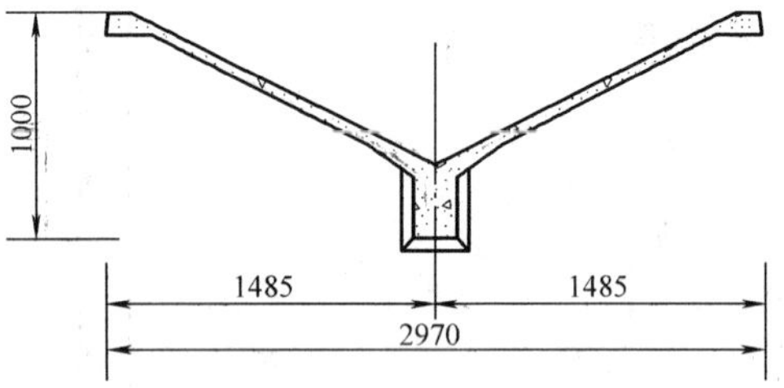

图 5-79　雁形屋面板结构示意图（单位：mm）

项目六　立式机组厂房施工

项目概述

立式机组厂房施工的学习任务由三部分组成：任务一是厂房主体工程施工（包含主体工程施工程序、施工方法，混凝土浇筑分期及分层分块，下部大体积混凝土温度控制要点，主厂房基础混凝土浇筑的范围和施工方法，尾水管模板的制作和安装，尾水管锥管、座环、机井里衬及金属蜗壳土建交界面要求及进度配合、技术保障，二期混凝土回填，排架柱等主厂房上部结构施工工艺，桥吊安装方法及工艺流程）。任务二是厂房施工前期准备（主要是结合水电站厂房这个特定建筑物阐述其施工准备工作在主厂房施工中的应用）。任务三是厂房施工组织设计与质量控制（包含厂房施工布置，厂房主要施工机械选择和布置，特别是主要施工机械的性能；厂房施工进度计划编制，厂房施工质量控制的基本知识，单位工程、单项工程、分部工程施工质量验收表格填写）。

水电站厂房工程，包括主厂房、副厂房、主变压器场、开关站、对外交通和尾水渠等。其中以主厂房的混凝土工程量最大，且工序多、施工复杂、工期长，是控制水电站工程施工以及整个水电枢纽施工进度的关键。本项目主要是介绍立式机组主厂房的施工。

通过本项目的学习，使学生能够在实际工程案例演练中掌握厂房主体工程施工的施工程序和基本方法，特别是对厂房施工中一、二期混凝土浇筑和尾水管施工等细节有较深刻的认识，能够编制初步施工措施，基本拥有厂房主要施工机械选择和布置的能力，能够编制厂房施工控制性进度计划，对厂房前期准备工作有一定的认知能力。

学习任务一　厂房主体工程施工

1　案例

金沙江径流主要由降雨和融雪组成，具有水量充沛、稳定、年际变化小的特点，洪水洪峰流量持续时间长，洪量相对较大，是长江洪水的重要组成部分。坝址多年平均流量为4570m^3/s，多年平均径流量为1440亿m^3。径流年内分配与降水量年内变化一致，汛期（6～10月）径流量占全年的74.7%，实测最大流量为29 000m^3/s，实测最小流量为1060m^3/s。

XJB水电站坝区各月平均气温和河水温度见表6-1。

表 6-1　**XJB 水电站坝区各月平均气温和河水温度**　℃

月份	1	2	3	4	5	6	7	8	9	10	11	12	全年
多年平均气温	8.4	10.6	14.2	19.5	23.1	25.2	27.0	26.5	23.0	18.6	14.6	10.1	18.4
多年平均河水温度	11.6	13.1	16.3	19.5	21.9	22.8	23.1	22.9	21.5	19.2	15.9	12.9	18.39

XJB 水电站左岸坝后式厂房装机 4 台，分别为 5～8 号机组，单机容量为 800MW，如图 6-1所示。厂房建筑物由主厂房、副厂房、主变压器场、GIS 室、出线平台和回车场等组成。

主厂房包括主机间和安装间。主机间长度为 158.94m。安装间一部分位于升船机渡槽段的下部，一部分位于冲沙孔坝段和非溢流坝段下游坝坡混凝土平台上，长度为 68.00m。主厂房长 226.94m，上部宽 39.50m，下部宽 71.45m。水轮机中心高程为 258.00m，建基面开挖高程为 225.50m，桥机轨顶高程为 290.94m，屋面檐口高程为 307.65m，厂房总高度为 79.15m。

图 6-1　XJB 水电站左岸坝后式厂房施工现场

副厂房由上游副厂房和下游副厂房两部分组成。上游副厂房位于主机间上游侧，与主厂房之间用结构缝分开，底部高程为 266.74m。上游副厂房为框架结构，呈上下两部阶梯式布置，共 6 层，尺寸为 157.80m×26.00m×44.50m（长×宽×高），底部高程为 266.74m，屋顶高程为 312.14m。下游副厂房位于主机间和尾水挡墙之间，尺寸为 158.94m×31.95m×17.74m（长×宽×高），底部高程为 261.00m，顶部高程为 280.74m。

回车场布置在左非溢流坝段坝后平台上，尺寸为 47.8m×145.0m（宽×长），高程为 280.500m。

2　分析讨论

2.1　厂房施工特点

2.1.1　厂房类型对施工的影响

水电站厂房的基本类型有河床式厂房、坝后式厂房、河岸式厂房和地下式厂房等，不同形式的厂房对施工都有不同影响。

（1）河床式厂房。厂房兼作挡水建筑物，该类型厂房因其流量较大，水头较低，所以常采用钢筋混凝土蜗壳。虽然钢筋混凝土尺寸较大，但埋件、安装工作量比钢蜗壳少。这类厂房由于上、下游顺水流方向尺寸大，因此基础开挖量及高差均较大。为了加快施工进度，需将厂房分段施工，混凝土浇筑运输方案，可与挡水坝（闸）作为一个整体考虑；在厂房的下游侧，一般还另布置浇筑设施。整个枢纽中，厂房的施工难度大，止水设施和二期混凝土施工质量要求较高，工期长，对施工总进度起控制作用，确定施工方案时应与大坝统筹考虑。

（2）坝后式厂房。位于挡水坝之后，厂房不起挡水作用，厂坝间用永久缝分开，厂房可以与大坝分开施工，由于厂坝分开，因此两者施工的干扰较小；但压力钢管施工与相应坝段混凝土浇筑的干扰较大。厂房混凝土施工场地布置及运输浇筑方案，可与混凝土坝浇筑结合考虑，也可在厂坝间和厂房下游侧另行布置。厂房施工对坝体工程的工期一般不起控制作用。

（3）引水式水电站的河岸式厂房。一般都远离挡水、取水建筑物，因此，引水建筑物的路线长、工程量较大，对施工工期起控制性作用。厂房、引水和挡水等建筑物可以分别确定施工方案和场地布置，使各建筑物施工相互干扰小，但施工线路较长。

（4）地下式厂房。为地下工程中的大洞室，一般布置较集中，形成各种组合形式的洞室群。施工条件受工程地质和水文地质条件的影响较大，比其他形式的水电站厂房施工均较困难和复杂，对工程进度起控制作用。近年来，由于开挖机械的不断改进和施工技术的不断提高，地下开挖的进度越来越快，造价越来越低，因此国内外地下水电站建设速度加快。

2.1.2 厂房施工特点

安装立式机组的厂房的施工具有以下特点：

（1）要求的地基开挖高程低，施工出渣和基坑排水较困难，因而给混凝土施工带来一定的影响。

（2）厂房下部结构的基础板、尾水管、蜗壳等结构位于水下，尾水管、蜗壳的结构形状复杂，孔洞多、预埋件多，质量要求高，因此厂房下部结构施工的关键是保证模板的形状及安装精度。

（3）厂房上部结构为大跨度框架结构，模板支承工作量强度高，模板需求量大且形状多，结构复杂，制作安装的要求精度高。

（4）厂房施工与机电设备安装平行、交叉进行，二期混凝土多，精度要求高，施工干扰大。

（5）厂房混凝土品种多，强度高，水泥用量多，温度控制要求较严。

（6）许多部位断面尺寸小，钢筋密，吊罐不能直接入仓，浇筑混凝土设备综合生产能力较低，为浇筑大体积混凝土的50%～70%。

（7）设有宽槽、封闭块和灌浆缝时，必须合理安排施工进度，保证混凝土回填和灌浆时间，否则将影响工期。

这些特点反映了水电站厂房混凝土施工比坝体混凝土施工更为复杂，要求更为严格。

2.1.3 厂房混凝土施工需要注意的问题

在厂房施工中，厂房下部结构具有结构尺寸大、形状不规则、埋件多、承受的荷载较复杂、施工技术要求高等特点，主要包括基础板、尾水管、蜗壳、机墩和上下游墙等，因此在施工中需要特别注意。

大、中型水电站多机组厂房，通常是分期施工安装和分期投入运行，因此，在厂房结构设计和施工进度计划中，应遵循下述原则考虑分期施工的问题：

（1）多机组厂房的下部结构，如有条件最好一次建成，仅后期安装机组段的二期混凝土部分，留作以后浇筑。副厂房和辅助设备，应满足分期施工各时期正常运行的需要。中央控制室、副厂房的急需部位，最好一次建成。此外，厂房上部结构也应一次建成。如果后期投入运行的机组段没有条件在一期修建，也应将需开挖的边坡、危岩处理以及处于水下的基础开挖等在一期发电前完成，以免后期施工影响运行机组段的安全。

（2）后期运行机组段的一期混凝土强度，应满足初期运行阶段的要求，适应初期运行期间各种可能的尾水位情况。否则，需采取措施，加强一期混凝土结构的承载能力。

（3）后期的施工通道，最好与初期的运行通道分开，避免穿行于已投入运行的主、副厂房部位。无法避免时，应采取切实可靠的安全措施。

2.2　厂房混凝土分期、分层分块及温度控制

2.2.1　混凝土分期

在厂房施工中，由于埋件安装和施工的需要，混凝土浇筑通常分为一、二期进行，有些施工部位甚至分为多期。

一期混凝上一般包括基础板、尾水管肘管段和水平扩散段、厂房水下挡墙、厂房构架、吊车梁、屋顶结构等。当采用混凝土蜗壳时，除尾水管锥管段及转轮室外围局部混凝土外，下部块体结构均为一期混凝土。

二期混凝土一般包括尾水管锥管段和金属蜗壳外围混凝土、机墩和风道墙、各层楼板梁柱结构，是待机组和有关设备到货安装后浇筑的，如尾水管锥管段和金属蜗壳外围混凝土就是在尾水管锥管段钢板里衬和金属蜗壳安装好后才分层浇筑的。此外，在采用弯曲形尾水管的水电站中，当利用水头较大、锥管段出口流速较高时，由于防冲及施工技术的需要，常在尾水管的肘管段也设置钢板里衬，肘管段钢板里衬外围的混凝土也属于二期混凝土。

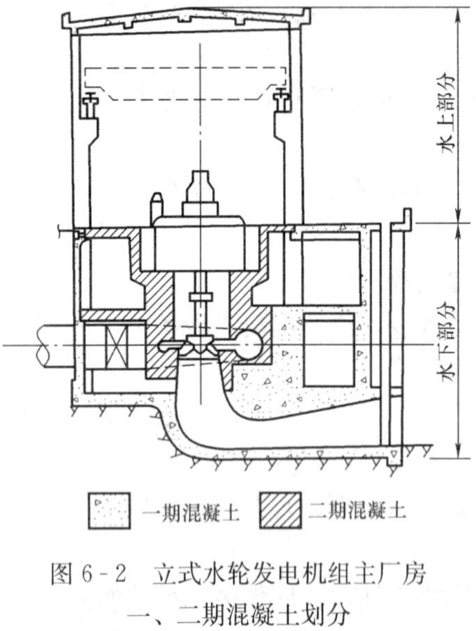

图 6-2　立式水轮发电机组主厂房一、二期混凝土划分

厂房一、二期混凝土的划分，主要取决于厂房形式和机组到货情况及施工进度等要求，同时还要满足下列要求：

（1）为了满足机组和预埋件安装时操作方便的需要，二期混凝土应预留有足够的空间。例如，锥管里衬、金属蜗壳周围二期混凝土最小厚度要留0.8～1.2m，以便于安装和焊接。

（2）为了保证整体性和一、二期混凝土之间的接合可靠，二期混凝土应有足够的厚度。

（3）机组台数较多的厂房，机组往往分期安装，分期投产。对于后期安装的机组段，一期混凝土结构应能满足初期运行时的强度、稳定性和防渗要求。河床式厂房的稳定性要求与一般挡水建筑物相同。

立式水轮发电机组主厂房一、二期混凝土划分，见图 6-2。

2.2.2　水电站厂房混凝土浇筑的分层分块

在厂房施工中，厂房上部结构属于板、梁、柱组成的杆系结构，其施工方法与一般的工业厂房基本相同。厂房下部结构属大体积混凝土结构形式，其尺寸大、孔洞多、受力条件复杂。为了减小混凝土温度应力，保证工程质量和结构的整体性，并考虑施工的方便，厂房混凝土浇筑必须分层分块进行。

2.2.2.1　分层分块原则

厂房混凝土施工应严格按照设计图纸或设计要求进行枢纽建筑物的分缝、分块及分层。如果设计图纸对分层分块没有明确要求，则应根据枢纽建筑物各项工程的施工进度安排和施

工特点，考虑各种因素，综合确定。对混凝土建筑物进行分层分块，具体划分时应注意以下几点：

(1) 根据厂房下部结构的特点、形式及应力情况进行分层分块，避免在应力集中、结构薄弱部位分缝。

(2) 分层厚度应根据结构特点和温度控制要求确定。基础约束区一般为1～2m，约束区以上可适当加厚。墩、墙侧面可以散热，分层可适当厚些。

(3) 分块面积的大小是根据混凝土的浇筑能力和温度控制要求确定的，应尽可能采用大块浇筑，以减少不必要的施工缝。单元工程的大小应适应混凝土浇筑机械的入仓能力。通常块体面积的长宽比不宜过大，一般以小于5∶1为宜。

(4) 分层分块应考虑土建施工和设备安装是否方便。例如，尾水管弯管底部应单独分层，以便于模板和钢筋绑扎；又如，在钢蜗壳底部以下1m左右要分层，以便于钢蜗壳的安装。为了施工方便，通常要在浇筑仓面模板上，对分层高程线、混凝土分区和强度等级进行标注，如图6-3所示。

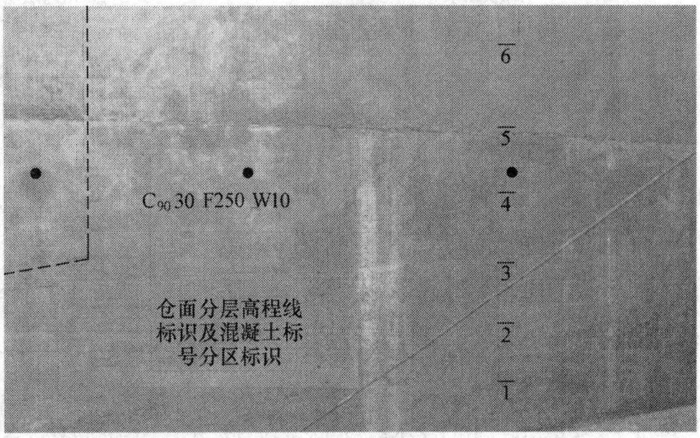

图6-3　分层分块浇筑仓面模板标注

(5) 对于有可能产生裂缝的薄弱部位，应布置防裂钢筋。

(6) 最终实施的混凝土分层分块根据设计及监理人的批复为准。

(7) 参考同类型工程的分层分块，如XJB水电站厂房的结构形式、尺寸，以及温度控制等方面的要求和三峡左、右岸水电站厂房基本相似。

2.2.2.2　分层分块形式

厂房下部结构的分层分块形式，虽和混凝土坝基本相似，但又有其特殊的施工特点和要求，必要时还必须预留宽槽和封闭块。在工程实际中，厂房下部结构的分块形式主要有以下几种：

(1) 分层通仓浇筑。整个厂房段不设纵缝，逐层浇筑。此法可简化施工程序，加快施工进度，又有利于结构的整体性；适用于厂房尺寸不大、混凝土浇筑可安排在低温季节或具有一定的温度控制能力的厂房施工。小型水电站厂房尺寸小，混凝土工程量少，安排在低温季节进行通仓浇筑较为有利；对于中型水电站，厂房底部顺水流方向的尺寸在25m以下时，也可采用这种形式浇筑。

湖北省陆水水电站采用坝后式厂房，主厂房底部长度为21.6m，机组间距为11m，原已采用错缝分块。后来为了加快施工进度，采取一定温度控制措施后，改为通仓浇筑。蜗壳侧墙以下的混凝土分为5层浇筑，施工质量良好，没有发现裂缝，其分层分块如图6-4和图6-5所示。

(2) 错缝分块浇筑。错缝分块浇筑又称砌砖法，即上、下层浇筑块相互搭接，相邻浇筑块均匀上升的施工方法，如图6-6所示。错缝分块长度一般为6～30m，分层厚度为1.5～

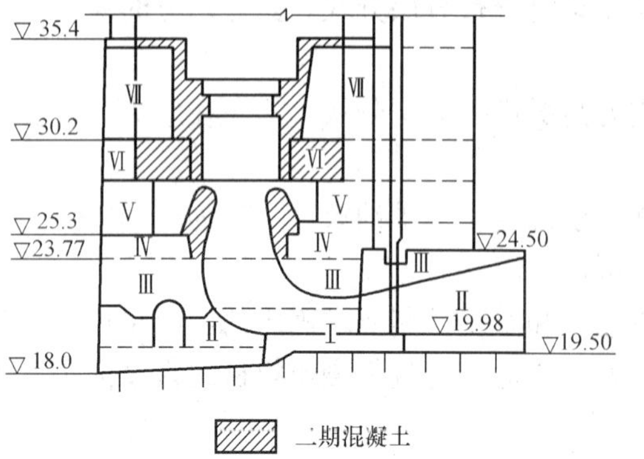

图 6-4　厂房通仓浇筑分层分块示意图（单位：m）

4m，下层浇筑块的搭接长度大约为浇筑块厚度的 1/3～1/2。当采用台阶缝隙法施工时，相邻块高差一般不得超过 4～5m；错缝搭接范围内的水平施工缝在收仓时表面抹平不冲毛，以允许一定的变形，消除或减少对两端的约束，从而减小块体的温度应力；错缝分块浇筑的先后顺序受到限制，对施工进度有一定的影响；施工中，相邻块应均匀上升，以免垂直收缩量的不均匀在搭接处引起竖向裂缝。这种方法有一定的缺点，会对施工进度有一定的影响，适用于下部结构尺寸较大、混凝土浇筑量大、温度控制严格的大型厂房。

根据各部位的防渗要求，应在缝面的适当位置设置止水片，必要时，还应有重点地在结构较弱部位的垂直缝和水平缝面上设置梯形键槽。垂直缝键槽深度为 20～25cm，高度为浇筑块高度的 1/3～1/2；水平缝键槽深度为 15～20cm，键槽水平面积为浇筑块水平面积的 1/3～1/2。

（3）灌浆缝。厂房的个别部位还可设置接缝进行灌浆。例如，葛洲坝大江水电站厂房，为了降低进口段与主机段之间的宽槽深度，在排沙孔底板以下设灌浆缝，灌浆缝以上设宽槽。广西壮族自治区大化水电站厂房蜗壳顶板也设灌浆缝。乌江渡水电站采用灌浆缝将厂房水下部分分为上、下游两个浇筑块体，如图 6-7 所示。

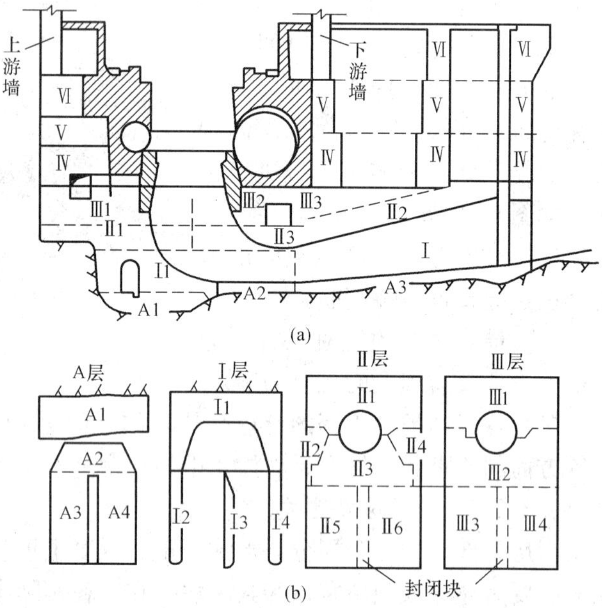

图 6-5　厂房下部结构分层分块示意图
（a）机组中心剖面图；（b）A 层及Ⅰ、Ⅱ、Ⅲ层平面图

灌浆应待混凝土温度降到设计规定温度时进行，由于钢筋穿过灌浆缝面，使缝面张开度难以满足水泥灌浆要求，因此应采取专门措施（如细磨水泥等）保证灌浆质量，在垂直灌浆缝或水平灌浆缝面上可以设梯形键槽；在结构较薄弱的部位，应埋设止浆片及灌浆系统进行灌浆。灌浆缝一般设置在厂房局部部位。

（4）预留宽槽。大型水电站厂房，特别是大型河床式水电站厂房的平面尺寸较大，为了加快工程进度，减少施工干扰，使某一浇筑块体不受相邻块体高差及施工条件限制而单独上升，或由于基础起伏差较大使浇筑块体之间可能产生较大的不均匀沉降，因此可在下部大体积混凝土的适当部位预留宽槽。宽槽宽度一般为1～1.5m，如葛洲坝二江水电站厂房进口底板以下，在进口段与主机段之间，顺坝轴方向预留了宽槽。根据国内一些工程实践经验，为

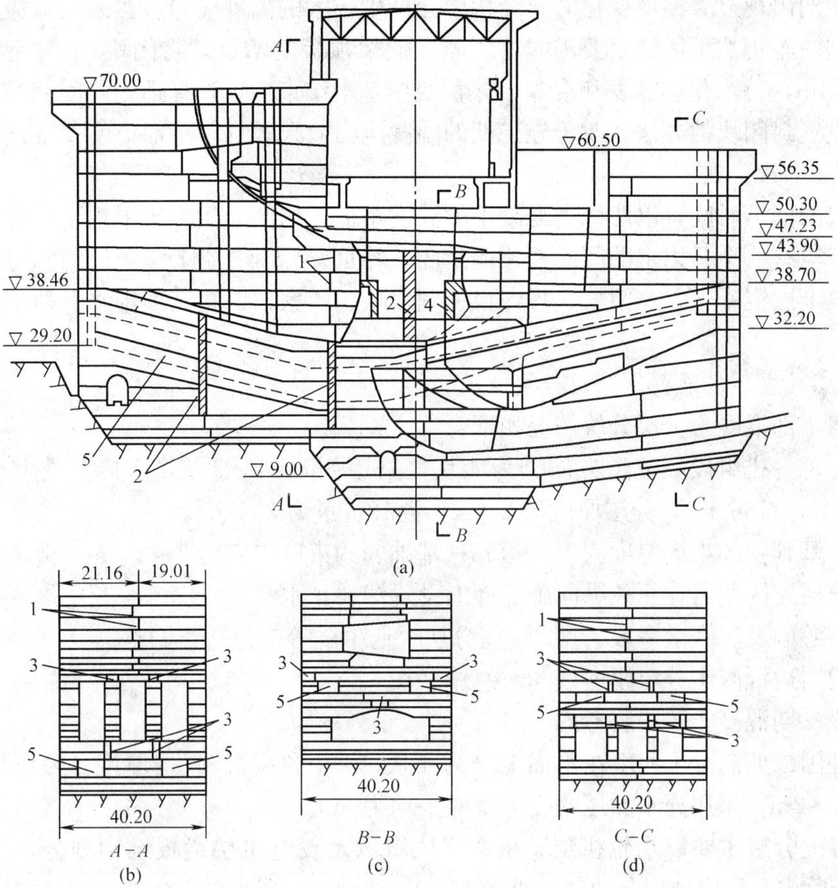

图 6-6　葛洲坝二江水电站厂房分缝分块示意图（单位：m）

(a) 厂房坝段；(b) 进口段；(c) 主机室段；(d) 尾水管段

1—错缝；2—宽槽；3—封闭块；4—二期混凝土；5—排沙孔

了保证宽槽回填混凝土质量，可采取下列措施：

1）宽槽的两侧槽面应设置键槽，回填混凝土之前，对槽面进行凿毛处理。

2）穿越宽槽的钢筋，在形成宽槽时必须分开或切断，待回填混凝土时再焊接。

3）宽槽回填时两侧老混凝土的温度，必须降到设计规定的施工期最低温度或运转期的稳定温度，并安排在低温季节进行回填，以降低回填混凝土的拉应力。

4）回填混凝土时对宽槽面涂抹浓水泥浆。

5）回填用的水泥应选用泌水少、收缩小或微膨胀和发热量低的品种。

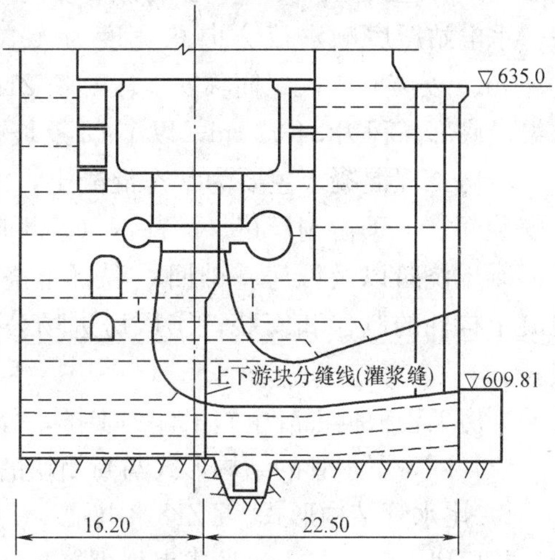

图 6-7　乌江渡水电站厂房分层分块和灌浆缝示意图（单位：m）

(5) 设置封闭块。大型水电站厂房中的框架结构，由于顶板跨度或墩体单位刚度较大，因此当施工期出现显著温度变化时，结构中会产生较大的温度应力。当采用一般大体积混凝土温度控制措施仍然不能满足要求时，还需在框架顶板上增设“封闭块”。封闭块宽度一般为1.1～1.4m，待水化热散发和混凝土体积变形基本结束后，选择适当时间用微膨胀混凝土回填。用设置封闭块的办法，改善施工期的温度应力效果较好，一般可使框架顶板温差降低8～15℃。

封闭块的回填时间，以两侧老混凝土的温度略低于周围介质多年平均温度为最好，封闭块形成后，应有一个月以上的间歇期才能封闭，待回填混凝土强度达到承重结构的要求后，才允许浇筑上层混凝土。三门峡、丹江口、刘家峡、潘家口、葛洲坝等水电站厂房，均设置了封闭块。

2.2.2.3　主厂房混凝土分层分块情况

主厂房下部混凝土分层分块情况如下：

分块：每一机组段顺流道方向分为4块，采用80cm错缝方式搭接。最大仓号面积为50.94×30.65=1561m^2，分层厚度为2.0m，混凝土量为2691m^3。

分层：基础强约束区厚度为1～1.5m；基础弱约束区厚度为2～2.5m。由于采用了错缝方式进行分层，因此需在两条纵向施工缝上设置塑料止水。

上、下游墙及尾水墩一般采用3m高分层，遇牛腿等部位适当调整。

肘管段周边混凝土分层厚度按3m左右考虑。

锥管段二期混凝土按三层考虑。

蜗壳外围二期混凝土回填在平面上分为4块（4个象限）。每层厚度：采用垫层蜗壳方案时为1.5～2m，采用充水加压蜗壳方案时平均为3m。

蜗壳以上分层主要以水轮机层、机墩、风罩以及发电机层梁板结构划分，最大层高为3.25m。坝后式主厂房分层分块情况见图6-8。

2.2.2.4　其他水电站各部位分层分块形式

TZK坝后式水电站厂房布置在左岸，主要包括厂房、尾水渠、厂前区（厂坝间）三部分。主厂房包括主机间和安装间，安装间布置在厂房左端，主厂房上、下游均布置有副厂房。水电站厂房顺水流方向总宽度为49.48m，1～3号机组段长28.0m，4号机组段长30.80m，安装间Ⅰ段（简称安Ⅰ段）长21m，安装间Ⅱ段（简称安Ⅱ段）长26m。厂房尾水渠最底部高程为348.11m，以1∶5反坡在高程367.00m处与原河床相接。

厂房工程混凝土主要为常态混凝土，混凝土施工主要包括如下项目：①主厂房主机间和安装间、上下游副厂房、厂前区（厂坝间）、尾水平台、尾水渠及自计水位计井等项目的混凝土浇筑以及厂房基础回填混凝土浇筑；②厂房边坡护面混凝土浇筑；③厂房预制混凝土构件的制作和安装；④厂房进场公路路面混凝土浇筑；⑤钢筋安装、止水及埋件安装。

厂房工程根据混凝土施工计划安排，分期混凝土施工进度形象详见示意图6-9。

（1）厂房尾水管的结构形式与封闭块的设置。

1）尾水管结构形式。TZK水电站厂房尾水管自上而下依次分为锥管段、肘管段和扩散段，在厂房下部混凝土中形成大规模空腔结构。其中，肘管段具有单腔轮廓，空腔最大跨度为20.3m，相应腔高4.52m；扩散段采用整体式结构，设中墩（厚4m）将其分为两孔，单孔净宽12.5m，孔口净高为8.88～12.2m（即孔高顺流向沿程递增），边墩厚3.5m。

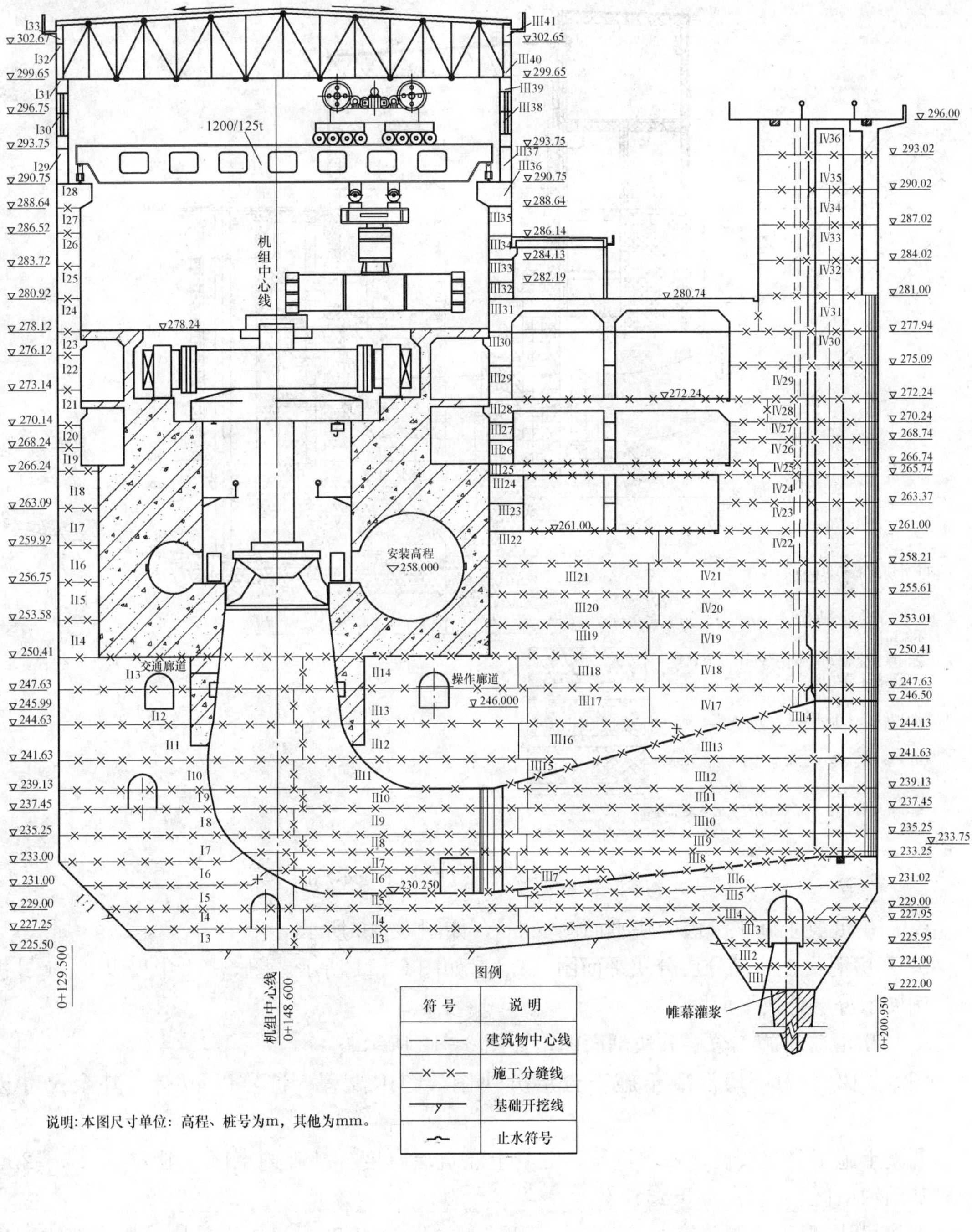

图 6-8 坝后式主厂房分层分块情况

2）厂房混凝土施工分块。混凝土施工时为有效进行温度控制，对底板和墙体进行分缝、分块、分层。该案例中分缝、分块以采用错缝搭接为主，1、2、3 号机组单机沿坝轴线方向长（机组段长）28m，分成两块，分缝间距为 12.72m 和 15.28m；4 号机组单机沿坝轴线方向长（机组段长）30.8m，分成两块，分缝间距为 15.52m 和 15.28m。厂房总宽度（顺水流方向长）为 49.58m，分成三块，长度分别为 16.55、14.05、18.98m。

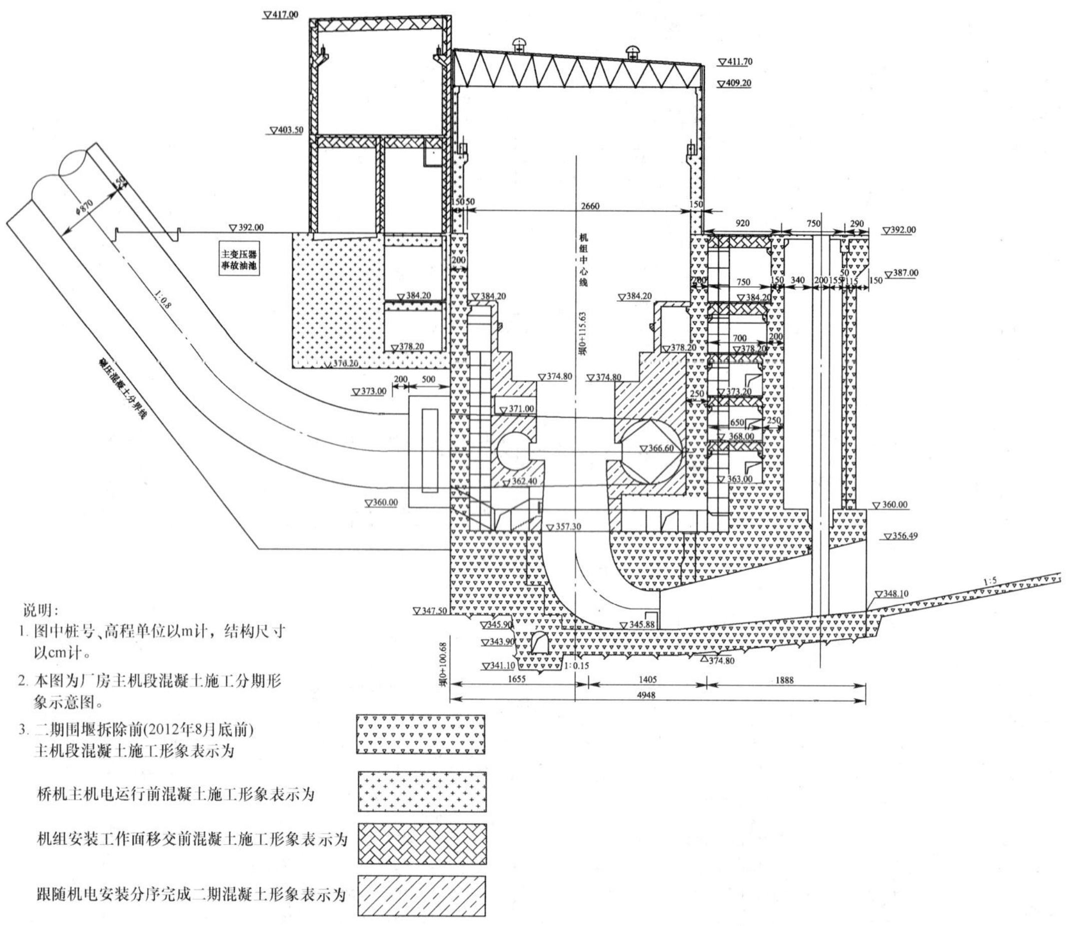

图 6-9　厂房混凝土施工分期形象示意图

a. 厂房混凝土施工分层分块平面图（一），如图 6-10 所示。

b. 厂房混凝土施工分层分块平面图（二），如图 6-11 所示。图 6-11 中仅以 3、4 号机组为例展示分层分块平面图。

c. 厂房混凝土施工分层分块剖面图，如图 6-12 所示。

图 6-12 中为厂房混凝土施工分层分块图，图中高程、桩号以 m 计，其余尺寸以 cm 计。

混凝土施工分层按设计要求进行，混凝土浇筑层厚度：基础约束区一般采用 1.5～2m，脱离基础约束区一般为 2～3m。

安装间Ⅱ层混凝土顺流向长 48.2m，高程 334.30～340.30m 间作为单块整体浇筑；高程 340.30～355.00m 间分成两块，长度分别为 14.3、11.8、17.35m，为错缝搭接；355.00～378.20m 间分成三块，长度分别为 13.35、14.45、18.8m，为错缝搭接。

3）封闭块设置。尾水管扩散段采用整体式结构，相当于一个封闭的框架，其底板坐落在坚硬的砂岩上，基础约束程度高，加之混凝土级配小、强度等级高（主要为三级配，设计强度为 $R_{28}250$。靠过流面 100cm 范围用设计强度为 $R_{28}350$ 的抗冲耐磨混凝土），施工期水泥水化热温升高，后期温度降低后，框架内部将产生较大的温度应力，易出现裂缝。根据同

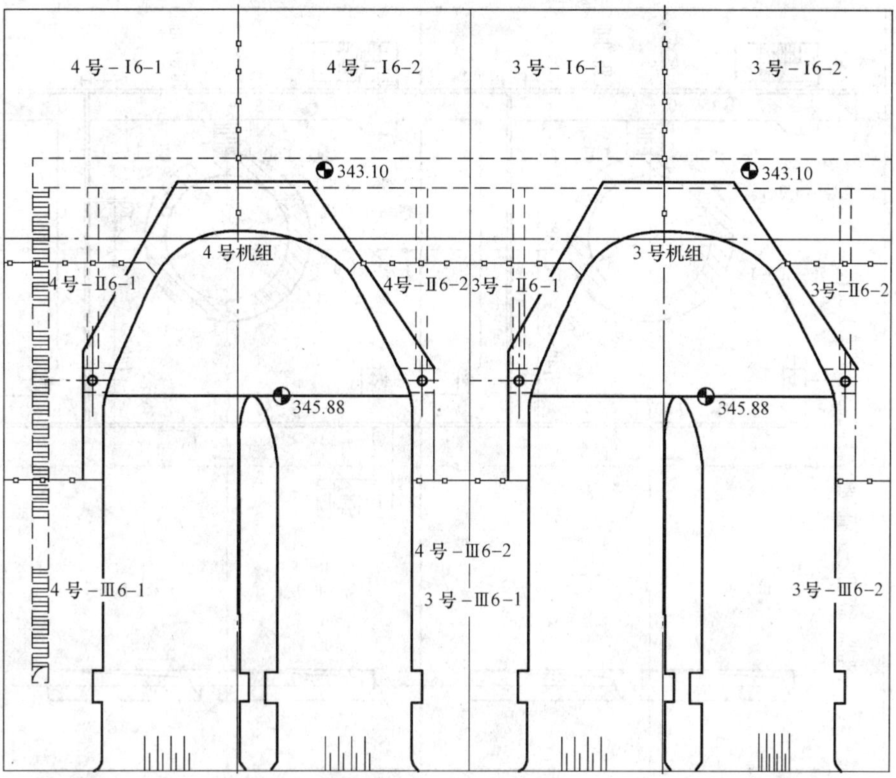

图 6-10　厂房混凝土施工分层分块平面图（一）

注：该图为 3、4 号机组分层分块平面图；高程、桩号单位以 m 计，其余尺寸以 cm 计。

类工程施工经验，在尾水管顶板的施工中先预留封闭块，待顶板混凝土的温度降至封闭温度后，再回填封闭块，以有效降低尾水管施工期的温度应力。

尾水管顶板混凝土从封闭块开始预留到回填，间隔时间为 2～4 个月，大部分混凝土自身体积变形将在此期间完成，设置封闭块可有效降低尾水管因混凝土自身体积变形引起的结构应力。

鉴于上述因素，在每台机组肘管段和扩散段顶板设置 1 个封闭块。封闭块在顶板至高程 357.30m 的混凝土浇筑中逐层预留形成；封闭块宽 2.15m，顺水流方向长 18.63m。

（2）安装间Ⅱ层混凝土分层分块情况。安装间混凝土施工分层分块情况如图 6-13 所示。

安装间Ⅱ层混凝土顺水流方向长 48.2m，高程 334.30～340.30m 间作为单块整体浇筑；高程 340.30～355.00m 间分成两块，长度分别为 14.3、11.8～17.35m，为错缝搭接；高程 355.00～378.20m 间分成三块，长度分别为 13.35、14.45、18.9m，为错缝搭接。

（3）厂房尾水管扩散段顶板封闭块。厂房尾水管扩散段顶板封闭块平面位置见图 6-14。

在每台机组肘管段和扩散段顶板设置 1 个封闭块，封闭块在顶板至高程 57.30m 的混凝土浇筑中逐层预留形成；封闭块宽 2.15m，顺水流方向长 18.53m。

（4）尾水渠底板及护坡分层分块情况。尾水渠底板混凝土施工按设计图纸要求进行分缝，底板厚度为 1m，清基后底板混凝土一次性浇筑。尾水渠护坡混凝土长度方向按照设计

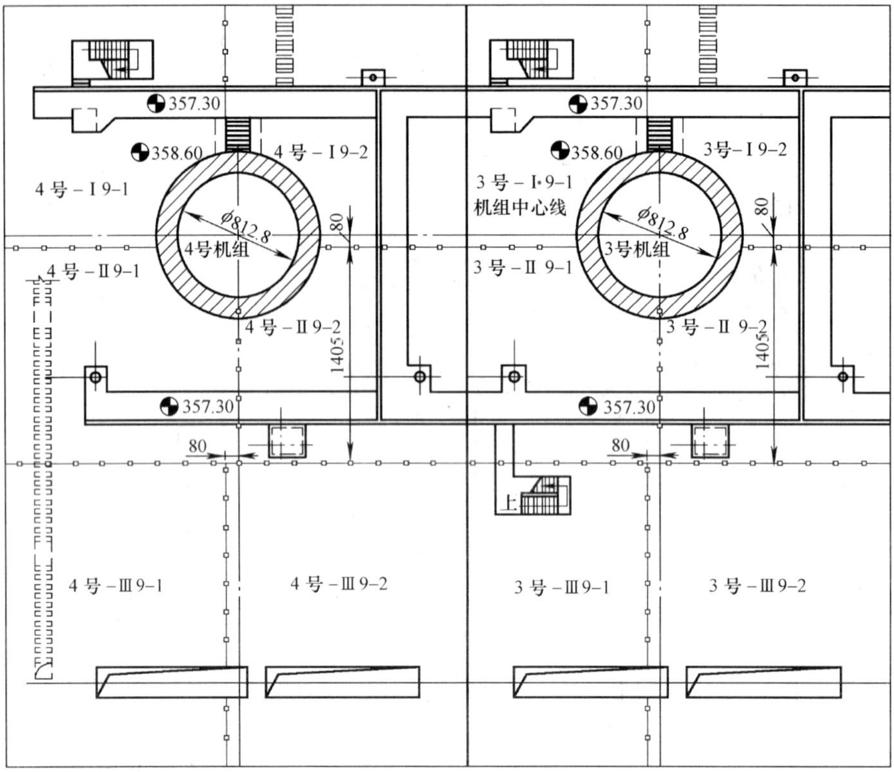

图 6-11　厂房混凝土施工分层分块平面图（二）

要求进行分缝，施工分层控制在 2～3m。

2.2.3　温度控制

2.2.3.1　厂房建筑物温度控制特点

水电站厂房基础部位混凝土属大体积混凝土，而厂房内孔洞多，板、墩、墙的外露面积大，有利于散热但不利于防裂。这些不利的结构形状，使厂房混凝土温度控制比坝体更为复杂。如尾水管底板浇筑在岩基上，其表面在施工期暴露于空气中，运行期处于水下，温度应力比坝体正常浇筑块大，尾水管顶板浇筑后，尾水管就成为大截面的框架结构，施工期的温度应力状态复杂。虽然钢筋混凝土蜗壳基本上不受岩基的约束，但由于结构形状复杂，边墙的水平温度应力和顶板的环向温度应力仍相当大，极易在边墙处发生垂直裂缝、在顶板处发生辐射状裂缝等。

2.2.3.2　厂房下部混凝土温度控制

（1）温度控制标准。基础温差、上下层温差及混凝土表面保护等，采用 SL 319—2005 中规定的有关标准。为便于施工控制，可按当地的气温条件提出各月或各季浇筑块体的允许最高温度。

浇筑岩基上高宽比（H/L）≤0.5 的薄板结构时，其基础允许温差应比规范规定的适当加严控制。

在混凝土施工过程中遇到气温骤降时，应加强表面保护；孔洞形成后在低温季节，应封闭孔口防止空气对流。

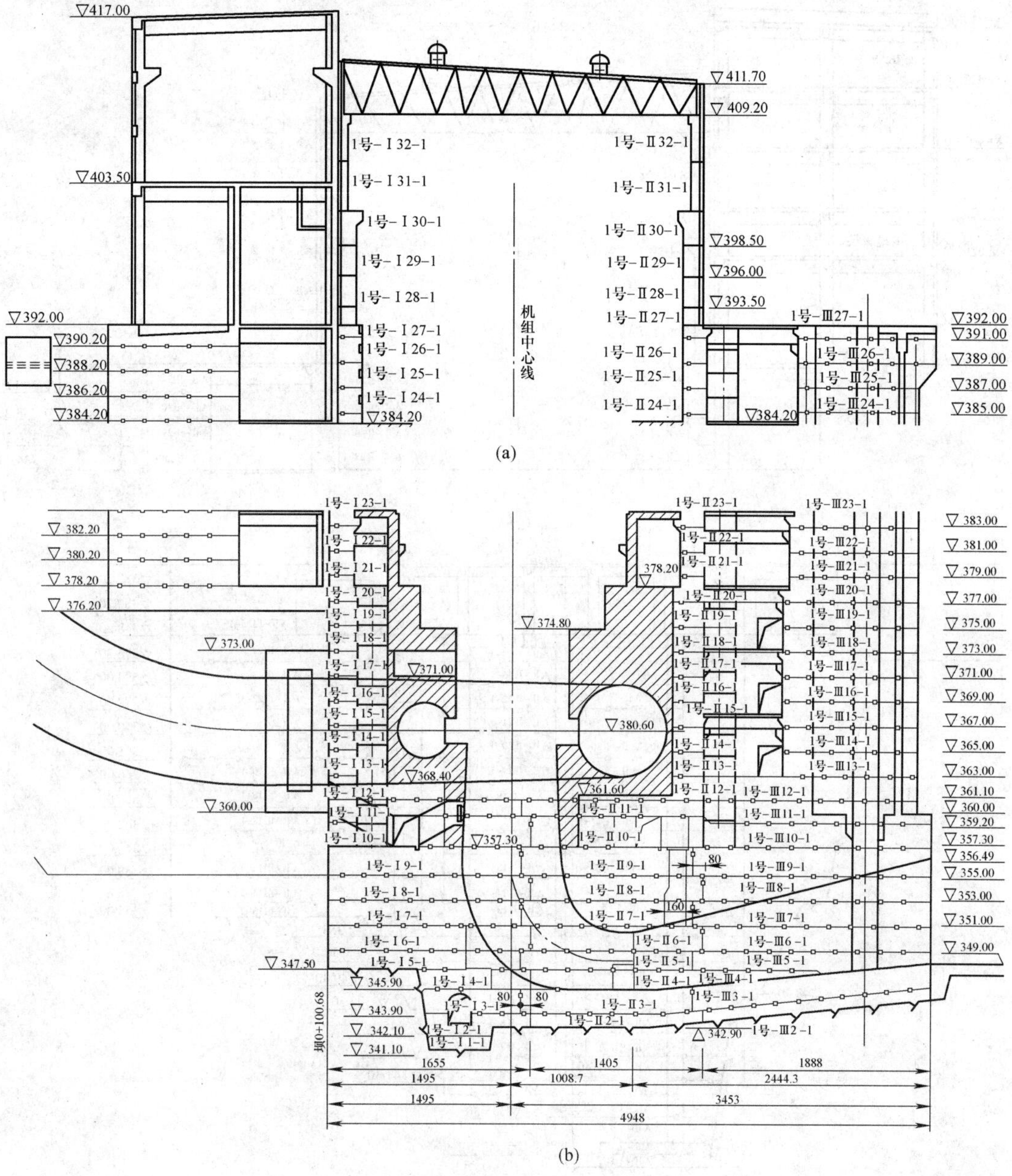

图 6－12　厂房混凝土施工分层分块剖面图

（a）厂房上部混凝土施工分层分块剖面图；（b）厂房下部混凝土施工分层分块剖面图

在结构设计中，可采取一些结构措施以加强混凝土的抗裂能力和削减施工期温度应力。例如，尾水管扩散段底板采用分离式底板；顶板采用倒 T 形预制钢筋混凝土梁；河床式水电站厂房中采用的钢筋混凝土蜗壳，除了应合理分层分块和注意浇筑程序之外，在结构设计中还应考虑其温度应力，在边墙中增加水平钢筋，在顶板中增加环向钢筋。

（2）温度控制措施。坝后式和坝内式厂房的混凝土温度控制措施及其制冷设备的容量取决于坝体工程。河床式水电站和引水式水电站厂房的混凝土温度控制措施，可参考大体积混

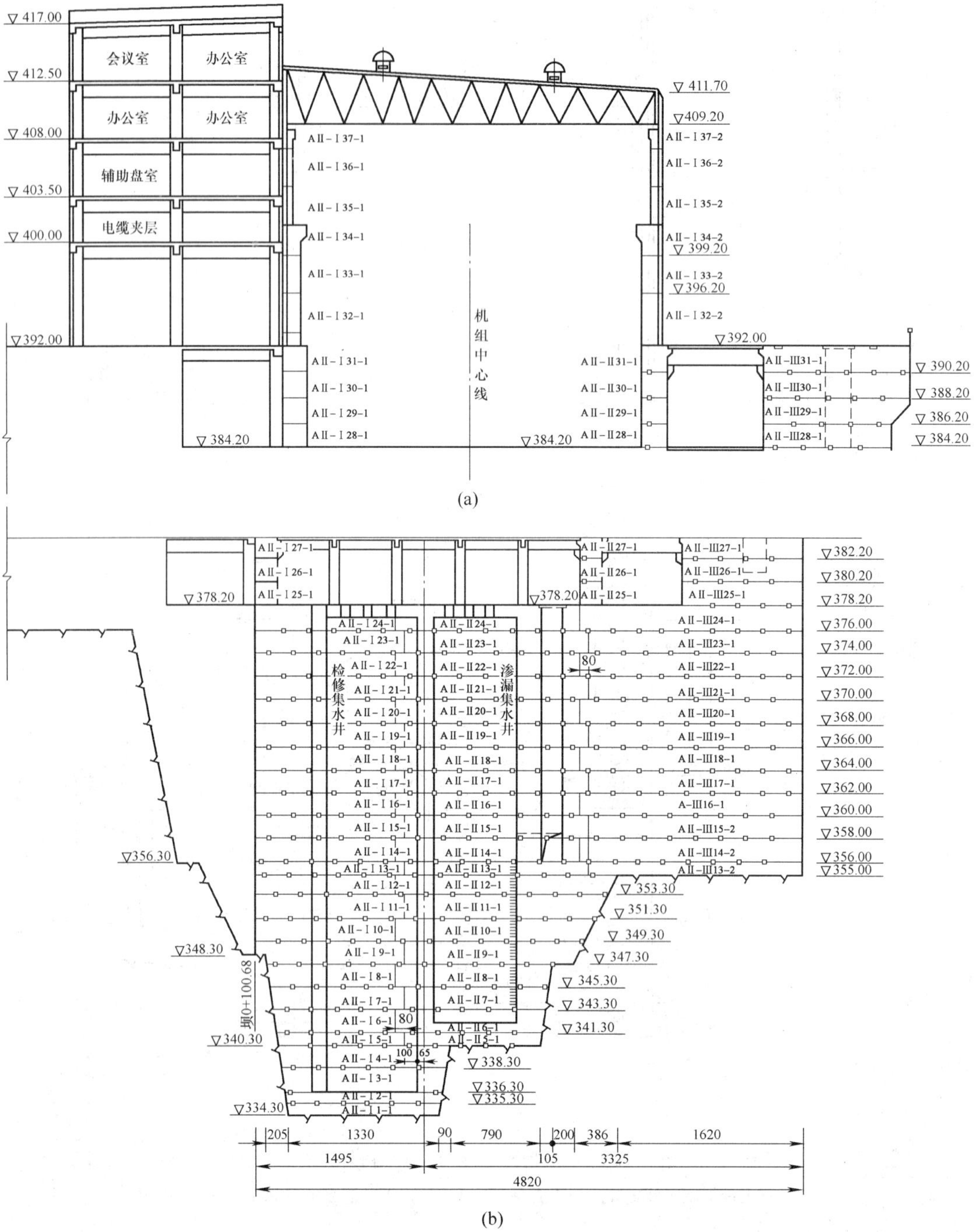

图 6－13　安装间混凝土施工分层分块情况

(a) 厂房上部混凝土施工分层分块剖面图；(b) 厂房下部混凝土施工分层分块剖面图

凝土温度控制措施。

关于稳定温度，厂房下部结构虽为大体积混凝土，但因孔洞、板、墩、墙结构多，建筑物混凝土的温度随气温（或水温）的年变化而变化。基础温差应采用准稳定温度（即运转期

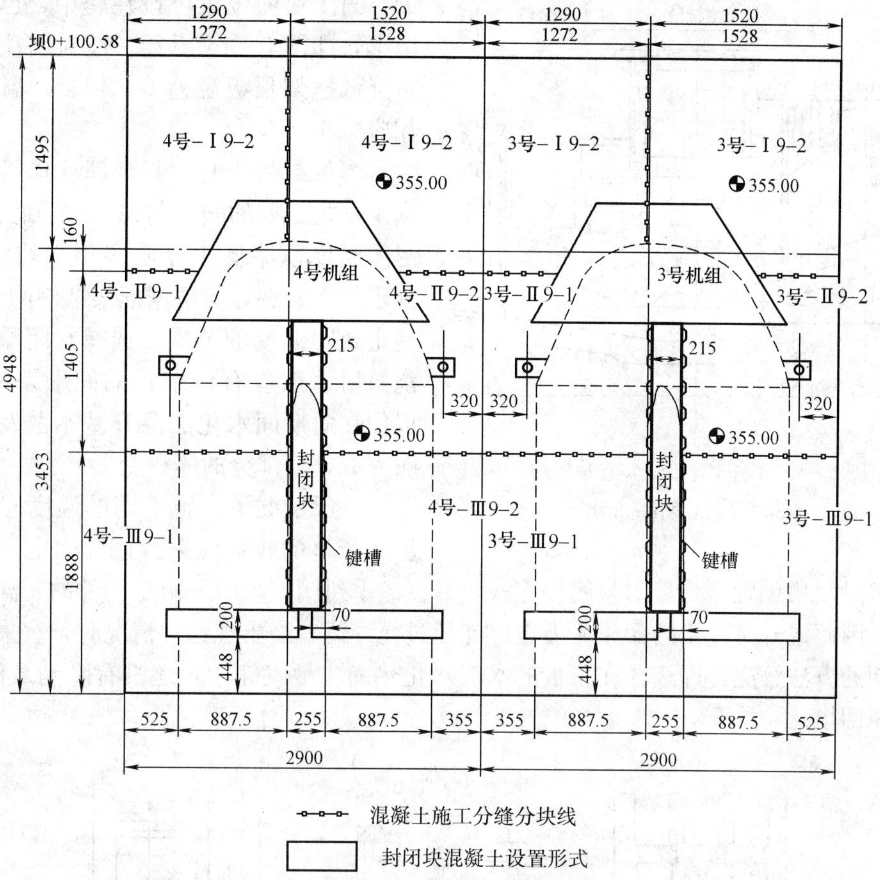

图 6-14　厂房尾水管扩散段顶板封闭块平面位置

的最低温度）作为标准。厂房施工期间受外界气温的影响，经常出现超冷现象，即施工期的最低温度比运转期的准稳定温度为低。大、中型厂房设计和施工控制中常用施工期最低温度代替运转期的准稳定温度。而寒冷地区用施工期最低温度代替准稳定温度，会增加施工费用和困难，甚至难以做到。在这些地区应采取有效的保温措施，如封闭孔洞空腔防止空气对流和加温等，使块体施工期的最低温度不低于运转期的准稳定温度。

例如，葛洲坝水电站厂房温度控制设计采用施工期最低温度作为基础温差的控制标准；青铜峡水电站厂房地处寒冷地区，下部结构孔洞较多，墩墙的最小厚度为1.0～3.5m，施工期间混凝土温度可降至－8～－2℃，远比运转期的准稳定温度（1～2℃）低。因此，施工中采用保温方法，将水电站所有的孔洞用装配式结构内填10cm厚的草帘进行封堵，内设蒸汽管路和暖气片，通过蒸汽保温，使混凝土内部温度维持在2～3℃；大体积混凝土均用20～25cm厚的草帘覆盖，大面积的护坦采用130cm厚的砂卵石覆盖，以进行保温。

2.2.3.3　厂房大截面框架结构的温度控制

厂房大截面框架结构（见图6-15）施工期温度变形，除受岩基和老混凝土约束外，还受框架各构件相互约束，其计算方法和温度控制措施与大体积混凝土结构不同，涉及的计算内容也比较复杂。下面主要介绍大截面混凝土框架施工期的温度控制措施。

（1）改善施工期温度应力的措施。用设封闭块的办法改善施工期温度应力的效果是显著

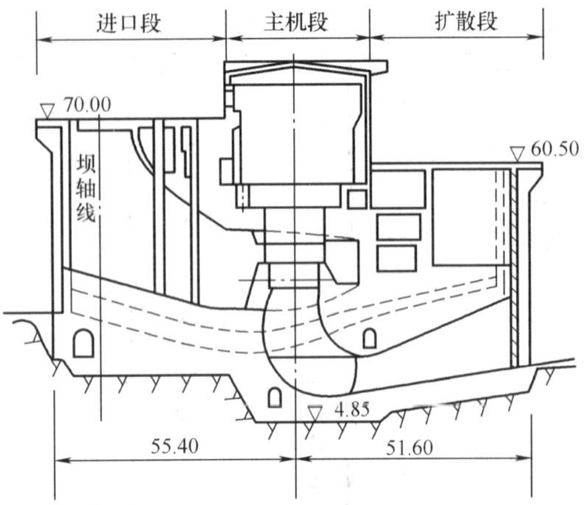

图 6-15　葛洲坝二江水电站厂房框架结构（单位：m）

的。封闭块的位置可设在跨中，也可设在边墩上，如图 6-16 所示。设封闭块后，一般可降低框架顶板温差 8～15℃，温度应力也相应减小。

当设封闭块时，要合理选择封闭季节和满足顶板必要的间歇期的要求。通常情况下，封闭温度以略低于介质多年平均温度为宜。为了便于掌握，应根据框架结构的允许温差，确定封闭温度的范围，选择封闭季节。顶板浇筑后一般应有一个月的间歇期才能封闭，以便在此期间水化热温升基本散发完毕，同时完成相当部分的体积变形。

一般情况下，施工期的温度应力主要受温降产生的收缩应力控制，因此，常在高温季节预留封闭块位置。当采用封闭块方式，并在冬季封闭回填时，由于构件的初温已接近最低温度，因此温升所产生的膨胀应力也可能超过允许值。当出现这种情况时，宜采用适当缩短间歇期的方法解决，即选择在顶板的水泥水化热尚未散发完毕，还没有降到最低温度时，进行封闭回填。

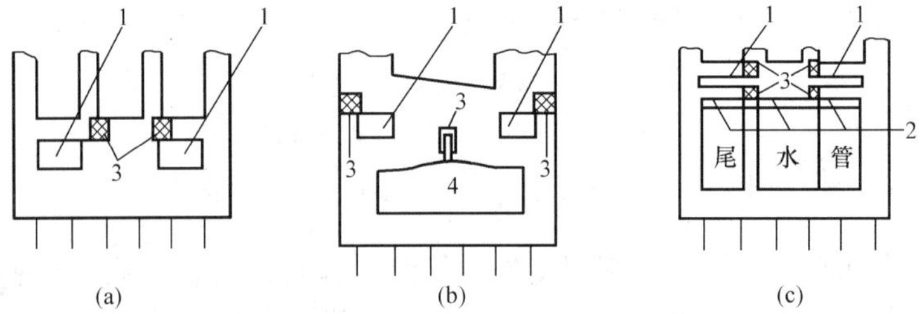

图 6-16　封闭块位置

(a) 进口段排沙底孔封闭块；(b) 主机段尾水管弯管段和排沙底孔封闭块；
(c) 尾水管扩散段和排沙孔底板封闭块
1—排沙底孔；2—预制梁；3—封闭块；4—尾水管弯管

框架顶板整体浇筑时应采用各种措施降低最高温度，如加冰和预冷骨料降低混凝土入仓温度、减薄浇筑层厚度、选择低温季节进行浇筑等。

顶板底层铺设混凝土预制梁作为结构的一部分，既可代替模板，又可减小水泥水化热温升，有助于减小温度应力。

为防止混凝土受寒潮的袭击和避免框架结构在施工期的超冷，可采取结构表面保护和封堵孔口的措施。采用低热水泥或低热微膨胀水泥，以减少水泥用量。配置温度钢筋：一般来说，施工期的温度应力单靠配筋措施来解决是不经济的，只宜在个别情况下对局部断面采用。

(2) 框架的温度控制分类及其相应的温度控制措施。根据允许温差的数值，框架的温度控制一般可划分为三类：

第一类为强约束框架，采用结构措施，即设置封闭块为主（选择较低温度的季节封闭），其他温度控制措施为辅。

第二类为中约束框架，低温季节顶板整体浇筑，采取控制顶板允许最高温度的措施为主，其他措施为辅；高温季节留封闭块为主（停歇一个月，可选择在较高温度的季节封闭），其他措施为辅。

第三类为弱约束框架，采取顶板整体浇筑，采取控制允许最高温度的措施为主，其他措施为辅。

在我国气候温和地区，上述三类框架的分类可根据允许温差数值，参照表 6-2 选定。但对严寒和亚热带地区应另行论证。

表 6-2　　温和地区框架允许温差

框架分类	允许温差（℃）
强约束框架	≤12
中约束框架	13～17
弱约束框架	≥18

（3）封闭块回填混凝土的温度控制措施。在框架构件的温度计算中，为简化计算，忽略了封闭块回填混凝土水化热温升的影响。因此，对封闭块回填混凝土应按较严格的温度控制要求，控制回填混凝土的浇筑季节、最高温度及浇筑层厚度等。

2.2.3.4　厂房大体积混凝土温度控制

（1）最高温度控制标准。该工程的混凝土均为常态混凝土，各主要部位设计允许最高温度见表 6-3。

表 6-3　　坝后厂房大体积混凝土允许最高温度　　℃

月份		1	2	3	4	5	6	7	8	9	10	11	12
Ⅰ、Ⅱ块	0～0.2L	26	27	31	34	34	34	34	34	34	34	33	28
	0.2～0.4L	26	27	31	34	36	36	36	36	36	36	33	28
	0.4L 以上	26	27	31	34	37	37	37	37	37	36	33	28
Ⅲ块	0～0.2L	26	27	31	33	33	33	33	33	33	33	33	28
	0.2～0.4L	26	27	31	33	35	35	35	35	35	35	33	28
	0.4L 以上	26	27	31	33	37	37	37	37	37	36	33	28

（2）上、下层温差。当下层混凝土龄期超过 28d 成为老混凝土时，其上层混凝土控制上、下层温差，对连续上升厂房且高度大于 0.5L（L 为混凝土浇筑层高度，m）时，允许老混凝土面上下各 $L/4$ 范围内，上层最高平均温度与新混凝土开始浇筑下层实际平均温差为 15～17℃；浇筑块侧面长期暴露，或上层混凝土高度小于 0.5L，或非连续上升时，应加大上、下层温差控制。

（3）填塘、陡坡混凝土的温度控制要求。按基础强约束区允许最高温度执行，高差大于 3m 的填塘、陡坡部位应埋设冷却水管进行初期通水。当填塘、陡坡混凝土浇平至岩基面，且冷却至与岩基温度相近（19～21℃）后，再继续浇筑上部混凝土。对于高差小于 3m 的填塘、陡坡部位，其温度控制标准可按基础较强约束区最高温度标准适当放宽 2℃左右；但要在浇平至岩基面，且按正常间歇后再行上升。当低温季节（11 月～次年 3 月）浇筑填塘混凝土时，浇平至岩基面后，可停歇待冷，按正常间歇时间养护后再行上升；当高温季节

（4～10月）浇筑填塘混凝土时，如需加快施工进度部位，同时避免因过长停歇产生的长间歇问题，应按冷却至23～25℃后再行上升。

（4）浇筑温度及出机口温度控制要求。根据温度控制标准及允许最高温度，各部位混凝土月浇筑温度及出机口温度控制指标见表6-4。

（5）混凝土浇筑层厚度及间歇时间控制要求。

1）混凝土浇筑层厚度遵照设计规定执行，若需变动，应经监理人书面批准。

2）大体积混凝土浇筑层间间歇时间应满足表6-5的要求。

3）墩、墙等结构混凝土浇筑层间间歇时间应满足表6-6的要求。

4）在混凝土浇筑前，按施工进度要求和上述有关浇筑层间厚度及间歇时间要求，规划好各部位混凝土浇筑层的厚度及间歇时间，报监理人审批。

表6-4　浇筑温度及出机口温度控制指标

<table>
<tr><th>部　位</th><th colspan="2">月　份</th><th>12、1、2</th><th>3、4、5、10、11</th><th>6～9</th></tr>
<tr><td rowspan="2">0～0.4L</td><td colspan="2">浇筑温度（℃）</td><td>12～14</td><td>14</td><td>14</td></tr>
<tr><td colspan="2">出机口温度（℃）</td><td>自然入仓</td><td>7</td><td>7</td></tr>
<tr><td rowspan="3">0.4L以上</td><td colspan="2">浇筑温度（℃）</td><td>12～14</td><td>16～18</td><td>18～20</td></tr>
<tr><td rowspan="2">出机口温度（℃）</td><td>塔带机入仓</td><td>自然入仓</td><td>7</td><td>7</td></tr>
<tr><td>其他设备入仓</td><td>自然入仓</td><td>14</td><td>14</td></tr>
</table>

表6-5　大体积混凝土浇筑层间间歇时间　天

层厚（m）	月　份		
	12～2	3～5、9～11	6～8
1.5	3～7	4～8	5～9
2.0	5～9	6～10	7～10
3.0	6～10	7～10	8～10

表6-6　墩、墙等结构混凝土浇筑层间间歇时间　天

部位	层厚（m）	层间间歇时间
厚度小于2.5m	3～4	4～9
压力管道周围混凝土	2～3	6～10

注　低温季节浇筑取下限值。

2.2.3.5　其他水电站厂房大体积混凝土施工温度控制

TZK水电站枢纽工程坝址多年平均气温为16.6℃，其中以7、8月平均气温26.3℃为最高，1月平均气温5.8℃为最低；极端最高气温为39.1℃，极端最低气温为−4.6℃；多年平均地面温度为19.2℃。据TZK水电站1977～2004年水温系列统计，多年平均水温为15.5℃。由此，坝址区多年最高月平均气温发生在7、8月，平均气温为26.3℃，即7、8月为混凝土施工温度主要控制时段。同时，结合该工程内建筑物结构，做好混凝土施工的其他温度控制措施。

该工程自建拌和系统，所设拌和系统具有预冷混凝土功能。在高温季节施工时，首先通过预冷混凝土来降低及控制混凝土浇筑温度；另外，在混凝土施工过程中，主要通过施工块划分、浇筑层间间歇时间控制、特殊部位浇筑时段安排、混凝土运输保温、浇筑仓面遮阳降温、浇筑后养护及部分冷却水管通水等措施实施混凝土温度控制。

根据厂房建筑物结构，混凝土施工过程中主要温度控制项目有高温季节大体积混凝土施工温度控制、冬季低温混凝土保温等。

(1) 厂房分缝、分层分块。为有效控制温度，厂房混凝土施工分缝分块采用错缝搭接，具体分块情况参阅前面 TZK 水电站各部位混凝土具体分层分块实例。

(2) 尾水顶板设置封闭块。为有效降低尾水管施工期的温度应力，以及有效降低尾水管因混凝土自生体积变形引起的结构应力，在每台机组肘管段和扩散段顶板设置 1 个封闭块。封闭块在顶板至高程 357.3m 的混凝土浇筑中逐层预留形成，具体情况参阅前面 TZK 水电站各部位混凝土具体分层分块实例。

1) 封闭季节、时间及封闭温度。

a. 封闭块回填的季节及时间。回填时间宜安排在低温季节 11 月至次年 3 月；回填时，封闭块两侧顶板混凝土停歇时间不少于 1 个月，且达到设计要求的封闭温度；在采取埋设冷却水管通制冷水降低封闭块两侧部位混凝土温度至 20℃左右、采用预冷混凝土浇筑封闭块回填混凝土及表面流水养护等措施并得到监理工程师批准后，封闭块回填时间可放宽至 9 月至次年 5 月。

b. 封闭温度。由于封闭块设置的主要目的是降低尾水管施工期温度应力，因此封闭温度宜略低于尾水管在施工期的多年平均温度。

2) 分层厚度及层间间歇时间。封闭块回填混凝土与尾水管大体积混凝土的分层厚度一致，均为 2m，间歇时间为 5～7 天，以利顶面散热。浇筑前，应将老混凝土打毛，冲洗干净，封闭块钢筋遵照设计图纸要求进行设置。

3) 合理安排施工总进度。由于封闭块回填有严格的季节及封闭温度的限制，因此，在厂房混凝土施工进度计划中将封闭块混凝土施工作为一个重要节点进行控制。

合理安排各机组段基础开挖进度及交面（交界面）日期。快速形成初期混凝土浇筑手段。合理安排扩散段模板安装与基础固结灌浆等工序，少占直线工期。尾水管大体积混凝土施工应尽量安排在低温季节 10 月至次年 3 月进行，封闭块回填在 4 月底之前完成。在不设冷却水管时，应尽量避免在高温季节 7～9 月浇筑尾水管大体积混凝土。

(3) 高温季节大体积混凝土施工温度控制措施。

1) 充分保证制冷混凝土质量，特别注意对骨料的一次风冷、二次风冷、加冷水及加冰方式，确保出机口温度控制在 10～12℃，并注意采取相应措施减小混凝土在运输途中及入仓后的温度回升率，使混凝土浇筑温度控制在 18℃左右。

2) 适当控制层间间歇时间，并进行流水养护，以充分利用顶层散热。由于每个机组段的横缝及两条纵缝均为错缝搭接，客观上要求每个机组段的 6 个浇筑块均匀上升，因此间歇时间一般较长，间歇期间，对混凝土面进行长流水养护，可加速混凝土散热。

(4) 人工冷却。根据各部位设计允许最高温度要求，厂房混凝土施工时，当采用预冷混凝土浇筑的混凝土，最高温度仍可能超过设计允许最高温度时，则采取初期通水冷却削减混凝土最高温度；对于厂房封闭块两侧部位混凝土，采取初期通水方式进行温度控制。

尾水管流道顶板封闭块两侧混凝土中冷却通水管埋设的具体做法如下：

1）冷却水管采用DN25钢管。

2）在2m厚的混凝土中铺设一层冷却水管，水管间距为1.5m，埋设时要求水管距结构面2.5～3.0m，水管距接缝面、孔洞周边1.0～1.5m，通水单根水管长度不宜大于250m。

3）供水管按两套布置，在建筑物外布置进回水交换设施，要满足通水冷却的要求。制冷水考虑回收。回水不得排入廊道或基坑内，设专门管路处理。供水管布置自成系统，冷却供水管的布置尽可能利用现有的廊道布置形式，避免相互干扰。

4）块体内水管接合块体通水计划就近引入廊道。引入廊道的水管应排列有序，做好标记。引入廊道的立管布置不得过于集中，以免混凝土局部超冷，引入廊道的水管间距一般不大于1m，距离廊道底板50～100cm。管口朝下弯，管口长度不小于15cm，并对管口妥善保护，防止堵塞。所有立管均引至模板附近，不宜过于集中，立管间距不小于1.0m。

5）在有固结灌浆孔的仓面，加强仓面水管的固定，并采取有效措施防止冷却水管被钻孔打断。

6）冷却水管在仓内铺设成蛇形管圈。埋设的冷却水管不能堵塞，并应固定和清除表面的油渍等物。管道的连接应确保接头连接牢固，不得漏水。混凝土浇筑前和在浇筑过程中对已安装好的冷却水管各进行一次通水检查，如发现堵塞及漏水现象，立即处理。在混凝土浇筑过程中，避免水管受损或堵塞。

7）初期通水采用温度8～10℃的制冷水，通水时间为10～15天，在混凝土浇筑收仓后12h内开始通水，水管通水流量不小于20L/min。

8）由于厂房混凝土的分缝基本上是错缝，如通水冷却控制不当，错缝搭接段易因相邻混凝土块间不同步降温幅度过大而被温度应力剪断破坏，因此，施工中控制要点如下：

a. 尽量使各块混凝土连续、均匀上升，冷却也逐层、连续进行，以减小搭接段各块的温差不均匀性。

b. 在回填封闭块的过程中，与回填浇筑层相接的大体积混凝土停止通水冷却，以免因两侧大体积混凝土进一步冷却收缩而拉开缝面。

（5）低温季节混凝土保温。运输混凝土的汽车采取保温措施，防止热量损失；在浇筑初期，混凝土易受气温骤降影响，拆除模板后立即用保温被覆盖上、下游表面，并临时封堵孔洞，间歇层面保温至上层混凝土覆盖前为止，保温被采用3cm厚的聚乙烯泡沫塑料板、外包彩条布制作而成。

（6）其他温度控制措施。

1）在骨料运输过程中，在皮带机上部和骨料运输车辆上搭设遮阳棚。

2）在混凝土运输汽车上搭设遮阳棚，以减少混凝土在仓外的停留时间，控制混凝土运输过程中的温升，并加快吊运和平仓振捣速度。

3）制造仓内凉爽小气候，在大仓面、晴天浇筑时采用GSW10型喷雾机进行混凝土仓面喷雾。

4）控制混凝土的分层高度，减小大体积混凝土的叠加温升。

5）对于较大仓位，尽量安排在气温较低时段（中、夜班）进行浇筑。

6）混凝土表面采用流水养护，以降低混凝土的表面温度。

2.3　厂房一期混凝土施工

2.3.1　水电站厂房施工程序

水电站厂房一期混凝土总体施工程序如图 6-17 所示。主厂房一期混凝土一般施工程序如图 6-18 所示。

基础开挖处理完毕后，按温度控制要求进行基础填塘，满足间歇时间后，浇筑底板混凝土。

弯管段和扩散段底板混凝土，一般浇筑层厚度为 1～2m，尽可能做到短间歇连续上升。如图 6-17 所示，第Ⅰ层（弯管底板以上至弯管顶板以下部分），如果边墙后有后浇块，则先浇长块，满足间歇时间后再浇短块；第Ⅱ层（弯管顶板以上至圆锥里衬二期混凝土以下部分），根据顶板模板承载能力、结构尺寸大小，确定浇筑层厚度；第Ⅲ层（蜗壳二期混凝土以下部分和蜗壳侧墙），一般采用分块对称浇筑。

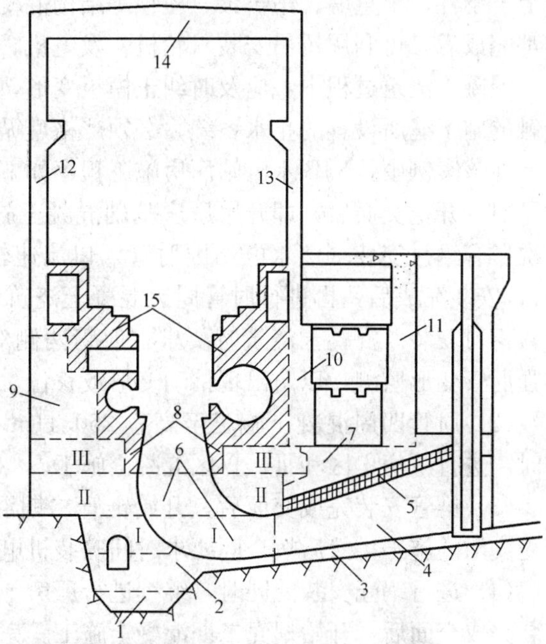

图 6-17　水电站厂房一期混凝土总体施工程序

1—基础填筑；2—弯管段底板；3—扩散段底板；4—扩散段墩墙；5—倒 T 形梁；6—弯管段；7—扩散段顶板；8—锥管段；9—蜗壳上游侧墙；10—蜗壳下游侧墙；11—挡水墙墩；12—上游墙；13—下游墙；14—屋顶；15—二期混凝土

厂房混凝土施工中的工序较多，如基础填塘、立模板、扎筋、埋件、金属结构及机组安装、混凝土浇筑等。各工序必须密切配合，减少干扰。

尾水管扩散段的墩、墙，分一层或几层浇筑，如采用倒 T 形梁作为顶板支承模板，需待墩顶混凝土达到设计要求强度后，再架设倒 T 形梁；浇筑梁档混凝土，待达到设计要求强度后，方可浇筑上层混凝土。

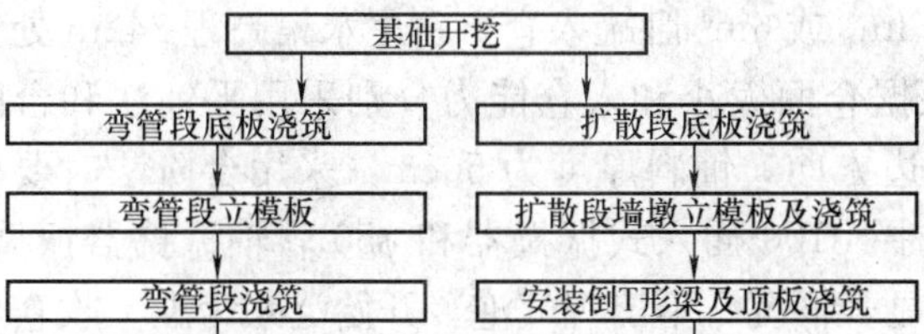

图 6-18　主厂房一期混凝土一般施工程序

钢蜗壳侧墙浇筑层厚度为 3～5m，混凝土蜗壳侧墙浇筑层厚度为 2～4m。

蜗壳侧墙以上至屋顶以下的上、下游墙，一般有重型和轻型两种结构。重型结构在吊车梁牛腿部位可作为一浇筑层，其他各层高度为 3～5m；牛腿以上至层顶以下为一层。各层间设水平键槽，凿毛清洗后，再浇筑上层混凝土。轻型结构的柱、梁为现浇或预制的钢筋混凝土构件，墙身多为砖砌体。

待主厂房蜗壳底板和侧墙一期混凝土浇筑后，一方面进行蜗壳、座环、机坑里衬等设备的安装，完成设备外围及相关部位的二期混凝土浇筑；另一方面，浇筑厂房上下游柱、承重墙、吊车梁、屋顶等结构混凝土，完成厂房桥吊的安装。在上述两方面工作都完成后，可利用桥吊安装水轮机、发电机、调速器等设备。

混凝土浇筑过程中，应及时纠正模板变形，严格控制高程。对永久伸缩缝及与外水直接接触的施工缝所设置的止水系统，必须严格遵循有关规范的施工技术要求。

在该案例中，XJB 水电站厂房施工程序如下：

(1) 开挖交面后，即开始厂房基础混凝土施工，施工至高程 229.00m 后暂停，进行第一次肘管钢衬安装（该水电站因肘管入口流速较大，为防止冲刷，在肘管处加设了钢板里衬）；安装完成后，再进行肘管周边混凝土浇筑，混凝土浇筑 5～235.25m 后，进行第二次肘管钢衬安装。混凝土浇筑时要求在肘管两侧对称下料，铺料高差不能超过 50cm。同时，加强肘管变形监测，以防出现抬动变形或移位。

(2) 肘管四周混凝土施工至高程 250.41m 后，开始向锥管安装交面，进行锥管安装。同时，进行厂房Ⅰ区和Ⅲ、Ⅳ区混凝土施工。

(3) 锥管安装完成交面后，开始锥管二期混凝土施工，施工至高程 250.41m 后，进行蜗壳支墩的施工，然后按合同要求时间安装机电交面。

(4) 进行蜗壳安装的同时，继续进行厂房Ⅰ区和Ⅲ、Ⅳ区混凝土施工。蜗壳等机电埋件安装完成交面后，开始蜗壳二期混凝土施工。完成后，继续主厂房水轮机层、母线层、发电机层混凝土施工。

(5) 进行蜗壳二期混凝土、水轮机层、母线层和发电机层混凝土施工的同时，同步继续进行厂房上、下游墙，上、下游副厂房和尾水闸墩混凝土施工。

2.3.2　主厂房基础混凝土浇筑

下面结合 XJB 水电站进行介绍。

2.3.2.1　基础混凝土范围

XJB 水电站基础混凝土范围在安装间高程 278.24m 以下，主机间高程 250.41m 以下均属于大体积混凝土和大体积结构混凝土，混凝土工程量约为 29.66 万 m^3。

2.3.2.2　浇筑方法

XJB 水电站基础混凝土主要采用门机吊 $3m^3$ 或 $6m^3$ 卧罐入仓，在尾水渠高程 242m 处大件堆放及受料平台取料；采取跳仓浇筑，根据仓面大小和入仓能力分别采用平铺法和台阶法，并优先考虑平铺法。铺料方向沿仓号长边方向，铺料厚度为 50cm，采用台阶法时要确保台阶层次清楚、有序，平仓和振捣主要选择 $\phi100$ 插入式振捣器和 $\phi50$ 软轴振捣器振捣，振捣形式为梅花形，振捣时间以混凝土不再显著下沉、不出现气泡、开始泛浆为准。收仓后的新浇混凝土面应及时养护，同时应特别注意以下两点：

(1) 尾水管大体积结构混凝土浇筑。尾水管部位浇筑前对作业人员进行技术交底，在仓内做醒目分区标示。浇筑尾水管侧壁时，先在外侧卸 C_{90}25W8F100 混凝土，平仓后再卸内侧 C30W8F200 抗冲耐磨混凝土，最后两种强度等级的混凝土一同振捣，呈锯齿状接合，以保证尾水管过流面抗冲耐磨混凝土的厚度。尾水管四周钢筋密集的区域采用二级配混凝土浇筑并加强混凝土振捣。过流面底板采用型钢或 $\phi25$ 钢管做样架，控制收仓面的高程和体形，并搭设防雨棚防雨。成型的过流面采用蓄水养护，低温季节表面覆盖保温被，定时洒水确保混凝土湿润。

(2) 高程 226.0m 基础帷幕灌浆廊道周围混凝土浇筑。高程 226.0m 基础帷幕灌浆廊道设置在5～8号机组段，断面呈城门洞形，尺寸为400cm×400cm，全长约238m。由于廊道顶部有尾水门槽底槛、钢筋层数多达三层、设计分层高度达3m以上，下游侧岩基面有渗水，因此采用如下措施：

1）廊道采取现立模板。

2）下游侧底部设置盲沟，将岩基渗水引入盲沟，防止在混凝土中形成通道。混凝土浇筑完后，采用砂浆将盲沟回填。

3）浇筑廊道顶部混凝土时，严格控制混凝土下料高度和铺料厚度，防止骨料分离。随下料随振捣，防止混凝土铺料过厚而振捣不实。

4）安排责任心强的盯仓员盯仓，并进行技术指导。

5）廊道周围在水平施工缝面和临时垂直缝处设塑料止水，永久缝设铜止水。混凝土浇筑过程中安排专业人员维护，以保证混凝土面不损坏、不偏移。止水周围混凝土振捣采用$\phi50$软轴振捣器加强振捣，尤其加强水平铜止水底部混凝土的振捣，确保密实。

2.3.3　尾水管模板施工

在大、中型水电站中，为了减少基础开挖量，多采用肘形尾水管。肘形尾水管包括直圆锥段、弯管段（包括上弯段、下弯段上游部分和下弯段下游部分）和水平扩散段三部分，如图6-19所示。其中，直圆锥段截面呈正圆锥形，由于流速较高，因此一般都采用钢板内衬，并结合二期混凝土施工，不需要再制作模板；弯管段由圆形截面渐变为矩形截面，纵剖面呈肘弯形；水平扩散段截面为矩形，截面宽度有等宽和变宽两种，截面高度沿水流方向直线增大，结构较简单，可用定型模板就地安装。当尾水管出口宽度较大时，中间常设有隔墩。在尾水管三部分组成中，弯管形最为复杂，几何形状多变，因而模板结构和施工也就比较复杂。

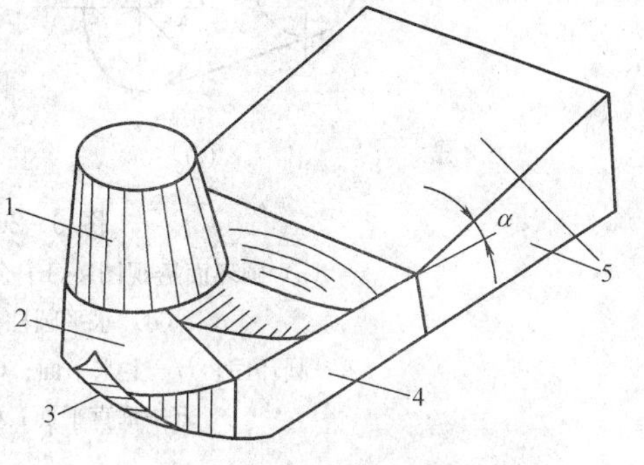

图6-19　肘形尾水管

1—圆锥管；2—上弯段；3—下弯段上游部分；4—下弯段下游部分；5—水平扩散段

2.3.3.1　弯管段几何形状分析

弯管段的体形是由圆柱环面、斜圆锥面、斜平面、垂直圆柱面、垂直平面、水平圆柱面、水平面7种类型共12个几何面组成，如图6-20所示。工程中常以弯管段上水平面为界，分为上弯管段和下两弯管段进行施工设计。

7个几何面的几何尺寸参数和特征分述如下。如图6-20和图6-21所示：圆柱环面（A）是以O_3为圆心、以R_7为半径形成的母线圆弧mn，绕水轮机主轴旋转而成的双曲面，其中O_3n是垂线；上水平面（B）与圆环面相切；斜圆锥面（C）的锥顶在S处（点S为直线gh和直线OO_1的交点，图中未标出），圆心连线SO_1，锥底圆半径$R_8=R_4+a_2$，素线Sgh是垂线；斜平面（D）是一个与斜圆锥面相切、与圆环面相交的倾斜平面；垂直圆柱面（E）是以通过点O_1的垂线为轴心，以R_8为半径的圆柱面，它的顶部与斜圆锥面相衔接；垂直平面（F）有两个，水平投影为八字形，分别与垂直圆柱面相切、与斜平面相交；水平圆柱面（H）是以过点O_2的水平线为轴心，以R_6为半径的圆柱面；下水平面（G）与水平圆柱面下缘相切。应注意，组成弯管段的12个几何面，均不是完整的几何平面或曲面，应注意它们之间的相互关系是（相切或相交）。例如，水平圆柱面（H）与下水平面相切，切线为平面直线；与斜圆锥面和垂直圆柱面相交，交线为空间曲线；与垂直平面相交，交线为平面曲线。

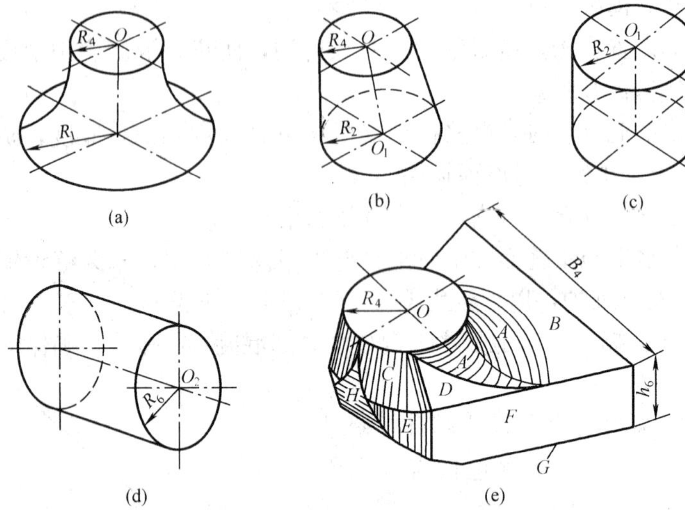

图 6-20　弯管段几何形状图

（a）圆环面透视图；（b）斜圆锥面透视图；（c）垂直圆柱面透视图；

（d）水平圆柱面透视图；（e）弯管段透视图

A—圆环面；B—上水平面；C—斜圆锥面；D—斜平面；E—垂直圆柱面；

F—垂直平面；G—下水平面；H—水平圆柱面

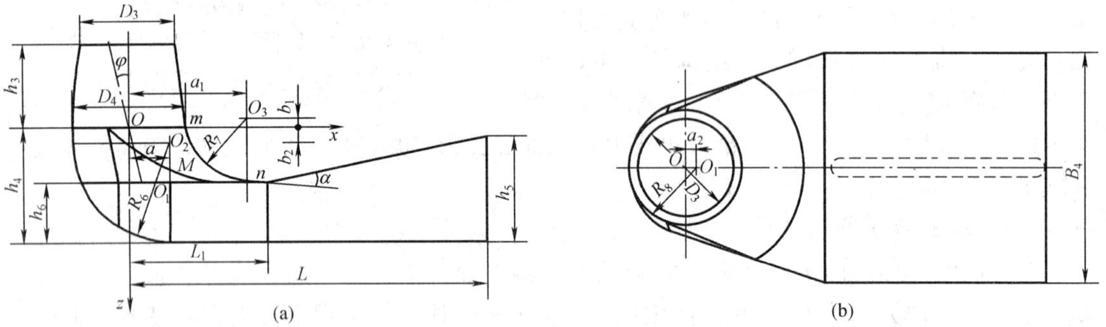

图 6-21　4H 型尾水管单线图

（a）正视图；（b）平面图

2.3.3.2　弯管段各剖面单线图的绘制

为制作模板的需要，必须绘制出一系列水平面与弯管段外形轮廓的交线图，称为剖面单线图。绘制方法有图解法和数解法，是根据厂家提供的正视图、平面图和几何尺寸的参数进行绘制的。图解法简单，但精度不及数解法，常用于中、小型厂房工程。现以图 6-22 中 k-k 剖面为例，介绍图解法绘制剖面单线图的基本方法与步骤。

（1）在正视图中，作出 k-k 剖面线，与斜圆锥轴线相交于 O_k，与斜圆锥的垂线 gh 相交于点 u'，注意 gh 线必须与以 O_2 为圆心、R_6 为半径的圆弧相切于点 g；与弯管段轮廓线的

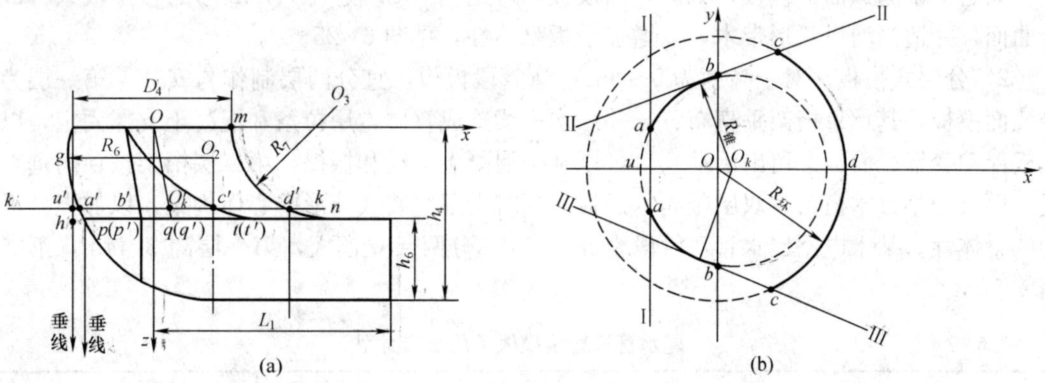

图 6-22 弯管段 k-k 剖面正视图解法

(a) 管正视图；(b) k-k 剖面单线图

交点为 a'、b'、c'、d'。

(2) 定出剖面单线图的原点 O，并作出 x 轴和 y 轴，其分别平行于弯管段平面图上的两个轴，图 6-22 中未画出，参见图 6-21。

(3) 在单线图 x 轴上，作出 u'、O_k'、d'相对应点的水平投影 u、O_k、d 点，并以 O_k 为圆心、以 $R_{锥}=O_ku$ 为半径画圆，此圆与过点 a'的垂线相交于点 a。

(4) 作所画圆的切线Ⅱ-Ⅱ和Ⅲ-Ⅲ，分别平行于弯管段平面图上的直线 pqt 和 $p'q't'$（参见图 6-22），得切点 b。

(5) 以单线图上点 O 为圆心、以 $R_{环}=Od$ 为半径画圆，交线Ⅱ-Ⅱ和Ⅲ-Ⅲ于点 c。

(6) 连接 a、b、c、d 各点，得出弯管段 k-k 剖面的单线图，即圆弧 cdc 为圆环面线；直线 cb 为斜平面线；圆弧 ab 为斜圆锥面线；直线 aa 为水平圆柱面线。也就是，k-k 剖面剖到的几何面有圆环面、斜平面、斜圆锥面、水平圆柱面。

用相同的方法，可得出其他剖面的单线图。当尾水管中心线与机组中心线相交成一个角度时，其单线图绘制仍以尾水管中心线为准。

2.3.3.3 模板结构类型、制作与安装

(1) 弯管段模板类型。尾水管模板的特点是体积庞大、体形多变、精度要求高，无论是制作或安装，都是一个比较复杂的技术问题。

尾水管弯管段模板的类型较多，一般根据当时当地的材料来源和施工单位的起吊运输设备与施工经验确定，以往采用木结构较多，现在大多采用以钢材为主的钢木混合结构，目前，一些大型水电站采用全钢弯肘管作为流道里衬，全钢弯肘管由机组生产厂家完成设计和制作，土建施工单位无需再制作弯管段模板。当需要制作弯管段模板时，其常用结构类型见表 6-7。

(2) 模板结构。

1) 小型整体式模板。当弯管段的高度小于 4m 时，可采用整体式模板，即在水平方向划分为若干个剖面，将各剖面的单线图按 1∶1 的比例在样台上放出大样图，根据剖面单线图大样制作水平桁架（见图 6-23 和图 6-24），再按各剖面之间的高度，在现场拼装，并用竖向支撑固定为一个整体。为了方便现场拼装和保持一定精度，常在模板高度方向上分成三节，各节模板在加工厂拼装成独立的整体，在每节的接头处，应设置连接构件，以便用铁件

连接固定。带圆弧面的模板，如圆环面模板，可用 3～5cm 宽或 10mm 厚的杉木板条钉成设计曲面，并适当增设弧形带木，以增强模板整体性，见图 6-25。

2）分层式模板。对于高度为 5～8m 的弯管段模板，宜分两层制作与安装。第一层为倒悬弧面模板，其承重桁架垂直布置，并用水平梁连成整体，用拉条和混凝土支撑固定，以防模板浮动变形；面板上留出活动仓口，以利于混凝土下料和振捣。第二层桁架按径向垂直布置，面层为小方木横梁、双层竖向木面板，同时设置组装式筒形中心体构架，以加强模板结构的整体性。某水电站尾水管弯管段全高 7.6m，分两层立模板，第一层高 3.44m，第二层高 4.16m。

表 6-7　尾水管弯管段模板常用结构类型

部位	主要材料	结　构　类　型	备注
上弯段	钢、木	（1）垂直钢桁架，桁架布置在混凝土仓面内，桁架留在混凝土内，无法取出。 （2）钢方撑架加垂直钢桁架。 （3）钢（圆）方撑架加木支撑	木面板
	木	（1）水平木桁架，中心不留孔（适用于小型立式机组）。 （2）水平木桁架，中心留孔［适用于小㈠型、中型立式机组］。 （3）垂直木桁架（适用于中型立式机组）	木面板
	砖	砖格或砖拱支撑，砂浆抹面（适用于小型立式机组）	
下弯段上游部分	钢、木	垂直钢桁架，桁架布置在混凝土仓面内，桁架留在混凝土内，无法取出	木面板
	木	（1）水平木桁架（适用于小型立式机组）。 （2）垂直木桁架（适用于中型立式机组）	木面板
	砖	砖格或砖拱支撑，砂浆抹面（适用于小型立式机组）	
下弯段下游部分	钢、木	型钢柱，组合型钢柱，型钢梁，垂直平面钢面板，水平平面和曲面木模	钢面板木面板
	木	方木柱或圆木柱，组合木柱	木面板
	砖、木	砖墙承重，方木梁或型钢，水平面木模板，垂直面砂浆抹面 砖拱承重，砂浆抹面	

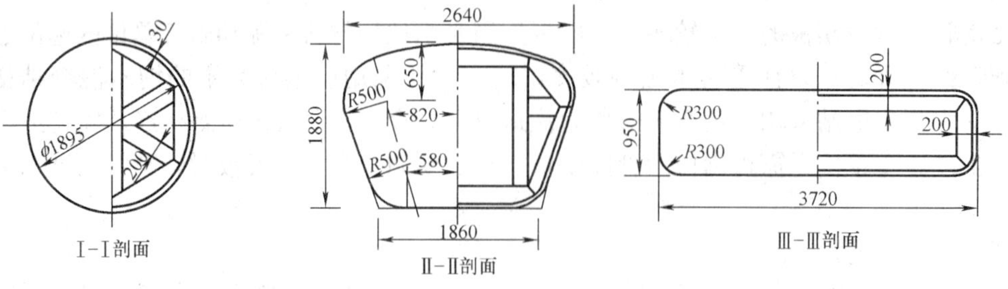

图 6-23　尾水管模板横剖面结构图（单位：mm）

（3）模板制作。

1）根据尾水管模板结构设计要求和尺寸，选好构架材料，在厂家提供的正视图上按水平方向划分为若干个剖面。

图 6-24　某水电站尾水管模板横剖面实例

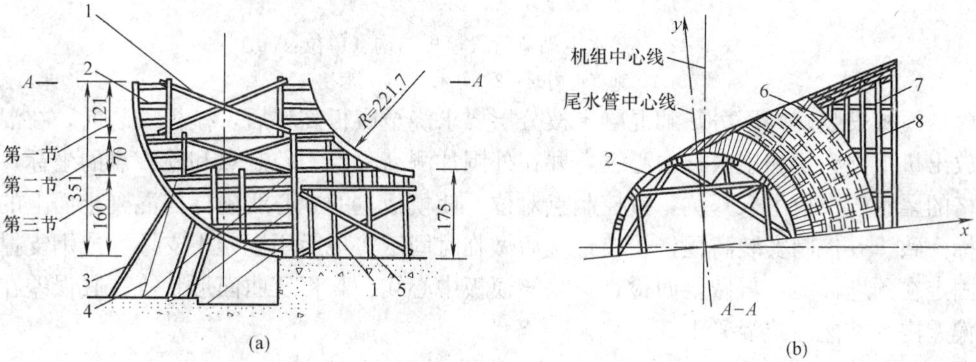

图 6-25　某水电站弯管段模板结构（单位：cm）

（a）纵剖面；（b）A-A 剖面

1—剪刀撑；2—框架；3—支撑；4—拉条；5—木柱；

6—龙骨架；7—主梁；8—次梁

2）在样台上按 1∶1 的比例放出各剖面单线大样图。

3）在剖面单线大样图上画出桁架或框架的结构图，并用杉木薄板制作上弦和下弦弧形带木样板。在制作样板时，应考虑模板厚度。

4）用制作的上、下弦弧形带木样板，在选好的材料上划线、裁料，并进行编号；制作上、下弦弧形带木和桁架连杆等构件，并反复校正。

5）将各水平桁架拼装成形，并与对应单线大样图校核，水平桁架不大于±3mm，垂直排架不大于±5mm，见图 6-25 和图 6-26。

6）构架加工后，在模板加工厂进行整体试样拼装，检验合格后才能运往现场。将各部件按顺序编号，以利于安装；构件应妥善存放和保管，防止变形。对于小型弯管段模板，可在加工厂整体或分节拼装，并钉上面板，直接运至现场安装。

在模板制作过程中，圆环面部位模板应增设弧形带木，支承在格形梁系及立柱上。模板上游的倒悬部位，即水平圆柱面处，也应增设弧形带木，用混凝土支撑和拉杆固定在已浇混凝土的预埋件上，防止浇筑时模板浮动移位，如图 6-25 所示。框架和弧形带木上，常用 1cm 厚（3～5cm 宽）、经水浸泡的杉木板条钉成设计曲面，层间要错缝，并将模板刨光，浇筑前刷脱模剂。

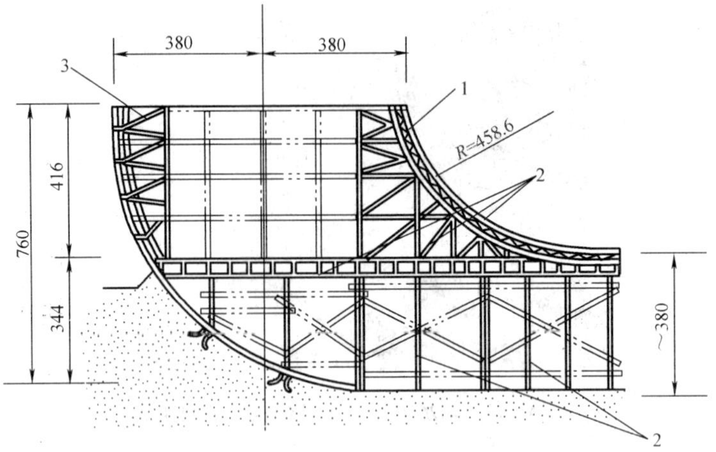

图 6-26　某水电站弯管段模板结构（单位：cm）

1—垂直钢桁架；2—方木；3—方木柱

(4) 模板安装。当厂房基础混凝土按分层要求浇至底板高程后，模板安装前，在混凝土面上放出机组中心线和尾水管中心线，并在外围加测高程点、控制点和检查点的坐标，将拼装合格的尾水管模板吊入基坑，按控制点对位，使模板上的中心线坐标与混凝土面上的中心线坐标一致，并控制安装高程，校核定位后做临时固定；最后用混凝土支撑（或钢支撑）和拉杆固定在预埋件上，再做全面检查，复核模板中心线、高程及曲面形状等；其误差在规范允许偏差内，才能浇筑混凝土。

尾水管肘管段模板见图 6-27。立模方式可分为以下三种：

(a)　(b)

图 6-27　尾水管肘管段模板

1) 一次整体立模。当弯管段高度小于 4m 时，以采用整体式模板为宜，模板一次安装，混凝土多层浇筑。采用此方式立模，模板整体性好，施工精度容易满足要求。施工经验表明，高度为 12～13m 的弯管段模板，也可设计成整体一次立模；但用料较多，模板安装工期长，影响施工进度。

2) 二次立模。对于高度为 5～8m 的弯管段模板，宜分两层制作安装，下弯段模板安装完毕后，即浇筑混凝土；同时安装上弯段模板，即下弯段混凝土浇筑与上弯段模板安装同时进行。安装模板对工期的影响比整体立模可缩短1/2，且用料省；但整体性较差，模板安装与混凝土浇筑有干扰。

3）多次立模。根据浇筑分层，分3～4次立模，立完一层就浇筑混凝土（立一次模板浇筑1～2层混凝土）；然后再立上一层模板，支撑设在下一层混凝土的仓面上（外支撑）。采用此方式立模虽然工期影响较小，但施工精度较难控制。

2.3.4　墙体模板

墙体模板一般采用对拉丝的方式架立，如图6-28所示。为保证模板整体稳定，需增设口撑。

2.3.5　机墩模板

机墩是发电机定子的支承结构，并给机组的安装运行创造有利条件。大、中型水电站多采用圆筒式机墩，机墩混凝土分两次浇筑，一般采用木模板，内圆弧模板用水平木拱架支承，外圆弧模板利用接头串联成整体，并用环箍拉紧，以承受混凝土的侧压力，如图6-29所示。

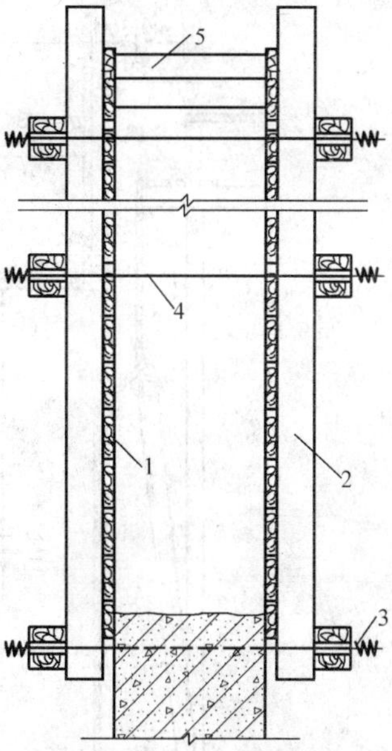

图6-28　墙体模板图

1—模板；2—顺梁；3—生根螺栓；4—对拉螺栓；5—口撑

2.3.6　肘管钢衬周边混凝土施工

2.3.6.1　基础面清理

将肘管底部混凝土面上的施工垃圾采用人工清理、高压水枪冲洗等方法清理干净，装入渣斗，由门机吊出，并由自卸车运输到弃渣场。

2.3.6.2　钢筋工程

按照设计图纸及施工规范要求配制钢筋加工单，由加工厂按钢筋配料单分批放样加工后，分类堆放并挂牌标示；用15t载重汽车运至工地，按设计图纸要求安装。

钢筋安装时根据肘管形体作钢筋架立，架立筋不能焊在肘管里衬上，要与肘管里衬加劲板焊接，由里向外逐层按设计位置对应安装，里外层钢筋需对应整齐，以确保混凝土施工振捣密实。钢筋绑扎、焊接必须符合施工规范及设计图纸要求。

肘管周围$\phi36$钢筋采用套筒直螺纹连接，$\phi28$钢筋采用搭接手工电弧焊接的连接方法施工。

2.3.6.3　模板工程

肘管里衬与尾水管扩散段衔接部分侧面模板，采用P3015及P1015小钢模和散板依据测量放样，按分层高度现场拼装。

肘管里衬与尾水管扩散段衔接部分顶板承重模板，采用搭设满堂红承重架，铺设P3015小钢模施工。

所有模板施工必须依据测量人员按照设计图纸准确测放的立模点位进行施工，模板的加固必须满足施工规范要求，确保混凝土体形符合设计图纸要求。

2.3.6.4　混凝土浇筑

下面结合XJB水电站介绍尾水管肘管混凝土浇筑。

（1）混凝土技术参数。强度等级为C30W8F200、二级配，门机直接入仓的混凝土的坍落度控制在5～7cm，泵送混凝土坍落度控制在14～16cm，泵送自密实混凝土坍落度控制在

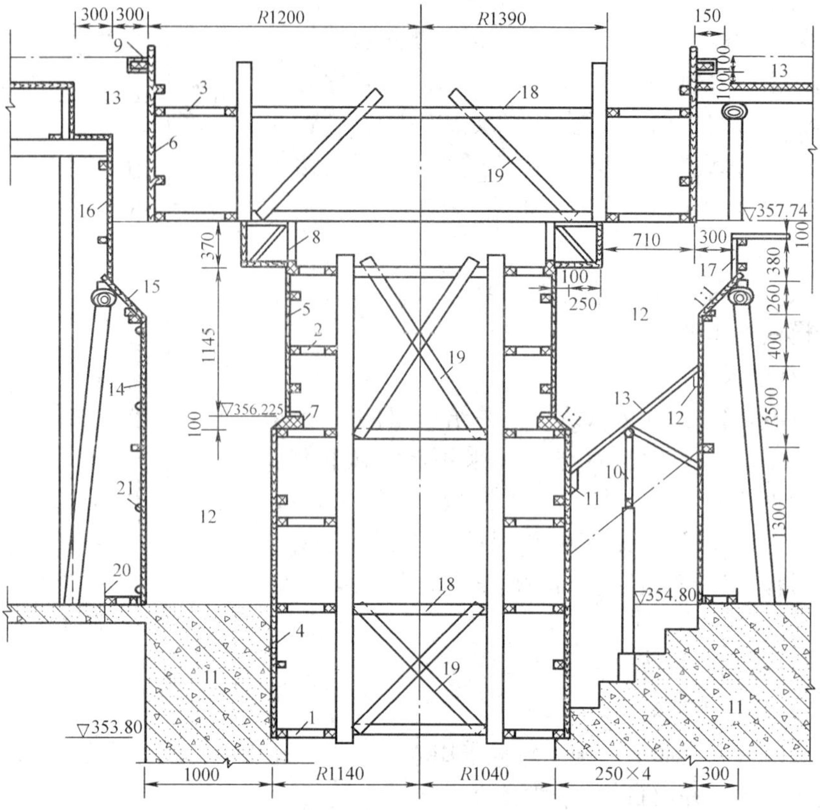

图 6-29 机墩模板图（高程单位：m；尺寸单位：mm）

1、2、3、10—拱架；4、5、6—内圆弧模板；7—弧木；8、9—木盒；11、12—压条；13—进人孔顶部模板；14、16、17—外圆弧模板；15—锥面模板；18—对撑；19—剪刀撑；20—插筋；21—箍筋

24～26cm。

（2）混凝土水平运输。混凝土水平运输采用自卸汽车和混凝土搅拌罐车运送到门机受料点，一台门机配备 3～4 辆自卸车；混凝土泵配备 2～3 辆混凝土搅拌罐车。

（3）混凝土垂直运输。对每台机组钢肘管底部混凝土进行浇筑时，采用 2 台垂直起吊设备直接入仓，对于肘管底部无法直接浇筑的部位，采用 2 台 HB-60 型混凝土泵输送入仓。肘管两侧及狭小部位采用门机辅以溜桶入仓。

（4）混凝土浇筑。由于钢肘管水平段面积大，钢衬底部支撑件多，钢筋密集，空间狭小，肘管钢衬底部混凝土浇筑采用泵送自密实混凝土为主、常态混凝土为辅的方案。在钢肘管下部水平段钢衬上开 $\phi300$ 孔洞作混凝土泵管入口，间距为 2.5m，呈梅花形布置，待肘管底板混凝土浇筑完成后对开孔部位按要求进行补焊。混凝土泵车布置在尾水门机轨道间的平台上，用混凝土搅拌罐车在高程 242m 平台上喂料；另外，在肘管上游和左右两侧搭设受料平台，每隔 4m 布置一组溜筒，用门机吊 $3.0m^3$ 或 $6.0m^3$ 罐直接入仓，浇筑过程中防止吊罐碰撞支撑埋件。从下游向上游铺料，采用 $\phi100$ 手持插入式高频振捣器和 $\phi50$ 软轴振捣器进行振捣。肘管左右两侧对称下料，底部铺料层厚度为 30cm，肘管两侧的混凝土均匀上升，高差不超过 50cm，避免不对称浇筑而产生肘管位移变形，混凝土上升速度控制在 50cm/h。浇筑时，利用肘管上所开的泵管下料孔作观察和振捣孔，加密埋件位移观测，控制施工变形。

（5）混凝土振捣。肘管里衬两侧混凝土振捣直接采用 $\phi100$ 振捣器和 $\phi50$ 软轴振捣器辅助振捣；肘管里衬底部利用肘管上的卸料孔采用 $\phi100$ 振捣器和 $\phi50$ 软轴振捣器辅助振捣。混凝土采用分层下料、分层振捣的方法施工，每层铺料厚度不大于 50cm。混凝土振捣作业严格按照施工规范要求操作，振捣时间以骨料不再明显下沉并开始泛浆、没有气泡产生为准，确保做到浇筑混凝土内实外光，符合质量要求。

（6）肘管里衬与尾水管扩散段衔接段底板抹面。底部过流面采用人工抹面，抹面的平整度采用施工样架控制，样架由测量控制制作。样架制作成顺水向，用 3m 刮尺收面，最后将样架割除，采用原浆填补抹平。抹面工艺为先用刮尺找平，再用木抹压实，最后采用铁抹抹光，确保过流面平滑。

（7）混凝土养护。混凝土浇筑收仓 12h 后，开始洒水养护，保持混凝土表面处于湿润状态；养护时间不少于 28 天。

2.3.6.5 回填、接触灌浆

（1）灌浆管路。由于肘管钢衬底部面积大，钢筋多、支撑件多，混凝土难以铺料到位，容易产生脱空；同时，混凝土凝固后自身也会产生收缩，容易与肘管里衬之间形成缝隙。因此在浇筑混凝土时，需要预留回填灌浆管路。回填灌浆管路除放空阀室下游两侧面区采用预埋 U 形半管成孔外，其他部位均采用拔管成孔。中墩鼻端内衬影响部位拔管按上、下游端布置，间距为 2.5m，上游端布置一根 $\phi32$ 钢管作主管，拔管过加劲板处开 10cm×20cm 孔；其他部位拔管顺加劲板方向布置，每两块加劲板间区域布置一根灌浆拔管，布置在混凝土进料孔的另一边，由于肘管底板宽大，作一根拔管左、右对拔难以成功，因此要求在底板钢衬上按间距 8m 开 $\phi120$ 拔管孔，每块加劲板间区域开 3 个孔，将拔管分成 4 段对拔。拔管采用 $\phi20$ 的塑料软管，每根长 5.0m，外露 1.0m，在两拔管孔中间采用 $\phi32$ 的塑料管对接，两侧回填灌浆管路布至肘管中心线，按混凝土浇筑分层进行分层拔管。

（2）回填灌浆。在混凝土温度达到设计要求，并经监理工程师同意后，进行回填灌浆，按自下游向上游、自一端向另一端、先底板后侧面的原则进行灌浆。灌浆前先用压力为 1.0MPa 的风吹干脱空区域内的水，根据通气畅通性检查的情况，直接采用 1∶1 或 0.5∶1 的浆液灌浆，灌浆压力为 0.2～0.3MPa，压力表安装在孔口进浆管上，在灌浆过程中派人按浆液的流向进行敲击肘管钢衬，从管路的一端进行灌注，待另一端出浓浆后将其关闭，停止吸浆后屏浆 10min 结束。若发生串浆，待串浆管出浓浆后将其关闭，在灌浆区结束后进行补灌。

（3）接触灌浆。在回填结束 7 天后，经监理工程师同意，对尾水肘管进行敲击检查脱空区，脱空区用油漆在肘管上进行标记，并绘制脱空描述图，将脱空检查情况报送监理工程师，经监理工程师同意后，采用磁座钻钻 $\phi12$ 的孔，每个脱空区不小于 2 个。钻孔后进行脱空高度的检查，将结果记录在脱空描述图上，在肘管上焊接灌浆管进行灌浆。灌浆前，先用风吹干脱空区的水，灌浆参数与回填灌浆参数相同。

2.4 厂房典型部位二期混凝土施工及施工方法

如前所述，为满足机电埋件安装及加快土建施工进度，水电站厂房中很多部位的混凝土，需被划分为二期甚至多期浇筑。

2.4.1 二期混凝土的施工特点及施工部位

厂房二期混凝土施工，见图 6-30 和图 6-31，要求与机电设备埋件安装密切配合，其特点是施工面狭小，有时多工种集中在同一仓面施工，互相干扰大，尤其是某些特殊部位，如混凝土蜗壳内圈的导水叶、钢蜗壳与座环相连的阴角处和基础螺栓孔等部位回填的混凝土，承受荷载大，质量要求高；但仓面小，钢筋密，进料和振捣困难，施工复杂，技术要求高，钢蜗壳上部有弹性垫层，这对在该垫层上部的模板、钢筋施工带来一定困难。下面简略介绍厂房主要部位二期混凝土的施工措施。

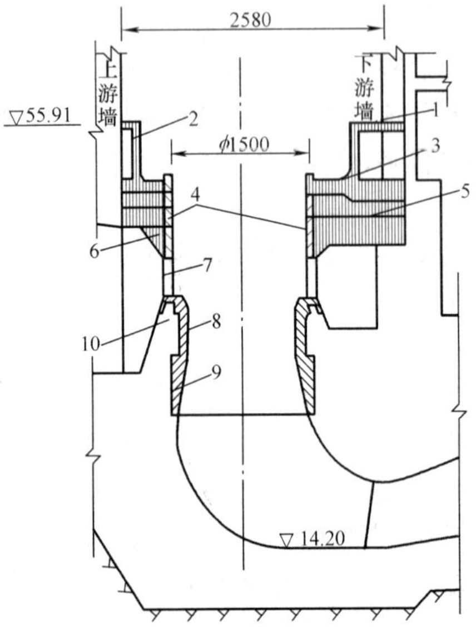

图 6-30　葛洲坝工程水电站小机组（钢筋混凝土蜗壳）二期混凝土浇筑部位（高程单位：m；尺寸单位：cm）

1—发电机层楼板；2—风罩；3—发电机墩；4—机井里衬；5—蜗壳顶板；6—上锥体；7—座环、固体导水叶；8—转轮室；9—锥管里衬；10—下锥体

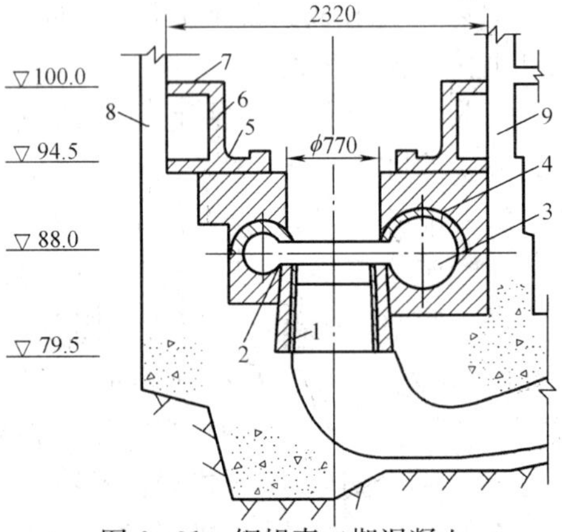

图 6-31　钢蜗壳二期混凝土浇筑部位（高程单位：m；尺寸单位：cm）

1—锥管里衬；2—座环、基础环；3—钢蜗壳；4—弹性垫层；5—发电机墩；6—风罩；7—发电机层楼板；8—上游墙；9—下游墙

二期混凝土浇筑部位主要包括金属蜗壳外围混凝土（如为钢筋混凝土蜗壳，则为转轮室外围混凝土和部分蜗壳混凝土）、尾水管锥管段钢板衬砌的外包混凝土、蜗壳以上的机墩、风罩以及与之相连接的一部分梁和楼板等混凝土。

二期混凝土也需要分层分块进行浇筑，一般可分为 5～8 个浇筑层。分块的大小，应有利于减小混凝土的温度收缩应力和满足埋设件布置的要求。同一浇筑块分块的几何尺寸，最好基本一致；几何形状应力求避免锐角和薄片。施工缝应设在结构应力较小的部位，并应符合错缝分块的原则，缝面也常设键槽，还应加强与一期混凝土的接合以及结构的整体性。

2.4.2　施工程序与进度

二期混凝土浇筑部位、土建施工和机电埋件安装，既有平行作业，也有必须的流水作业。图 6-32 和图 6-33 分别表示了钢蜗壳和钢筋混凝土蜗壳机组土建施工与机电安装的主要施工程序。

由于各水电站厂房土建安装工程量、施工条件和施工程序不同，因此二期混凝土施工进度各有差异，一般为 75～195 天，其中安装占 30～75 天、土建占 45～120 天。

2.4.3　圆锥面里衬二期混凝土施工

在该案例中，锥管二期混凝土高程为 242.87～250.41m，强度等级均为 C_{90}30W8F50，

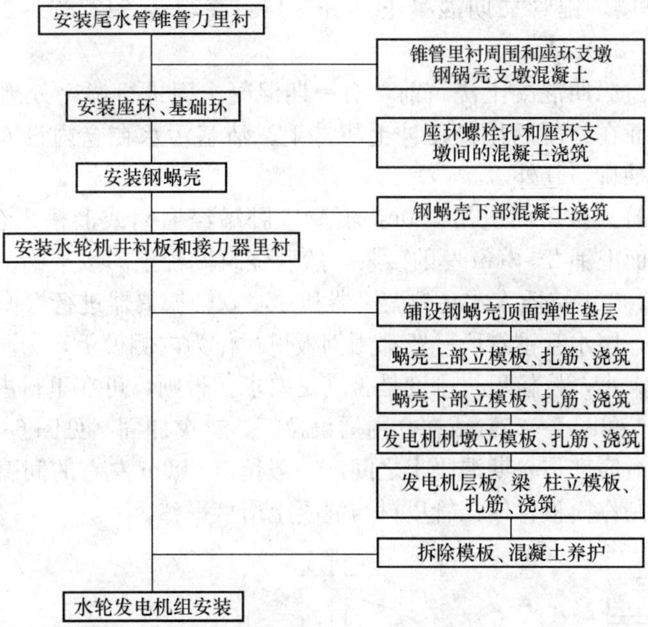

图 6-32　钢蜗壳机组土建施工与机电安装一般程序

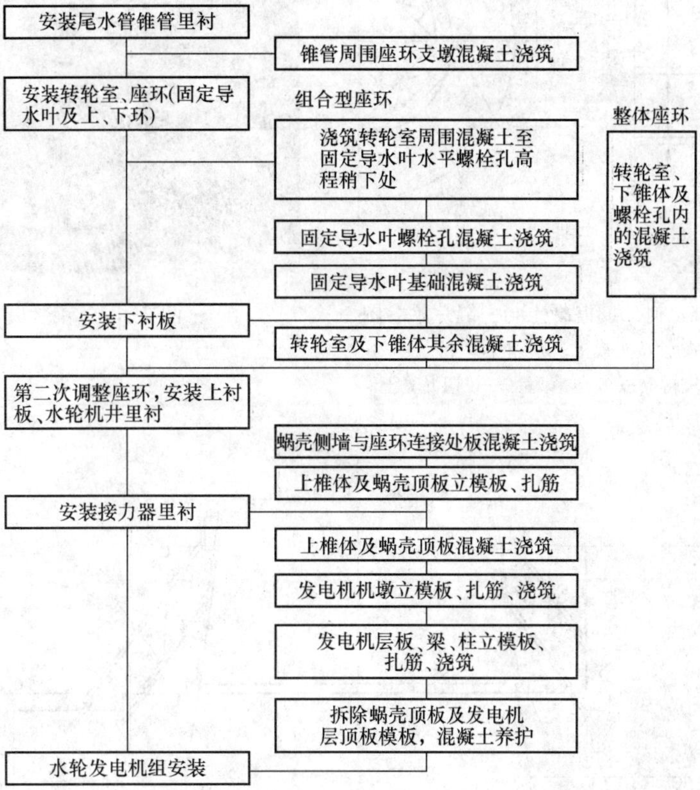

图 6-33　钢筋混凝土蜗壳机组土建施工与机电安装一般程序

采用二级配，坍落度为7～9cm。

（1）混凝土分层。锥管二期混凝土共分三层：高程为 242.87～245.00m、245.00～246.50m、246.50～250.41m。

（2）仓面清理。二期混凝土浇筑前，对一期混凝土面进行凿毛处理，用高压水冲洗干净。二期混凝土层面在终凝后用高压冲毛机冲毛。清基污水在仓内设 60cm×30cm×30cm 集水坑，用潜水泵抽排至仓外。

（3）混凝土浇筑。采用门机吊 3.0m^3 混凝土卧罐经溜筒或溜槽入仓，四周对称下料。先在老混凝土水平面上铺 2～3cm 厚的砂浆，然后浇筑混凝土。按平铺法施工，铺料厚度为 30～50cm。采用 ϕ100 手持插入式高频振捣器和 ϕ50 软轴振捣器进行振捣。

对于其他工程，尾水管锥管段一般都用钢板里衬作为内侧模板，为防止里衬变形，应根据混凝土侧压力的大小，校核里衬刚度是否满足要求；否则，可在里衬内侧布置桁架加强里衬刚度（见图 6-34 和图 6-35）或在仓内增设拉杆、支撑加固（见图 6-36 和图 6-37）。

尾水管锥管里衬底部与一期混凝土之间，一般留有 20cm 左右的间隙，应采用能适应形状变化的韧性材料制作模板，使锥管里衬与混凝土衔接平整。

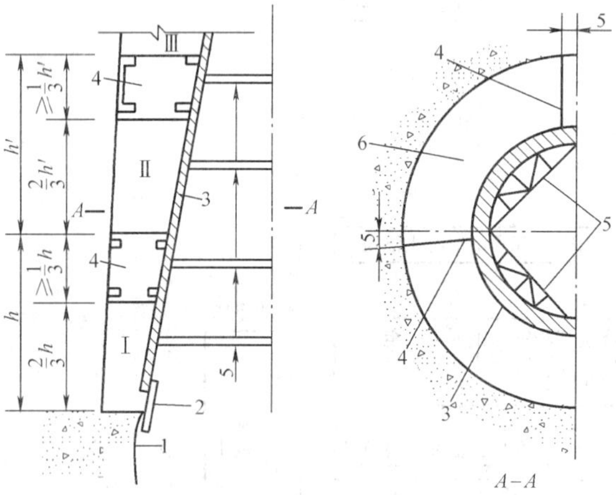

图 6-34　圆锥里衬二期混凝土与引缝片示意图

1—弯管段；2—韧性接头模板；3—钢板里衬；4—引缝钢片（焊在里衬上）；5—桁架；6—二期混凝土

图 6-35　锥管里衬内侧

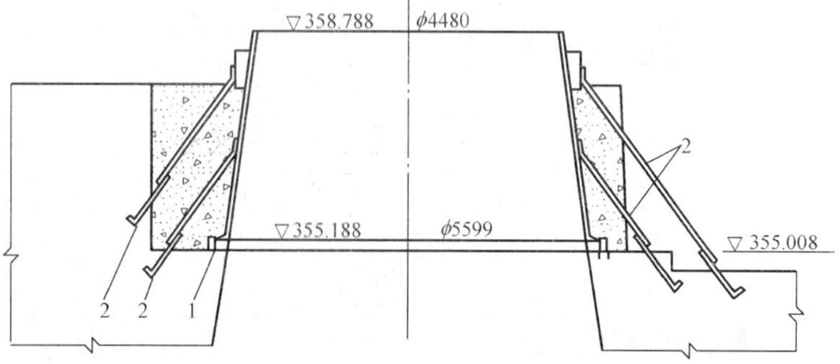

图 6-36　尾水管锥管里衬拉杆布置（高程单位：m；其他单位：mm）

1—安装埋件；2—加固埋件

图 6-37　锥管里衬外观

为防止里衬二期混凝土中产生不规则裂缝，在二期混凝土内设置 2～4 条径向引缝，引缝片可采用 2～3mm 厚的薄钢板，每层高度与里衬分层浇筑相适应，且垂直错开布置，宽度为仓面宽度的 1/3，钢板的内侧焊接在锥管里衬上。

2.4.4　尾水管转轮室二期混凝土（钢筋混凝土蜗壳）

尾水管转轮室二期混凝土一般应设置引缝，上、下浇筑层的引缝片也应适当错开布置，浇筑层高度一般不超过 3m。若固定导水叶的水平螺栓孔通过仓内，分层面应低于孔下 20～30cm，以利于水平螺栓施工，见图 6-38。

混凝土一般从特制的进料斗，通过基础环顶部预留的进料口入仓，落差大于 2m 时，应挂溜筒（直径约为 15cm），均匀对称进料。最后一层收仓前，用插入式振捣器振捣，将二期混凝土与基础环接触面上的空气和水挤出，然后将仓面刮平。

浇筑过程中，应随时观测由于混凝土侧压力及上浮力引起基础环的水平和垂直位移。若位移过大，一般可用调整进料速度和进度部位的方法加以控制；若位移无法纠正，应停止浇

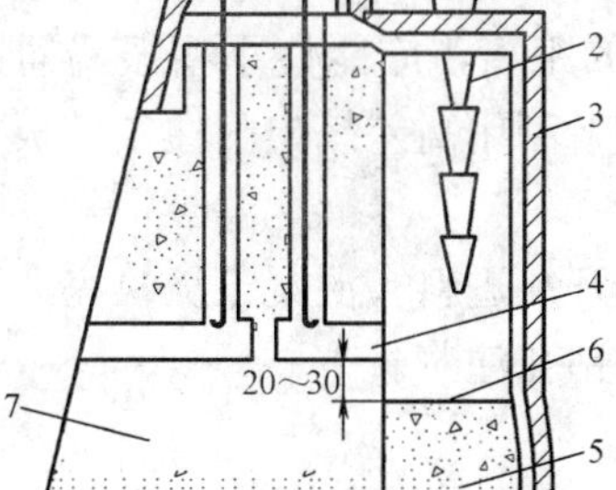

图 6-38　转轮室进料溜筒布置（单位：cm）

1—进料斗；2—溜筒；3—基础环；
4—固定导水叶的水平螺栓孔；5—二期混凝土；
6—分层面；7—一期混凝土

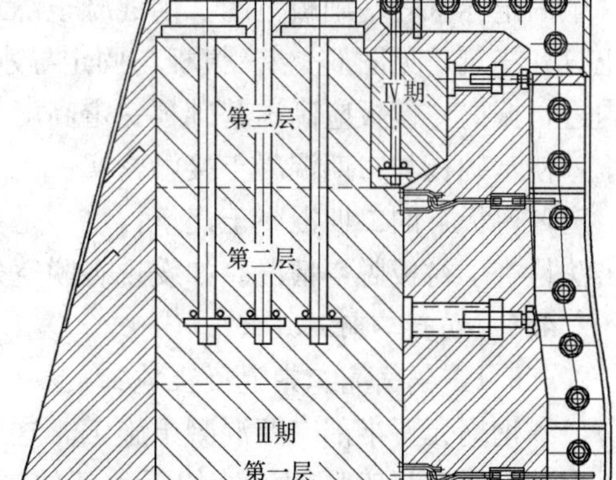

图 6-39　转轮室五期混凝土浇筑部位

筑并采取其他补救措施。

转轮室五期混凝土浇筑部位及整体浇筑见图 6-39 和图 6-40。

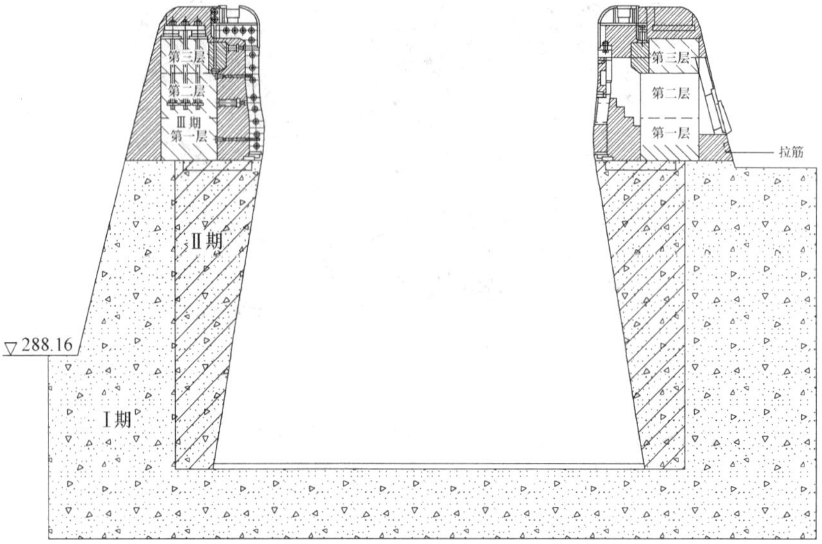

图 6-40　转轮室五期混凝土整体浇筑

2.4.5　座环二期混凝土（钢筋混凝土蜗壳）

座环承受机组大部分垂直荷载，座环下部的二期混凝土必须确保质量，特别是座环的底环与混凝土的接合面要严密。由于该部位二期混凝土的重要性及施工条件很差，因此混凝土强度比设计强度应有所提高。

对于整体座环，浇筑混凝土时常通过底环上进料孔进料，也可通过座环外侧模板上开口进料，见图 6-41，混凝土浇筑至顶部后封堵。转轮室内壁阴角处难以浇筑的部位，可预先将埋件反过来在安装场上浇筑，以达到设计强度后再正面吊装就位。为使先浇筑的混凝土与埋件接合牢固，混凝土内应埋设钢筋，并焊接在钢构件上。

对于大尺寸组合型座环，往往无底环，垂直荷载靠每一个固定导水叶传至基础上。为使每一个固定导水叶基础板下的二期混凝土浇筑良好，常将该部位的二期混凝土与座环其余混凝土分开浇筑，见图 6-42。模板与固定导水叶基础板的距离，应能使小型振捣器插入基础板内进行振捣。模板应高出基础板一定高度，单边进料，利用高差挤出附在基础板上的空气和水，使基础板与二期混凝土接触密实。

座环衬板下的二期混凝土浇筑，也多是在衬板上部开孔进料。混凝土浇筑完 2 天后，用敲击法检查下衬板脱空情况。如发现有脱空处，可临时钻孔注浆。

2.4.6　蜗壳二期混凝土

2.4.6.1　钢蜗壳二期混凝土施工

(1) 钢蜗壳下半部二期混凝土施工。这部分混凝土位于钢蜗壳中心线以下，其中施工难度最大的是蜗壳与座环相连处的阴角部位。该部位空间狭窄，进料困难，而且很难振捣密实。为了保证施工质量，施工时常采取以下专门措施：

1) 在座环或蜗壳上开口进料。在水轮机厂制造时，在座环或蜗壳上预留若干进料孔。当对蜗壳下部的混凝土进行浇筑时，先在蜗壳外面卸料，用铁铲向蜗壳底部送料，并振捣密实。混凝土上升到蜗壳底面后，就不能从底部向阴角部位进料，而只能在蜗壳或座环上预留的孔口进料，争取进人振捣。阴角上的尖角部分无法进人时，则用软轴振捣器插入孔中振捣，直到混凝土填满座环上的孔口为止。

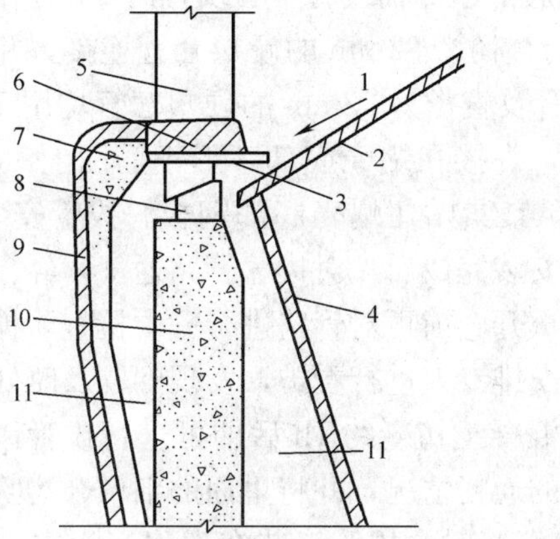

图 6-41　某水电站整体座环二期混凝侧面进料

1—进料口；2—挡板；3—预埋灌浆管；4—模板；5—座环；6—底环；7—阴角处混凝土；8—楔板；9—转轮室壁；10——期混凝土支墩；11—二期混凝土

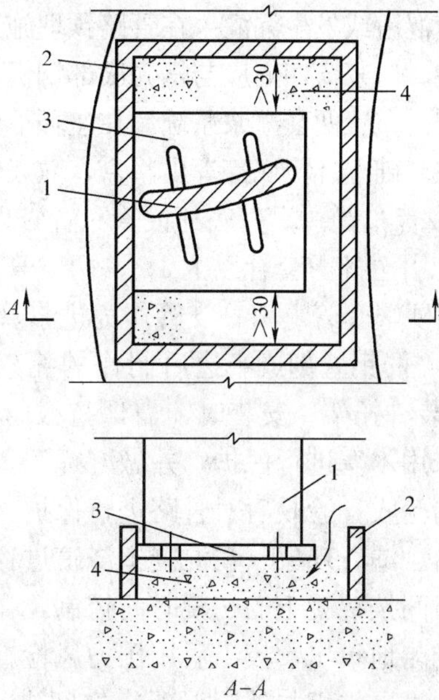

图 6-42　固定导水叶基础二期混凝土立模板位置（单位：cm）

1—固定导水叶；2—模板；3—导水叶基础板；4—二期混凝土

图 6-43 所示为蜗壳阴角部位浇筑工艺布置图，预留孔口位置，选择在靠近座环底板的钢蜗壳侧面。

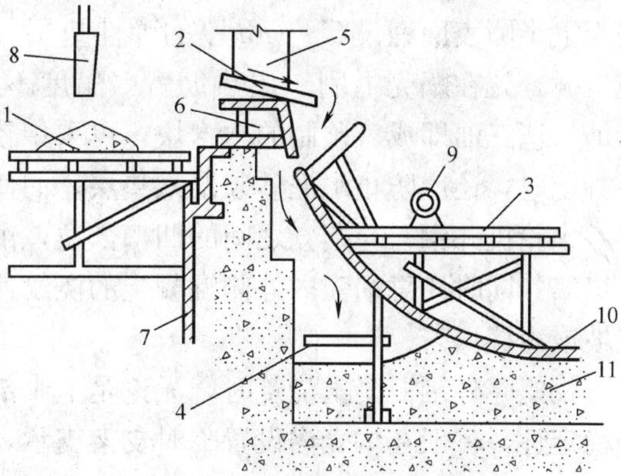

图 6-43　蜗壳阴角部位浇筑工艺布置图

1—转料平台；2—溜槽；3—操作平台；4—操作跳板；5—导叶；6—座环；7—锥管；8—料罐；9—振捣器电动机；10—钢蜗壳；11—二期混凝土

2）预埋骨料、砌筑混凝土预制块、预埋灌浆盒及拔管布置等灌浆的施工措施。

a. 预埋骨料、砌筑混凝土预制块。在阴角部位浇筑前，预先用骨料填塞或砌筑混凝土预制砌块，预填骨料或预制砌块可用钢筋托住，并在尖角部分安装回填灌浆管路。灌浆管可采用直径为25mm左右的钢管，沿机组径向间隔2m布置一根，一端管口朝上并用水泥纸包裹，另一端管口比较集中地引至水轮机层地面，并编号保管。当机组二期混凝土全部浇筑完15天后，采用压力为303.9kPa（即3个大气压）的水泥砂浆灌注，直到阴角空隙处灌满为止。进浆管也可以直接预留在座环顶部，但会对座环板造成缺陷。

b. 预埋出浆盒。灌浆埋管布置，可以在出浆盒之间采用直径为25mm的钢管连接，就近采用支撑钢筋焊接在蜗壳底部钢筋网上。出浆盒沿蜗壳底部最底处轴线内、外各 1.0m 处分别布设。将内、外两个出浆盒连接，两根进浆管用直径为 25mm 的钢管连接，最终形成一套两进两回的灌浆管路，引至蜗壳外围混凝土面以上 50cm 处。进浆管、回浆管口应做好标记，防止发生管道混淆或发生漏灌。在管路预埋施工过程中，应尽量减少接头及弯头数量，以减小堵管的可能性。出浆盒四周应与蜗壳底部钢板紧贴及安装牢固，周围用胶布贴好。每台机组座环阴角部位同时布置两套灌浆系统。在座环下环板底部埋出浆盒，灌浆管从下环板灌浆孔进行引管灌浆；在基础上环板底部埋出浆盒，灌浆管从基础环处预留的灌浆孔进行引管灌浆。

c. 拔管布置。蜗壳底部拔管布置，以蜗壳底部最低轴线为中心线，内 1m 处作为拔管的最里端，引至外露套管以上 1m，两拔管之间用直径为 32mm 的硬塑套管连接，并在直径为 32mm 的硬塑套管上引一支管作为进浆管。拔管及直径为 32mm 的硬塑套管均用 1in（1in=25.4mm）的钢管剖成半边后制作的托架固定，焊接在蜗壳底部环形钢筋网上，且每 30～50cm 安装一托架；安装时，需保持拔管顺直，紧紧贴住蜗壳底部钢板。拔管安装完成后，对管口采用木塞进行保护，并做好标记。管路安装完成后，对拔管管路通气，经自检合格后方可报请验收，验收后对管路进行保护。混凝土开仓前再对管路进行一次检查，检查拔管是否有脱落、漏气现象。在混凝土浇筑过程中，安排专人进行看护，发现问题及时处理。拔管的拔出时间按混凝土的初凝时间控制，在底部混凝土初凝约 1h 后即可进行拔管作业。拔管应缓慢均匀地拔出，拔出后用压力风检查管路的通畅情况，并将里面的细微杂物吹出。

在蜗壳尾水管与外围混凝土之间进行接缝灌浆时，拔管工艺在工程实际中应用较为广泛，预埋灌浆盒因自身特点应用越来越少。

（2）钢蜗壳上半部二期混凝土施工。对这部分进行施工时，应注意做好钢蜗壳上半部弹性垫层的施工及水轮机井钢衬与钢蜗壳之间凹槽部位的混凝土浇筑。

为了使钢蜗壳与上部混凝土分开，保证钢蜗壳不承受上部混凝土结构传来的荷载，常在蜗壳上半圆表面铺设 5～6cm 厚的弹性垫层。弹性垫层由两层油毛毡夹一层沥青软木构成。施工时，先在蜗壳上刷一层热沥青（温度不低于 140℃），趁热将预制的沥青软木块铺上，再铺二毡三油即成。预制的软木块，可采用较小尺寸，以便与蜗壳弧度吻合。此外，在浇筑混凝土时，还应防止水泥砂浆浸入垫层，而使垫层失去弹性作用。

水轮机井钢衬与蜗壳之间的凹槽部位，由于钢筋较密，施工时应采用细石混凝土，并注意捣实。同时注意蜗壳内外侧混凝土的浇筑速度，应大致按相同高程上升，以免接头处产生陡坡或冷缝。

钢蜗壳外围混凝土浇筑时，无论是上半部或下半部，还必须考虑蜗壳承受外压时的刚度和稳定性，一般在蜗壳内设置临时支架支承，以抵抗混凝土侧压力。

2.4.6.2 垫层蜗壳二期混凝土施工

由于蜗壳外围钢筋密集，机电埋件管路多，土建作业与机电埋件安装作业相互穿插，平行作业干扰大，工作面狭小，混凝土入仓及振捣困难，因此混凝土浇筑难度很大。另外，蜗壳二期混凝土需进行初期通水冷却，以控制混凝土的最高温度。

（1）施工程序。采用垫层蜗壳的施工程序为：蜗壳安装验收→支墩顶部混凝土回填→垫层安装、监测仪器安装、灌浆管路安装→蜗壳第一层混凝土浇筑→蜗壳底部回填灌浆→蜗壳第二至第五层（或第六层）混凝土浇筑→内支撑拆除。

（2）垫层安装。该案例中蜗壳垫层面积共约 2540m^2，垫层材料由发包人提供，一般采用L-600型高压聚乙烯闭孔泡沫板（PE板）。弹性垫层施工前，先将钢管表面冲洗干净（无锈、无灰尘），并用纱布抹干。在待施工部位的钢管表面上均匀地涂刷一层氯丁胶，同时在PE板上也均匀地涂刷一层氯丁胶，等氯丁胶呈不拉丝状时再涂抹第二次。当板面二次涂抹的氯丁胶不拉丝，且钢管面已涂氯丁胶也呈不拉丝状时，将有胶的一面粘贴在钢板上。粘贴过程中，用木槌敲击板面，以利于充分排气、接合紧密。两板之间连接，也用胶水粘贴，并将板背面切成45°角，扩大粘贴面积。粘贴完成后，用铁丝等捆绑牢固，防止PE板松动弹出。在弹性垫层施工过程中，禁止火源靠近，并在每个施工部位配备1～2台手持式灭火器。

在已经敷设完垫层的部位安装钢筋或其他作业时，要对垫层材料进行保护。钢筋架设时分别采取以下一种或两种方式解决支承钢筋和保护垫层材料的矛盾：

第一种方式是对侧面等钢筋采用利用外层已经固定钢筋加短钢筋吊起固定内层钢筋的方式（即内层钢筋与蜗壳垫层之间不设置架立钢筋），简称吊筋方式。

第二种方式是对蜗壳上半圆等水平跨度较大的钢筋，吊筋方式不能保证时，在垫层与内层钢筋之间设置支撑钢筋，支撑钢筋与垫层接触处采用100mm×100mm×5mm的铁垫片，防止钢筋头戳破PE板；铁垫片要去除尖角或拉刺，防止扎坏垫层材料。

在需要焊接作业部位，采用适量石棉布将PE板表面盖住，可避免高温焊渣烧坏或引燃垫层材料；当搬动钢筋等作业可能对垫层材料造成损坏时，则采取垫白铁皮或木板等方式加以保护。垫层施工安排在相应部位钢筋安装之前进行。

(3) 混凝土分层分块。蜗壳二期混凝土分二区、四块，即Ⅰn—1、Ⅰn—2、Ⅱn—1、Ⅱn—2，分8层浇筑，具体分层如下：高程250.41～252.40m，高程252.40～254.40m，高程254.40～256.40m，高程256.40～258.40m，高程258.40～260.40m，高程260.40～262.40m，高程262.40～264.40m，高程264.40～266.74m。每层间歇时间为5～7天。蜗壳二期混凝土分层见图6-44。

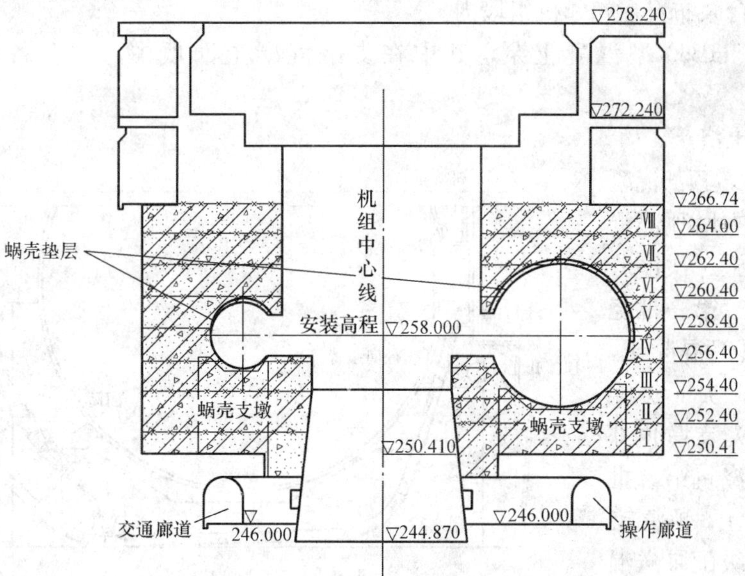

图6-44　蜗壳二期混凝土分层（设垫层）（单位：m）

(4) 缝面处理。首先对一期混凝土表面进行人工凿毛处理，并用高压水冲洗干净，然后对预留的插筋用钢丝刷或风沙枪除锈后调直。二期混凝土施工缝层面在混凝土终凝后用高压冲毛机冲毛。清基污水在仓内设 60cm×30cm×30cm 的集水坑，将施工废水用潜水泵抽排至仓外。

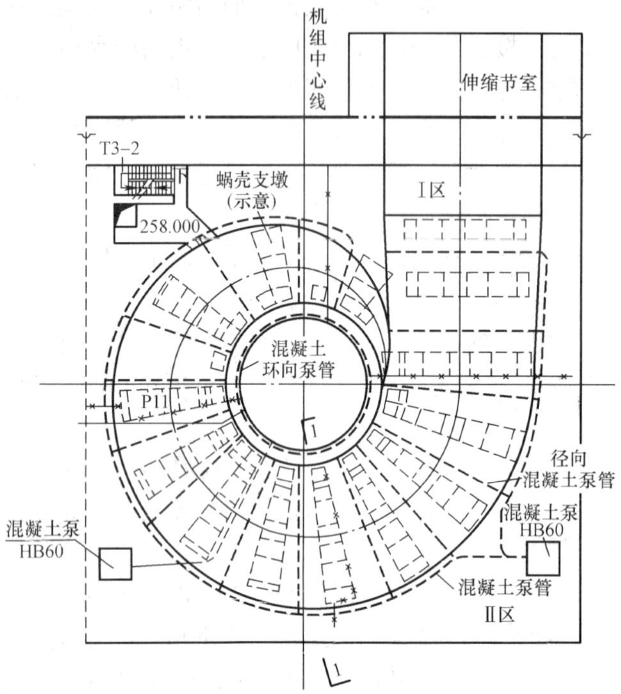

图 6-45　蜗壳二期混凝土泵及泵管布置

(5) 混凝土入仓。主要采用门机加混凝土泵入仓。混凝土泵第一层浇筑时需要 2 台，就近布置。浇筑Ⅰ区混凝土时，混凝土泵布置在Ⅱ区两个仓号的工作面上；浇筑Ⅱ区某一个仓号时，混凝土泵布置在Ⅱ区另一个仓号的工作面上和相邻机组段的工作面上。泵管分路分别布置。在基础环及座环底部，沿蜗壳内侧布置一趟环形泵管，负责基础环、座环底部混凝土浇筑。在蜗壳支墩之间，各分别布置一趟径向泵管，泵管顶部布置在蜗壳阴角的最高处，向蜗壳内侧底部输送混凝土。蜗壳二期混凝土泵及泵管布置见图 6-45 和图 6-46。

混凝土浇筑过程中，蜗壳支墩回填及Ⅰ区仓号施工时，混凝土泵布置在Ⅱ区两个仓号内；Ⅱ区仓号施工时，将一台泵布置在相邻机组段内。

选用两台 HB60 型混凝土泵，其中在支墩混凝土回填中，一台备用。泵管直径为 150mm。

(6) 混凝土浇筑。

1) 蜗壳支墩顶部混凝土浇筑。蜗壳支墩顶部混凝土回填，按施工次序分两批间隔浇筑。第一批浇筑单号支墩顶部混凝土，达到要求的强度后，拆除第二批（双号）支墩顶部蜗壳垫块，再浇筑第二批支墩顶部混凝土。蜗壳支墩顶部采用一级配泵送混凝土浇筑，由内、外侧支墩顶部较高处向下压送，采用 $\phi50$ 和 $\phi30$ 软轴振捣

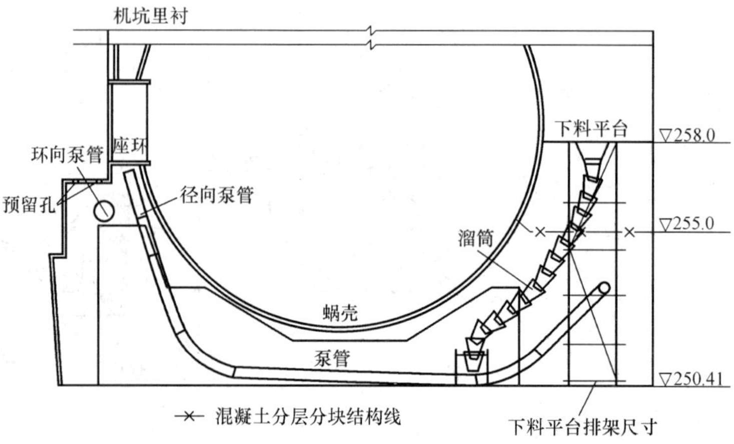

图 6-46　蜗壳二期混凝土泵及泵管布置（1-1 断面图）
（单位：m）

器由两端及两侧插入振捣。

2）蜗壳底部混凝土浇筑。首先采用门机吊 6m³ 或 3m³ 卧罐直接入仓，浇筑蜗壳外围混凝土，按台阶法浇筑，台阶高度为 50cm，台阶宽度不小于 2m。待混凝土浇至蜗壳附近时，利用挂设在外围的卸料导管卸料至蜗壳底部，采用二级配或一级配混凝土，并采用 ϕ100 振捣器边下料边振捣，尽量往蜗壳底部内侧赶料。待混凝土不再向内侧流动时，启动混凝土泵，采用环向泵管泵送混凝土入仓，施工人员在蜗壳内侧平仓振捣。当内侧高度不够，人员不能操作时，采用径向泵管运送混凝土入仓，从基础环上部预留的 ϕ125 孔进行振捣。混凝土浇筑至基础环下部时，采用木塞封堵预留孔，然后利用泵的压力压送混凝土，至座环顶部灌浆孔冒浆时停止。混凝土浇筑上升速度控制在 0.3～0.5m/h。

3）蜗壳外围底部以上混凝土浇筑。采用门机直接入仓，下游侧局部采用溜筒入仓。平铺法施工，铺料厚度为 50cm，为防止蜗壳移位，对角两块同时浇筑。混凝土采用三级配，坍落度为 5～7cm。钢筋密集、窄狭部位，采用二级配混凝土浇筑，主要采用 ϕ100 手持插入式振捣器和 ϕ50 软轴振捣器进行振捣。

蜗壳二期混凝土浇筑示意图见图 6-47和图 6-48。

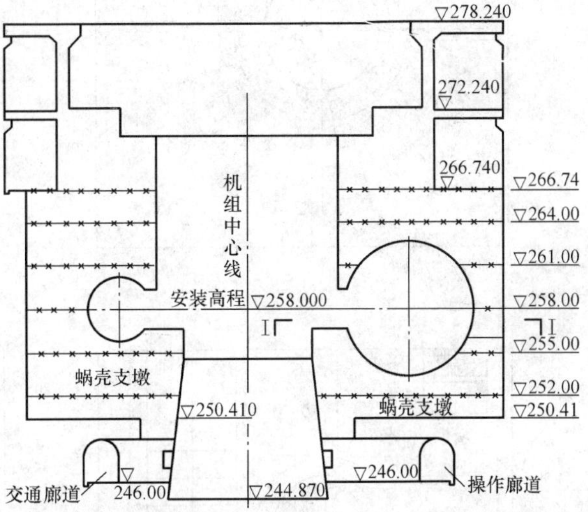

图 6-47 蜗壳二期混凝土浇筑示意图（单位：m）

(7) 混凝土温度控制。

1）仓面温度控制。根据浇筑时段不同，采取相应措施，确保形成较为稳定的仓面小气候。在高温季节（5～9 月），尽量选择气温较低的时段浇筑，并在仓面上布置喷雾机，以降低仓面温度，保持仓面湿度；对混凝土浇筑接头及时覆盖保温被，混凝土浇筑完后及时采用洒水或流水养护。低温季节在混凝土外露面覆盖 3cm 厚的保温被保温。

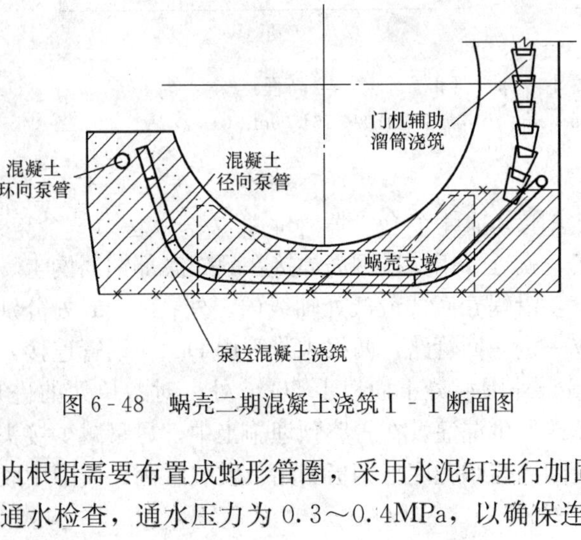

图 6-48 蜗壳二期混凝土浇筑Ⅰ-Ⅰ断面图

2）初期通水冷却。为了降低混凝土早期最高温度，在 4～10 月浇筑的混凝土沿蜗壳圆周靠近蜗壳部位，位于浇筑层中间偏下位置布设一层冷却水管，进行初期通水冷却。混凝土浇筑完成后 12h 开始通水，采用 10～12℃的冷却水，当江水温度低于 12℃时也可以通江水，通水时间为 15～20 天，水管通水流量前 5 天不小于 35L/min，以后为 20L/min。

冷却水管采用 1in 的 PE 管，在仓号内根据需要布置成蛇形管圈，采用水泥钉进行加固。混凝土浇筑前对安装好的冷却水管进行通水检查，通水压力为 0.3～0.4MPa，以确保连接可靠，不堵塞、不漏水。冷却水管布置，第一层布置在基础面并伸入蜗壳底部，且在浇筑层中部增加一层。冷却水管水平间距为1.50m，竖向间距为1.50m。

蜗壳二期混凝土冷却水管布置示意图见图6-49。

3）采用预冷混凝土。12月～次年2月浇筑混凝土可自然入仓，在3～11月采用预冷混凝土，确保混凝土浇筑温度控制在20℃以下。

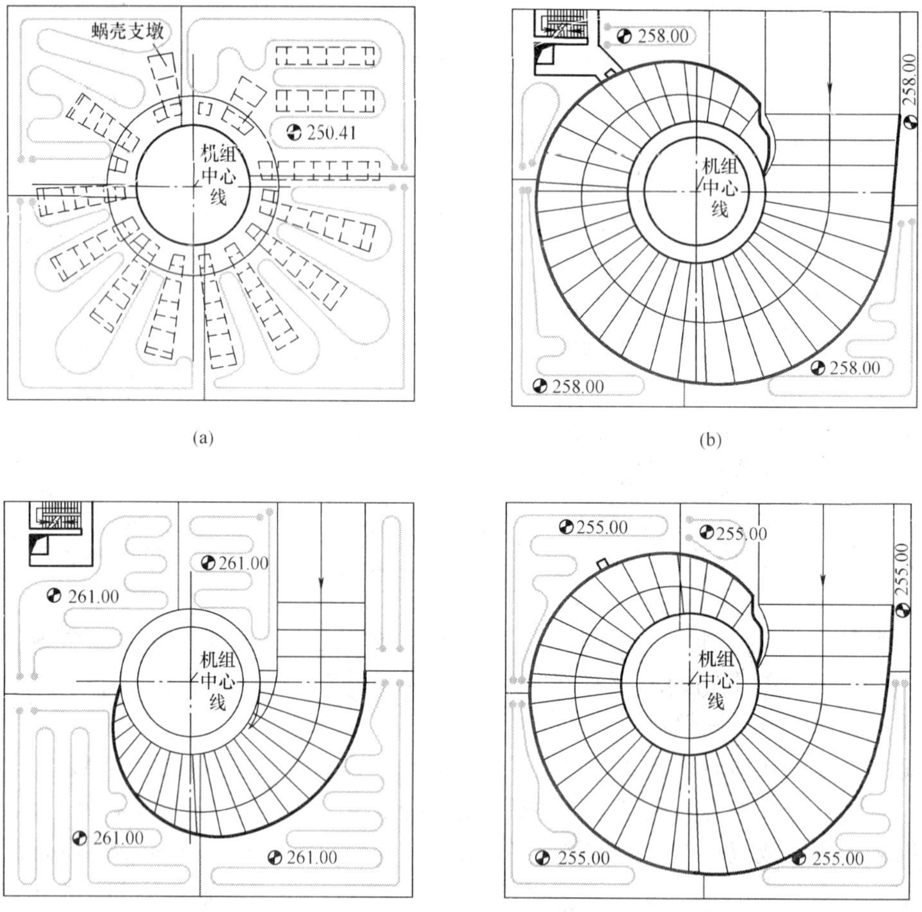

图6-49　蜗壳二期混凝土冷却水管布置示意图（高程：m）

（a）高程250.41、252.00m；（b）高程258.00m；（c）高程261.00、264.00m；（d）高程255.00m

（8）回填灌浆。

1）蜗壳底部回填灌浆。每台机组按象限分成4个仓，埋管灌浆以一个仓为一个单元。各单元的灌浆管路均采用DN25钢管连接，就近采用支撑钢筋焊接在蜗壳底部钢筋网上。在蜗壳底部每两个支墩之间预埋4个出浆盒，沿蜗壳底部最低处轴线内、外各1.0m处分别布设2个。将内、外两个出浆盒连接，形成一进一回管路，两根进浆管用DN25钢管连接，最终形成一套两进两回的灌浆管路，引至蜗壳外围混凝土面以上50cm处。对各单元的进浆、回浆管口做好标记，以防止发生管道混淆或发生漏灌。在管路预埋施工中，尽量减少接头及弯头数量，以减小堵管的可能性。出浆盒四周与蜗壳底部钢板紧贴及安装牢固，周围用胶布缠紧封闭。回填灌浆压力小于0.2MPa。

2）座环阴角部位回填灌浆。在座环阴角最高处布设一套灌浆系统，布置的24个出浆盒对应厂家在座环侧面预留24个 ϕ62灌浆孔，灌浆管路采用DN25钢管连接，从预留灌浆孔中引出。混凝土浇筑时，预留孔用带堵头的DN40钢管封堵，以防止浇筑时砂浆外溢，浇筑后及时拆除。整个座环底部的灌浆系统布置两套灌浆管路，单数引管及双数引管分别用两套管路连接，每套管路设有一进浆管路和一排气管路，对两套管路分别灌浆，回填灌浆压力小于0.2MPa。

2.4.6.3　采用充水加压蜗壳二期混凝土施工

（1）施工程序。充水加压蜗壳的施工程序为：蜗壳安装验收→支墩顶部混凝土回填、导流板安装、内支撑拆除→闷头及试压环安装、保温管路及电缆安装、监测仪器安装→蜗壳充水加压、灌浆管路安装→蜗壳第一层混凝土浇筑→蜗壳底部回填灌浆→蜗壳二期混凝土第二至第五层（或第六层）混凝土浇筑→蜗壳卸压、放水。

（2）混凝土分层分块。蜗壳二期混凝土分二区、四块，即Ⅰn—1、Ⅰn—2、Ⅱn—1、Ⅱn—2，分6层浇筑，具体分层如下：高程250.41m～高程252.0m～高程255.0m～高程258.0m～高程261.0m～高程264.0m～高程266.74m。蜗壳二期混凝土分层示意图见图6-50。

（3）充水加压蜗壳二期混凝土浇筑时，缝面处理、混凝土入仓方式及浇筑方法等与垫层蜗壳施工方案相同。混凝土温度控制方法与垫层蜗壳也基本相同。需指出的是，除混凝土浇筑温度应满足设计要求外，浇筑混凝土时，蜗壳内断面平均水温应控制在(20±2)℃范围内，蜗壳内平均水温不低于16℃，不高于22℃。

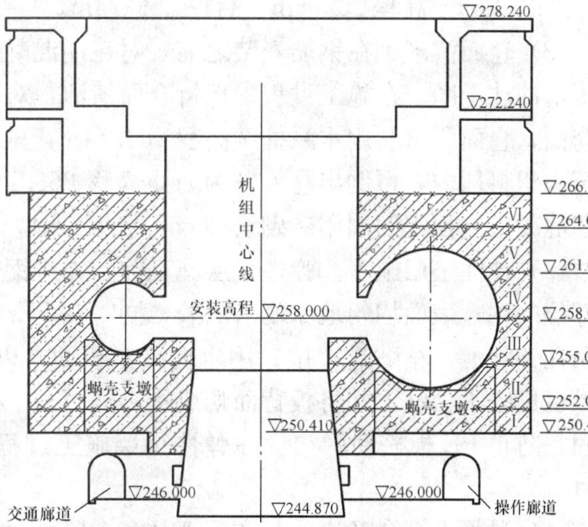

图6-50　蜗壳二期混凝土分层示意图（充水加压方案）（单位：m）

（4）回填灌浆。

1）管路布置。充水加压蜗壳的回填灌浆管路布置与垫层蜗壳相同。

2）回填灌浆的时间要求。根据合同文件要求，在保压浇筑混凝土60天后，可利用基础环上预留的灌浆孔对基础环下部二期混凝土进行回填灌浆。在保压浇筑混凝土结构卸压前20天，可利用基础环灌浆孔进行二次灌浆。保压混凝土卸压后不允许再对蜗壳外围混凝土进行任何形式的灌浆。

3）灌浆压力及材料。根据合同文件要求，回填灌浆压力小于0.2MPa。灌浆水泥采用42.5号中热普通硅酸盐水泥，浆液水灰比采用0.5∶1一个比级，中途不变比；在灌浆过程中，进行蜗壳的变形观测，视情况调整灌浆压力。

4）灌浆过程控制。蜗壳底部按仓号划分成4个灌浆单元，座环底部划分为一个灌浆单元。灌浆要求同一单元必须连续灌注直至灌完。灌浆次序从机组中心线（下游端）向两边逐渐推进，以相邻的孔为排气孔或回浆孔。蜗壳底部进行回填灌浆时，对每套管路的两根进浆管分别进行灌注，同时关闭同侧的回浆管和异侧的进浆管。回填灌浆全过程采用手工记录，及时、准确地做好各种原始记录，对施工中出现的异常情况及时上报。

5）灌浆结束标准与闭浆。在规定的设计压力下，出浆浓度达到设计要求的浓度比级，灌浆孔停止吸浆，延续20min，即可结束灌浆，闭浆时间不宜小于8h。闭浆时，蜗壳底部各管路可采用皮管封扎，座环底部管路采用闸阀封孔。灌浆结束后，将露出混凝土表面的埋管割除，用预缩砂浆将孔口封堵密实并抹平。如施工中检查发现存在“空腔”部位，则采取相应措施进行补充灌浆。

2.4.6.4　钢蜗壳三期坑混凝土施工

充水加压蜗壳二期混凝土施工时，应预留三期混凝土坑。待二期混凝土施工完成后，拆除闷头，安装钢管凑合节，再进行混凝土回填。三期混凝土回填施工空间狭窄，钢管外周圈布置有2～3层钢筋，钢管底部空间小，人工无法进入平仓振捣，对此，在高程258.00m以下，特别是钢管下部采用自密实混凝土，高程258.00m以上采用常规混凝土。三期混凝土采用泵送混凝土施工方案。

（1）施工程序及分层。蜗壳三期混凝土施工程序为：钢管凑合节安装→探伤验收→弹性垫层施工→钢筋安装→混凝土浇筑。混凝土分4层浇筑，即高程250.41m～高程253.70m～高程258.00m～高程262.5m～高程266.74m。

（2）仓面清理。在钢筋安装之前，对三期混凝土坑四周坑壁采用人工方式进行凿毛并用高压水冲洗干净。在施工过程中保持仓面清洁，对电焊头等杂物及时清理。采用高压水枪冲洗仓面，仓面积水利用水泵抽至高程266.74m，排出仓外。对于局部小范围内积水，用小勺舀至小塑料桶内，再倒出仓外。为防止高程266.74m处施工弃水流入三期混凝土坑内，在三期混凝土坑顶部四周用砖砌筑20cm高的挡水墙，拦截流水。

（3）弹性垫层施工。弹性垫层施工前，先将钢管表面冲洗干净，并用纱布抹干。在待施工部位的钢管表面均匀地涂刷一层胶，同时在PE板上也均匀地涂刷一层胶，将有胶的一面粘贴在钢管上。粘贴过程中，用木槌敲击板面，以利于充分排气、接合紧密。两板之间连接，也用胶水粘贴，并将板背面切成45°角，以扩大粘贴面积。粘贴完成后，用铁丝等捆绑牢固，防止PE板松动弹出。在弹性垫层施工过程中，禁止火源靠近，并配备足够的消防器材。

（4）混凝土入仓及浇筑。在厂坝平台布置移动式混凝土泵，泵送混凝土至上游副厂房吊物孔，经MY-BOX管卸料至高程266.74m处楼板上的转料斗，再经混凝土泵运至三期混凝土坑上方，最后经导管入仓。浇筑采用平铺法，铺料厚度为40～50cm。高程258.00m以下采用自密实混凝土，一般不振捣，防止因振捣而产生骨料下沉造成分离；但为保证钢管底部密实，在钢管底部预埋振捣器，必要时进行微振。高程258.00m以上按常规施工，混凝土两侧均衡上升，高差不大于50cm。

2.4.6.5　钢筋混凝土蜗壳二期混凝土施工

以上案例是有关钢蜗壳二期混凝土施工案例，低水头立式机组河床式厂房中一般采用钢筋混凝土蜗壳。下面简略介绍钢筋混凝土蜗壳二期混凝土施工。

由于钢筋混凝土蜗壳顶板内圈支承在座环的顶环上，因此，只有待座环安装完毕后，才能浇筑蜗壳顶板。下锥体底部的内直角处，可改为60°～65°的锥面，如图6-51所示。这样既可以改善应力条件，又可以保证浇筑质量。通常水电站的第一批发电机组和座环到货早，蜗壳顶板可按一期混凝土的方法浇筑，即浇筑程序为蜗壳底板→蜗壳下锥体和侧墙→座环安装→蜗壳顶板→上下游墙及发电机风罩、梁、板、柱→封顶。而对于座环未到的机组，蜗壳顶板作为二期混凝土施工。

根据国外水电站施工的经验，钢筋混凝土蜗壳顶板的防裂、防渗和防止座环在混凝土浇筑时的变形，是较突出的问题。由于蜗壳顶板面积大、混凝土方量多、形状特殊、厚薄不匀，而且嵌固在上、下游墙和蜗壳边墙上，容易产生温度裂缝和干缩裂缝，因此应做好分层分块和温度控制设计。蜗壳顶板的漏水，除了裂缝渗透外，止水系统的失误是主要原因，所以在设计和施工中，都应对此高度重视。

在浇筑蜗壳顶板时，应分层分块对称浇筑，薄层上升，尽量使顶环受力均匀。浇筑混凝土速度也不能过快，以免因混凝土散热不良发生膨胀，导致顶环变形。

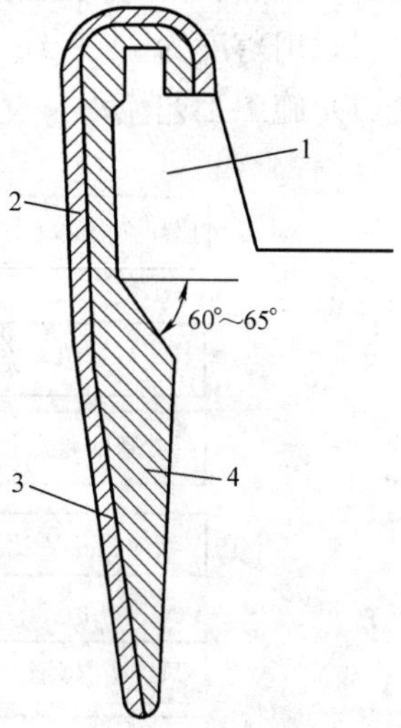

图 6-51　下锥体与锥管里衬一期混凝土预留空隙示意图

1—下锥体；2—转轮室壁；3—锥管里衬；4—二期混凝土

直径大的组合型座环的顶环，本身整体性不好，应先浇筑上锥体二期混凝土，使其达到一定强度后，再浇筑上锥体以上的混凝土，从而利用上锥体的钢筋混凝土，增加顶环的刚度。蜗壳顶板浇筑过程中，应对支承环、顶环设置仪表监视，发现问题及时研究解决。充水前，应定期检查蜗壳混凝土情况，如发现裂缝，应及时处理。

大化、陆水等水电站厂房施工中，为缩短工期，将顶板大部分混凝土在座环安装之前浇筑，留下一个环圈形二、三期混凝土，在座环安装后浇筑，如图 6-52 所示。

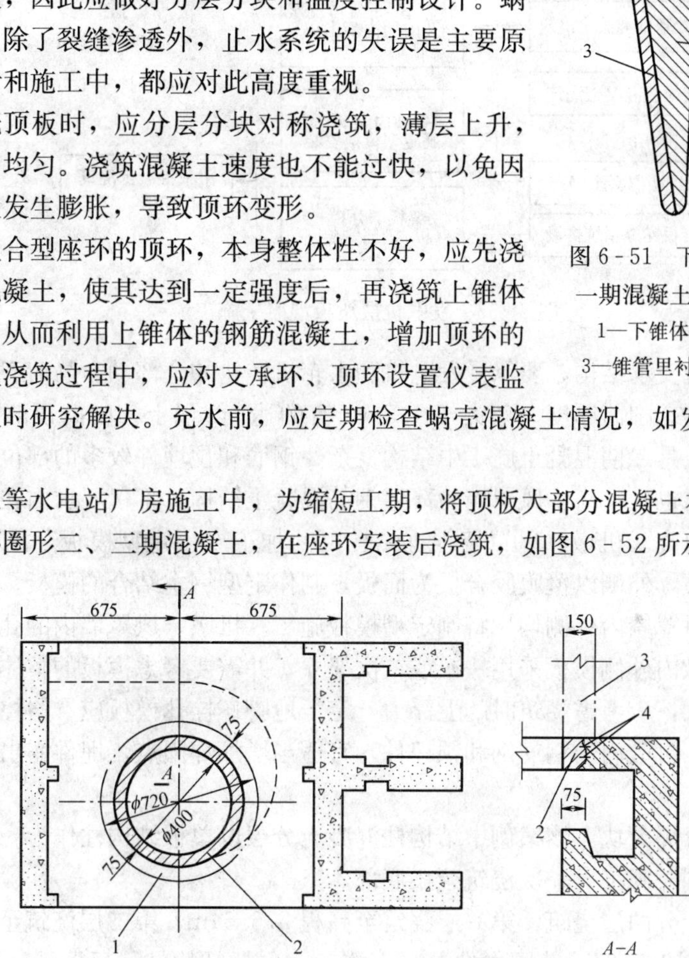

图 6-52　陆水水电站钢筋混凝土蜗壳二、三期混凝土浇筑示意图（单位：cm）

1—机墩外圈边线；2—座环安装后再浇筑；3—机墩；4—止水片

2.4.7　发电机机墩及风罩二期混凝土施工

该案例中发电机风罩及楼板系统混凝土包括风罩墙、发电机层梁板与结构柱等。风罩墙为 90cm 厚的薄壁结构，顶部为环形牛腿，预留孔洞多、电气埋管多，钢筋密集，施工空间狭窄。发电机层梁板为整体结构，钢筋密集，安装工作量大；仓号面积较大，对混凝土入仓强度要求高。

风罩墙采用二级配混凝土料，坍落度为 7～9cm。结构柱及梁板混凝土以二级配为主，在梁的交叉点、梁与柱子的交叉点以及梁板与风罩衔接处等钢筋密集的地方，采用一级配混凝土料，坍落度为7～9cm。

(1) 施工工艺流程。发电机层梁板混凝土施工流程见图6-53。

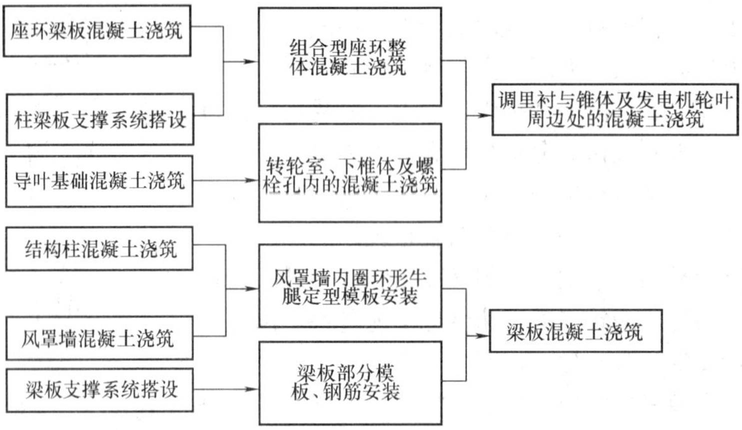

图6-53　发电机层梁板混凝土施工流程

机墩是发电机支承结构，要承受发电机和水轮机转轮的全部动、静荷载，大、中型机组多采用圆筒形结构。圆筒厚度一般大于1.5m，有的达3m以上。圆筒顶部预留有通风槽和定子地脚螺栓孔，是二期混凝土施工中结构复杂、钢筋和预埋件较多的部位。因此，机墩混凝土浇筑质量要求也比较高。风罩墙为薄壁钢筋混凝土结构，不仅要求内在质量好，且外露面成型质量要求也高。机墩、风罩墙根据结构尺寸加工专用定型模板。机墩下部内圆有钢衬，以钢衬为内模，外侧以覆膜胶合板为面板，制作定型钢木结合的模板；无钢衬部分内外均用定型模板。风罩墙内外侧均用特制定型模板施工。机墩、风罩墙内的孔洞采用胶合板。

施工时，机墩内外侧模板采用一次或二次架立，并需要考虑模板的整体稳定性。通风槽模板由于底面积大，应考虑浇筑时的上浮力。定子地脚螺栓孔模板应严格控制安装位置，以便于拆除和清渣。机墩内的钢筋网和预埋件，宜适当增加焊固点，埋件露出面应牢固地固定在模板上。

(2) 混凝土分层分块。该案例中结构柱混凝土分层以单根结构柱作为一个独立仓号，一根或几根结构柱同时施工，一次浇筑至梁底部。

风罩墙混凝土分两层浇筑，第一层浇筑至高程276.64m，第二层浇筑至高程278.24m。

高程272.24～278.24m范围内的混凝土施工，包括结构柱、风罩墙、发电机层梁板三部分，分两层施工。第一层浇筑至高程276.64m，第二层浇筑至高程278.24m。

(3) 混凝土浇筑。XJB水电站采用布置在尾水平台上的高架门机吊3m^{3}或6m^{3}卧罐入仓。结构柱和风罩墙混凝土浇筑，在仓号顶部搭设卸料平台，挂设溜筒辅助入仓。8号机组发电机层梁板因屋面网架吊装，采用泵送混凝土入仓。

混凝土振捣采用ϕ100手持插入式高频振捣器充分振捣，狭窄部位采用ϕ50软轴振捣器进行人工充分振捣。楼板顶面用型钢作样架，确保收仓抹面平整。

其他水电工程混凝土浇筑时，也有采用溜管或溜槽入仓，进行薄层浇筑，并减小混凝土骨料粒径，加大坍落度。混凝土泵机根据现场实际情况就近布置或布置在另一个仓号的工作面上以及相邻机组段的工作面上。有时，也可根据工程实际，采用布料机（辅以门机+卧罐）入仓，浇筑过程中缓慢下料，均匀上升，用 ϕ100 手持插入式高频振捣器或 ϕ50 软轴振捣器逐层振捣，杜绝欠振、过振、漏振现象，确保混凝土浇筑内实外光。在浇筑过程中，遇有凹腔部位模板时，模板四周要均匀卸料，以防模板向一侧倾斜。浇筑结束后，应严格控制墩顶浇筑高程。机墩、风罩墙混凝土收仓后及时洒水养护，然后喷水养护。

对于机墩顶部的定子地脚螺栓孔，立模板、拆除模板、出渣和混凝土回填都比较困难。地脚螺栓安装后，当孔口有定子基础板盖住，振捣器不能插入时，回填的混凝土可利用预先放入孔内的振动环振捣。振动环通过钢筋和孔口外的振捣器相连接，如图 6-54 和图 6-55 所示。

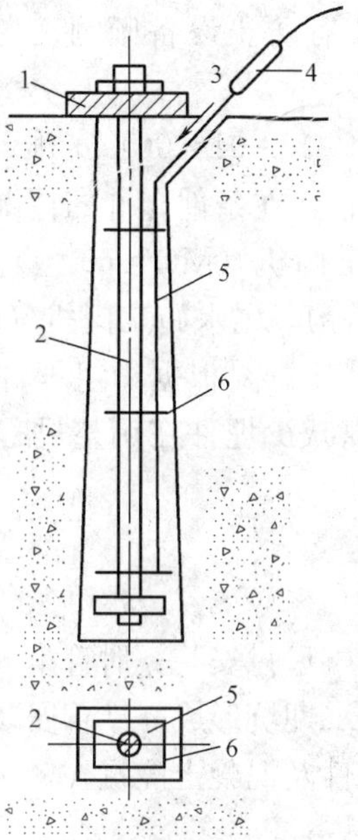

图 6-54　定子地脚螺栓孔振动环示意图

1—定子基础板；2—定子地脚螺栓；3—混凝土进料；4—振捣器；5—钢筋；6—振动环

图 6-55　定子地脚螺栓孔

为了方便施工，某大型水电站预先用钢板做成铁盒子，代替定子地脚螺栓木模板，不需要拆除模板。但在浇筑前需用砂子临时将盒子填满，孔口也用钢板临时封闭，以防止浇筑时盒子变形和砂浆渗入盒内。地脚螺栓安装后，再用细石混凝土回填。机组经多年运转，未发现异常现象。

2.5　机电埋件施工

2.5.1　机电埋件施工方案

该案例中左岸坝后式厂房内安装 4 台额定容量为 800MW 的水轮发电机组。水轮机为立轴混流式，额定水头为 100m，额定转速为 75r/min，水轮机的安装高程为 258.00m（以导叶中心计）。发电机采用全风冷或定子线棒水冷、转子空冷的半伞式结构。每台机组段的总长度为 36m；尾水管高度为 27.75m（导叶中心至尾水管最低点的距离），尾水管底部高程为 230.25m，尾水管总宽度为 29m；水轮机层高程为 266.74m，发电机层高程为 278.24m。

水轮发电机组分为转动部件、固定部件、埋入部件三个部分。水轮发电机组埋件安装范围为水轮机埋入部件、发电机基础预埋件、安装场埋件和其他埋件等。水轮机埋件包含尾水管中墩里衬、肘管里衬（大多数水电站尾水管肘管没有钢板里衬）、锥管里衬等，以及尾水管的进人门、排水阀和相应的基础板、锚筋、锚固件及定位件等埋入部件；发电机预埋件包括发电机上下机架、定子机座等的基础；安装场埋件为安装发电机定子、转子的固定工位埋入件；其他埋件包含预埋管道，以及按照制造厂的文件和设计图纸要求埋设的埋件。

所有设备埋件全部采用汽车运输，主要通过厂房进基坑施工道路运输到高程 242.00m 处的尾水授料平台，进入 MQ6000 型门机和 MQ2000 型门机工作范围内进行卸车和吊装。小件（如排水盒、鼻端里衬、机电埋管等）和加固材料用 5～18t 的长板载重汽车运输，重件（如尾水管里衬等）采用 40～100t 的拖车运输，装车方式为平放。尺寸较大的埋件用型钢托架放在 40～100t 的拖车上驮运。在运输过程中，要有防止设备倾倒、变形、碰撞等措施。

设备及埋件吊装根据土建施工机械布置图（XJB/0564 - 12 - 01～06）安排。大件吊装时的翻身用 50t 汽车吊配合尾水施工门机（MQ2000 型）进行，在条件允许的情况下，也可用一台尾水施工门机（MQ2000 型）吊装，另一台尾水施工门机（MQ1260 型）配合翻身工作，埋件翻身后，摘掉配合 MQ1260 型门机或汽车吊的吊钩。尾水施工门机（MQ2000 型）覆盖不到的主厂房上游部位，用 30t 缆机吊运。同时，需注意要根据机组埋件上标记的样点，布置小支墩埋件安装位置，标记吊装件安装位置，以减少埋件在调整过程中的移动工作量。

2.5.2　机电埋件安装施工组织

2.5.2.1　水轮机埋件安装

机组埋件施工一般采用如下程序进行：尾水管中墩鼻端里衬安装→肘管第一次安装→肘管混凝土浇筑→肘管第二次安装→肘管混凝土浇筑→锥管二期坑形成→锥管安装→锥管二期混凝土浇筑及座环蜗壳支墩混凝土浇筑→发电机层以下埋件及混凝土浇筑。

2.5.2.2　尾水管中墩鼻端里衬安装

该案例中尾水管扩散段采用双孔结构，孔高 13.20m；每孔净宽为 12.50m，两孔中间布置有一个中墩，中墩的宽度为 4.0m，边墩厚 3.5m。中墩的鼻端头部安装钢制的墩头衬护，以防冲刷，该钢制的墩头衬护件用不小于 25mm 厚的钢板焊接而成，拟分为两节，安装工序如下：

（1）鼻端里衬拼装。在金属结构拼装厂将鼻端里衬拼装焊接成整节，拼装平台上画出鼻端里衬位置线，将鼻端里衬用龙门吊进行吊装，将鼻端里衬第一节吊装到位后用调整螺栓调整其位置和垂直度，合格后将第一节加固牢靠。将第二节吊装在第一节之上，调整其位置和垂直度合格后将两节进行焊接，焊接完成后进行焊逢外观检查，并进行拉杆和支撑焊接加固。

（2）鼻端里衬现场安装。鼻端里衬机坑安装时，首先测量高程基准点和机组中心线，并标记鼻端里衬的位置，用拖车将鼻端里衬运到基坑，用尾水施工门机（MQ2000 型）进行吊装，用调整螺栓调整其高程、位置和垂直度，检查合格后对鼻端里衬进行拉杆和支撑焊接加固，以确保在浇筑混凝土时鼻端里衬牢靠不变位。浇筑后，检查鼻端里衬的位置、高度和垂直度，并做好浇筑后的检查记录。割除吊耳，打磨做 PT 检查，合格后进行防腐补漆处理。

2.5.2.3 尾水管肘管里衬安装

肘管里衬由厚约为25mm的普通碳钢卷板焊接制成瓦块，再由瓦块组装成数个管节，肘管上开有蜗壳排水管接口。肘管底部用楔子板、千斤顶和锚固板调整、固定，内侧焊有支撑，外侧焊有加强筋、锚钩、拉紧器等，与混凝土内预埋拉杆焊接，用于减小浇筑混凝土和焊接前后的变形。

(1) 工艺流程。准备工作（图纸审核、技术交底）→从设备库装车、运输到机坑→吊装→拼装、调整→点焊→节间调整、组装→监理验收→加固、焊接→一次验收→回填混凝土→混凝土浇筑后复测→二次验收。

(2) 施工方法。尾水管肘管里衬的安装在土建浇筑至相应高程时（第4层，229.00m）开始，在混凝土基础上预埋基础钢板凳及加固用锚钩，并预置钢支撑及楔形块以便于安装，然后将尾水管肘管里衬瓦块依次按顺序吊装。钢支撑顶部在现场以115号工字钢与肘管筋板焊接牢靠，并在上下游侧焊接拉杆，以防止钢支撑倾倒；同时在肘管管节进、出口各焊接9根拉杆，依次加固每节肘管管节。每安装完一节肘管，调整完毕后即进行点焊连接。整个肘管拟分为8个管节，首先进行第一大节的安装调整，调整好后，进行点焊、加固，然后进行后续管节的安装调整。为减少加固所用材料量，肘管分两次安装，第一次安装至肘管第5大节，调整完成后进行焊接、加固，加固方式详见图6-56和图6-57。焊接完成并进行检查验收，然后浇筑混凝土，待浇筑至第二次安装高程时（第7层，235.25m），进行肘管的第二次安装。第二次安装将剩余肘管管节（第6大节～第8大节）全部安装完毕，调整焊接后浇筑混凝土。

单台机组肘管安装总工期约为95天。

(3) 肘管安装。

1) 清理工作面，并在二期混凝土坑内测量放出里衬各断面高程控制点、位置及中心控制线（主要控制上、下游中心高程）。每个断面高程控制点不少于4个，控制点布置在$\pm X$、$\pm Y$轴线上。其中应包括蜗壳排水管接口位置的控制线。

2) 测量钢板凳位置及高程，并按其高程装千斤顶，调整千斤顶高程，使其比设计高程高10～15mm。

3) 在机坑上、下游部位各安装若干块支撑板，标出里衬、机组中心、蜗壳排水管接口中心等，以便于肘管安装就位。

4) 用尾水施工门机（MQ2000型）吊装第一节（或第一节瓦块）就位，用螺栓千斤顶、倒链等调整里衬高程及位置，验收合格后点焊、加固。

5) 用尾水施工门机（MQ2000型）吊装第二节（或第二节瓦块）就位，用螺栓千斤顶、倒链、压码等调整高程、中心和错牙（小于3mm），验收合格后点焊、加固。

6) 后续管节瓦块等吊装、调整、验收同前所述。

7) 安装四台机组全部肘管第一次安装所需管节（第一节至第五节）的锚筋、锚板等，并检查蜗壳排水管高程和机组中心线的夹角，符合要求后加固。

8) 焊接各管节间的环缝和纵缝。

9) 检查尾水管肘管的高程、水平、同心度、圆度、方向性，合格后进行混凝土回填。

(4) 肘管外围混凝土浇筑。

1) 混凝土浇筑应利用适当手段逐渐环浇，混凝土不应从比尾水管肘管高的地方卸料，

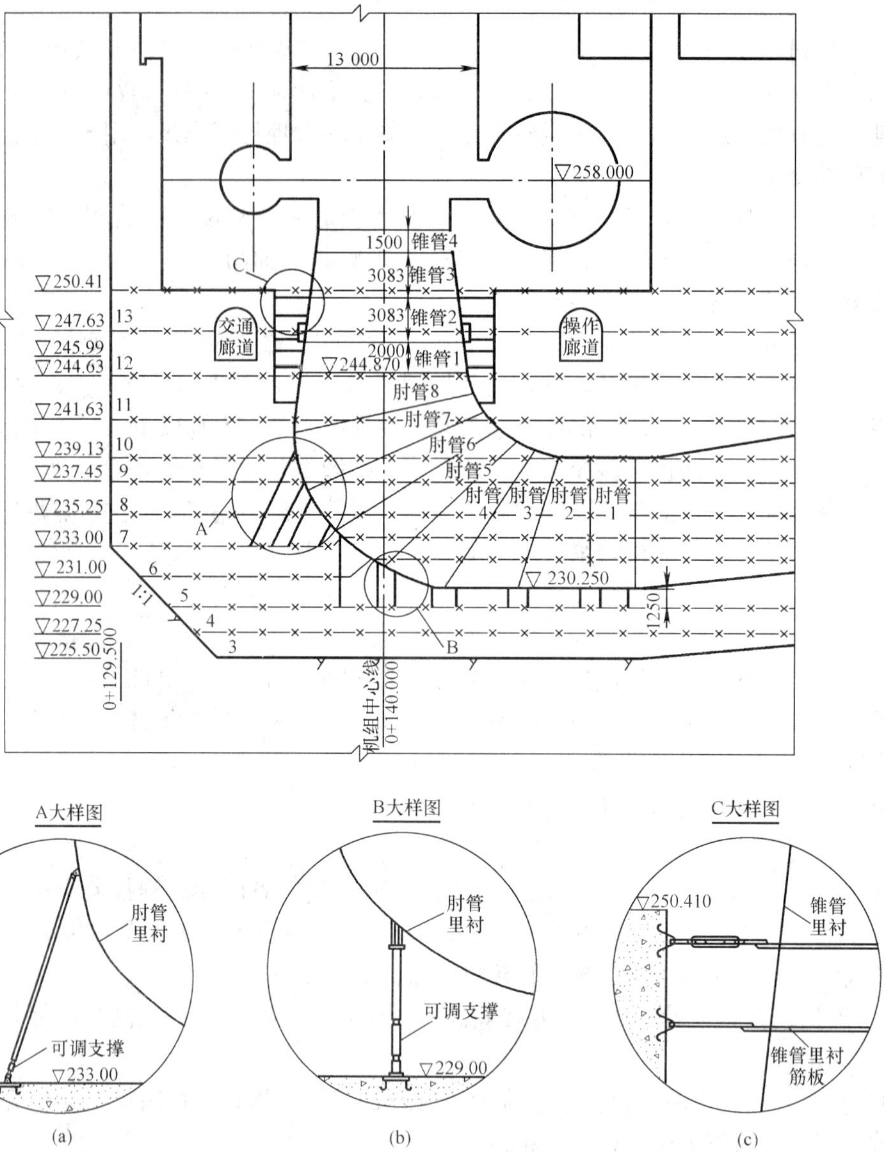

说明：
1.本图尺寸单位：高程、桩号为m，其他为mm。
2.A、B大样图所示加固方式为：下部预埋钢板凳，焊接钢管支撑进行固定。
3.C大样图所示加固方式为：预埋锚钩，花篮螺栓拉紧调整，后焊接拉杆固定。
4.图中所有尾水管里衬分节仅为拟订分节，不代表实际分节状况。
5.图中所有加固方式仅为示意，不代表实际安装加固状况。

图 6-56　水轮机尾水管里衬安装示意图

（a）、（b）下部预埋钢板凳，焊接钢支撑进行固定；（c）预埋锚钩，花篮螺栓拉紧调整，后焊接拉杆固定

并用小振捣器振捣。混凝土浇筑速度应避免造成埋件的移动和变形，速度小于 0.5m/h。

2）混凝土浇筑完成后，重新校准尾水管肘管里衬，为第二次肘管安装做准备工作。

3）第二次安装程序同上所述。此次安装将所有肘管剩余管节全部安装完毕。

4）焊接管节间的环缝和纵缝，其中最上管节上管口纵缝留出 150mm 不焊，以便于以

后与尾水锥管的调整安装。

(5) 肘管焊接。

1) 肘管里衬焊缝焊接，先焊纵缝，后焊环缝，在焊纵缝时，与环缝交叉处预留 20～50mm，焊环缝时再进行补焊。

2) 焊接前用磨光机打磨肘管里衬各部位的坡口，使坡口及其边沿 20mm 范围内无铁锈，并露出金属光泽。

3) 施焊时，纵缝焊接采用对称分段焊接，每段焊缝长度为 300～400mm，每条焊缝安排一名焊工同时施焊，每层的焊接接头与上一层焊接接头错开 10mm；环缝焊接采取分段退步对称焊接，每段长度小于 500mm，由 6～8 名焊工对焊，每层厚度为 4～5mm，接头错开 10mm 以上。

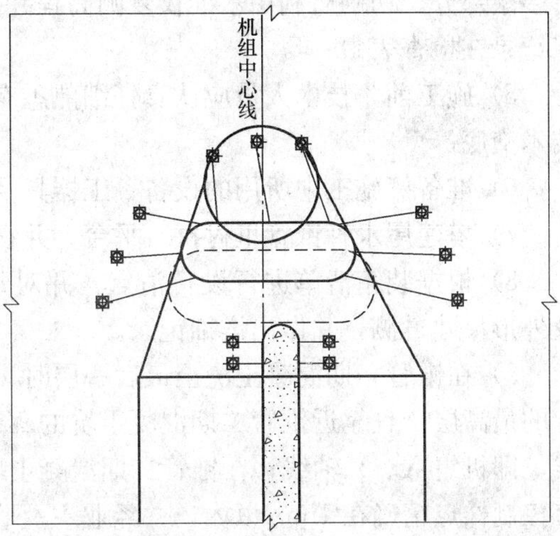

图 6-57 水轮机尾水管肘管里衬拉锚加固示意图

4) 焊接监视：每一条纵、环缝焊接完成后，均需对肘管里衬的施焊部位及整体尺寸进行测量，以此了解变形规律，来确定是否调整焊接顺序及焊接进度。

5) 焊缝在焊接完毕后需打磨光滑，最后对焊缝进行整体验收。

6) 混凝土浇筑后，割除尾水管肘管内支撑，打磨焊缝做 PT 检查，并按制造厂要求涂漆。

7) 请监理、厂家、业主检查验收。

2.5.2.4 尾水管锥管里衬安装

尾水管锥管管节由厚约为 25mm 的普通碳钢卷板焊接而成，每个管节一般由 2 瓣瓦片焊接组成。另外，锥管上部加一节约 1.5m 长的不锈钢管节，尾水管锥管沿上下游 $+Y$、$-Y$ 方向布置有两个宽约 800mm、高约 1000mm 的向外开启的进人门，锥管上开有检修梁槽、测压管接口等。底部用楔子板、千斤顶和基础板调整、固定，内侧焊有支撑，外侧焊有加强筋、锚杆、拉紧器等，与混凝土内预埋锚钩进行焊接，用于减少浇筑混凝土和焊接变形。

(1) 工艺流程。锥管瓦块运输到拼装场→锥管各管节拼装→锥管各管节吊入机坑安装调整→锥管整体调整加固支撑焊接→纵缝焊接、打磨→环缝焊接、打磨→附件安装→检查验收。

(2) 施工准备。

1) 肘管二期混凝土浇筑完，待强度达到设计强度的 70%后，进行尾水管锥管瓦块和管节的拼装及安装。

2) 在金属结构机电拼装厂或机坑搭设拼装平台，先放样并检查无误后拼装尾水管锥管里衬。样点线必须包括顶部和底部的直径、一条任意的进口参考线、尾水管进人门位置、检修平台梁槽和测压管的位置线等。

3) 肘管里衬上管口各控制尺寸的检查及二次切割。

4) 根据放置的样点，先对肘管里衬上管口的高程、圆度及中心等进行复测，在肘管里衬外表面放置一圈设计高程处的管口划线，并留有切割打磨裕量。利用半自动切割机切除肘管多余部分。切割后利用水准仪复测高程并打磨高点，检查中心、圆度及周长，并将测量结果记录在检查表中。

5）施工前，技术人员应认真仔细熟悉有关图纸及资料，并负责向施工人员进行详细的技术交底。

6）准备好施工中所用的设备、工器具及材料。

7）搭建尾水管锥管里衬拼装平台，并在平台上测量放样。

8）根据装箱清单进行设备清点，并对每块瓦块进行外观检查（是否有标记、缺陷等）及外形尺寸量测，并做出详细记录。

9）在锥管一期混凝土浇至最后一层时，预埋样点放置基础板，其位置为锥管一期混凝土的最高层，且靠近锥管二期混凝土坑的 X、Y 轴线的 4 个方向。在基础板上放出锥管中心线，即机组 X、Y 轴线；在锥管二期混凝土坑壁的适当位置至少放出两个不同的高程点。所有控制样点精确在 1mm 以内，并经业主及监理验收签字认可。

（3）施工方法。

1）根据厂家提供的安装程序，结合现场的起吊能力及运输条件，可在尾水授料平台搭建尾水管锥管里衬拼装平台。尾水管锥管里衬拟拼装成 3～4 个单元节，每个管节点焊加固，依次吊入机坑就位、调整、加固，最后整体焊接。焊后调整、加固、验收合格后，浇筑二期混凝土。

2）如果尾水授料平台不具备拼装场地及吊运设备，也可在机坑里组装调整尾水管锥管。

3）单台机组尾水管锥管里衬安装工期为 40 天。

（4）锥管拼装。

1）在拼装平台或安装机坑内放线，做好拼装尾水管锥管里衬的准备工作。这些基准线必须包括顶部和底部以及中间管节顶部和底部的直径、一条任意的进口参考线、尾水管进人门位置和测压管的位置。

2）确定待安装的尾水管锥管吊装的第一大节第一块瓦块到位，并按标记调整（包括方向、高程、水平），符合要求后临时加固。

3）吊装后续瓦块到位，用定位夹具和定位销拼装使之与前一块管节对正，并用楔子板、千斤顶、拉紧器等，依次调整后续瓦块，检查里衬各对接处的错位及间隙，使其达到符合值要求。

4）在第一节的底部安装星形支架，并调整圆度。

5）整节调整，符合要求后，用组合螺栓合并，测量其上、下端面的圆度、同心度、外周长等值。

6）用同样方法拼装后续管节及不锈钢段。

（5）锥管安装。

1）全面清扫机坑工作面，在二期机坑内预埋基础板，并测量放出里衬各端面的高程、中心控制点，做出明显标记，以供安装参考。二期机坑内应预埋锚钩，为锥管调整加固做准备。

2）吊装前复测肘管顶端高程、水平，并复测先前放置的中心、高程。

3）在二期机坑内架设千斤顶调整锥管高程，使其顶部高程比最终高程高 15mm，以留有调整余地。

4）在肘管顶面焊接临时挡块，以保证锥管吊装定位。

5）将尾水管锥管第一大节（或第一大节瓦块，依次吊装进入）吊入机坑放置位于肘管之上的千斤顶上，并保证其方向性。用倒链、楔子板、拉锚等调整其位置、中心、高程。

6）吊装第二大节锥管时，在第一大节顶端面焊接挡块以定位，并保证其对应于机组上游的方向性，符合要求后，临时加固。

7）吊装第三大节锥管时（若无第三大节，则吊装第二大节时就应考虑），在第二大节顶端面焊接挡块以定位，调整其位置、中心、高程、水平等，并检查相对于进人通道处的检修平台主梁墩和进人门，符合要求后，临时加固。

8）最后，安装锥管上部不锈钢段。

9）全部吊装完后，挂装钢琴线整体调整里衬的圆度、同心度和高程，使用花篮螺栓，确保尺寸符合公差要求。合格后对锥管进行整体加固，以防焊接变形及移位。

（6）锥管焊接。

1）焊前准备。焊接前，清洁所有待焊表面，做到表面无污物、潮气、油脂、油漆或其他任何影响焊接质量的物质。

2）焊接人员。纵缝焊接安排4名电焊工，环缝焊接安排8名电焊工。选用持有认证的合格焊工进行焊接，并经厂家认可，挂牌上岗。

3）焊接设备。送变焊机、空气压缩机、烘箱、保温桶、磨光机、风铲等。

4）焊接材料。锥管部分采用普通焊条焊接，不锈钢管节用不锈钢焊条进行焊接，并经350～400℃、2h的烘烤后缓冷却至100℃左右进行保温。对于焊接过程中使用的焊条，存放在保温桶内保温，随用随取。

5）焊接方法。手工电弧焊。

6）焊接顺序。①总体的焊接顺序。第一大节纵缝→第二大节纵缝→第三大节纵缝→不锈钢管节纵缝→从下往上的环缝焊接。对于根部间隙满足要求的焊缝，按设计要求施焊；对于根部间隙偏大的焊缝，先堆焊，满足要求后再施焊；对于根部间隙偏小的焊缝，取消背面衬条，并用碳弧气刨进行背面清根，然后封底焊。为减少焊接变形，所有焊缝均采用多层多道焊，并先用$\phi3.2$焊条打底，焊厚约3mm，其余各层用$\phi4.0$焊条焊接，且各层间接头应错开100mm以上。②纵缝焊接。采用4名焊工同时施焊，每条纵缝的焊接顺序为1、2、3…，每段长度为250～300mm，每节上下管口先预留150mm不焊，在整体调整好后再焊接。在焊不锈钢管节纵缝时，距上管口150mm先预留不焊，以便与基础环更好地连接。③环缝焊接。由8名电焊工组成对称同方向施焊，采用分段退步焊，分段长度为500～600mm。

7）焊接监视。在焊接过程中设专人监视变形，根据变形情况随时调整焊接顺序，且每节的纵缝或环缝焊接完后，均对锥管整体尺寸进行测量，根据测量结果了解焊接变形规律，并决定是否调整焊接顺序及焊接进度。

8）焊接检验。所有焊缝焊接完成后，先对焊缝进行外观检查，并认真填好焊缝外观检查表；然后检查锥管上管口各控制尺寸，并将检查结果记录在检查表中。

9）请监理、厂家、业主检查验收。

（7）尾水管锥管二期混凝土浇筑监视。

1）在尾水管锥管浇筑之前涂水泥砂浆处理，并检查所有与混凝土接触的表面。

2）在锥管里衬上管口$\pm X$、$\pm Y$轴线的水平及垂直方向各装一块百分表，由专人在混凝土浇筑过程中进行监视。

3）混凝土不得从高处直接卸到浇筑部位，在浇筑过程中要小心使用小型振捣器，防止振捣器与里衬接触；同时根据监测情况调整混凝土浇筑速度和浇筑位置，以免使埋件出现任何位移和变形，混凝土浇筑垂直上升速度应控制在0.3～0.5m/h。

(8) 随尾水管锥管里衬一起埋入混凝土的埋件。随尾水管锥管里衬一起埋入混凝土的埋件如下：

1）基础板和锚筋。为了便于对尾水管锥管里衬进行支承、调整和固定，在预留的尾水管锥管二期混凝土机坑的墙壁和在不同高程的地面上，随一期混凝土埋设基础板，以及在对应于每节尾水管锥管的机坑内壁的四周埋设锚筋。

2）定位件。拉紧杆、调整用千斤顶、垫板等连接件，以便于安装和固定尾水管锥管里衬。拉紧杆应与锚筋及尾水管锥管里衬外壁或筋板焊接牢固。

3）尾水管锥管进人门附件。进人门通道附近埋设吊耳和地锚。

以上水轮机埋件根据土建施工进度，现场调配，机动安排施工。

2.6　厂房上部结构施工

水电站厂房上部结构与一般工业厂房相似，主要由屋顶、立柱、吊车梁、纵向联系梁、圈梁、柱间围墙等承重构件与不承重的砖墙组成。这些承重构件多为钢筋混凝土结构，也有采用钢结构的，如钢桁架屋顶。厂房柱间围墙，如无防洪、承重等要求，则通常采用砖砌体。

钢筋混凝土构件的施工方法有现场浇筑和预制装配法两种。现场浇筑的构件刚度大，受力条件好，但施工比较困难；预制装配的构件施工方便，但需具备相应的设备吊装能力。下面仅就现场浇筑法加以介绍。

2.6.1　立柱施工

厂房立柱布置在下部结构的一期混凝土上，并与基础固结。按照厂房施工程序安排，当立柱基础浇筑完成后，立柱应立即施工，以利于尽早安装桥吊，使机组埋件安装和厂房二期混凝土施工能快速进行。现场浇筑的厂房立柱，一般先安装钢筋，后支护模板。立柱模板主要解决垂直度、施工时的侧向稳定及抵抗混凝土侧压力等问题。模板安装时，按照边线先将柱底部分固定好位置，再将模板竖起来，用临时支撑固定，然后用锤球校正垂直度。检查无误后，即可将模板外侧的柱箍箍紧，再用支撑钉牢固定。相互柱模之间，还要用水平撑及剪刀撑相互撑牢。

立柱混凝土浇筑时，可搭设卸料平台，采用溜管下料、分层浇筑的方式。各层施工缝设在基础顶面、梁及牛腿下面，应符合GB 50204—2002《混凝土结构工程施工质量验收规范》的要求。在浇筑过程中，应控制好混凝土料的级配、坍落度和上升速度（一般不超过0.5m/h)，并及时纠正模板变形。

2.6.2　吊车梁、屋架施工

2.6.2.1　预制施工

(1) 吊车梁施工。

吊车梁一般采用预制，由于吊车梁钢筋较密，因此浇筑的混凝土应采用一级配，最好采用附着式振捣器振捣密实。

吊车梁的安装，大、中型厂房可利用一期混凝土浇筑的起重设备；小型厂房可采用履带式起重机，也可采用桅杆式起重机吊装。吊车梁安装校核后，才能与牛腿预埋件焊接固定。

厂用桥吊安装交付使用时间应满足机组部件拼装或安装的要求，最好在安装第一台机组座环、蜗壳以前投入运用。

（2）屋架施工。

大型或中型水电站厂房屋架，常采用预应力屋架，在厂房附近预制；小型厂房屋架，采用预制薄腹Ⅰ字梁。由于屋架跨度较大，断面较小，钢筋净距较小，因此混凝土最大粒径采用20mm，并且在预制时要振捣密实，有条件的应用附着式振捣器。

大、中型水电站厂房屋架的安装可利用浇筑一期混凝土的起重设备；小型厂房可用桅杆式起重机吊装，也可用桥吊配桅杆式起重机吊装。

2.6.2.2　现场浇筑施工

若构架采用整体式，屋顶横梁采用现场浇筑，则浇筑程序如下：

（1）模板架立。厂房屋顶由于高度很大，模板架立很少采用从下至上直接支承的方法，一般考虑以下立模板方法。

1）采用预应力钢筋混凝土梁，安装在上、下游承重墙上（河床式厂房上下游墙常做成承重墙），并作为屋顶横梁的一部分，在其上浇筑混凝土到设计厚度。此法不影响下面桥吊的运行。

2）利用屋顶横梁钢筋做成上承重构架，即利用屋顶结构钢筋，作为上承式承重构架，将模板悬挂其上，再浇筑混凝土。此法将增加20%～40%的钢材用量。

3）利用临时三铰拱、钢架、三角桁架支承在牛腿或立柱预埋型钢上，形成下承重结构，作为下承式承重构架，以支承模板，如图6-58所示。此法可回收大量钢材，但装拆较麻烦，且影响桥吊运行。

（2）钢筋安装。屋顶钢筋常采用单根绑扎，也有采用整体吊装的。整体吊装将钢筋绑扎成片，每片宽3～4m。

（3）混凝土浇筑。应从上、下游向中间，或由中间向上、下游浇筑。当屋顶横梁为双层结构时，下层混凝土强度达到设计要求后，方可浇筑上层混凝土。

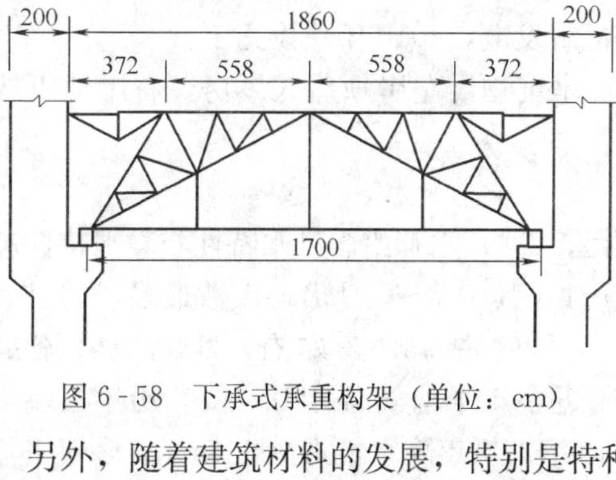

图6-58　下承式承重构架（单位：cm）

图6-59　铝合金钢架屋顶结构

另外，随着建筑材料的发展，特别是特种钢材的生产，现在一些中、小型水电站厂房顶部均采用钢筋构架和铝合金钢板来代替原来的预制和现浇屋顶结构，如图6-59所示。

2.7　其他部分施工

中央控制室等副厂房，与首批机组发电有关，最好与二期混凝土同时完成。

开关站的土建施工应提前安排，场地回填应考虑填方沉降稳定时间。设备的安装调试应在第一台机组发电前1～2个月内全部完成。

厂房装修，主、副厂房的通风防潮设施和内部装修，与首批机组发电有关部位，原则上应在机组安装前完成，尽量避免土建、安装平行作业互相干扰而影响工期。

学习任务二　厂房施工前期准备

厂房施工准备工作的基本任务是为厂房施工建立必要的施工基础，主要包括厂房施工前的工程准备和资源准备。工程准备包括导截流工作、基础处理工作。资源准备包括物质准备工作、技术准备工作和人员准备工作。

厂房施工物质准备工作主要包括建筑材料的准备、构（配）件及半成品的加工准备和建筑安装施工的准备。其中，建筑材料准备是根据厂房施工的方案，分别计算列出所需要的钢材、钢筋、木材、水泥、油料、炸药等主要建筑材料总量及分年度供应计划。构（配）件及半成品的加工准备是根据施工预算提供的构（配）件、制品的名称、规格、质量和消耗量，确定加工方案和供应渠道以及进场后储存地点和方式，编制出其需要量计划，为组织运输、确定堆场面积等提供依据。建筑安装施工的准备是根据厂房施工的施工方法、施工进度计划，计算提出施工所需主要的及特殊专用的施工机械设备，按名称、规格、数量列表汇总，并提出分年度供应计划。

厂房施工技术准备工作主要包括厂房施工涉及的各种工艺和施工方法要提前进行论证、研究及完善工作。

厂房施工人员准备工作主要是厂房施工各工种操作人员及相应人员的配备。

下面将结合案例对厂房施工前的工程准备进行介绍。

1　案例

XJB水电站是继三峡工程、溪洛渡水电站之后在建的第二大水电站，是“西电东送”的骨干电源点。坝址位于金沙江下游河段，左岸为S省，右岸为Y省，是金沙江下游最末一个梯级水电站，具有以发电为主，兼具拦沙、防洪、灌溉、生态等功能的巨型水电站。该水电站于1952年开展前期工作，1995年10月经国务院批准立项，2001年11月26日正式开工，2003年12月28日大江截流，2007年首批机组发电，2010年建设完工。

该工程枢纽由拦河大坝，泄洪、排沙、灌溉建筑物，左岸坝后式厂房，右岸地下式厂房，左岸垂直升船机等组成。

1.1　水文条件

金沙江流域洪水主要由降雨形成，其次是融雪（冰）水补给。洪水特性与暴雨特性基本一致，大洪水发生时间主要集中在每年的6～10月，其中7～9月出现次数最多，据已有水文资料各年最大洪峰统计，洪峰出现在7～9月的占93.3%左右，实测最大流量为29 000m^3/s，实测最小流量为1060m^3/s。坝址附近多年平均气温为18.4℃，历年极端最高气温为39.3℃，历年极端最低气温为−1.0℃；多年平均年降水量为908.1mm，多年平均相对湿度为82%，多年平均风速为1.1m/s，实测定时最大风速为15m/s。坝址区多年平均流量为4570m^3/s，相应年径流量为1440亿m^3。

1.2　地质条件

厂区覆盖层为河流冲积的卵砾石夹砂层，总厚度为20～37m。厂房地基岩基地层主要为T_3^{2-6-2}岩性段，尾水渠岩基地层为T_3^{2-6-3}和T_3^{2-6-4}，出口处部分涉及T_3^3岩组。T_3^{2-6-2}～T_3^{2-6-4}主要为厚至巨厚层砂岩，夹少量泥质岩石。岩体一般呈微风化～新鲜，局部有较薄的中等风化岩体。

厂基岩石岩性条件较好，以坚硬砂岩为主；受构造破坏程度较弱，岩体完整性较好，呈微风化，总体上以厚层结构岩体为主，断层破碎带属碎裂结构或散体结构，断层影响带和节理密集带为碎裂结构或镶嵌结构。钻孔岩石质量指标RQD值主要在50%～80%之间，纵波速度为3500～5000m/s，局部浅表层有少量岩体波速在3000m/s左右，岩体质量一般属Ⅱ～$Ⅲ_1$类，层间错动软弱夹层、断层及影响带为Ⅳ～Ⅴ类岩体。岩体透水率为20Lu左右，最大值为78.2Lu，属中等透水。地基岩体承载力高，岩体透水性较大，断层带和层间错动软弱夹层需进行置换处理。

1.3　工程总体工期

工程开工时间：2001年1月中旬。

主河床截流时间：2003年12月中旬。

蓄水时间：2007年10月。

地下式厂房第一台机组发电时间：2007年10月。

坝后式厂房第一台机组发电时间：2009年3月。

通航时间：2009年3月。

工程完工时间：2010年。

2　分析讨论

下面主要分析讨论与厂房施工密切相关的导流工程。

2.1　导流方案的选定

2.1.1　导流方案设计前提

(1) 各类不同的导流方案均采用推荐的水工枢纽布置的总格局，即拦河大坝采用混凝土重力坝，泄水建筑物布置在河中偏右岸，左岸坝后式厂房布置在泄水建筑物左侧，一级垂直升船机布置在左岸，右岸布置地下式厂房。

(2) 一期均由束窄河床导流兼通航，导流标准采用全年20年一遇洪水。

(3) 二期导流标准采用全年50年一遇洪水，纵、横向挡水围堰分别采用混凝土和土石围堰形式。

(4) 后期大坝临时度汛标准采用全年100年一遇洪水，由导流底孔和永久中孔共同泄流，根据总进度要求，以及大坝拦洪高程不超过340m设计后期导流底孔；大坝全线到顶后度汛标准为200年一遇洪水。

2.1.2　导流布置原则

根据该工程的导流特性，对导流方案进行了全面、深入的研究，导流布置中考虑了以下原则。

(1) 施工导流建筑物的布置应与水工枢纽布置相协调，导流缺口宜布置在非溢流坝段上，以利于后期快速加高和提前挡水发电。

(2) 导流建筑物尽量与水工永久建筑结合布置，后期导流考虑水库调蓄作用，充分利用永久中孔泄洪，以节约工程投资。

（3）尽量加大二期泄水建筑物的泄洪能力，以降低布置在覆盖层上二期围堰的高度；导流建筑物的布置应尽量紧缩，以减小临时建筑物占据河床的宽度，使束窄河床能满足导流和通航的要求。

（4）主河床截流后的围堰形式和规模应满足能在一个枯水期内建成并达到拦挡设计洪水的要求。

2.1.3　导流方案选择

根据地形、地质、水文条件、枢纽布置和河道通航要求，XJB水电站导流方案初拟有7个分期导流方案。在导流方案的研究过程中，随着设计研究、地勘工作的深入和施工期通航要求的变化，研究工作逐步重点集中在3个较优的方案上，这3个导流方案分别为：

方案一：一期围左岸、二期围右岸，设临时船闸。

方案二：一期围左岸、二期围右岸，不设临时船闸。

方案三：左岸小明渠方案，该方案第一期导流与前两个方案基本相同；第二期主河床截流，由明渠导流；第三期由明渠导流。

在遵循同精度、同水平比较的原则下，从地形、地质条件，导流布置、施工和运行条件，导流工程量，施工总进度的工程投资等方面进行了综合比较，最终选择了方案二，即第一期先围左岸、第二期围右岸，左岸不设临时船闸的分期导流方式。理由是：从一期布置和施工难度上看，设置临时船闸施工导流布置难度大、施工干扰大；从二期基坑内有关建筑物工期方面分析，小明渠方案保证性差；从坝后式厂房发电工期上分析，设临时船闸有3台发电时间均有所滞后，少发电达13月/台。从导流程序和风险分析，方案二程序简单，截流、下闸、封堵和后期度汛风险小，方案一次之，方案三最大。从缺口加高方面分析，小明渠方案混凝土浇筑上升速度难以保证。

方案二的具体导流程序如下：

（1）第一期先围左岸，在左岸滩地上修筑一期土石围堰，在一期基坑中进行左岸非溢流坝段、冲沙孔坝段的施工，并在非溢流坝段及冲沙孔坝段内留设6个10m×14m（宽×高）的导流底孔及宽115m的缺口；同时在一期基坑中进行二期混凝土纵向围堰、上下游引泄水渠等项目的施工，由束窄后的右侧主河床泄流及通航，如图6-60所示。

图6-60　一期导流方案

图6-61　二期导流方案

（2）第二期围右岸，待导流底孔和缺口具备泄水条件后，拆除一期土石围堰的上、下游横向部分，于2008年12月中旬进行右侧主河床截流；在二期基坑中进行右岸非溢流坝段、泄水坝段、消力池、左岸坝后式厂房及升船机等建筑物的施工，由左岸非溢流坝段和冲沙孔坝段内留设的6个导流底孔及高程为280m、宽115m的缺口泄流，如图6-61和图6-62所示。

图6-62　二期导流现场

（3）后期，待泄水坝段、右岸非溢流坝段及左岸坝后式厂房等自身具备挡水度汛条件后，将于2011年11月开始加高左岸非溢流坝段缺口，由6个导流底孔和10个永久中孔泄流；2012年10月下闸封堵导流底孔，水库蓄水。导流底孔下闸后即进行泄水渠段后期封堵围堰填筑，在下游封堵围堰保护下进行导流底孔混凝土回填、冲沙孔改造、冲沙孔消力池、坝后式厂房高程280.5m回车平台及下游永久防洪墙、下游辅助闸首及部分下游引航道导墙等后期工程施工，如图6-63所示。

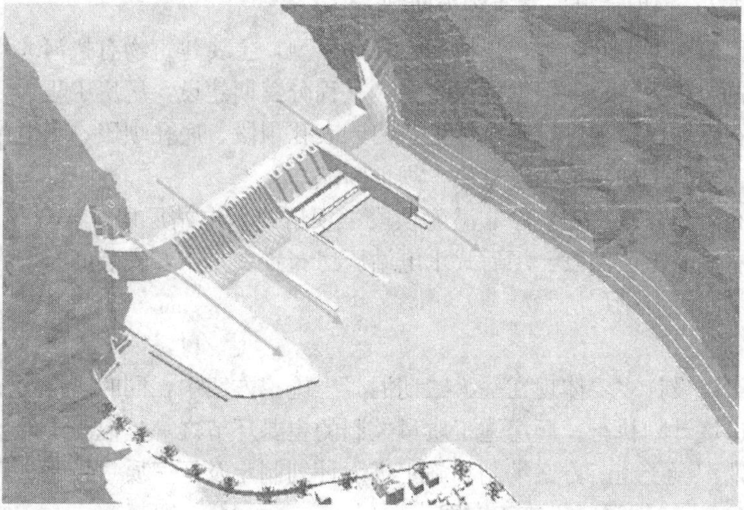

图6-63　后期导流方案

2.2　导流标准的确定

XJB水电站总库容为51.63亿m^3，电站装机容量为640万kW。根据GB 50201—1994《防洪标准》及DL 5180—2003《水电枢纽工程等级划分及设计安全标准》的规定，该工程为一等大（一）型工程。永久建筑物——挡水建筑物、泄洪消能建筑物、冲排沙建筑物、引水发电系统等均为1级建筑物。

导截流工程主要包括一期土石围堰、导流底孔、二期混凝土纵向围堰、地基处理及混凝土浇筑、引水及泄水渠、主河床截流、二期横向土石围堰等。根据该工程一、二期围堰工程规模，围堰的保护对象、围堰失事后果及围堰的使用年限遵照DL/T 5397—2007《水电工程施工组织设计规范》，确定一期导流建筑物为Ⅳ级，二期导流建筑物为Ⅲ级。

XJB水电站水文资料主要依据屏山水文站1939～1992年水文系列的实测资料，并根据1993～1998年XJB水电站河段水文资料进行坝址水文资料的整编和计算，将坝址径流系列年限延长到1998年。坝址分期设计洪水，按不跨期选样原则选取时段最大洪峰流量系列，资料系列年限为59年。计算成果根据各分期洪水特性，按“长包短”的基本原则分析，考虑工程规模巨大，下游水富县和宜宾市较近，围堰挡水标准均选取上限值。

综上所述，选定导流标准为：一期围堰挡水标准为全年20年一遇洪水，洪峰流量为2.82万m^3/s，挡水位为290.5m；二期土石围堰设计挡水标准为全年50年一遇洪水，洪峰流量为3.2万m^3/s，上游挡水位为303.563m，下游挡水位为289.227m；后期施工期度汛标准为全年100年一遇洪水，洪峰流量为3.48万m^3/s；坝体全线到顶后度汛标准为200年一遇洪水，洪峰流量为3.76万m^3/s。

学习任务三　厂房施工组织设计与质量控制

1　案例

嘉陵江TZK水电枢纽位于S省境内，是嘉陵江干流开发中唯一的控制性工程，是以防洪、灌溉及城乡供水、发电为主，兼顾航运，并具有拦沙减淤等效益的综合利用工程。该工程距县城上游15km，坝址附近交通较为便利。

该枢纽工程等别为Ⅰ等，工程规模为大（一）型，主要建筑物有拦河大坝及泄水建筑物（1级）、水电站厂房（2级）。根据枢纽布置，工程分三期建设，厂房工程为二期工程，二期在全年挡水土石围堰保护下进行基坑开挖，河床表孔坝段、底孔坝段、水电站厂房和左岸非溢流坝段的施工，施工期导流明渠过流，坝址断航。

枢纽总体布置自左至右是左岸非溢流坝段、坝后式水电站厂房、底孔坝段、表孔坝段、升船机坝段和右岸非溢流坝段。坝后式水电站厂房布置在左岸，安装间布置在厂房左端，主厂房上、下游均布置有副厂房。

2　分析讨论

厂房施工组织设计主要体现在一、二期混凝土施工方案中，同时，厂房施工组织设计又必须根据施工进度计划执行。厂房施工质量控制的主要环节之一是混凝土的质量控制。下面分别就一、二期混凝土施工方案编制和施工进度计划制定及厂房质量控制进行论述。

2.1　厂房一、二期混凝土施工方案

2.1.1　厂房一、二期混凝土施工方案编制步骤

（1）基本编制步骤。

1）根据厂房建筑物的类型、规模、布置、施工要求，结合工程具体情况拟出各种可能的浇筑方案，并经初步分析选择几个主要方案。

2）根据厂房总进度要求，对主要方案进行各种主要机械设备选型、需要量计算，结合

工程具体情况进行布置，同时计算辅助设施的工程量等，并从施工方法上论证实现厂房施工总进度的可能性。

3）对主要方案进行经济、造价计算。

4）对主要方案进行技术、经济分析，分析方案的主要优缺点。

5）通过对各方案的主要优缺点的比较，综合技术上先进、经济上合理、设备供应可靠等要求，因地制宜地确定推荐方案和备用方案。

（2）比较项目。方案比较的主要项目应包括：

1）厂房主体工程的浇筑强度、控制性形象进度。

2）准备工作工程量。

3）工期（包括第一台机组发电与工程完建的工期）。

4）浇筑方案中土建工程、机械设备、运转费用的总造价。

5）方案布置的合理性。

6）主要机械设备、型号、数量获得难易程度。

7）材料、劳动力的消耗指标。

8）各个方案的主要优缺点。

（3）综合技术经济指标。

1）控制性工程的混凝土浇筑强度。

2）第一台机组发电工期。

3）工程完建总工期（年）。

4）总造价。

（4）方案评价。

1）比较技术经济指标的可靠性、先进性、合理性。

2）根据方案的可行性和现实性，经过综合分析研究，得出一个比较客观的结果。

由于厂房一、二期混凝土施工方案的内容很多，许多内容超越本书涵盖的知识，因此下面主要介绍厂房混凝土施工布置方案。

2.1.2 厂房混凝土施工布置方案

2.1.2.1 混凝土施工布置原则

水电站厂房混凝土施工主要是确定混凝土的水平运输与垂直运输方案。厂房施工布置应根据厂房形式、厂区地形、气象、水文、施工机械设备等条件，结合施工总体布置统筹安排，选择最优方案。

混凝土施工布置方案应遵循以下原则设计：

（1）设备生产强度为进度或结构需要强度（混凝土初凝前覆盖）的1.2倍。

（2）设备覆盖范围及其性能。如门、塔机、泵等工作范围有不同起吊等级，范围越大，等级越低，还有高度、回转、基础等。

（3）辅助系统配套，如设备安装的可行性研究、场内混凝土运输道路是否能达到，拌和能力和运输能力是否满足或配套，电力能否保障。

（4）在厂坝相连的枢纽中，尽可能与坝体混凝土的施工布置相结合，对于单独的厂房系统，则进行专门的施工布置。

同时，不论采用哪种混凝土施工布置方式，对其施工道路、临时设施、施工机械和施工场地等，都应当使其在厂房主体工程施工前形成生产能力，满足施工条件要求。

2.1.2.2　一期混凝土施工布置

(1) 机械化施工方案。混凝土水平运输采用机车立罐、汽车卧罐、自卸汽车、皮带机、塔带机或缆机，垂直运输一般采用门座式起重机、塔式起重机、履带式起重机或四连杆臂机。其中，主要的大型运输机械，应根据厂房的浇筑范围和起重机械的工作特性，并结合混凝土的水平运输方式，进行平面位置和立面高程的布置。施工初期，起重机械布置在厂房上、下游侧，沿厂房轴线方向移动，一般不设栈桥，后期根据施工需要，将门座式、塔式起重机迁至尾水平台或厂坝间等部位，如图 6-64 和图 6-65 所示。该种布置方式适用于河床式、坝内式或坝后式水电站。

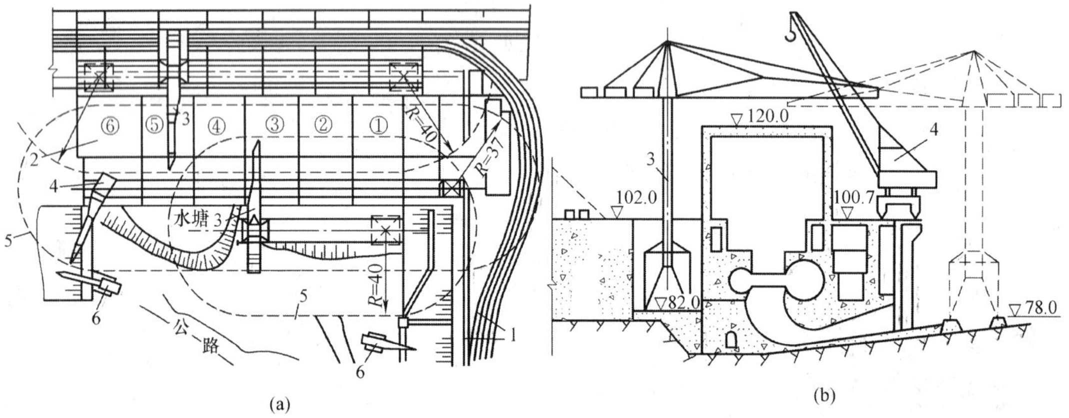

图 6-64　某坝后式厂房混凝土浇筑方案（单位：m）

(a) 平面图；(b) 立面图

1—铁路运输线；2—厂房；3—塔带机；4—门机；5—门塔机控制范围；6—履带式起重机

对于引水式水电站河岸式厂房，一般厂房靠山布置，厂房上游侧施工场地狭窄，常将起重机布置在厂房下游侧。

在设有缆索起重机的水电枢纽工程施工中，由于受缆索起重机机械特性和厂房结构特点所限制，厂房混凝土浇筑很少仅配置缆索起重机进行。通常缆索起重机只进行厂房下部结构的混凝土浇筑，上部结构混凝土浇筑，仍需配备门座式或塔式起重机。

在采用上述施工方案时，当栈桥尚未形成，门座式、塔式起重机在基础部分浇筑混凝土，或在起重机控制范围以外的部位浇筑混凝土时，还需要布置辅助机械和设备完成厂房混凝土的浇筑任务。如水平运输可采用汽车卧罐，垂直运输采用履带式起重机等方法，也可采用胶带运输机和混凝土泵。

XJB 水电站建设工地，在厂房浇筑过程中，广泛采用塔带机、胶带机和缆机，结合传统门机、塔机及四连杆臂机，增加了混凝土运输浇筑能力，提高了浇筑效率，收到了良好的效果。特别是高速缆机和塔带机的使用，为今后大型水电站建设混凝土浇筑提供了很好的借鉴意义。

(2) 以机械为主、人工为辅的施工方案。在起重设备数量不足的大、中型工程中，混凝土工程量大的部位或施工困难部位，可采用机械化施工。其他部位可采用活动栈桥等人工施工方案，见图 6-66。

图 6-65 某水电站厂房混凝土浇筑方案

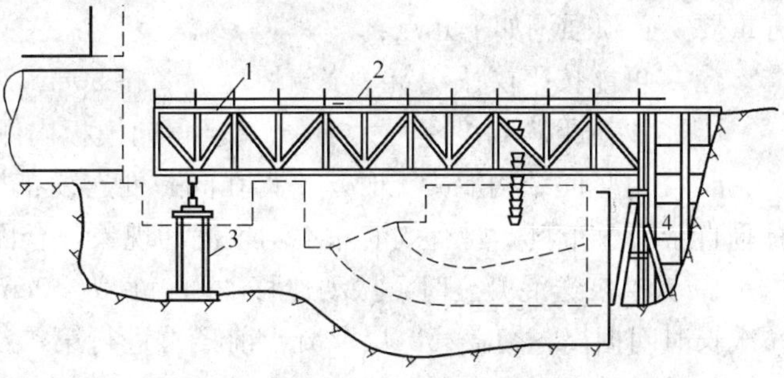

图 6-66 某水电站活动栈桥浇筑厂房下部混凝土

1—活动栈桥；2—混凝土运输小车；3—上游排架；4—下游排架

小型厂房工程，厂房下部结构混凝土施工时，常采用满堂脚手架方案，即在厂房基坑中布满脚手架，上面平铺马道板，用胶轮手推车运输混凝土，辅以溜筒入仓。但在施工过程中必须控制混凝土拌和物的离析现象。厂房上部结构的混凝土浇筑和屋顶结构的吊装，还需配置履带式或采用井架和龙门架等垂直运输设备。

2.1.2.3 二期混凝土施工布置

各台机组的二期混凝土，应在厂房封顶前利用外部设备浇筑。厂房封顶后，则可利用桥吊运输混凝土，也可采用混凝土泵、胶带运输机或胶轮手推车运输混凝土入仓；但这样既增加了设备，又影响了浇筑速度，在考虑施工方案时应尽量利用外部设备。

二期混凝土的施工布置，对于厂房未封顶的机组部位，如主机段蜗壳底板和侧墙等厂房下部结构的二期混凝土，与一期混凝土相同；对于已封顶的机组部位，可采用以下方法。

(1) 入仓死角控制。每台机组厂房屋顶，预留 1～2 个临时进料孔，利用厂外起重机吊料罐入仓。吊罐达不到的部位，可接漏斗、溜槽或人工转料。此法要加强混凝土入仓中各个环节的配合，并要特别注意安全。

(2) 利用混凝土泵直接入仓。

1) 泵送混凝土施工工序。布管→润滑→排水→泵送水泥煤灰浆→泵送混凝土→完工后清洗拆管。

2) 泵送管路布置的基本原则。

a. 管路布置尽可能使距离最短，弯管最少。

b. 管路接头应连接牢固，密封、不漏浆。

c. 管路布置应满足先浇最远处，然后依次拆管后退，减少泵送过程中接管对作业的影响。

d. 要布置弯管的地方，尽量使用转弯半径大的弯管，以减小压力损失，避免堵管。

e. 向上布置管路，一般不使用垂直向上的 90°的弯管，用钢管搭设脚手架斜道，减小输送阻力和堵管；在垂直向下的管路下端布置一缓冲水平段或管口朝上的倾斜坡段，以减少混凝土自落产生离析而堵塞。

f. 混凝土浇筑速度、管路装拆等停歇时间比较长时，可每隔 10～15min 反泵再正泵 2～3 个行程。

3) 泵送混凝土浇筑的注意事项。泵送混凝土比常态混凝土流动性大，在振捣过程中骨料与水泥砂浆易产生不均匀分布，掌握其特殊性，对做好现场施工管理，保证混凝土质量十分重要，必须强调如下几点：

a. 尽可能按平层法浇筑，浇筑厚度为30～50cm，应由远而近逐层浇筑。

b. 混凝土下料高度不得大于1m，不得向模板内侧面直冲布料，也不得直冲钢筋骨架。

c. 浇筑竖向结构混凝土时，不得在同一处连续布料，应在2～3m范围内水平移动布料，宜垂直于模板布料。要有效消除不均匀流动现象，仓面的泌水要及时排除。

d. 振捣泵送混凝土时，振动棒移动间距宜为40cm左右，振捣时间宜为15～30s，不能一次长时间振捣，覆盖第二层混凝土前，再进行第二次复振，既可以振捣密实，排除气泡，又可防止过振产生骨料下沉分离。

e. 大体积水平结构的混凝土表面，在收仓后、初凝前应再复振一遍，并适时用木批磨平搓毛两遍以上，必要时，还应用铁制滚筒压两遍以上，预防混凝土面产生收缩裂缝。

f. 浇筑完混凝土的仓面应覆盖保温材料，加强淋水养护。

（3）机车或汽车混凝土运输。机车或汽车（运距较远的水电站可用拌和车）将混凝土运至桥吊下，用桥吊转运入仓。

（4）胶带运输机输送混凝土。胶带运输机通过厂房上、下游门窗或吊物孔，将混凝土运至内储料斗，卸入吊罐，再用桥吊吊运入仓。

（5）可利用操作临时平台。利用临近封顶机组，搭转料平台，再用桥吊吊至已封顶机组浇筑部位入仓。

（6）增设临时小型拌和机。对于机组多、二期混凝土工程量较大的水电站，还可以在厂房内部适当位置，布置一个临时小型拌和机，用桥吊吊料罐入仓。

考虑混凝土运输和入仓方案时，应尽量避免混凝土过多地转运和通过已经运行或正在安装的机组段上空。

2.1.3　厂房施工机械布置

2.1.3.1　主要设备性能

在该案例中，根据建筑物布置、结构特点，混凝土施工水平运输主要采用10t自卸汽车和20t自卸汽车，泵送混凝土采用6m³混凝土罐车运送；混凝土垂直运输主要选用机械设备为MQ600B/30t型门机、MQ900B/30t型门机、QUY80型履带吊，门机和履带吊配3m³或6m³混凝土卧罐吊运入仓。该工程混凝土施工垂直运送主要机械设备数量及性能见表6-8。

表6-8　混凝土施工垂直运送主要机械设备数量及性能

序号	机械名称	台数	型号	工作幅度（m）		起重能力（t）	机台高度（m）
				最大	最小		
1	中架门机	2	MQ600B/30t	50	17	30/10	中架22.5
2	高架门机	1	MQ600B/30t	50	17	30/10	高架32.45
3	高架门机	1	MQ900B/30t	62（40）	22	30（20）/10	高架35.61
4	履带吊	1	QUY80	36	3.9	100/5.3	

注　MQ900B型高架门机浇筑工况Ⅰ参数：覆盖范围为22～62m，起重量为10t；MQ900B型高架门机浇筑工况Ⅱ参数：覆盖范围为22～40m，起重量为20t。

2.1.3.2　混凝土施工能力分析

混凝土施工能力主要取决于门机、履带吊等机械设备的布置情况和设备性能。混凝土施工能力可根据门机、履带吊等机械设备的布置情况和设备性能，按《水利水电工程施工组织设计手册》相关计算公式确定，其月最大入仓能力计算过程如下。

（1）各设备的技术生产率

$$Q_j = nq \tag{6-1}$$

$$n = 3600/T_i \tag{6-2}$$

$$T_i = \sum_{1}^{n} t_i = t_1 + t_2 + t_3 + \cdots + t_n \tag{6-3}$$

式中　Q_j——技术生产率，m^3/h；

q——所配吊罐的有效容积，m^3；

n——每小时吊运的罐数；

T_i——吊运一罐的循环时间，s；

t_i——一个吊运循环中各操作环节所耗费的时间，s。

根据混凝土施工机械设备布置情况，按不利情况，各种机械一个吊运循环中各操作环节所耗费的时间见表6-9。

表6-9　　混凝土垂直运输机械设备入仓循环时间　　s

序号	设备名称	回转角度(°)	挂罐	提升	重载行走	重载回转	变幅	下降	卸料	空回	放罐	中断	合计	备注
1	MQ600B/30t型门机	135	30	50	30	40	90	10	30	30	20	30	360	$3m^3$罐
2	MQ900B/30t型门机	135	30	50	30	40	90	10	30	30	20	30	360	$3m^3$罐
3	MQ900B/30t型门机	135	30	60	30	60	90	40	40	30	20	40	440	$6m^3$罐
4	QUY80型履带吊	90	30	20	0	30	90	10	30	30	20	40	300	$3m^3$罐

注　门机回转按最不利状况（吊运旋转135°）考虑。

该工程中MQ600B型门机混凝土垂直运输配$3m^3$罐，MQ900B型门机配$3m^3$或$6m^3$罐，QUY100型履带吊配$3m^3$罐，各设备的技术生产率如下：

MQ600B型门机的技术生产率$Q_1 = nq = \frac{3600}{T_i} \times 3 = 30m^3/h$；

MQ900B型门机配$3m^3$罐的技术生产率$Q_2 = nq = \frac{3600}{T_i} \times 3 = 30m^3/h$；

MQ900B型门机配$6m^3$罐的技术生产率$Q_3 = nq = \frac{3600}{T_i} \times 6 = 47m^3/h$；

QUY80型履带吊的技术生产率$Q_4 = nq = \frac{3600-900}{T_i} \times 3 = 27m^3/h$，其中3600－900表示每小时实际的吊运时间。

（2）各设备实用生产率。高峰月各设备实用生产率为

$$Q_m = Q_j mnK_1 K_2 K_3 K_4 \tag{6-4}$$

式中　m——每月工作天数，根据混凝土施工特点取为22天；

n——每天工作小时数，该工程采用3班制，取为20h；

K_1——工作条件（吊运杂物）系数，该工程混凝土高峰时为大体积混凝土，吊运杂物时间相对较少，取值为0.75；

K_2——时间利用系数，取值为0.90；

K_3——生产利用系数，取值为0.95；

K_4——多台门机、设备运行的同时利用系数，取值为0.9。

MQ600B型门机高峰月实用生产率：$Q_1=30\times22\times20\times0.75\times0.9\times0.95\times0.9=7618m^3$/月；

MQ900B型门机（$3m^3$罐）高峰月实用生产率：$Q_2=30\times22\times20\times0.75\times0.9\times0.95\times0.9=7618m^3$/月；

MQ900B型门机（$6m^3$罐）高峰月实用生产率：$Q_3=49\times22\times20\times0.75\times0.9\times0.95\times0.9=12\,442.8m^3$/月；

QUY80型履带吊高峰月实用生产率：$Q_4=27\times18\times16\times0.75\times0.9\times0.95\times0.9=4487m^3$/月（履带吊$m$、$n$参数分别取18天、16h）。

（3）混凝土垂直运输设备月实际入仓能力。

1）该工程混凝土施工入仓能力分析。根据总进度计划安排，该工程混凝土浇筑月最高强度为1.96万m^3/月，出现时段为2009年1月。

按照混凝土施工最高月强度时浇筑部位情况，高峰时主要浇筑厂房底板及机组基础高程357.30m以下混凝土、安装间底板及周边墙等混凝土，为满足多仓位高强度施工，施工高峰时厂房总共布置了2台MQ600B/30t型中架门机、1台MQ600B/30t型高架门机、1台900B/30t型高架门机、1台QUY100型履带吊；其中，2台MQ600B/30t型门机主要进行安装间底板及边墙混凝土施工，1台900B/30t型门机和1台MQ600B/30t型门机主要进行厂房底板及机组基础混凝土施工，并且根据厂房结构尺寸、门机覆盖范围及起吊能力，厂房底板及机组基础混凝土施工高峰时按照1台MQ900B型门机起吊$6m^3$罐满荷运行；同时配置1台QUY80型履带吊进行尾水渠底板和护坡混凝土入仓浇筑。

设备实际入仓能力为

$$Q_z=Q_1\times2+Q_2+Q_3=7618\times2+7618+12\,448.2=35\,302.2m^3/\text{月}$$

能满足该工程混凝土月最高强度为1.96万m^3/月的要求。

2）主机间段混凝土施工入仓能力分析。根据该工程混凝土施工进度计划，主机间段混凝土施工高峰月强度为1.54万m^3/月。按照主机间段混凝土施工月最高强度时施工部位，高峰时主要施工厂房底板及机组基础高程361.60m以下混凝土等，主机间段总共布置了1台900B/30t型门机和1台MQ600B/30t型门机作为入仓手段；根据厂房结构尺寸、门机覆盖范围及起吊能力，厂房底板及机组基础混凝土施工高峰时，按照一台门机起吊$6m^3$罐满荷运行、另一台门机按照起吊$3m^3$罐满荷运行进行强度核算。

设备实际入仓能力为

$$Q_z=Q_1+Q_2=12\,448.2+7618=20\,066.2m^3/\text{月}$$

$$Q_z=2.066\text{万}m^3/\text{月}>1.54\text{万}m^3/\text{月(厂房段混凝土浇筑月最高强度)}$$

经过以上计算，主机间段混凝土垂直运输设备资源配置满足该部位现场施工月最高强度要求。

3）安装间段部位混凝土施工入仓能力分析。根据该工程混凝土施工进度计划，安装间段混凝土施工高峰月强度为 0.42 万 m^3/月。

按照安装间段混凝土施工最高月强度时施工部位，高峰时主要施工安装间底板及周边墙等混凝土，安装间上游布置了 1 台 MQ600B/30t 型门机作为入仓手段，安装间下游布置了 1 台 MQ600B/30t 型门机作为入仓手段。

设备实际入仓能力为

$$Q_z = Q_1 + Q_1 = 7618 + 7618 = 15\ 236 m^3/月$$

$$Q_z = 1.523\ 6 m^3 万/月 > 0.42 万 m^3/月(安装间段混凝土浇筑月最高强度)$$

经过以上计算，安装间段混凝土垂直运输设备资源配置满足该部位现场施工月最高强度要求。

2.1.3.3　混凝土最大浇筑块入仓能力分析

根据该工程各部位混凝土施工分层分块方案，混凝土工程最大浇筑块为厂房尾水管扩散段底板第二层混凝土，浇筑块尺寸为 18.88m×15.53m，浇筑层厚度约为 2m。混凝土铺料方法采用台阶法，从浇筑块短边开始铺料，根据招标文件要求以及水工混凝土施工规范对台阶法铺料的要求，铺料厚度取为 50cm，浇筑层厚度约为 2m，铺料宽度大于 2.0m，坡度不大于1∶2。台阶法浇筑程序见图 6-67。

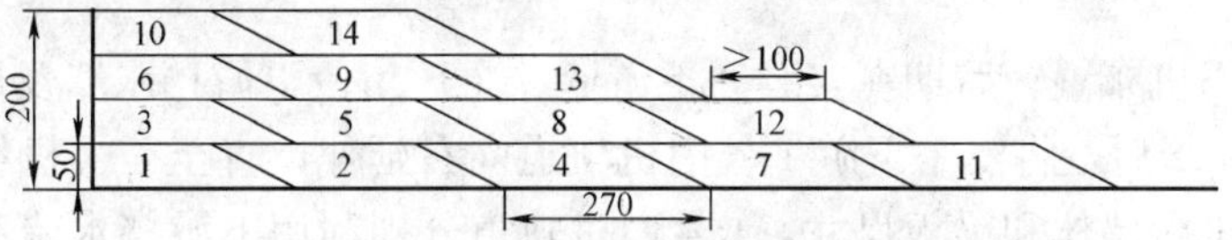

图 6-67　台阶法浇筑程序（单位：m）

1～14—混凝土浇筑次序

按《水利水电工程施工组织设计手册》相关公式，计算最大浇筑块每铺筑一次需要的混凝土方量 V 为

$$V = L\sqrt{\frac{v}{\delta}}\delta n \tag{6-5}$$

式中　V——台阶法浇筑每铺筑一次的混凝土方量，m^3；

L——浇筑块短边长度，取值为 15.53m；

v——吊罐的容积，取值为 6m^3；

δ——铺料厚度（即台阶高度），取值为 0.5m；

n——台阶数，取值为 4。

根据 DL/T 5144—2001《水工混凝土施工规范》，在当地混凝土施工时段最高气温条件下（20～30℃），普通硅酸盐混凝土在未考虑外加剂和掺合料的情况下，其浇筑容许间隔时间参考值为 90min。厂房底板混凝土浇筑采用布设在尾水渠底板的 1 台 MQ900B 型门机和 1 台 MQ600B 型门机同时浇筑一个浇筑块。厂房最大块底板浇筑时，按照其中 1 台 MQ600B 型门机吊运 3m^3 罐和 1 台 MQ900B 型门机吊运 6m^3 罐入仓计算，2 台门机小时生产能力Q=30+49=79m^3/h，台阶法浇筑一个循环耗时 82min 左右，小于浇筑容许间隔时间参考值 90min，满足规范要求。该部位施工时，在混凝土中适当掺加缓凝剂（该工程混凝土自身掺加的高效缓凝减水剂就有一定的缓凝作用），延长混凝土的初凝时间，完全能避免因混凝土垂直运输设备不足带来的混凝土入仓问题。

2.1.3.4　厂房及安装间的门机布置

厂房及安装间现浇混凝土工程量为252 243m^3，为有效满足各时段混凝土浇筑施工，在二期围堰拆除前基坑施工期内，在安装间上、下游分别布设1台MQ600B/30t型中架门机，在基坑厂房尾水渠底板布设1台MQ900B/30t型高架门机和1台MQ600B/30t型高架门机，在后期即2009年10月以后，厂房尾水闸门安装及厂房外侧过水后，厂房主要采用上、下游轨道贯通的MQ600B/30t型中架门机进行厂房剩余混凝土施工。

（1）安装间段门机布置。在安装间底板混凝土浇筑前，在安Ⅰ上、下游高程391.80m平台分别布设1台MQ600B/30t型中架门机。先进行安Ⅰ下游门机安装，编号为1号门机，门机中心线桩号为坝纵0+143.98m、安装高程为392.60m；待安Ⅰ岩石斜坡面用混凝土补平至高程392m后，能够保证车辆通行。在安Ⅰ上游安装1台MQ600B/30t型中架门机，编号为2号门机，门机中心线桩号为坝纵0+73.68m、安装高程为392.60m，该门机活动范围为厂前区高程392平台。利用1、2号门机主要进行安装间底板、安装间边墙、厂房1号机组部分混凝土入仓施工。

为使门机安装工作面平整，以及为确保后期安装间进厂大门口道路、厂前区道路路面完整性，开始时对开挖面进行垫层覆盖混凝土浇筑，在后期门机拆除后再进行永久道路路面混凝土浇筑。

（2）厂房段门机布置。后期在安装间下游墙、主厂房段下游挡水墙及尾水闸墩混凝土陆续浇筑至高程392m后，将安Ⅰ下游1号门机轨道向右延伸，直至4号机组右端头；其中根据厂房尾水启闭平台墙体和梁板尺寸，1号门机轨道分别利用下游挡水墙和尾水闸墩间增设门机轨道梁；利用左右贯通的1号门机进行并完成下游副厂房板梁混凝土、主厂房部分排架混凝土、主厂房部分桥机梁吊装，并完成厂房尾水渠底板所布设的门机拆除工作。

在厂房坝段高程392m以下工作面移交给该工程后，将安Ⅰ上游2号门机轨道向右延伸，直至4号机右端头；利用后期2号门机进行并完成上游副厂房板梁混凝土、主厂房部分排架混凝土、主厂房部分桥机梁吊装。其中，4号门机在厂房坝段高程392m以下工作面移交前，可进行部分1、2号机组上游副厂房基础混凝土浇筑入仓施工。

在厂房尾水渠反坡段基础开挖完成后、厂房底板基础混凝土浇筑开始前，先利用履带吊进行尾水渠轨道门机基础混凝土浇筑，随后在尾水渠底板布设1台MQ900B/30t型高架门机和1台MQ600B/30t型高架门机。尾水渠门机布设安装时先在左侧安装MQ600B/30t型高架门机，编号为3号门机，门机中心线桩号为坝纵0+160.13m、安装高程为351.27m；随后利用3号门机进行MQ900B/30t型高架4号门机安装，4号门机中心线桩号为0+161.88m、安装高程与3号门机相同为351.27m；由于考虑到3号门机和4号门机轨道中心距离不同，为了方便施工，1、2号门机轨道可共用单边轨道，另一边轨道可另行布设。厂房尾水渠反坡段门机轨道等部位采用浇筑混凝土轨道梁而形成轨道安装面。利用尾水渠底板布设3号门机和4号门机进行并完成厂房基础及底板混凝土、周边墙混凝土、部分尾水渠护坡及底板等部位混凝土入仓施工。

待浇筑1、2号机组尾水闸墩时，因MQ600B/30t型高架门机高度不够，闸墩三个仓位（1号/2号—Ⅲ—25/26/27）待门机上游混凝土浇筑完毕后，再进行该三个仓位混凝土的浇筑。

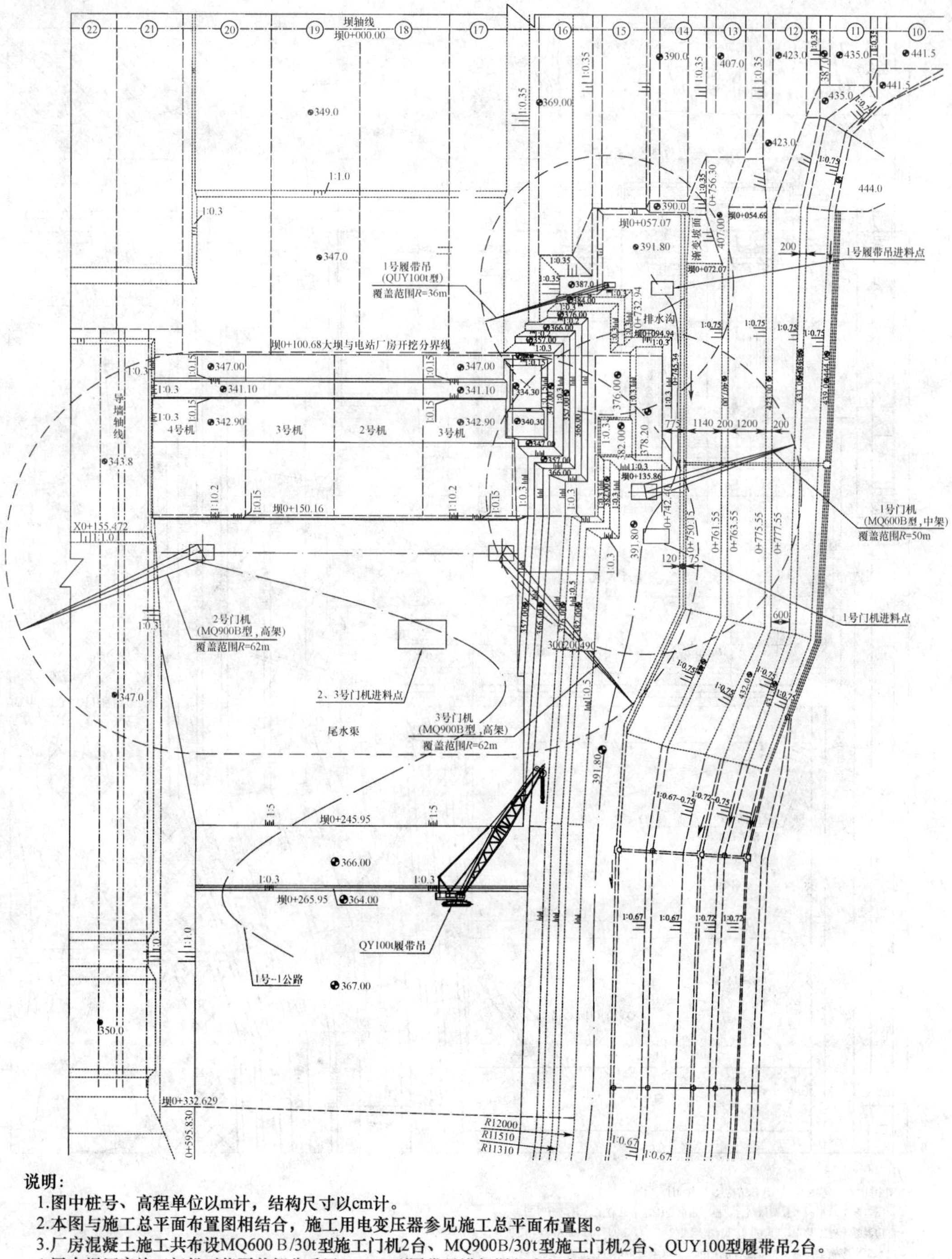

说明：

1.图中桩号、高程单位以m计，结构尺寸以cm计。

2.本图与施工总平面布置图相结合，施工用电变压器参见施工总平面布置图。

3.厂房混凝土施工共布设MQ600 B/30t型施工门机2台、MQ900B/30t型施工门机2台、QUY100型履带吊2台。

4.尾水渠厂房施工门机不能覆盖部分采用QY100t型履带吊进行混凝土入仓施工。

5.1号门机混凝土进料线：左岸厂房混凝土拌和系统→1号公路→进厂公路→1号门机覆盖范围内。

2号门机、3号门机混凝土进料线：左岸厂房混凝土拌和系统→1号公路→二期下游围堰→厂房尾水区1号-1公路→3号门机、4号门机覆盖范围内。

1号履带吊混凝土进料线：左岸厂房混凝土拌和系统→1号公路→进厂公路→安Ⅰ左侧通道→厂前区→2号门机覆盖范围内。

6.门机中心轴线表示为 —·—·— 。

门机覆盖范围表示为 - - - - - - 。

图 6-68　厂房混凝土施工机械布置平面图（一）

（桩号、高程单位：m；尺寸单位：cm）

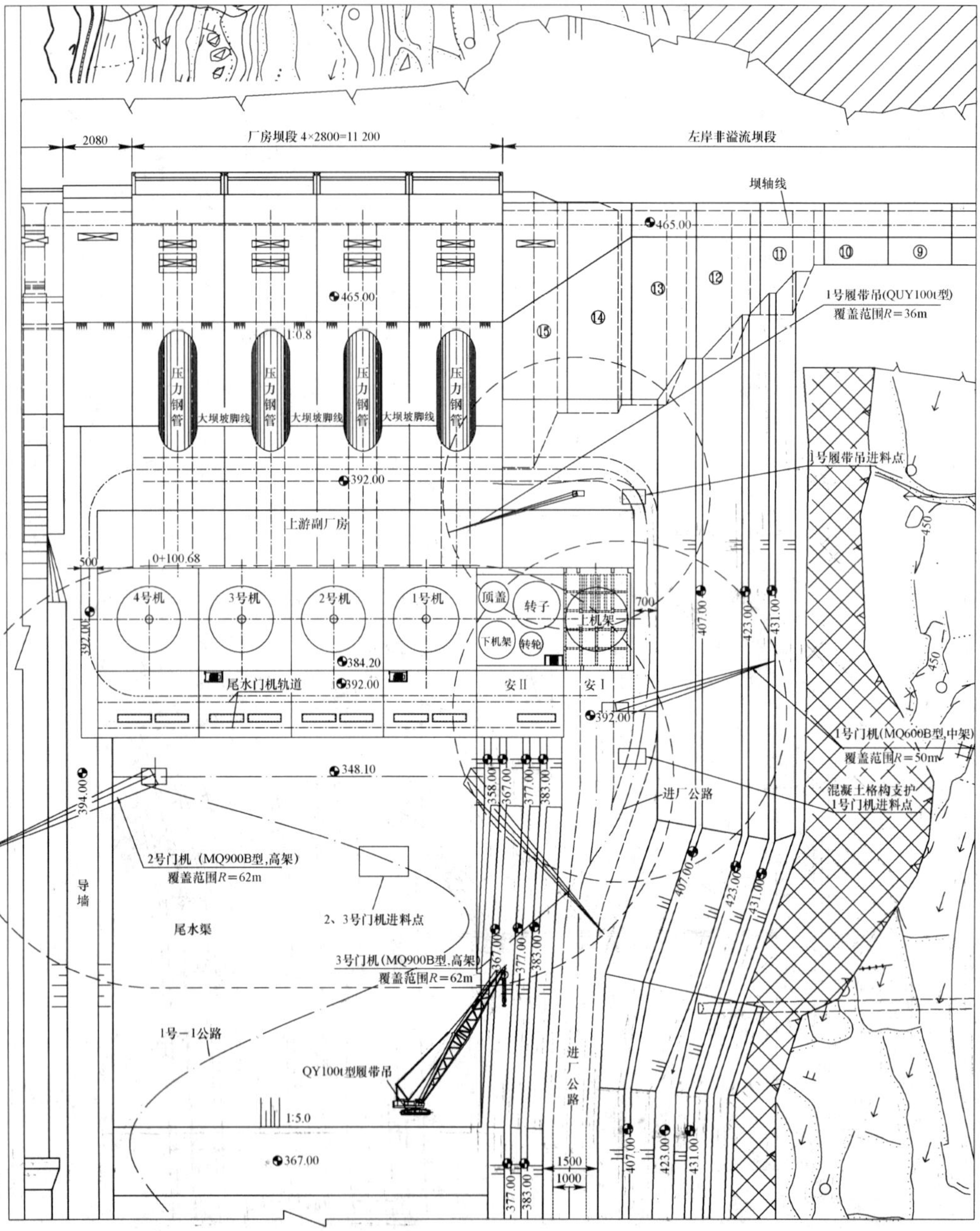

说明：

1.图中桩号、高程单位以m计，结构尺寸以cm计。

2.本图与施工总平面布置图相结合，施工用电变压器参见施工总平面布置图。

3.厂房混凝土施工共布设MQ600B/30t型施工门机2台、MQ900B/30t型施工门机2台、QUY100型履带吊2台。

4.尾水渠厂房施工门机不能覆盖部分采用QY100t型履带吊进行混凝土入仓施工。

5.1号门机混凝土进料线：左岸厂房混凝土拌和系统→1号公路→进厂公路→1号门机覆盖范围内。

2号门机、3号门机混凝土进料线：左岸厂房混凝土拌和系统→1号公路→二期下游围堰→厂房尾水区1号-1公路→3号门机、4号门机覆盖范围。

1号履带吊混凝土进料线：左岸厂房混凝土拌和系统→1号公路→进厂公路→安Ⅰ左侧通道→厂前区→2号门机覆盖范围内。

6.门机中心轴线表示为 —·—·—。

门机覆盖范围表示为 — — — — — —。

图 6-69　厂房混凝土施工机械布置平面图（二）

（桩号、高程单位：m；尺寸单位：cm）

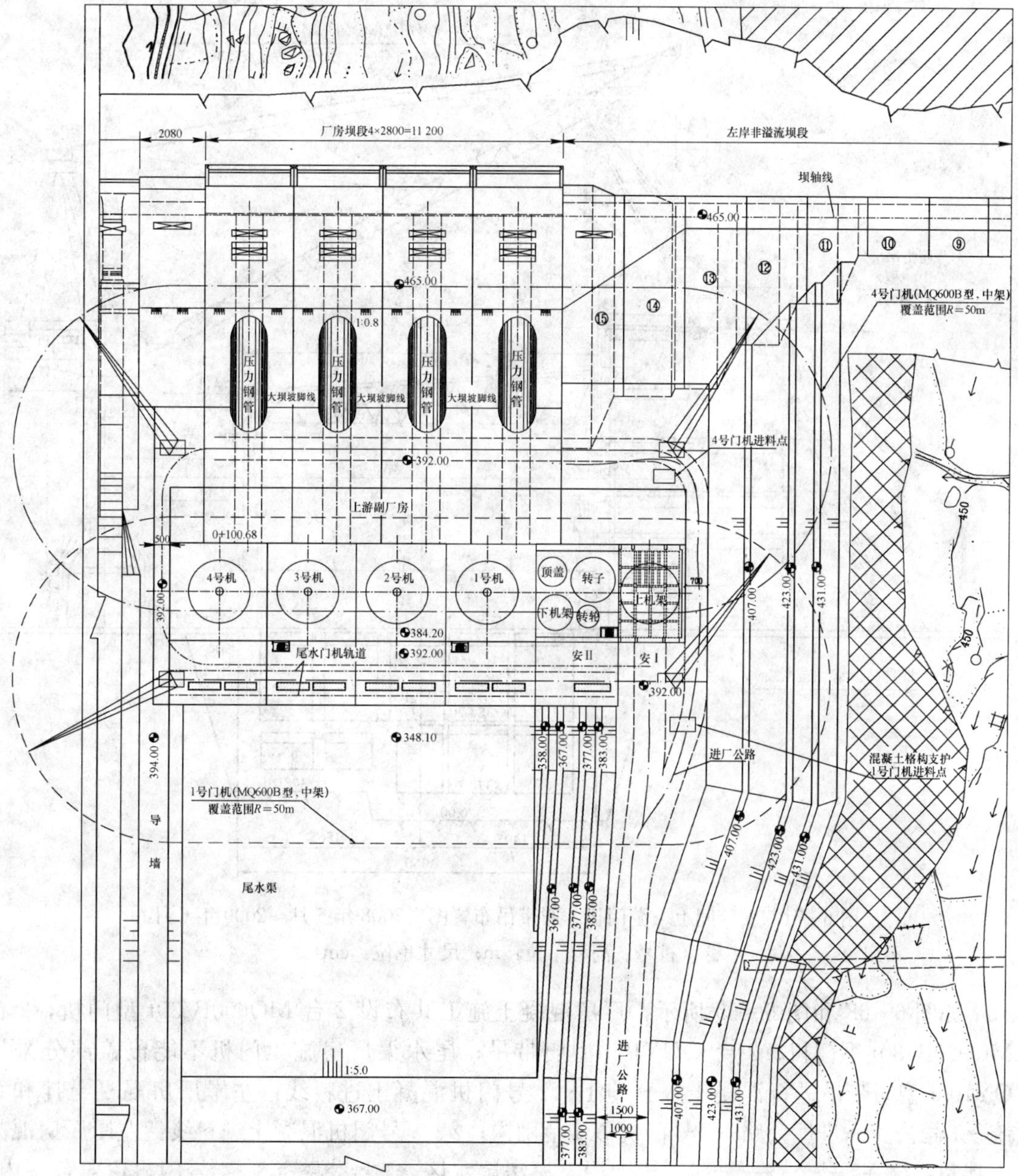

说明：

1.图中桩号、高程单位以m计，结构尺寸以cm计。

2.厂房后期混凝土施工布设MQ600B/30t型施工门机2台。

3.1号门机混凝土进料线：左岸厂房混凝土拌和系统→1号公路→进厂公路→1号门机覆盖范围内。

4号门机混凝土进料线：左岸厂房混凝土拌和系统→1号公路→进厂公路→安Ⅰ左侧通道→厂前区→2号门机覆盖范围内。

4.门机中心轴线表示为 —— · —— · ——。

门机覆盖范围表示为 — — — — — — —。

图6-70　厂房混凝土施工机械布置平面图（三）
（桩号、高程单位：m；尺寸单位：cm）

在该工程混凝土拌和系统形成前，门机轨道基础混凝土采用 JDY350 型搅拌机拌制，10t 自卸汽车运输、装载机入仓浇筑。

厂房及安装间门机详细布设、覆盖范围见图 6-68～图 6-74。

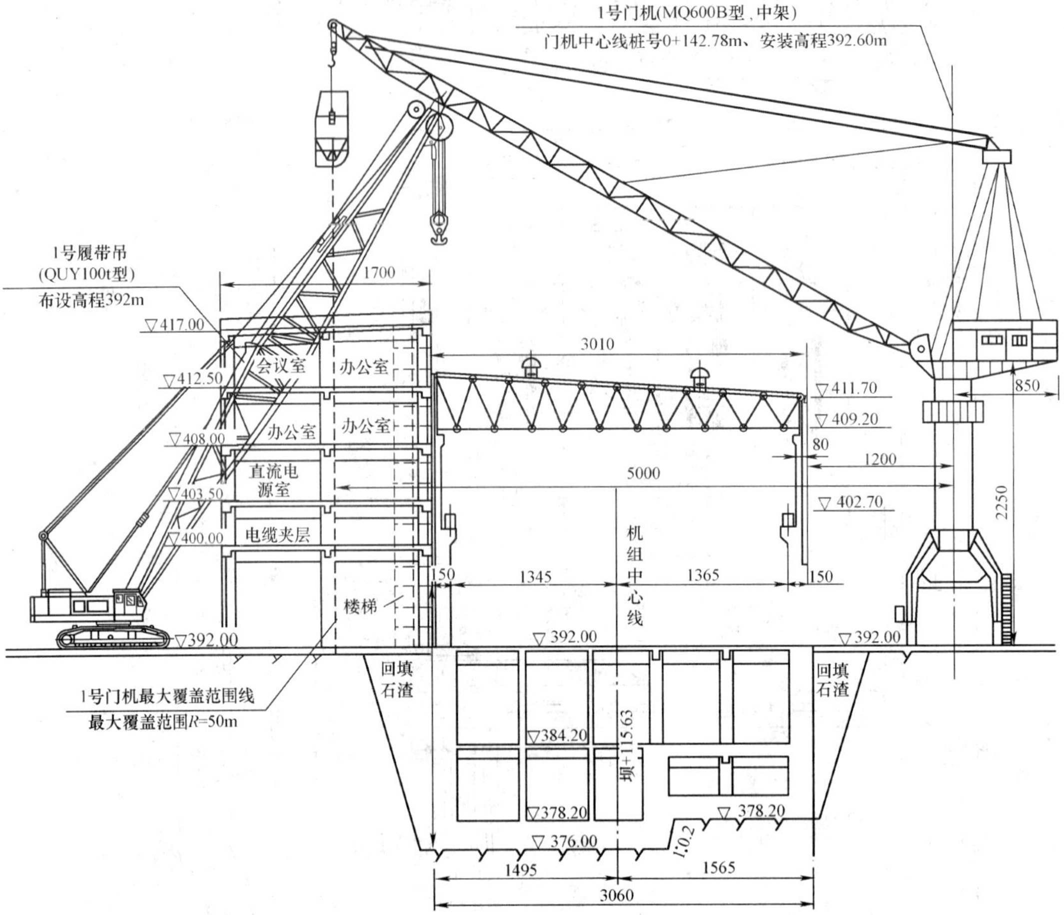

图 6-71　安装间上下游门机、履带吊布置图（2008 年 5 月～2009 年 6 月）

（桩号、高程单位：m；尺寸单位：cm）

如图 6-68 和图 6-69 所示，厂房混凝土施工共布设 2 台 MQ600B/30t 型门机，2 台 MQ900B/30t 型门机、2 台 QUY100 型履带吊；尾水渠厂房施工门机不能覆盖部分采用 QY100t 型履带吊进行混凝土入仓施工；1 号门机混凝土进料线：左岸厂房混凝土拌和系统→1 号公路→进厂公路→1 号门机覆盖范围内；2、3 号门机混凝土进料线：左岸厂房混凝土拌和系统→1 号公路→二期下游围堰→厂房尾水区→1 号公路→3、4 号门机覆盖范围内；1 号履带吊混凝土进料线：左岸厂房混凝土拌和系统→1 号公路→进厂公路→安Ⅰ左侧通道→厂前区→2 号门机覆盖范围内。

如图 6-70 所示，厂房后期混凝土施工布设 MQ600B/30t 型门机 2 台。1 号门机混凝土进料线：左岸厂房混凝土拌和系统→1 号公路→进厂公路→1 号门机覆盖范围内。

4 号门机混凝土进料线：左岸厂房混凝土拌和系统→1 号公路→进厂公路→安Ⅰ左侧通道→厂前区→2 号门机覆盖范围内。

厂房混凝土施工门机、履带吊布置图如图 6－71 和图 6－72 所示。

如图 6－71 和图 6－72 所示，厂房 1 号门机（MQ600B/30t 型，中架）安装高程为 392.60m、中心线桩号为坝纵 0＋142.78m、门机轨道左右范围厂房为 170m、门机机台高度为 22.50m，1 号门机后期延伸至主厂房尾水启闭平台 4 号机组右端。

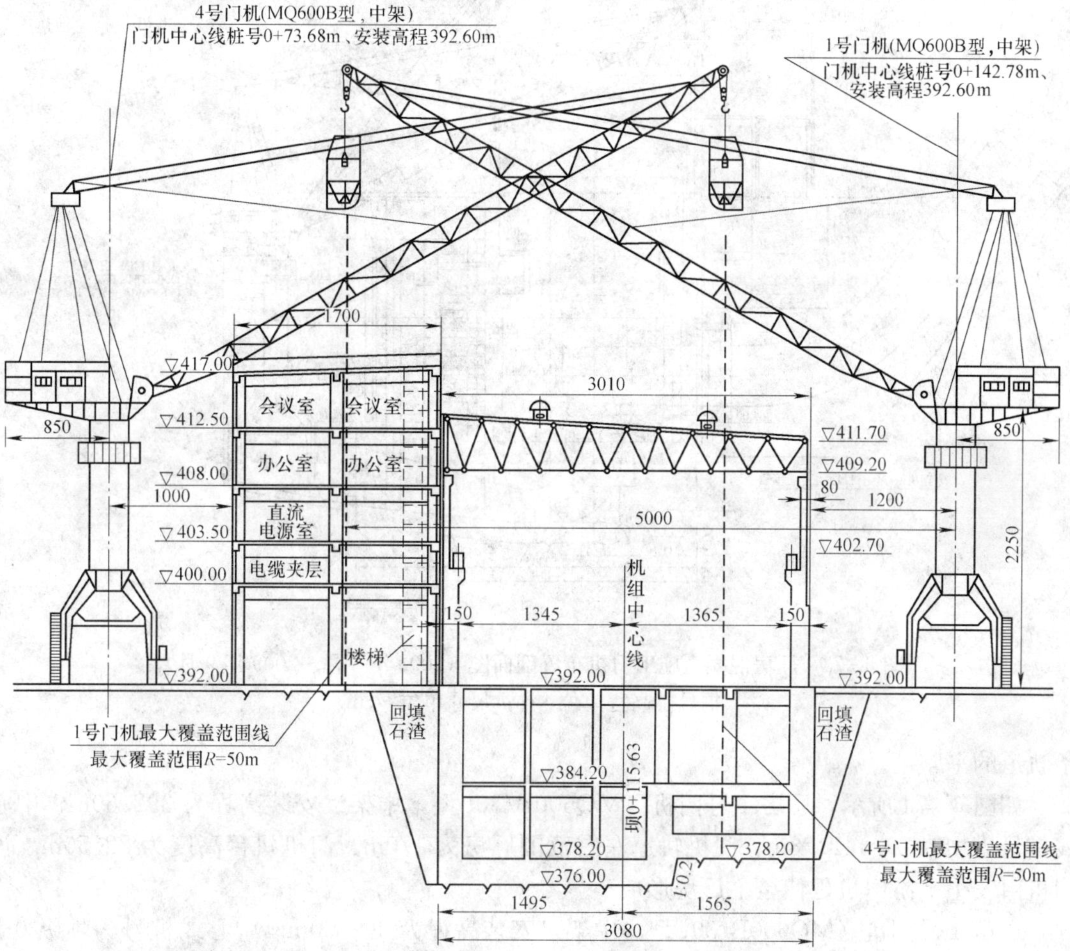

图 6－72　安装间上下游门机、履带吊布置图（2008 年 7 月～2009 年 9 月）
（桩号、高程单位：m；尺寸单位：cm）

厂房 4 号门机（MQ600B/30t 型，中架）安装高程为 392.60m、中心线桩号为坝纵 0＋73.68m、门机轨道左右范围厂房为 170m、门机机台高度为 22.50m，4 号门机后期延伸至主厂房尾水启闭平台 4 号机组右端。

1 号履带吊（QUY100t 型）布设高程为 392m。

如图 6－73 所示，厂房尾水渠 2 号门机（MQ900B/30t 型，高架）安装高程为 351.27m、中心线桩号为坝纵 0＋161.88m、门机轨道左右范围厂房为 110m、门机机台高度为 35.61m。

厂房尾水渠 3 号门机（MQ900B/30t 型，高架）安装高程为 351.27m、中心线桩号为坝纵 0＋161.88m、门机轨道左右范围厂房为 110m、门机机台高度为 35.61m。

厂房尾水渠反坡段门机轨道铺设时，在低处轨道底部浇筑混凝土纵梁，轨道安装确保两

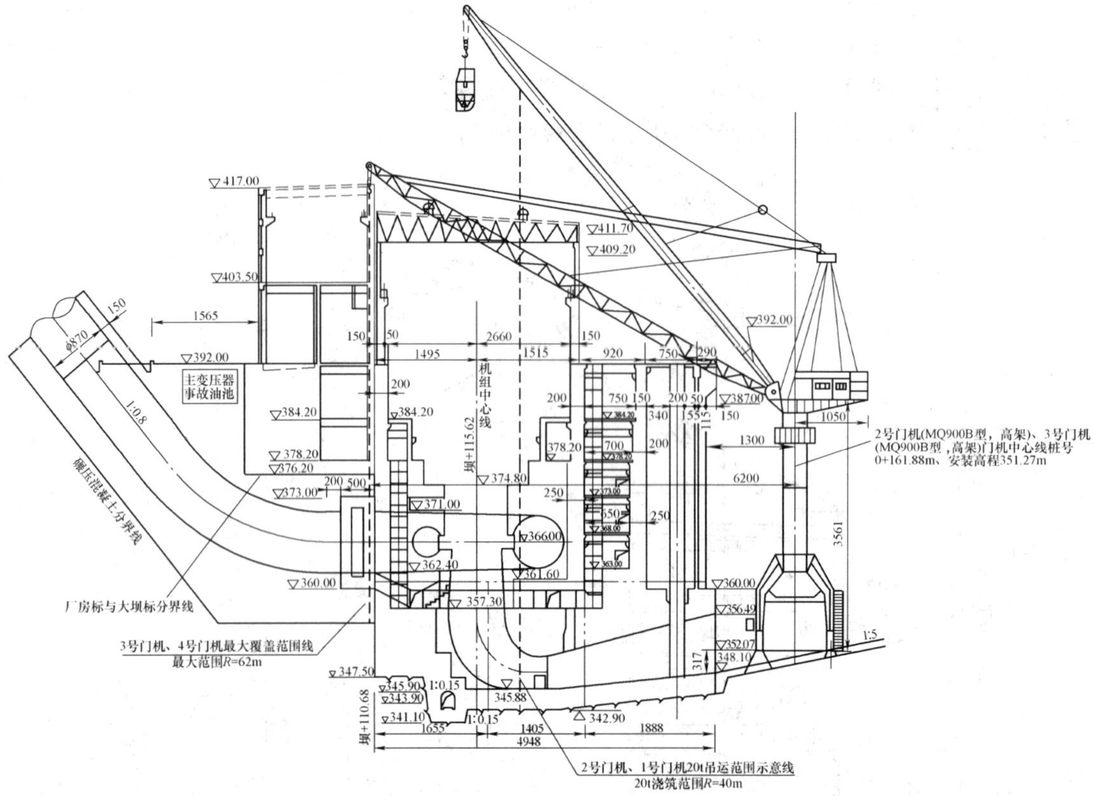

图 6-73　厂房混凝土施工门机布置剖面图（2008 年 5 月～2009 年 9 月）
（桩号、高程单位：m；尺寸单位：cm）

条轨道的平整度。

如图 6-74 所示，厂房 1 号门机（MQ600B/30t 型，中架）安装高程为 392.60m、中心线桩号为坝纵 0+142.78m、门机轨道左右范围厂房为 170m、门机机台高度为 22.50m。该门机由安Ⅰ下游门机延伸至主厂房形成。

厂房 4 号门机（MQ600B/30t 型，中架）安装高程为 392.60m、中心线桩号为坝纵 0+73.68m、门机轨道左右范围厂房为 170m、门机机台高度为 22.50m。该门机由安Ⅰ上游门机延伸至主厂房形成。

主厂房段 1 号门机轨道铺设时，其中一条布设在下游挡水墙顶部，另一条采用尾水闸墩间增设门机轨道梁而形成安装面。

各部位门机型号、相关布置参数及覆盖范围见表 6-10。

2.1.3.5　门机的安装与拆除

门机的安装与拆除主要结合混凝土施工进度、施工条件进行安排，所布设的门机结合其他设备需满足混凝土浇筑高峰期入仓强度要求。门机的安装和拆除充分利用现场地形和相关场地所布设的机械。其中，1 号门机采用 80t 履带吊在进厂公路进安装间门口平台上进行安装与拆除；2 号门机采用 80t 履带吊在厂前区高程 392m 平台上进行安装与拆除；3 号门机采用 100t 履带吊在尾水渠反坡段回填场地平台上进行安装，拆除采用 1 号门机；4 号门机采用 3 号门机进行安装，拆除采用 3 号门机。门机安装、拆除时间及方法见表 6-11。

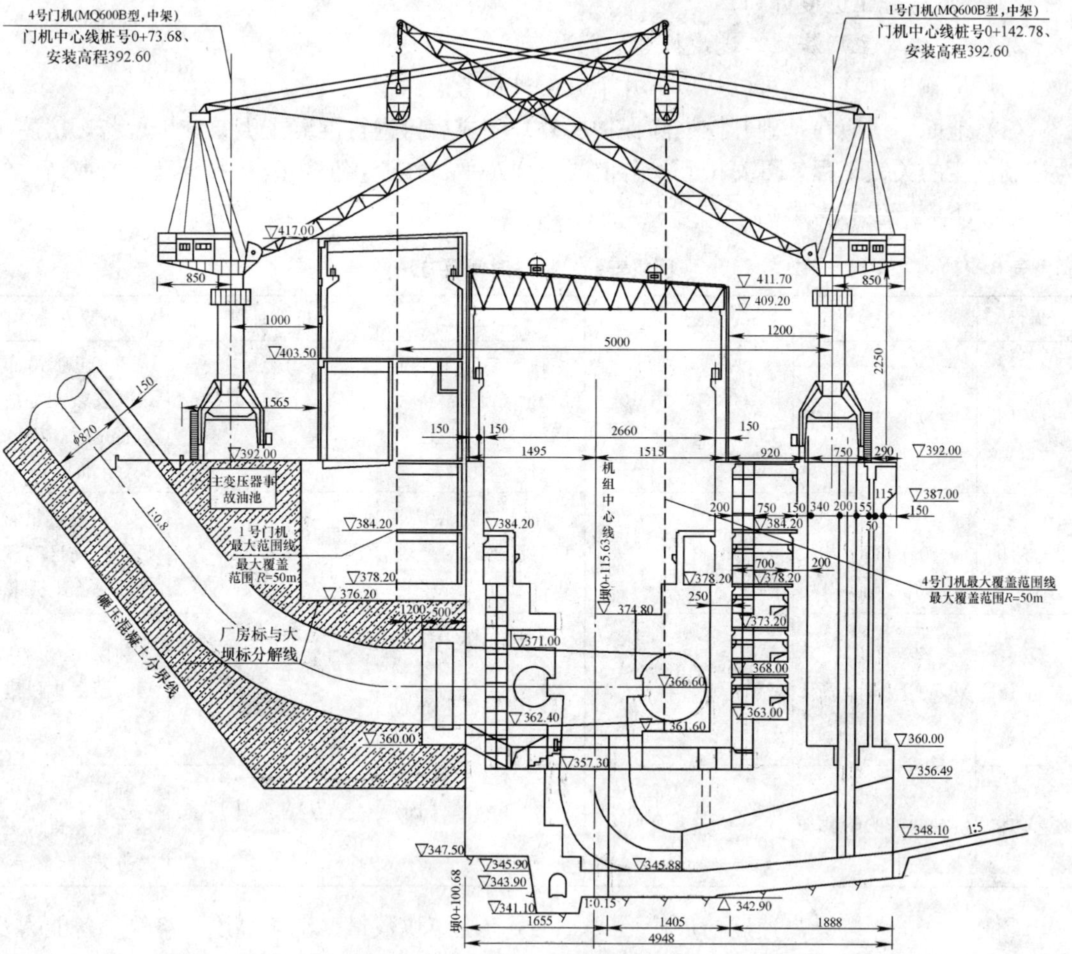

图 6-74　厂房混凝土施工门机布置剖面图（2009 年 10 月～2010 年 10 月）
（桩号、高程单位：m；尺寸单位：cm）

表 6-10　　各部位门机型号、相关布置参数及覆盖范围

编号	型号	中心线桩号（m）	安装高程（m）	主要浇筑和吊运范围
1 号门机	MQ600B/30t 中架	坝纵 0+142.78	392.60	安装间部分底板、安装间边墙、厂房 1 号机组部分混凝土入仓施工；下游副厂房板梁混凝土、主厂房部分排架混凝土、主厂房部分桥机梁吊装，并完成厂房尾水渠底板 1、2 号门机拆除工作
2 号门机	MQ900B/30t 高架	坝纵 0+161.88	351.27	上游副厂房底板基础和板梁混凝土、主厂房部分排架混凝土、主厂房部分吊车梁吊装
3 号门机	MQ900B/30t 高架	坝纵 0+161.88	351.27	协同 1、3 号门机进行并完成厂房基础及底板混凝土、周边墙混凝土、部分尾水渠护坡及底板等部位混凝土入仓施工
4 号门机	MQ600B/30t 中架	坝纵 0+73.68	392.60	协同 2 号门机进行并完成厂房基础及底板混凝土、周边墙混凝土、部分尾水渠护坡及底板等部位混凝土入仓施工
1 号履带吊	QUY100t			尾水渠边墙和底板混凝土

2.2 厂房施工进度计划

2.2.1 编写主厂房施工进度报告

主厂房施工进度报告可以从以下几个方面进行考虑：

（1）地面厂房应在基础开挖（除保护层外）完成后再进行混凝土浇筑施工。若厂房施工为控制进度的关键工程，可安排开挖与混凝土浇筑平行作业，但爆破开挖对已浇筑或新浇筑的混凝土不应产生有害影响。

表 6-11　门机安装、拆除时间及方法

编号	型号	安装时间	安装方法	拆除时间	拆除方法
1 号门机	MQ600B/30t，中架	2008 年 5 月 10～19 日	在安装间 I 层下游进场道路高程 392m 平台上进行 100t 履带吊安装	2010 年 10 月 10～20 日	80t 履带吊布设在安装间进厂道路高程 392m 平台上拆除
2 号门机	MQ600B/30t，中架	2008 年 5 月 20 日～6 月 5 日	在安装间上游厂前区高程 392m 平台上进行 80t 履带吊安装	2010 年 10 月 21～31 日	100t 履带吊布设在厂前区高程 392m 平台上拆除
3 号门机	MQ600B/30t，高架	2008 年 6 月 6～15 日	利用尾水渠下基坑道路分支填筑平台，在平台上布设 80t 履带吊	2009 年 9 月 23～30 日	利用 1 号门机运行至主机段进行拆除
4 号门机	MQ900B/30t，高架	2008 年 7 月 1～10 日	利用 3 号门机安装	2009 年 9 月 15～22 日	利用 3 号门机运行至主机段进行拆除

（2）厂房的平均升高速度与厂房形式、混凝土浇筑块数量、浇筑高度、浇筑设备能力及温度控制要求等因素有关，宜通过浇筑分块或工程类比确定。

（3）混凝土浇筑应统筹兼顾机电设备、金属结构及各种埋件安装等工序。

2.2.2 厂房总体施工程序

水电站厂房总体施工程序见图 6-75。

在 XJB 水电站案例中，其坝后式厂房 8 号机组施工程序见图 6-76。

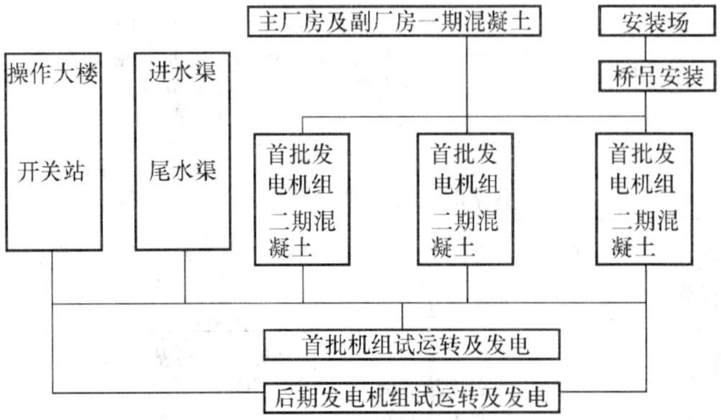

图 6-75　水电站厂房总体施工程序

2.2.3 厂房施工综合进度计划

影响厂房混凝土施工进度的因素很多，有基础填塘、立模板、扎筋、埋件、金属结构及机组安装和混凝土浇筑等。根据厂房布置特点、分缝分块和工程量大小，对上述各工序及工期安排，一般有如下要求：

（1）基础填塘。填塘混凝土按设计要求安排。

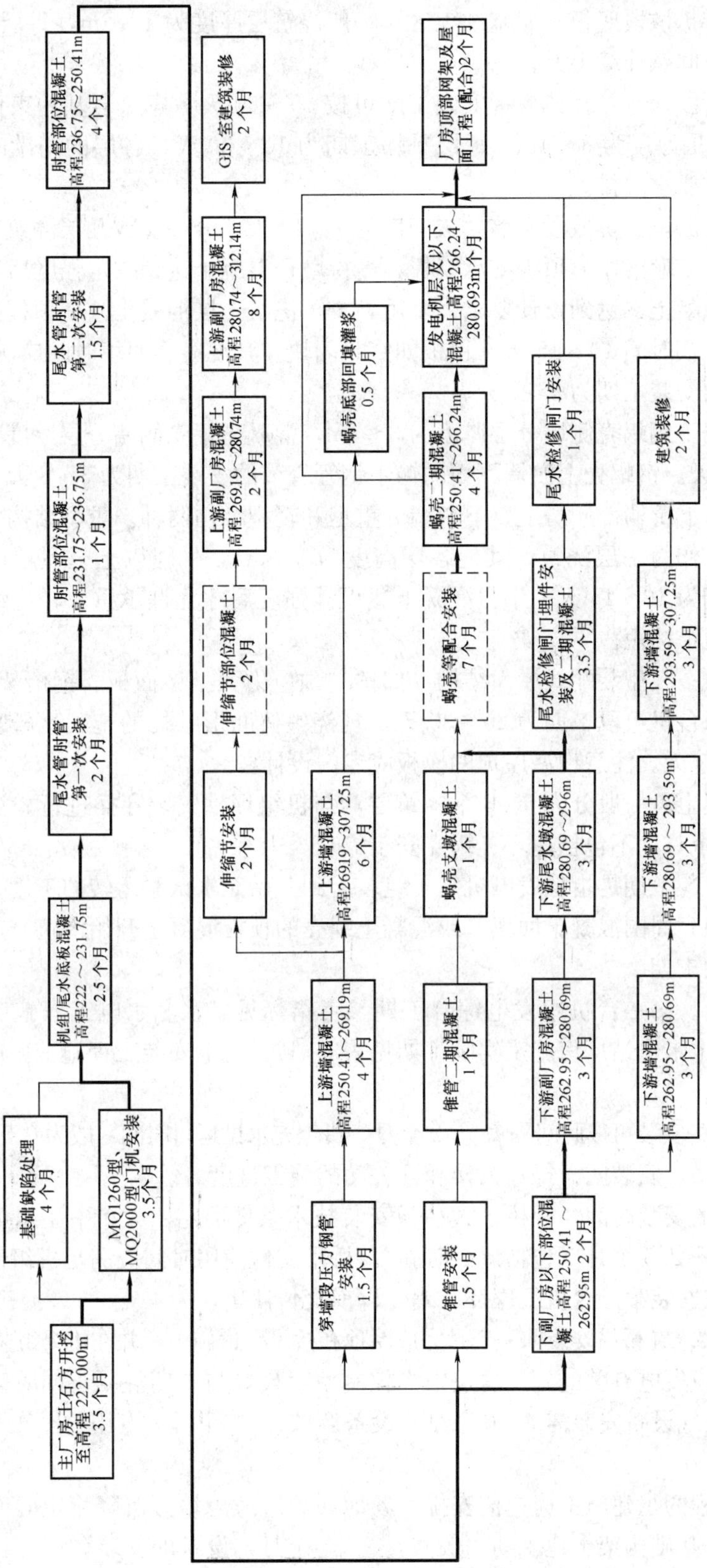

图6-76 坝后式厂房土建工程施工程序（8号机组）

（2）弯管段和扩散段底板。岩基约束区，一般浇筑层厚度为1～2m，每层工期为7～14天，应尽力做到短间歇连续上升。

（3）尾水弯管段。弯管整体模板安装工期可按15～60天考虑。岩基约束区浇筑层厚度为2m左右，其他层厚度为3～4m，每层平均工期为10～30天，各层的间歇时间及封闭块的回填时间按设计要求安排。

（4）尾水管扩散段。扩散段墩墙模板工期为7～10天，分一层或几层浇筑，每层工期为7天左右。如采用T形梁作为顶板支承模板，需待墩顶混凝土达到一定强度后，再架设倒T形梁，浇筑梁档混凝土并达到设计要求强度后，方可浇筑上层混凝土。如顶板采用常规方法浇筑，需增加立模板时间10～15天。顶板如有封闭块，其混凝土回填时间应满足设计要求。中墩头部金属护面安装工期为3～5天。

（5）蜗壳侧墙。钢蜗壳侧墙分层厚度为3～5m，混凝土蜗壳侧墙分层厚度为2～4m，每层工期为10～15天。钢蜗壳上游墙下面的输水钢管管节的安装工期为3～8天。

（6）厂房上、下游墙。厂房上、下游墙分重型和轻型结构两种。重型结构上、下游墙在吊车梁牛腿部位，作为一层浇筑。其他各层高度为3～5m，牛腿以上至屋顶以下一般为一层，每层平均工期为10～15天，牛腿混凝土达设计强度后才允许承重。轻型结构的柱和墙的施工工期比重型结构短。

（7）厂房屋顶。大型装配式屋面结构（如预制预应力大型屋面板、钢桁架屋顶结构等）施工比较简单，每台机组段工期为20～30天，现浇整体肋形结构的施工比较复杂、工序较多，工期为30～70天。注意现浇屋顶的模板应专门设计。

（8）二期混凝土。一般分为5～8个浇筑层，与机组埋件安装穿插进行。混凝土的施工时间可考虑1～3个月（不包括座环、蜗壳安装等）。

水轮发电机安装工期是指从发电机定子组装起到开始充水试验运转的工期；二期混凝土浇筑工期是指从蜗壳周围混凝土回填（或混凝土蜗壳的顶板混凝土开始浇筑）起，到发电机层楼板浇筑结束的工期。

（9）机组安装。第一台机组发电综合工期参考指标见《水利水电工程施工组织设计手册》，国内已建几个水电站厂房施工实际工期见表6-12，机电安装工程施工工期指标可参考类似工程的工期。

后期各台机组的安装可彼此间隔1.5～2个月，机组充水试运行时间一般为0.5～1.5个月。

（10）厂用桥吊、安装间、操作大楼和开关站的施工进度。

1）厂用桥吊的安装时间，视桥吊大小和安装技术条件而定。大、中型水电站厂房桥吊安装时间一般为1～2.5个月（包括调试时间）。桥吊交付使用时间应满足机组部件拼装或安装的要求，最好在安装第一台机组座环、蜗壳以前交付使用。

2）安装间，要求在桥吊安装前一个月完成屋顶和桥吊轨道施工，并在机组组装前交付使用。

3）与首批机组发电有关的副厂房及中央控制室，最好与二期混凝土同时完成施工，中央控制室及厂内电气设备安装需3～6个月、设备调试2～3个月。专用的操作大楼土建工期需6～12个月。

4）开关站工程的土建施工应提前安排，场地回填应考虑填方沉降稳定时间，与首批机组发电有关的设备基础构架土建工期一般需要2～5个月，设备的安装调试应在第一台机组发电前1～2个月全部完成。

表 6-12　　　　第一台机组发电综合工期参考指标　　　　月

项目	单机容量(10^4kW)	水轮机直径(m)	一期混凝土至厂房封顶	二期混凝土			第一台机组安装			第一台机组直线总工期		
				埋件安装	混凝土	小计	组装	安装	试运转	土建	安装	合计
坝后式水电站钢蜗壳	<5	<4.3	10	1～2	1.5～2	2.5～4	2	3	1	10	4	14
	7.5	4.1	15	2	2.5	4.5	2	3.5	1	15	4.5	19.5
	10	5	19	2	2.5	4.5	2	4	1	10	5	24
	15	5.5	19～22	2.5	3	5.5	2.5	4	1	19～22	5	24～27
	25	5.5	25～30	2.5	3	5.5	3	4.5	1.5	15～30	6	31～36
河床式水电站钢筋混凝土蜗壳	≤10	8	20～25	2	3	5	2～3	4	1	20～25	5	25～30
	17.0	11.3	36	2.5	4	6.5	2～3	4.5	1.5	36	6	42

注　1. 第一台机组发电的直线总工期包括一期混凝土工期加机组安装及试运转工期。其中，机组组装、二期混凝土均与一期混凝土平行作业，不占直线工期，但必须在机组安装前完成。
2. 在二期混凝土中的埋件安装包括尾水管锥管、基础环、座环、蜗壳、管路等。
3. 机组安装包括主机及附属设备、配变电设备和启闭机。
4. 安装间土建及其桥吊的安装应与一期混凝土平行作业，在机组组装之前交付使用。

(11) 厂房装修。主、副厂房的通风防潮设施和内部装修及与首批机组发电有关部位的装修，原则上应在机电安装前完成，尽量避免土建、安装平行作业相互干扰而影响工期。

研究编制厂房施工进度，应以发电工期为目标，借鉴已建工程经验，综合土建及安装工程的特点与要求，找出控制进度的关键，统筹安排，经分析比较制定合理方案。

XJB 水电站二期土建及金属结构安装工程施工计划横道图见图 6-77（见文后插页），总进度计划网络图见图 6-78（见文后插页），总进度安排见表 6-13。

表 6-13　　　　XJB 水电站二期土建及金属结构安装工程总进度安排

序号	工程项目及其说明	完工日期
1	工程进场开工	2008 年 9 月
2	开始基坑地基开挖	2009 年 5 月
3	地基大面积开挖，具备混凝土浇筑条件	2009 年 9 月底
4	完成本标段全部开挖	2010 年 4 月
5	升船机标段二期基坑内的开挖移交工作面给升船机标段承包人	2009 年 12 月 30 日
6	8 号机组段尾水平台及升船机渡槽段达到高程 280.74m	2011 年 5 月初
7	尾水平台上的 MQ6000 型门机投入运行	2011 年 6 月
8	坝后厂房尾水闸门下闸，坝后厂房具备自身挡水条件	预计 2012 年 4 月
9	完成下游基坑进水验收，二期基坑上、下游开始进水	预计 2012 年 4 月底
10	8 号机组土建完成及该段厂房屋面封顶，移交工作面给机电安装标段安装机组	预计 2012 年 10 月底
11	7 号机组土建完成及该段厂房屋面封顶，移交工作面给机电安装标段安装机组	预计 2013 年 1 月
12	6 号机组土建完成及该段厂房屋面封顶，移交工作面给机电安装标段安装机组	预计 2013 年 5 月
13	5 号机组土建完成及该段厂房屋面封顶，移交工作面给机电安装标段安装机组	预计 2013 年 8 月
14	工程完工	预计 2013 年 12 月底

2.2.4　加快水电站厂房施工的措施

(1) 首先要合理规划布置，采用先进施工方法，因地制宜选择最优方案。

(2) 在满足设计要求的前提下，采用大仓面、高块浇筑。采用设置封闭块的方案，可简化温度控制措施，力争在一个低温季节期间完成厂房下部混凝土的施工。

(3) 做好各种模板特别是尾水渠模板的设计、制作等前期准备工作，尽量采用混凝土预制构件，如倒T形梁作框架顶板和钢筋混凝土吊车梁等。采用钢筋整体安装、模板组装，减少现场扎筋、立模时间。

(4) 为减小某些特殊部位混凝土的温度应力，除降低浇筑温度外，还可采取通水冷却及其他措施。尽量避免或减少采用宽槽和接缝灌浆的结构措施。

(5) 厂房屋顶施工可能影响机组安装进度，应尽量采用大跨度预制钢筋混凝土预应力屋架或钢屋架，屋面采用预制钢筋混凝土大型面板等。

(6) 在安装间屋顶封顶之前，应充分利用外部的场地和设备使桥吊能吊入就位安装，以加快施工进度。

2.3　施工质量控制

施工质量控制是施工管理的中心内容之一。施工技术组织措施的实施与改进、施工规程的制定与贯彻、施工过程的安排与控制，都是以保证工程质量为主要前提，也是最终形成工程产品质量和工程项目使用价值的保证。

施工项目的质量控制是从工序质量到分项工程质量、分部工程质量、单位工程质量的系统控制工程，也是一个由对投入原材料的质量控制过程的开始，直到完成工程质量检验为止的全过程的系统过程。在这个过程中，怎样控制好施工质量，是每一个施工企业发展过程中的难题。

2.3.1　施工质量控制项目的划分

施工质量控制项目可划分为单位工程、分部工程、单元工程。单位工程是指一个具有独立发挥作用或独立施工条件的建筑物；分部工程是指在一个建筑物内能组合发挥一种功能的建筑、安装工程，是组成单位工程的各个部分；对单位工程安全、功能或效益起控制作用的分部工程称为主要分部工程。单元工程是指分部工程中由几个工种施工完成的最小综合体，是日常质量考核的基本单位。

这些项目又可细化为主控项目和一般项目。主控项目是对工程功能起决定作用或对建设工程安全、卫生、环境保护有重大影响的检验项目。一般项目指除主控项目以外的检验项目。另外，对于工程关键部位（即对工程安全或效益有显著影响的部位）、中间产品（需要经过加工生产的土建类工程的原材料及半成品）也应予以重视，进行质量控制。

2.3.2　工程项目质量评定标准

合格标准：单位工程质量全部合格。

优良标准：单位工程质量全部合格，其中有50%以上的单位工程优良，且主要建筑物单位工程为优良。

下面以混凝土浇筑工序质量评定表为例进行介绍，见表6-14。

2.3.3　厂房混凝土输送质量控制要点

混凝土由于自身的特殊性能，在现代土建工程上发挥着重要作用，其特殊性能体现在：具有较高的强度及耐久性；混凝土拌和物具有可塑性；能与钢筋牢固地接合成坚固、耐久、抗震且经济的钢筋混凝土结构。但是混凝土材料品质及配合比质量的波动以及混凝土输送、浇筑、养护等施工工艺对混凝土质量有较大的影响，施工过程中需要进行严格的质量控制。

表 6-14　　混凝土浇筑工序质量评定表　　编号：

<table>
<tr><td colspan="2">单位工程名称</td><td colspan="2"></td><td>单位工程量</td><td colspan="2"></td></tr>
<tr><td colspan="2">分部工程名称</td><td colspan="2"></td><td>施工单位</td><td colspan="2"></td></tr>
<tr><td colspan="2">单元工程名称部位</td><td colspan="2"></td><td>检验日期</td><td colspan="2"></td></tr>
<tr><td rowspan="2">项次</td><td rowspan="2">检查项目</td><td colspan="4">质量标准</td><td rowspan="2">质量评定</td></tr>
<tr><td colspan="2">优良</td><td colspan="2">合格</td></tr>
<tr><td rowspan="5">主控项目</td><td>1. 入仓混凝土料（含原材料、拌和物及硬化混凝土）</td><td colspan="2">无不合格料入仓</td><td colspan="2">少量不合格料入仓，经处理尚能基本满足设计要求</td><td></td></tr>
<tr><td>2. 平仓分层</td><td colspan="2">厚度不大于振捣棒有效长度的90%，铺设均匀，分层清楚，无骨料集中现象</td><td colspan="2">局部稍差</td><td></td></tr>
<tr><td>3. 混凝土振捣</td><td colspan="2">垂直插入下层 5cm，有次序，无漏振，间距、留振时间合理，无漏振、无超振</td><td colspan="2">无漏振、无超振</td><td></td></tr>
<tr><td>4. 铺料间歇时间</td><td colspan="2">符合要求，无初凝现象</td><td colspan="2">上游迎水面 15m 以内无初凝现象，其他部位初凝累计面积不超过 1%，并经处理合格</td><td></td></tr>
<tr><td>5. 混凝土养护</td><td colspan="2">混凝土表面保持湿润，连续养护时间符合设计要求</td><td colspan="2">混凝土表面保持湿润，但局部短时间有干湿现象，连续养护时间基本满足设计要求</td><td></td></tr>
<tr><td rowspan="5">一般项目</td><td>1. 砂浆铺筑</td><td colspan="2">厚度不大于 3cm，均匀平整，无漏铺</td><td colspan="2">厚度不大于 3cm，局部稍差</td><td></td></tr>
<tr><td>2. 积水和泌水</td><td colspan="2">无外部水流入，泌水排除及时</td><td colspan="2">无外部水流入，有少量泌水，且排除不及时</td><td></td></tr>
<tr><td>3. 插筋、管路等埋设件及模板的保护</td><td colspan="2">保护好，符合要求</td><td colspan="2">有少量位移，及时处理，符合设计要求</td><td></td></tr>
<tr><td>4. 混凝土浇筑温度</td><td colspan="2">满足设计要求</td><td colspan="2">80%以上的测点满足设计要求，且单点超温不大于 3℃</td><td></td></tr>
<tr><td>5. 混凝土表面保护</td><td colspan="2">保护时间、保温材料质量符合设计要求，保护严密</td><td colspan="2">保护时间与保温材料质量符合设计要求，保护基本严密</td><td></td></tr>
<tr><td rowspan="3">施工单位</td><td>自检结果</td><td>主控项目：
一般项目：</td><td rowspan="3">监理单位</td><td>检查结果</td><td colspan="2">主控项目：
一般项目：</td></tr>
<tr><td>工序质量等级</td><td></td><td>工序质量等级</td><td colspan="2"></td></tr>
<tr><td>质量负责人</td><td>年　月　日</td><td>监理工程师</td><td colspan="2">年　月　日</td></tr>
</table>

在混凝土输送过程中应从以下环节进行质量控制。

(1) 混凝土运输条码识别。在多品种混凝土同时运输的情形下，需要对其正确识别，传统的方法是在车辆的前部显著位置设置标志，然而这种方法易出错。为此，三峡工程采用了混凝土运输计算机条码识别系统，并成功应用于左右岸拌和系统。该系统的工作原理是：当调度发布运行指令后，红灯转为绿灯，即装有条码识别牌的车辆可以通行。车辆在行进中触发安装在入口处的红外开关，微机检测到该信号后，指令安装在识别棚上方的摄像装置和图像采集卡进行采样，对采集到的数据进行图像识别处理，获取该车需运输的混凝土品种（即秤杆号信息）。根据每座拌和楼的生产状况，按照优化调度的原则，在识别棚出口处前方的显示牌上指示车辆要去的楼号。同时，通知拌和楼按指定秤杆生产混凝土。整个处理过程大约在1s内全部自动完成。

在三峡工程右岸（高程85m）系统混凝土生产、运输中，利用条码识别近10万车次，误识别率小于5/10 000。通过该系统实现了群楼集控，提高了拌和楼群的综合生产能力，避免了错料等质量事故发生，取得了显著的综合效益。

（2）混凝土运输过程注意事项。运输中不致发生分离、漏浆、严重泌水、过多温度回升和坍落度损失。

混凝土运输时间，见表6-15。

表6-15　混凝土运输时间

运输时段平均气温	混凝土运输时间（min）
20～30	45
10～20	60
5～10	90

低温天气应避免天气、气温等因素的影响，采取遮盖或保温设施。

混凝土的自由下落度不宜大于1.5m，否则应设缓降措施，防止骨料分离。

混凝土在运输过程中如果出现故障，必须及时处理。在混凝土初凝前，想办法将混凝土运送到浇筑仓位，否则以不合格处理。

2.3.4　混凝土浇筑、养护及拆模质量控制

（1）混凝土的浇筑质量控制。混凝土浇筑前的作业包括基础处理、施工缝处理、立模钢筋及预埋件的安设。上述作业完成后，必须经监理人员验仓合格，并取得准浇许可证后方能入仓进行浇筑作业。

1）入仓铺料。混凝土入仓铺料多采用平浇法，它是由仓面某一边逐层有序地连续铺填。铺料层的厚度与振动设备的性能、混凝土黏稠度、骨料强度和气温高低有关，具体要求参见表6-16。

表6-16　铺料层厚度的具体要求

振动设备		浇筑层厚度
插入式	振捣机	振捣棒头长度1.0倍
	电/风振捣器	0.8倍
	软轴式振捣器	1.25倍
平板式	单层钢筋	250mm
	双层钢筋	200mm

若混凝土层间间歇时间超过混凝土初凝时间，会出现冷缝，使层间抗渗、抗剪能力明显下降，在施工过程中，其允许间歇时间参见表6-17。

表 6-17 混凝土层间允许间歇时间

混凝土浇筑气温（℃）	允许间歇时间（min）	
	中热、硅酸、普通硅酸盐水泥	低热、矿渣、火山灰质硅酸盐水泥
20～30	90	120
10～20	135	180
5～10	195	—

2）平仓与振捣。卸入仓内成堆的混凝土料，应平仓后再振捣，严禁以振捣代替平仓。振捣时间以混凝土粗骨料不再显著下沉，并开始泛浆为准。应避免欠振、过振，使混凝土振捣均匀密实。

3）浇筑时，仓面出现下列情况之一应停止浇筑：混凝土初凝并超过允许面积；混凝土平均浇筑气温超过允许偏差值，并在 1h 内无法调整至允许温度；在浇筑过程中出现大雨或暴雨天气。

4）在施工过程中出现下列情况之一应挖出混凝土：不能保证混凝土振捣密实或对水工建筑物带来不利影响的级配错误的混凝土料；长时间凝固、超过规定时间的混凝土料；下到高等级混凝土浇筑部位的低等级混凝土料。

5）在浇筑埋石混凝土时，应该严格控制施工单位的埋石量、埋石大小，并保证埋石洁净以及埋石与模板的距离，杜绝施工单位为了单纯提高埋石率而放弃质量。在施工中努力确保埋石垂直和水平距离，以不影响振捣为原则，提高埋石混凝土质量。

6）浇筑完的混凝土必须遮盖，以保温或者防雨。

（2）混凝土的养护及拆模质量控制。

1）混凝土的养护。为使混凝土中水泥充分水化，加速混凝土的硬化，防止混凝土成型后因曝晒、风吹、干燥、寒冷等自然因素的影响而出现不正常的收缩、裂缝破坏等现象。混凝土浇筑完毕后应及时洒水养护，以保持混凝土表面湿润。

混凝土表面的养护要求：塑性混凝土应在浇筑完毕后 6～18h 内开始洒水养护，低塑性混凝土宜在浇筑完毕后立即喷雾养护，并及早开始洒水养护；混凝土应该连续养护，养护期内必须确保混凝土表面处于湿润状态；混凝土养护时间不宜少于 28 天。

2）拆模。拆模的迟早直接影响到混凝土质量和模板使用周转率。拆模时间应根据设计要求、气温和混凝土强度等级情况而定。对非承重模板，混凝土强度达到 2.5MPa 以上，其表面和棱角不因为拆模而损坏方可拆除。

2.3.5 施工质量保证措施

TZK 水电站在施工过程中，为了保证厂房建筑物施工质量达到业主要求，也采取了相应的保证措施，主要有：

（1）建立健全质量管理机构，从组织上进行质量控制。

（2）严格材料检验制度，从材料上进行质量控制。

（3）实行岗位责任制，落实责任，使每个施工人员都是质量控制的执行者。

（4）做好混凝土养护和温度控制，使厂房建筑物质量控制要点能够受到控制。

（5）做好测量控制，始终坚持测量控制结构体形的制度，做好施工质量控制的基础和根本。

(6) 选择合理施工方案，采用先进工艺施工，使新技术、新工艺能够在质量控制中发挥作用。

(7) 控制施工过程，使质量控制贯穿于整个施工阶段。

(8) 提高质量意识，提高优良品率，使质量控制和优质工程观念深入施工人员当中。

(9) 定期评价混凝土工程质量，持续进行质量改进，使质量控制手段和措施能够不断更新。

2.3.6 缺陷处理程序

混凝土施工缺陷的处理应按照“三确认”、“两验收”的程序进行。

三确认：指素描（草绘结构或形态）确认、基面确认、修补确认。素描确认是对缺陷状况准确素描，由建设四方（指业主、设计、施工、监理，下同）现场确认；基面确认是对缺陷修补的打磨、凿挖和清理后的基面进行确认；修补确认是对修补工艺、材料、修补结果进行确认。

两验收：指现场验收和竣工验收。现场验收是在修补后经各项检查检测，确认修补合格，建设四方现场签认验收；竣工验收是将缺陷从素描到现场验收全过程的资料整理齐全，由建设四方联合验收。

项目七　贯流式机组厂房施工

项目概述

据研究，灯泡贯流式水轮发电机组的适用水头为5～25m，在此水头区间，转化水能效率明显优于轴流式机组。近年来，随着我国水轮机制造水平的不断提高，在低水头大流量的河床式水电站设计中，灯泡贯流式水轮发电机组得到了广泛运用。

由于安装灯泡贯流式水轮发电机组厂房与立式机组厂房在厂内设备布置、厂房结构、土建施工强度、埋件名称与安装程序、埋件安装与土建交面形象要求等方面存在着差异，因此特在此作为拓展性学习内容加以介绍。

通过该项目的学习，使学生在掌握灯泡贯流式机组厂房布置内容及布置要求的基础上，了解灯泡贯流式机组埋件的名称及结构，并能对灯泡贯流式机组的安装，特别是埋件的安装、土建施工要求进行全面的分析，进一步了解国内灯泡贯流式机组厂房施工控制性技术要点，如厂房施工进度计划、厂房主机段混凝土施工项目划分、导流及施工度汛关键点等问题，对今后从事此类水电站的施工及技术管理工作有着积极的指导意义。

学习任务一　贯流式机组厂房布置

1　案例

金溪水电站枢纽工程是嘉陵江苍溪至合川段水电规划中的第六级，位于四川省蓬安县金溪镇附近。该工程为Ⅲ等工程，主要建筑物等级为3级，是一个发电与航运相结合，兼有旅游、养殖等效益的综合利用水利水电工程。水库正常蓄水位为310.00m，相应库容为1.453亿m^3，总库容为4.602亿m^3；电站具有日调节性能，装机容量为150MW，设计水头为14.5m（最大水头为16.8m），引用流量为1148m^3/s；航道为4级，通航建筑物为单级船闸。

枢纽主要建筑物由泄洪冲沙闸（由19孔开敞式水闸组成，布置长度为298.0m）、冲沙廊道、连接溢流坝、水电站厂房、船闸、左岸接头坝及右岸非溢流坝等组成。坝顶高程为321.50m，坝顶长度为828.77m。金溪水电站枢纽平面布置图见图7-1。

水电站主厂房沿坝轴线长度为113.10m，包括主机间和安装间。顺水流向长度为73m，包括进水室、主厂房、尾水管（含尾水防洪墙及尾水闸室），其后通过尾水渠与河道衔接。

主厂房分三个坝段，即1、2号机组段，3、4号机组段和安装间段。

1:1000

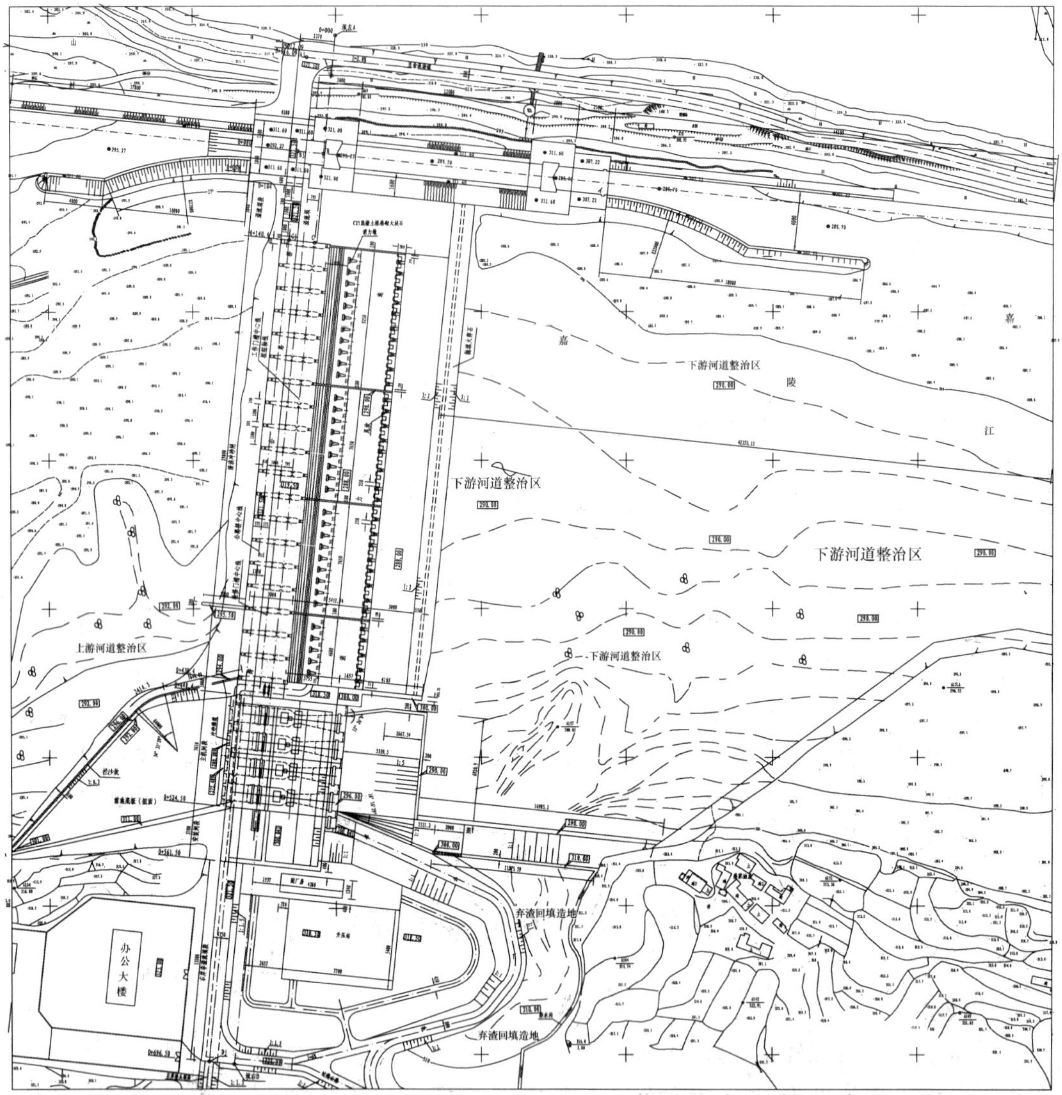

图 7-1　金溪水电站枢纽平面布置图

主机间沿坝轴线布置长度为 76.12m，布置有 4 台前置灯泡贯流式机组，每两台机组设一道温度沉降缝（两机一缝），分段长度为 36.80m 及 39.30m，机组间距为 17.70m，厂房净跨度为 18.0m。厂房轴线（以转轮中心线为准）距坝轴线 20.91m。

主机间由下至上分三层，最下一层为流道层，见图 7-2。底板进口高程为 276.159m，出口高程为 278.923m，在主机间底板内设有一道检修排水廊道，底板高程为 270.10m。在转轮下方设有操作廊道，地面高程为 274.10m，其中布置有机组紧急关闭的重锤系统和接力器等；中层为电缆夹层，高程为 300.041～293.041m；上层为运行值班层，高程为 300.041m，见图 7-3。该层主要布置有油压装置、操作柜、高位油箱及机旁盘等，在高程 316.041m 处布置有一台 150t/50t 型单小车桥式起重机，吊车跨度 $L_k=18$m。厂房屋面采用预应力雁形板。金溪水电站主机间横剖面图见图 7-4。

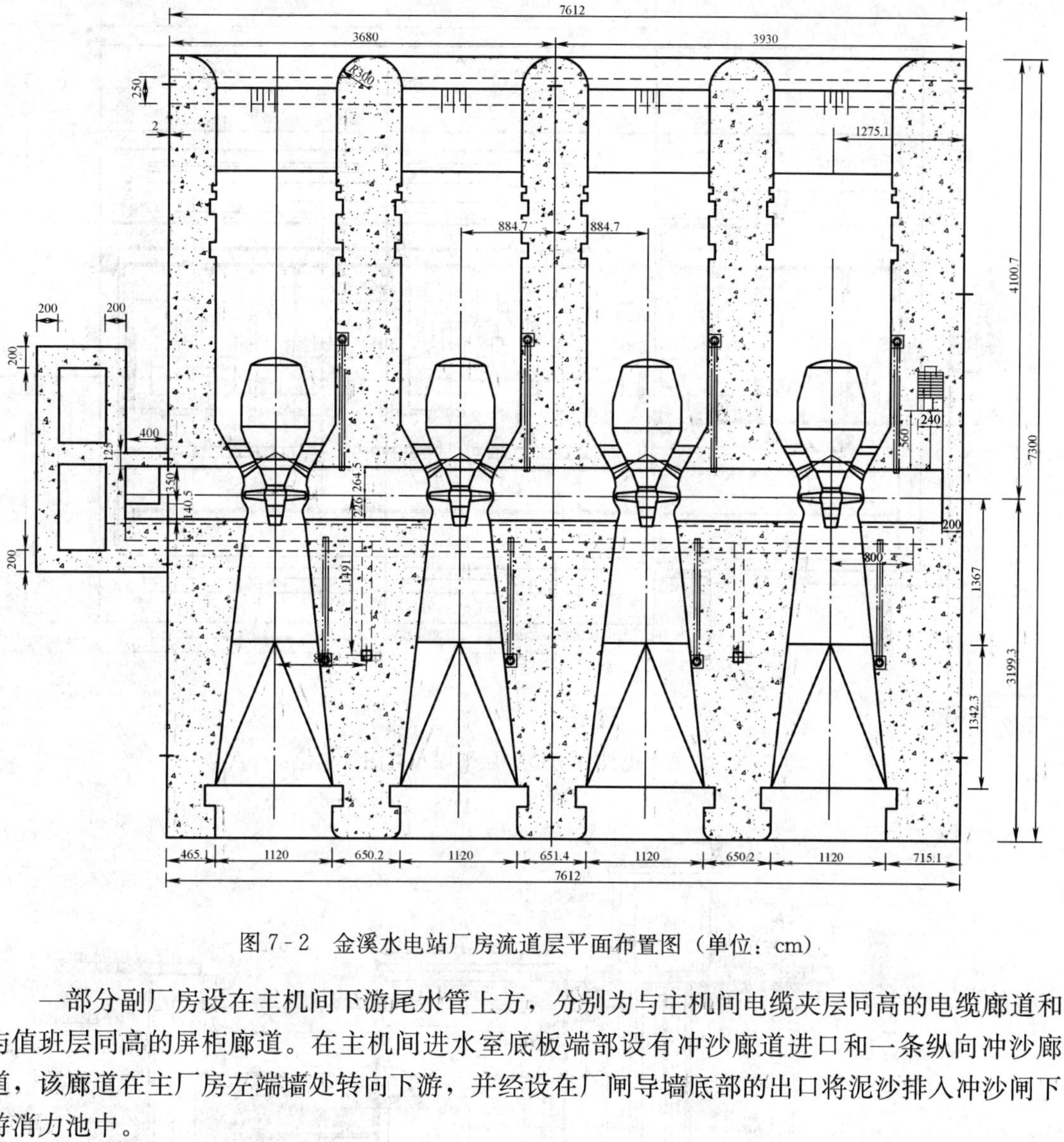

图 7-2　金溪水电站厂房流道层平面布置图（单位：cm）

一部分副厂房设在主机间下游尾水管上方，分别为与主机间电缆夹层同高的电缆廊道和与值班层同高的屏柜廊道。在主机间进水室底板端部设有冲沙廊道进口和一条纵向冲沙廊道，该廊道在主厂房左端墙处转向下游，并经设在厂闸导墙底部的出口将泥沙排入冲沙闸下游消力池中。

安装间位于主机间右侧，与主机间同宽，长 37m，分两层，上层与值班室同高，下层与电缆夹层同高，布置有水电站部分辅助设备。安装间上、下游均设有防洪墙，上游防洪墙顶部布置有可通行汽车的交通道，宽 11.5m；下游防洪墙顶部布置有人行道，宽 1.5m，并在墙体高程 300.041m 处开有供汽车进主厂房安装间的门洞（$b \times h = 7.0m \times 7.0m$）。为防止汛期洪水进入厂房，门洞设有平面防洪闸门。防洪闸门由安装在防洪墙上的启闭机控制。

副厂房布置在右坝肩Ⅰ级阶地上，位于安装间右侧（右岸Ⅰ级阶地），地坪高程为 318.50m，平面尺寸 $b \times h = 43.8m \times 12.4m$，长轴垂直于坝轴线，分三层，下层为电缆层，中层为屏柜层，上层为中控室。在副厂房两头设楼梯间，上游端头楼梯间内设电梯可通至主厂房，平面尺寸为 51m×10.7m，分两层。

对外主要通道为经安装间下游进厂的公路，洪水高于下游进厂公路，进厂防洪闸门关闭时，运行人员可经设在安装间上游侧的副厂房内的楼（电）梯间和设在主厂房左端下游侧的

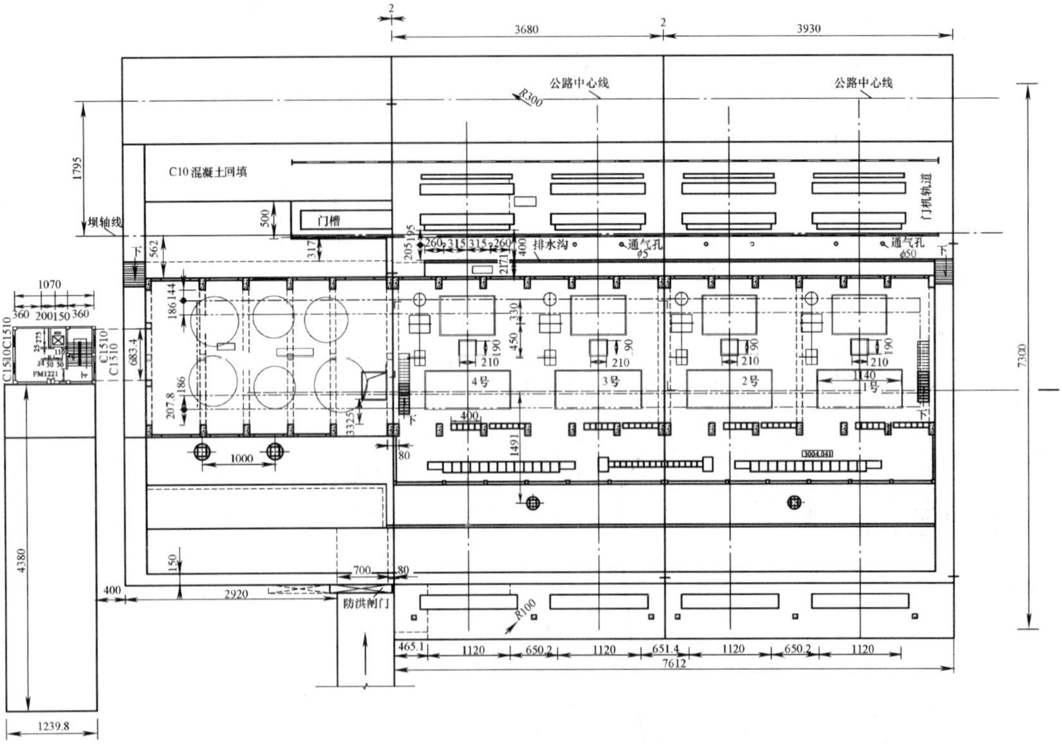

图 7-3 金溪水电站厂房值班层平面布置图（单位：cm）

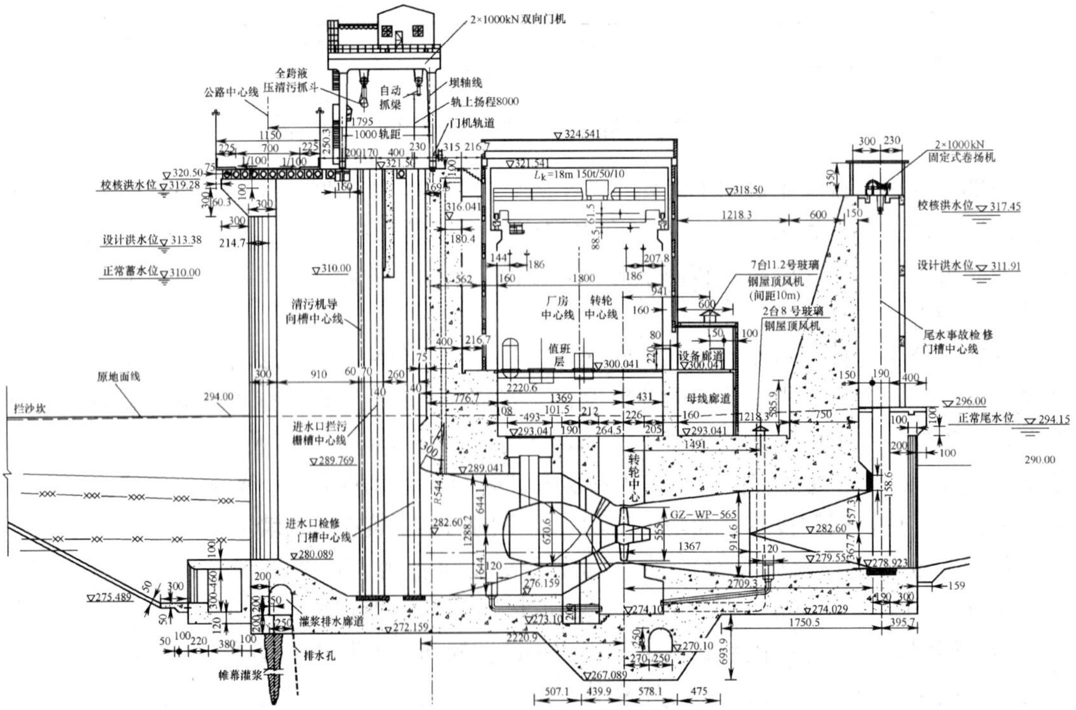

图 7-4 金溪水电站主机间横剖面图（高程单位：m；尺寸单位：cm）

楼梯间（第二通道）进出主厂房。

生产管理副厂房布置在右坝肩上游侧Ⅰ级阶地上。

尾水渠进口底宽 64.3m，起始高程与尾水管出口高程（278.923m）相同，以 1∶4 的反坡至高程 290.0m 和河床相接，渠长 55.4m，渠顶高程左侧为 290.0m，右侧高程为 295.5～318.5m。

升压变电站位于安装间右侧（右岸Ⅰ级阶地），高程为 318.50m，平面尺寸 $b\times h=$ 77m×54m，长轴垂直于坝轴线，偏上游方向为变压器场，下游方向为开关站，四周设有交通道。

2　分析讨论

2.1　贯流式机组水电站的发展及现状

2.1.1　国外灯泡贯流式机组水电站的应用情况

灯泡贯流式水轮机是贯流式水轮机的主要类型之一。1919 年初，美国工程师哈尔扎（Harza）首先提出其设计理念，经过瑞士爱舍维斯公司（Escher Wyss）近 20 年的研究，于 1936 年研制成功并生产了世界上第一台灯泡贯流式水轮发电机组，由于发电机组安装在一个类似于白炽灯泡的密闭金属容器内，且布置在水轮机流道前端，因此得名为灯泡贯流式机组。首台机组安装在波兰的诺斯汀（Rostin）水电站，如图 7-5 所示，其主要参数为：单机容量 $P=195$kW，转轮直径 $D_1=1.95$m，水头 $H=3.7$m。

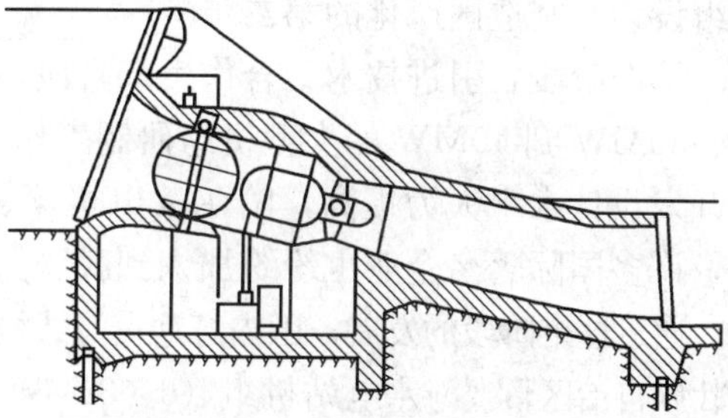

图 7-5　世界上首台灯泡贯流式水轮机组

经过几十年的发展，灯泡贯流式机组的研制水平不断提高，加工工艺更加完善，制造规模也越来越大。1966 年，法国皮埃尔贝尔尼特水电站机组的投产，标志着灯泡贯流式水轮机组技术已经成熟。该机组单机容量首次达到 20MW，水头 $H=8.0$m，转轮直径 $D_1=6.25$m。目前，世界上灯泡贯流式水电站总装机容量超过8000MW。我国建成的广西壮族自治区梧州长洲水利枢纽水电站（15×42MW、$D_1=7.5$m）是目前世界上装机容量（630MW）最大及装机台数（15 台）最多的大型灯泡贯流式机组水电站；单机容量最大的为日本只见水电站，达 $P=65$MW，最大水头 $H=20.0$m，转轮直径 $D_1=6.7$m；转轮直径最大的为悉尼墨累水电站，D_1 达 8.2m。

法国罗纳河梯级开发的成功经验很值得借鉴，它是由 21 个低水头梯级水电站组成，总落差为 330m，总装机容量为3075MW，年发电量为 160.00 亿 kWh，各梯级水电站均采用了大型灯泡贯流式机组，在罗纳河的综合开发利用中取得了显著的经济效益和社会效益。

奥地利境内的多瑙河梯级水电站开发是很具代表性的，其河段规划梯级水电站 12 座，总装机容量为2570MW，年发电量为 154.78 亿 kWh，设计水头在 8～16m 之间。由于多瑙河在欧洲航运的重要地位，因此在水电站建设过程中为避免对多瑙河航运的干扰，采用了灯泡贯流式机组。该种设计显著地减小了厂房尺寸，工程主体建筑物布置更加紧凑，其环境效益及经济效益明显。随着设计水平及制造能力的不断提高，灯泡贯流式机组的单机容量和转轮直径逐步增大，机组台数可相应减少，工程造价可进一步降低。

目前，在对许多国际河流进行低水头梯级水电站开发时，都大量采用灯泡贯流式机组，以节省水电站建设投资。例如，德国的莱茵河上，在修建通航运河的同时，也修建了一系列的灯泡贯流式机组水电站。

2.1.2　国内灯泡贯流式机组水电站的应用情况

我国从20世纪60年代开始研制灯泡贯流式机组，并在引进了国外灯泡贯流式机组以后，开始了较大规模的仿制、消化吸收和研制工作，到1980年的广东省白垢水电站10MW级机组投产，标志着我国已基本掌握了灯泡贯流式机组的制造技术，使我国的研制工作产生了一个新的飞跃，为研制更大型的机组打下了基础。我国研制大、中型灯泡贯流式机组的起步较晚，但发展很快，从20世纪80年代初到现在，可以分为5个发展阶段。

第一阶段，摸索、试制阶段。1984年投产广东省白垢水电站的机组（转轮直径为5.5m、单机容量为10MW），是我国自行研制的首台大、中型灯泡贯流式机组，为后来的开发研究留下了非常宝贵的第一手资料。

第二阶段，仿制阶段。进入20世纪80年代，在我国湖南省马迹塘水电站引进的灯泡贯流式机组基础上，进行了大量的仿制和研究工作，具有代表性的是广西壮族自治区马溜滩水电站机组及东都平水电站机组、四川省安居水电站机组，单机容量皆为15MW，转轮直径皆为5.5m。这是我国实现大、中型灯泡贯流式机组国产化的第一步。

第三阶段，消化、吸收阶段。20世纪90年代初，我国自行生产了单机容量为18MW、转轮直径为5.8m的广东省英德白石窑水电站机组，这代表着我国实现大、中型灯泡贯流式机组设计、制造国产化的第二步。

第四阶段，引进技术、合作生产阶段。20世纪90年代后期，我国加紧了对单机容量为20、30MW到40MW的大型机组研制工作，合资和引进技术的方式使我国灯泡贯流式机组的开发设计水平大为提高，哈尔滨电机厂、东方电机厂等都是国内大型研究生产企业的代表，许多国际著名企业也纷纷加入到我国大、中型灯泡贯流式机组制造业的市场竞争和技术协作。通过这个阶段的发展，国内灯泡贯流式机组的技术到了一个全新的高度。此阶段的代表有广西壮族自治区百龙滩水电站机组（6×32MW、D_1=6.4m，1996年），湖南省大源渡水电站机组（4×30MW、D_1=7.5m，1998年）、广东省飞来峡水电站机组（4×35MW、D_1=7.0m，1999年投产）。

第五阶段，自2000年以来，我国灯泡贯流式机组的生产制造技术得到全面提升，进入全面实现大、中型灯泡贯流式机组设计、制造国产化的阶段。这一阶段已能生产单机容量为30～45MW等级的机组。此阶段的代表有四川省桐子壕水电站机组（D_1=6.8m、3×36MW）、红岩子水电站机组（D_1=6.4m、3×30MW），湖南省洪江水电站机组（D_1=5.46m、5×45MW）。

2003年，湖南省洪江水电站机组（45MW）和青海省尼那水电站机组的投产，标志着我国大型灯泡贯流式机组的设计、制造水平已经与世界先进水平同步。广西壮族自治区梧州长洲水电站（D_1=7.5m、15×42MW=630MW），是目前世界上装机台数最多、装机容量最大的大型灯泡贯流式水电站。

由中国东方电气集团公司生产制造的我国单机容量最大的灯泡贯流式机组——桥巩水电站1号机组57MW，于2008年投产发电。桥巩水电站1号机组总体设计达到世界一流水平，水轮机制造工艺、发电机尺寸、推力轴承和机组总体结构等难度系数均高于国内外已投产机组，单机容量居世界第二、全国第一，轴承负荷达世界第一。

采用贯流式机组水电站与采用低水头立式机组水电站相比，具有如下显著的特点：

(1) 效率高、结构简单、施工方便。贯流式机组从进水到出水方向基本上轴向贯通，不拐弯，流道尺寸大而短，过流通道的水力损失小，效率高，结构简单，施工方便。

(2) 尺寸小。贯流式机组有较大的比转速，所以在水头和功率相同的条件下，贯流式机组的直径要比轴流转桨式机组的小10%左右。

(3) 土建投资少。贯流式机组水电站的机组结构紧凑，与同一容量的轴流转桨式机组相比，流道形状简单，尺寸较小，可以减小厂房的建筑面积，减少水电站的开挖量和混凝土用量。根据有关资料分析，土建费用可以节省20%～30%。

(4) 运行方式多。贯流式水轮机组适合作可逆式水轮机运行，由于进出水流道没有急转弯，因此使机组发电和抽水均能获得较好的水力性能。它可应用于潮汐水电站，具有双向发电、双向抽水和双向泄排水等6种功能。因此，很适合综合开发利用低水头水力资源。

(5) 见效快。贯流式机组水电站一般比轴流式机组水电站建设周期短、投资小、收效快、淹没移民少；水电站靠近城镇，有利于发挥地方兴建水电站的积极性。

2.2　贯流式水轮机组的分类及简介

贯流式水轮机组按总体布置方式的不同可分为以下几种：

(1) 全贯流式。

(2) 灯泡贯流式。

(3) 竖井贯流式。

(4) 轴伸贯流式。

(5) 虹吸贯流式。

按运行工况不同，贯流式水轮机组可分为以下3种：

(1) 单向贯流式。

(2) 双向贯流式。

(3) 可逆贯流式。

以下按总体布置方式的不同分类，介绍贯流式水轮机组的类型。

2.2.1　全贯流式水轮机组

全贯流式水轮机组的流道平直，水流可沿轴向一直流过导叶、转轮叶片和尾水管，故称为全贯流式水轮机组，也称为直线流动的水轮机组——管型水轮机组：由于全贯流式发电机转子布置在水轮机转轮的外缘，故称为轮缘贯流式水轮机组，如图7-6所示。

全贯流式水轮机组的优点是无传动轴、结构紧凑、便于整装，还可直接放在溢洪道内或大坝溢流段的下部闸墩内。因该机组的发电机布置在过流道以外的宽敞处，所以通风好，检修方便。当发电机布置在轮缘外时，转子飞轮力矩大，运行易于稳定。实际上这类机组的发电机转子和水轮机的转轮已经接合为一体，所以厂房跨度很小，可节省大量土建投资。

全贯流式水轮机组的缺点是发电机转子密封困难，漏水量大，漏水易使磁极绕组及定子绕组受潮。

2.2.2　双向贯流式水轮机组

既可正向运行发电，也可反向运行发电的贯流式水轮机组，称为双向贯流式水轮机组，如图7-7所示。双向贯流式水轮机组主要应用于潮汐水电站，它可以在涨潮和落潮的时候进行双向发电。我国从20世纪70年代开始研制双向贯流式水轮机组，它的主要特点是采用

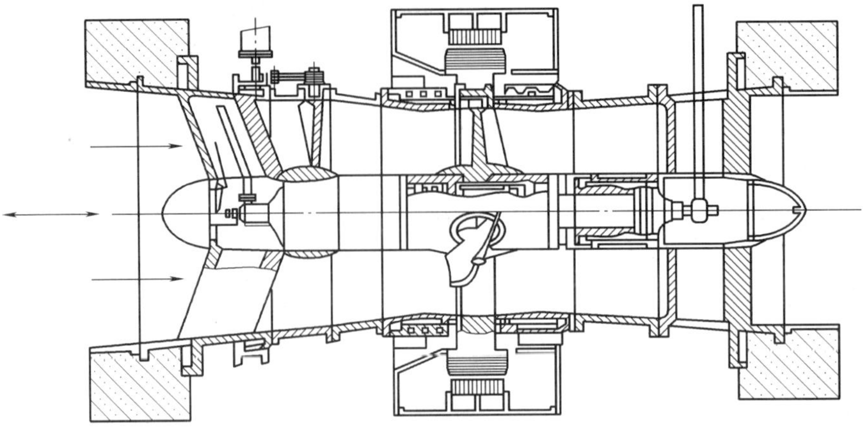

图 7-6　全贯流式水轮机组

S形双向转动叶片。我国第一台双向贯流式水轮机组安装在浙江省江厦潮汐水电站，单机额定功率为500kW。该机组于1980年投入运行，具有4种运行工况。

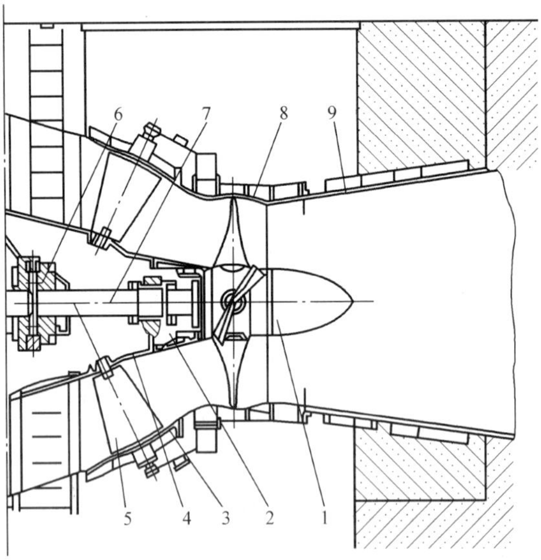

图 7-7　双向贯流式水轮机组

1—转轮；2—导轴承；3—外配水环；4—内配水环；5—导叶；
6—双向推力轴承；7—主动轴；8—转轮室；9—尾水管

2.2.3　竖井贯流式水轮机组

竖井贯流式水轮机组是将发电机布置在转轮前流道中的空心“闸墩”内的另一类贯流式水轮机组，如图 7-8 所示。由于其空心闸墩提供的空间远比灯泡贯流式水轮机组的密封仓大得多，因此可以布置增速齿轮以提高发电机转速，从而可适用于更低水头。由于其空心闸墩犹如坑井，因此也被称为坑井贯流式水轮机组。

竖井贯流式水轮机组根据进水情况不同，它还可分为两向进水式和三向进水式两种。两向进水式水轮机组由竖井两侧面的流道进水；三向进水式水轮机组除由两侧进水外，还从竖井底面进水。

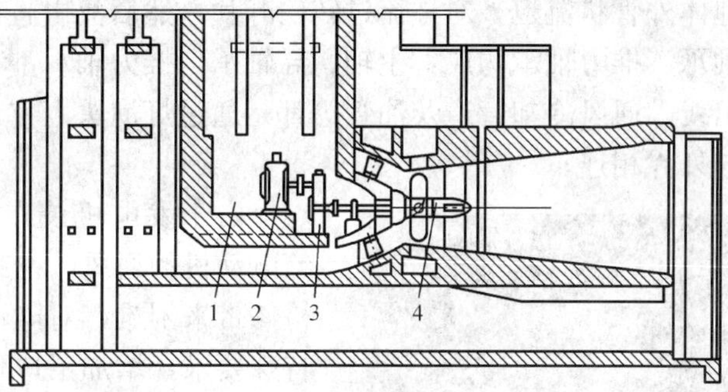

图 7-8　竖井贯流式水轮机组

1—竖井；2—发电机；3—传动装置；4—水轮机

竖井贯流式水轮机组与立式水轮机组相比，流道平直，水流损失小，水轮机效率较高；与灯泡贯流式水轮机组相比，机组结构简单，当采用传动装置时，发电机可采用标准型号，因而电动机造价低。由于发电机布置在竖井内，因此电动机的安装、维修及监视十分方便，防潮及密封条件也较好。

竖井贯流式水轮机组与灯泡贯流式水轮机组相比，机组间距大，土建工程量大，过流条件较差，因此一般只应用于中小型水电站。

2.2.4　轴伸贯流式水轮机组

轴伸贯流式水轮机组一般都具有微弯的过水流道，水轮机装在流道内，水轮机轴穿过管壁与布置在流道外的发电机通过传动装置进行连接，如图 7-9 所示，由于微弯的过水流道呈 S 形，因此又称为 S 形贯流式水轮机组。

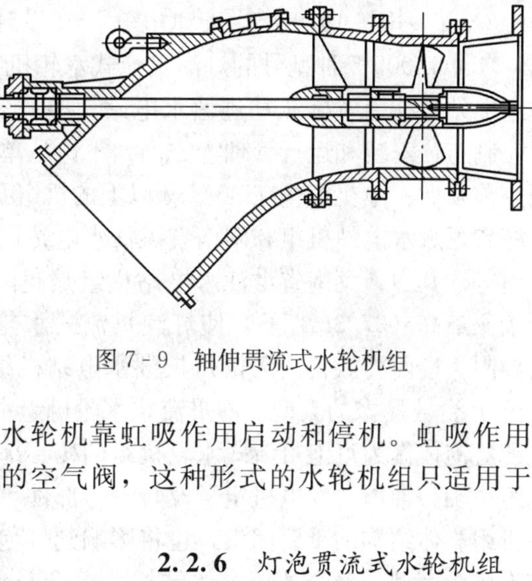

图 7-9　轴伸贯流式水轮机组

2.2.5　虹吸贯流式水轮机组

虹吸贯流式水轮机组如图 7-10 所示，水轮机安装在虹吸管道弯曲段附近，在虹吸管进口和尾水管出口不装闸门，水轮机靠虹吸作用启动和停机。虹吸作用的产生依靠设在虹吸管上的真空泵和自动控制的空气阀，这种形式的水轮机组只适用于低水头水电站。

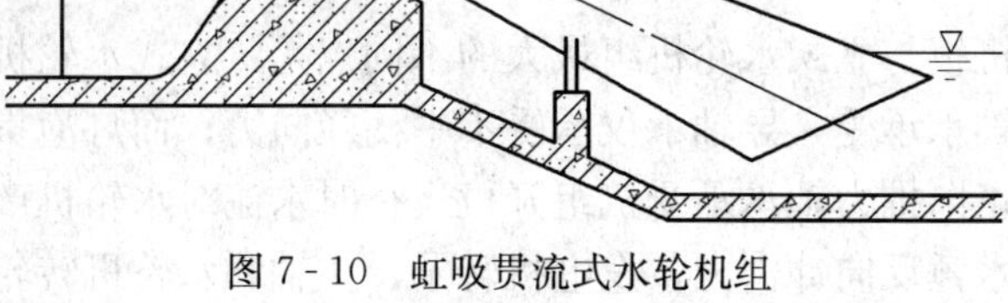

图 7-10　虹吸贯流式水轮机组

2.2.6　灯泡贯流式水轮机组

灯泡贯流式水轮机组是贯流式水轮发电机组家族中重要的一员，这种机组的水轮机与发电机同轴水平连接，发电机安装在水轮机上游侧密封的、外形酷似白炽灯泡的金属壳体内，水轮机装在灯泡的插口处，因此称为灯泡贯流式水轮机组，如图 7-11 所示。这种类型机组的水轮机流道为管状，水流沿轴向流经灯泡体外管状流道，对称流过转轮叶片，然后流出直锥形尾水管。机组的支承结构由主轴、导轴承、推力轴承构成，主轴、导轴承、推力轴承都布置在灯泡体内。机组所有的电缆、主引出线、通风冷却管道及油管等都是通过灯泡头上方设置的进人竖井和灯泡体支承的空心部分与外界相连。

图 7-11　典型的灯泡贯流式水轮机组

由于发电机装在水下密闭的灯泡体内，给电动机的通风、密封、轴承的布置和运行检修带来困难，对电动机的设计制造提出了特殊要求，增加了造价。尽管如此，与全贯流式水轮机组相比，灯泡贯流式水轮机组仍具有结构简单、止水容易、容量大的优势。

灯泡贯流式水轮机组虽然是一种新型机组，但近年来也积累了许多成功的经验，并逐渐向较高水头和较大容量方向发展，在国内外得到了广泛应用。如前所述，目前世界上最大的灯泡贯流式水轮机组是日本只见水电站安装的机组，单机容量为 65MW。我国从 20 世纪 60 年代开始研制灯泡贯流式水轮机组，第一台单机容量为 40kW 的机组，由天津发电设备厂制造，安装在浙江省蒋堂水电站，于 1965 年发电。1976 年，天津电气传动设计研究所试验研究出 GZ001、GZ002、GZ003、GZ004、GZ005 5 种型号的灯泡贯流式水轮机组。我国最早引进奥地利灯泡贯流式水轮机组的水电站是湖南省桃江马迹塘水电站。经过多年的努力，我国在灯泡贯流式水轮机组的设计、制造、安装和运行管理等方面，不论从单机容量、应用水头，还是从自动控制方面均得到空前发展。单机容量在 30MW 以上的机组我国约有 100 台，有代表性的是 2003 年投产的青海省尼娜水电站机组和湖南省洪江水电站机组，在建的有广西壮族自治区梧州长洲水电站机组等。其中，湖南省洪江水电站机组是我国目前运行机组中单机容量最大（45MW）、应用水头最高（27.3m）的，使灯泡贯流式水轮机组突破了过去最高应用水头不能超过 25m 的界限。广西壮族自治区梧州长洲水电站机组是目前世界上装机（单机容量为 42MW，共 15 台）台数最多的大型灯泡贯流式水轮机组水电站。

灯泡体作为灯泡贯流式水轮机组的核心部件，其外部为过水流道的一部分，内部布置着机组主轴、轴承、发电机定子及转子等部件。灯泡体及轴系的支承方式是决定灯泡贯流式水轮机组整体结构的重要因素，也将影响到灯泡贯流式水轮机组的长期安全稳定运行。同时，灯泡体为大型的薄壳外压容体结构，承受着水压力、转动及固定部分重量、水浮力、水推力、发电机电磁扭矩和热应力等静荷载，还承受着水压脉动、机械振动、发电机不平衡磁拉力、短路力矩等动荷载。因此，应对灯泡体的应力、应变、模态、固有频率等进行深入分析，以保证灯泡体静态、动态稳定，避免发生有害振动及共振。

2.2.6.1　灯泡体支承方式

从受力情况来看，灯泡贯流式水轮机组与立式水轮机组最大的不同点是：立式水轮机组的转动部分重量和轴向水推力均由推力轴承承受，导轴承仅承受不平衡径向力；而灯泡贯流式水轮机组的推力轴承分为正、反向，正向推力轴承承受机组开机运行时水流对水轮机产生的推力，反向推力轴承承受机组停机时水锤反向冲击力，发电机转子、主轴和水轮机转轮等转动部分重量和偏心磁力等所引起的径向力由导轴承承受。

按灯泡体向基础传递力和力矩作用的不同，灯泡体的基础支撑可分为主支撑和辅助支撑两部分。

对于大型灯泡贯流式水轮机组，通常以水轮机管形座为主支撑，用以承受水推力、转动及固定部分重量、水浮力、发电机不平衡磁拉力等荷载；而辅助支撑则通常设置在灯泡头的侧面（或中间环），用于平衡重量（浮力）及水推力。灯泡体基础支撑结构的布置见图7-12。

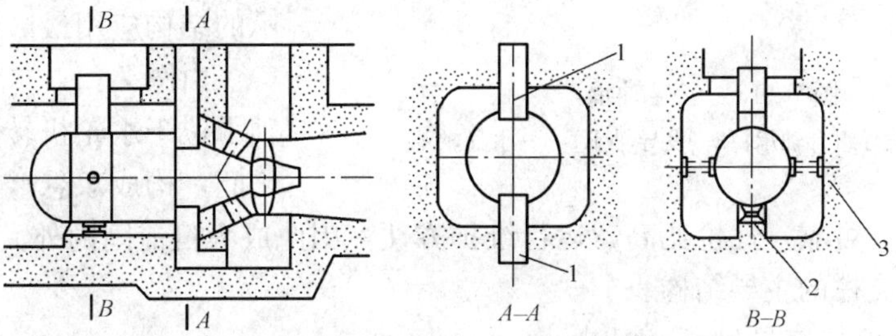

图 7-12　灯泡体基础支撑结构的布置

1—管形座主支撑；2—辅助垂直支撑；3—辅助水平支撑

作为主支撑的管形座，向基础传递力和力矩的方式主要有支柱式和固定导叶式两种。

支柱式管形座一般由内、外壳体和上、下立柱（竖井）四大部件组成。内、外壳体接受定子、导水机构等相邻部件传来的作用力和力矩，将其传递至上、下立柱，再由上、下立柱传递至混凝土基础。上、下立柱既是重要的受力部件，又可作为进人通道。由于该支撑结构简单、可靠，目前已在国内外大中型灯泡贯流式水轮机组中广泛应用。

固定导叶式管形座（又称座环）一般为整体或分两瓣结构，其内、外壳体之间通常与6～8只固定导叶焊接成一体。其中，垂直方向布置的 2 只固定导叶尺寸较大，与上、下立柱类似，也可作为进人通道。此支撑结构整体刚度好，受力较均匀；但因结构较复杂，使用受到一定限制。

辅助支撑有多种结构形式，其典型结构是在灯泡头（或中间环）的下部设垂直支撑和在灯泡头（或中间环）的两侧设水平防振支撑。

垂直支撑应允许有轴向及周向位移，以适应定子机座的膨胀。根据垂直支撑的受力情况，可采用一个或两个球铰结构。

设在灯泡头两侧的水平防振支撑，通常也采用球铰结构，支承于流道两侧的基础上。根据灯泡头的大小，可采用刚性支撑结构或弹性支撑结构。

此外，也有在灯泡头外侧相隔 120°布置辅助支撑的方式。

2.2.6.2　轴系支承方式

目前，大型灯泡贯流式水轮机组轴系支撑有两导轴承和三导轴承两种方式。

三导轴承结构是在发电机转子的上、下游侧各布置一个发导轴承，在水轮机转轮上游侧布置水导轴承。推力轴承可布置在发电机转子的上游侧或下游侧，常与其中的发导轴承组合布置，水轮机转轮为悬臂结构，如图 7-13 所示。该布置方式类似于立式水轮机组三导轴承的悬式或伞式结构，一般用于高水头大容量的灯泡贯流式水轮机组。

轴系采用三导轴承时，机组结构复杂，安装、检修难度加大，造价也增加；同时由于灯泡头尺寸加长，因此对水力性能也不利。目前，只有当两导轴承不能满足结构技术要求时，才推荐采用三导轴承。

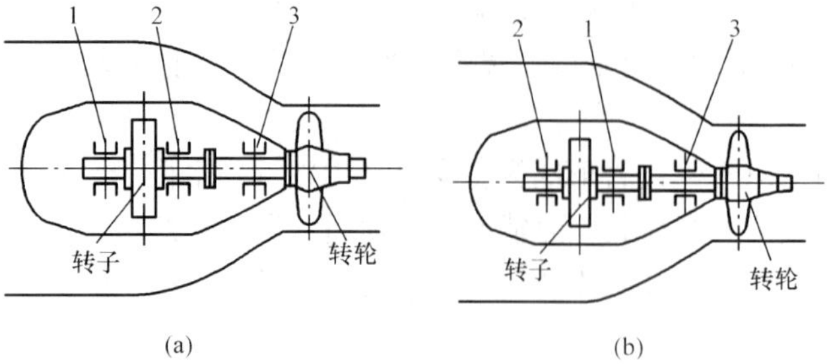

图 7-13　三导轴承

1—推力/发导组合轴承；2—发导轴承；3—水导轴承

两导轴承结构为只在发电机转子的上游侧或下游侧布置一个发导轴承，在水轮机转轮上游侧布置水导轴承。推力轴承与发导轴承组合布置，称为组合轴承，如图 7-14 所示。其中，尤以图 7-14（b）所示的结构应用最广。

由图 7-14（b）可知，两个导轴承位于水轮机转轮和发电机转子之间，构成双悬臂支撑结构。由于该支撑结构简单、可靠，性价比高，运行维护方便，因此成为目前国内外大、中型灯泡贯流式水轮机组轴系支撑的主导结构。

尽管两导轴承与三导轴承相比具有明显优势，但因两导轴承受到轴承负荷大小及负荷平衡性的限制，有时被迫采用三导轴承。为此，拓宽两导轴承的使用范围是国内外制造厂商持续研究的课题，树脂瓦在导轴承上的应用也就应运而生。

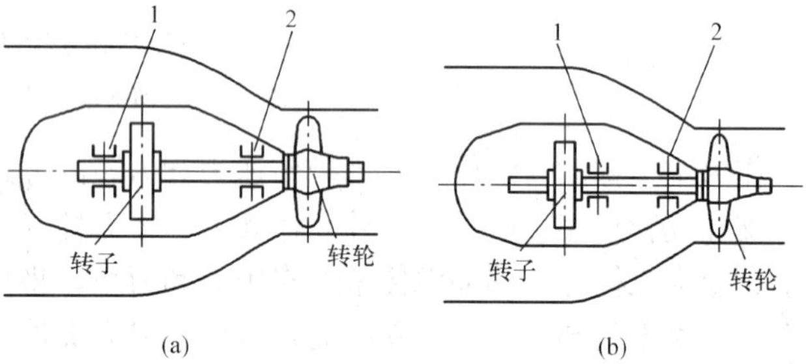

图 7-14　两导轴承

1—推力/发导组合轴承；2—水导轴承

2.3　灯泡贯流式水轮机组的布置与埋件的结构

图 7-15 所示为灯泡贯流式水轮机组中典型的双悬臂支撑结构形式。水流经灯泡头流向转轮，为前置灯泡式结构；灯泡体以管形座为主支撑、灯泡头设辅助支撑，机组所受到的所有力和力矩都通过主、辅助支撑传递到混凝土基础上。

水轮机本体主要由尾水管里衬、伸缩节、转轮室、导水机构、管形座、框架、盖板、导流板、转轮、主轴及操作油管、水导轴承、主轴密封、接力器、受油器等部件组成。

发电机本体主要由定子、转子、组合轴承、中间环（冷却锥）、竖井、灯泡头、垂直支撑、水平支撑、制动器、滑环刷架等部件组成。

水轮机为双调节方式，受油器布置在发电机灯泡头内，接受调速系统来油，通过操作油管和接力器，操纵叶片的开启和关闭。

水导轴承和推力/发导轴承组合轴承采用压力油润滑、外循环水冷却方式，并共用一套油冷却系统。此外，还设有高压油顶起装置，在机组开、停机期间，将高压油注入导轴承。

水轮机侧和发电机侧各设有一个竖井，作为安装、检修和运行维护人员的进出通道，并布置机组操作所需的油、气、水管路及电缆等。机组安装、检修时，各部件通过转轮室竖井和发电机框架竖井，可方便地吊入、吊出。

中间环设计成夹层结构（此时又称为冷却套），作为发电机水—水二次冷却的热交换通道，其过流面采用不锈钢和碳素钢复合钢板制作。

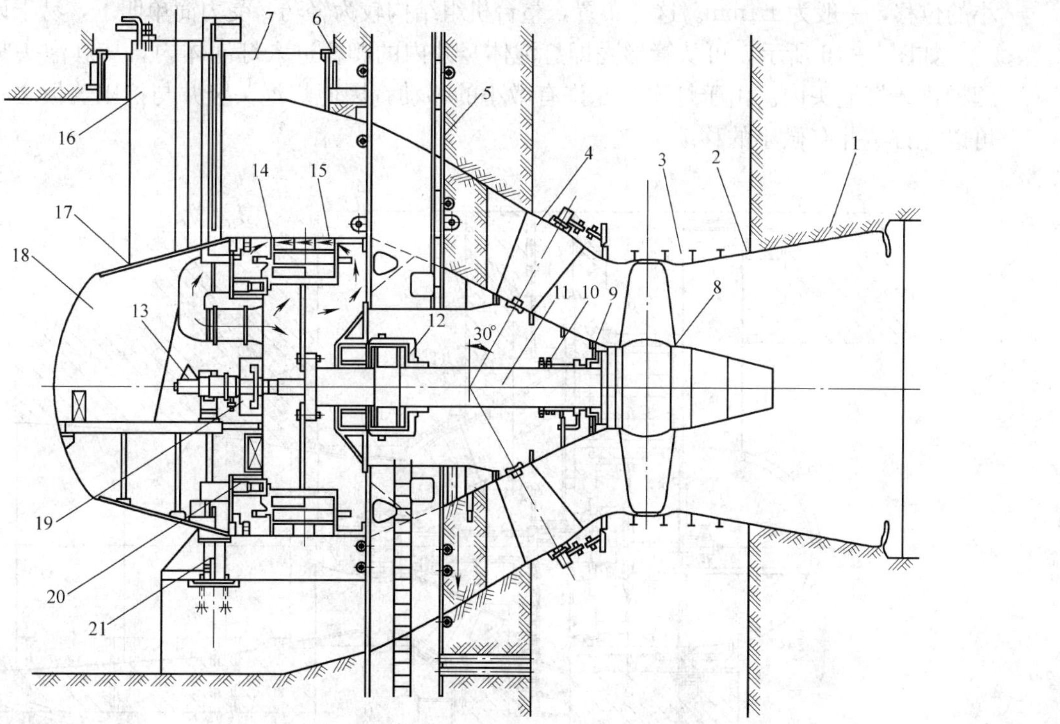

图 7-15　灯泡贯流式水轮机组中典型的双悬臂支撑结构形式

1—尾水管里衬；2—伸缩节；3—转轮室；4—导水机构；5—管形座；6—框架；7—盖板；8—转轮；9—主轴密封；10—水导轴承；11—主轴及操作油管；12—组合轴承；13—受油器；14—转子；15—定子；16—竖井；17—冷却锥；18—灯泡头；19—滑环刷；20—制动器；21—垂直支撑

在尾水管（或转轮室）上，设有进入流道内的进人门。在发电机侧的盖板上，通常也设置进人孔，以方便进行安装和检修工作。在进水流道和尾水管最低高程处，设有机组检修排水孔，在厂房底层设有机组检修排水阀。机组检修时，将流道里的水排至集水井。

灯泡贯流式水轮机组的飞轮力矩较小，为满足调节保证要求，导叶通常采用分段关闭方式。为此，需在导叶接力器操作油管路上设置分段关闭装置。为防止灯泡贯流式水轮机组发生飞逸，通常在导水机构设计中，设有重锤关机系统。此外，在尾水管出口还应设置动水关闭的事故闸门。

2.3.1　灯泡贯流式水轮机组的布置方式

目前，灯泡贯流式水轮机组的总体布置有两种布置方式：一种是以管形壳为主要支撑的布置方式；另一种是以水轮机固定导叶为主要支撑的布置方式。

2.3.1.1　以管形壳为主要支撑的布置方式

采用以管形壳为主要支撑的灯泡贯流式水轮机组的布置方式，机组的大部分受力主要是通过管形壳传到厂房基础。发电机灯泡头下部的球面支撑主要是平衡灯泡头和定子部分在水里产生的浮力和其重力的合力。灯泡头两侧的侧向支撑是防止机组在运行过程中产生振动引起的灯泡头摆动。这种机组以两支点为主要方式，即水轮机和发电机共轴，水轮机端的受力是通过水导轴承传递至管形壳，发电机端的受力是通过组合轴承将机组转动部分的受力传递至管形壳，再传至厂房基础，如图 7-16 所示。发电机灯泡头下的球面支撑允许发电机灯泡头及定子有微小的位移，一般为±1mm。这样布置，整台机组结构较为轻巧，受力简单明了，易于计算。

如图 7-16 所示，可从管形壳即灯泡体竖井内的爬梯进入灯泡体内，从灯泡头竖井内的爬梯进入灯泡头内。由于灯泡头允许有微小的移动，因此灯泡头竖井与抗压盖板之间的结构可以允许竖井有微小的移动。

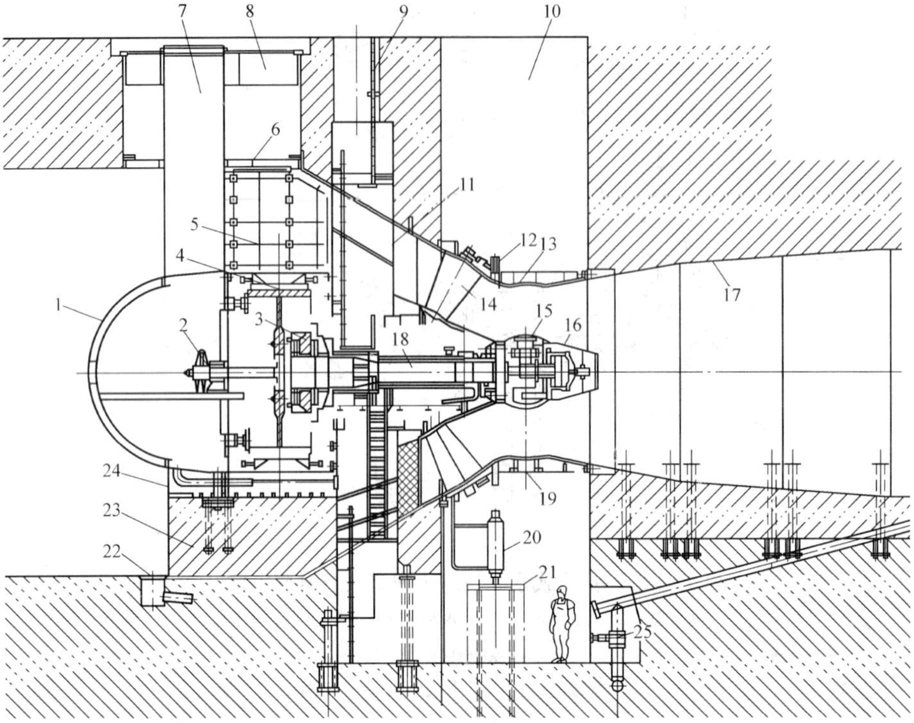

图 7-16　以管形壳为主要支撑的灯泡贯流式水轮机组的布置方式

1—灯泡头；2—受油器；3—组合轴承；4—发电机；5—导流板；6—下盖板；7—灯泡头竖井；8—抗压盖板；9—灯泡体竖井；10—水轮机检修廊道；11—管形壳；12—导水机构；13—转轮室；14—导叶；15—转轮；16—泄水锥；17—尾水管；18—大轴；19—进人孔；20—接力器；21—接力器支墩；22—流道排水管；23—导流墩；24—下导流板；25—尾水管放空阀

导流板与下盖板为多孔结构，主要作用是增加在水流通过时的阻力，也就是当机组停机时所形成的水锤，通过多孔结构减压，使发电机盖板的结构可以轻巧一些。

机组安装时，灯泡头和发电机定子等均可从发电机安装孔中吊入；机组主轴可从发电机吊装孔吊入，也可以从水轮机检修廊道吊入；水轮机转轮可从水轮机廊道中吊入。机组检修时，关闭进水口和尾水口检修闸门后，流道内的水可通过流道排水管排至检修集水井，下游尾水管内的水也可通过尾水排水管排至检修集水井。

2.3.1.2　以固定导叶为主要支撑的布置方式

这种灯泡贯流式水轮机组主要通过固定导叶（座环），将转动部分、定子等的受力传至厂房基础，如图 7-17 所示。发电机灯泡头（机壳）的受力由灯泡头竖井（上支柱）和下支柱来承受，组合轴承所承受的力可由拉杆直接传至厂房基础；受油器位于发电机转子和转轮之间。由于灯泡头与灯泡头竖井先行安装，因此发电机定子和转子从其上方的发电机吊装孔吊入，水轮机转轮则将转轮室打开后吊入。

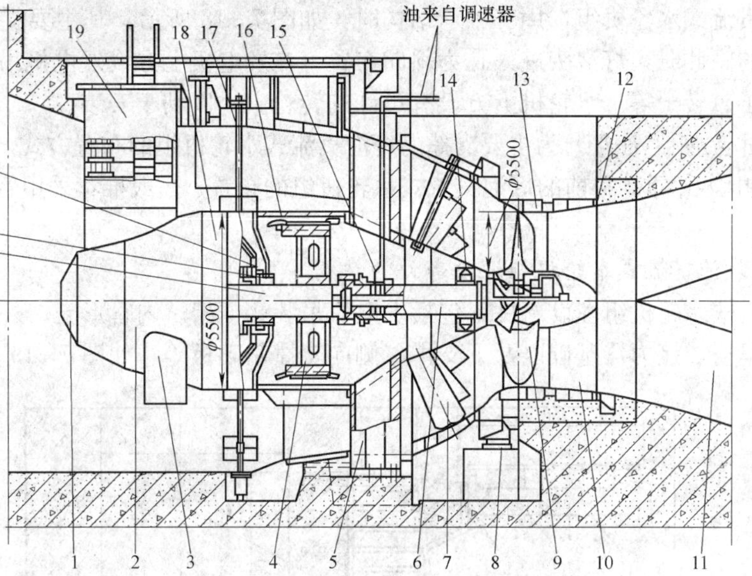

图 7-17 以固定导叶为主要支撑的灯泡贯流式水轮机组的布置方式

1—机壳可拆卸前盖；2—机壳体；3—下支柱；4—发电机转子；5—座环；6—水轮机主轴；7—圆锥式导水机构；8—接力器；9—转轮；10—锥管；11—尾水管；12—基础环；13—转轮室；14—水轮机导轴承；15—受油器；16—发电机定子；17—拉杆；18—中间环；19—上支柱；20—双向推力轴承；21—发电机导轴承；22—发电机轴

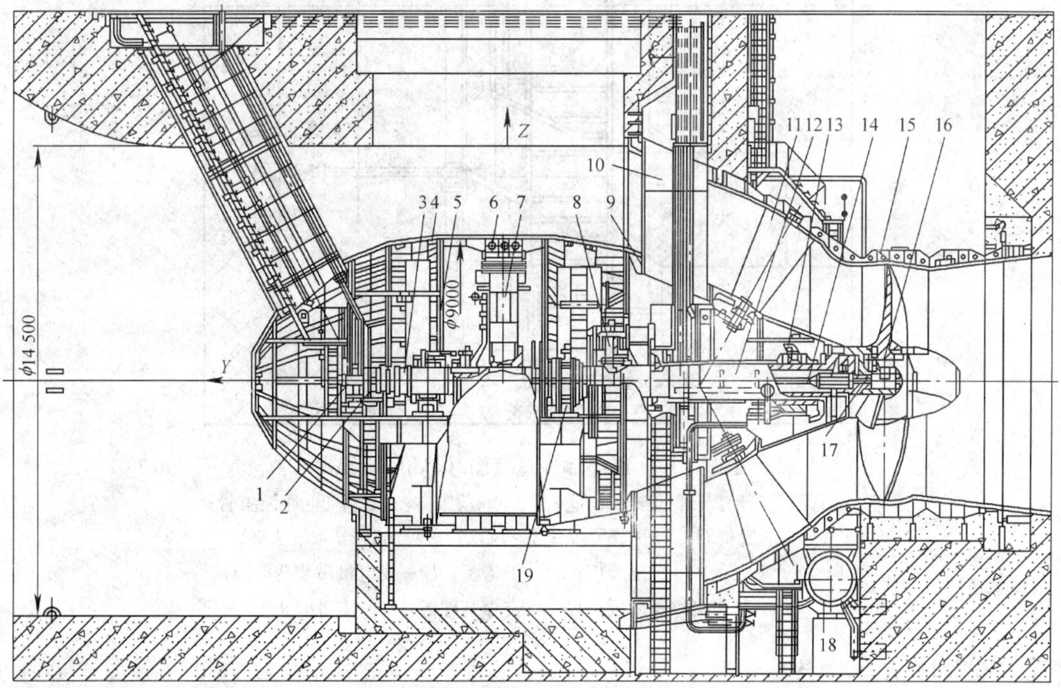

图 7-18 三轴承布置的灯泡贯流式水轮机组

1—受油器；2—定子冷却水进口；3—发电机轴；4—灯泡头；5、19—发电机轴承；6—发电机定子；7—发电机转子；8—推力轴承；9—水轮机内座环；10—水轮机座环；11—锥形导水机构；12—水轮机轴；13—水导轴承；14—操作油管；15—转轮室；16—转轮；17—转轮接力器；18—集油槽

当灯泡贯流式水轮机组选用三轴承结构时，如图 7-18 所示，其主要支撑也是由水轮机座环来承受的。此时，灯泡头进人孔为斜向布置。在发电机上方设发电机吊装孔，以利于吊入发电机定子、转子等。水轮机上方设有可卸的转轮室，以利于安装。

采用以固定导叶（座环）为主要支撑的灯泡贯流式水轮机组的布置方式，其受力方式较复杂，而且结构比较笨重。目前的灯泡贯流式水轮机组的布置，一般推荐采用管形壳为主要支撑方式。

2.3.2　灯泡贯流式水轮机组埋设部件的结构

灯泡贯流式水轮机组埋设部件，包括发电机吊装孔框架、内管形壳、外管形壳、支墩框架、尾水管里衬、接力器基础以及下支撑、侧向支撑基础板等，如图 7-19 所示。

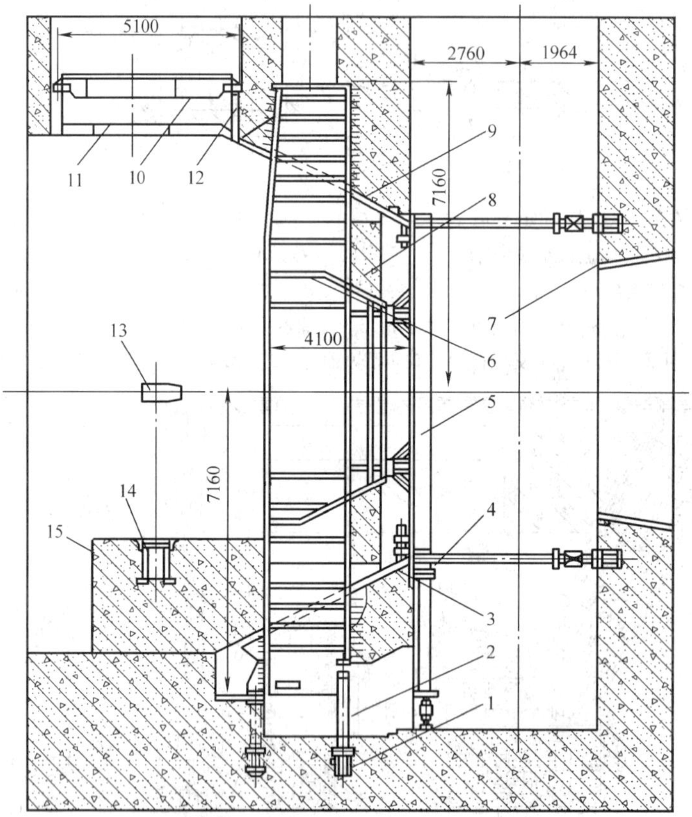

图 7-19　预埋部件总装图（单位：mm）

1—管形壳基础板；2—座环下部支柱；3—前锥体；4—轴向间距调整管；5—中心定位架；6—内管形壳；7—尾水管里衬；8—导水锥头部；9—外管形壳；10—抗压盖板；11—下盖板；12—发电机吊装孔框架；13—侧向支撑基础板；14—下支撑基础板；15—支墩框架

2.3.2.1　尾水管里衬

灯泡贯流式水轮机组的尾水管是直锥形尾水管，由于它的尺寸大，因此过流量很大。一般来说，灯泡贯流式水轮机组的尾水管由两部分组成：前面直锥形部分带金属里衬；后面部分是钢筋混凝土，如图 7-20 所示。大型灯泡贯流式水轮机组的尾水管里衬一般分成3～7节，运至现场后再拼焊成整体，在现场拼焊时应用仪器监视变形，尾水管里衬的中心标高安装偏差为±(0.03～0.04)D，尾水管里衬的法兰面的波浪度要求在(0.004%～0.005%)D以内。如管形壳与尾水管里衬一起安装，则对尾水管的基础环法兰面安装要求可低一些，是因为机组的高程、中心、水平均以管形壳的法兰面为基准。如果先装尾水管里衬，后安装管形壳，以便厂房先行施工，留下机坑，则对尾水管基础的安装要求应高些。

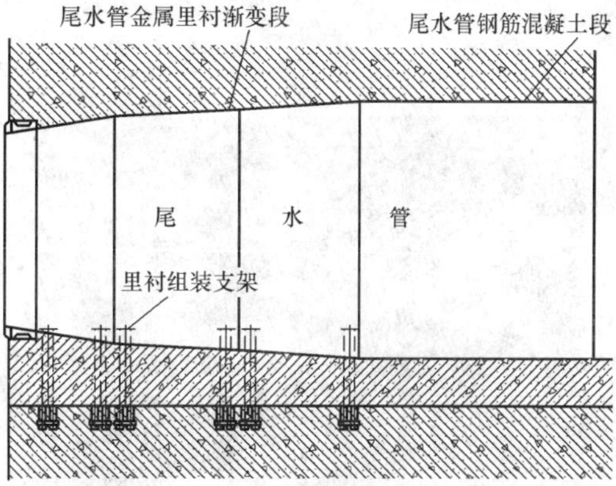

图7-20　尾水管

2.3.2.2　管形壳

管形壳分为外管形壳及内管形壳，外壳体由上、下两部分及4块侧向瓦形壳和前锥体组成；内管形壳体由上、下两部分组成，如图7-21所示。

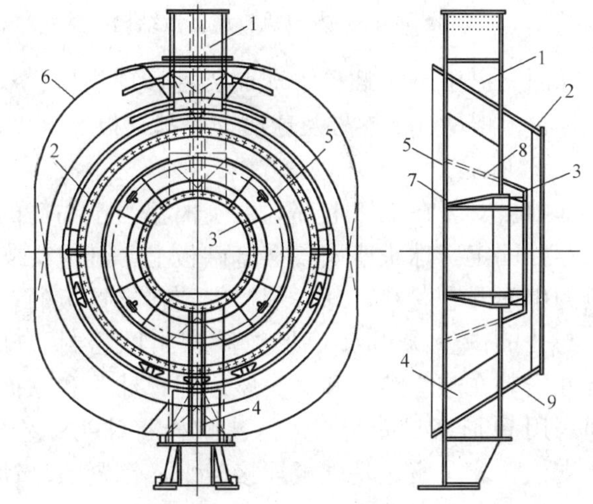

图7-21　管形壳

1—上管形壳；2—前锥体；3—内配水环连接法兰面；4—下管形壳座；5—定子连接法兰面；6—侧向瓦形壳；7—支承环连接法兰面；8—内管形壳；9—外管形壳

外管形壳体上游面与发电机进人孔的框架、墩子围板连接；下游面与外导水环连接。内管形壳体的上游面与定子机座连接；下游面与内导水环连接。

内、外管形壳体在现场组焊成整体后，以尾水管基础环法兰面的中心标高为准，要求安装后的内管形壳体法兰面的误差标高小于0.02%D，中心小于0.008%D，波浪度小于(0.004%～0.005%)D，这就要求在安装时要加强监视。

2.3.2.3　发电机吊装孔框架、抗压盖板

如图7-22所示，发电机吊装孔是为机组安装、检修时吊入和吊出发电机定子、转子、主轴和灯泡头等部件而设计的。发电机吊装孔框架不仅对发电机吊装孔起到骨架作用，而且是抗压盖板和下盖板固定的基础。

抗压盖板既是发电机吊装孔的盖板，也可为发电机灯泡头进人竖井定位，其结构如图7-23所示。

大型机组不仅有抗压盖板，而且还设有下盖板。有的抗压盖板太大，分两块组合。下盖板为多孔结构，目的是减小机组甩负荷时反向水锤压力对盖板的升压值。

对于能正、反向运行的灯泡贯流式水轮机组，框架基础应考虑在反向运行过程中紧急停机时的反向水锤压力，发电机吊装孔框架基础板宜与外管形壳焊为一体。

2.3.2.4　下支撑及其基础板

下支撑又称球面支撑，球面支撑安装在灯泡头的下部，在流道无水时承受灯泡头、定子等部件的重量；在流道充满水后承受灯泡头、定子等部件的重力和浮力的合力。

图 7-22　发电机吊装孔

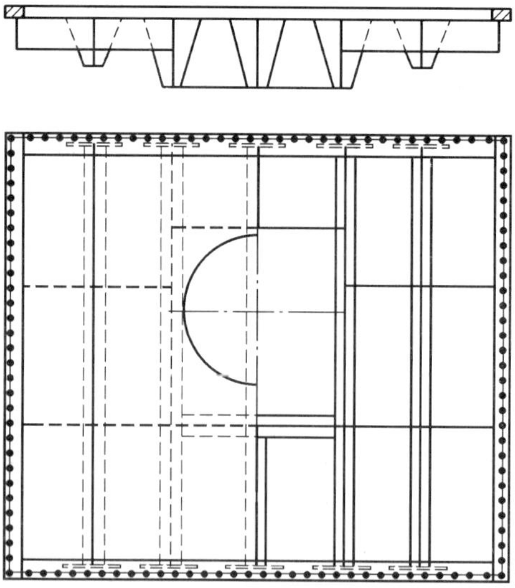

图 7-23　发电机抗压盖板结构

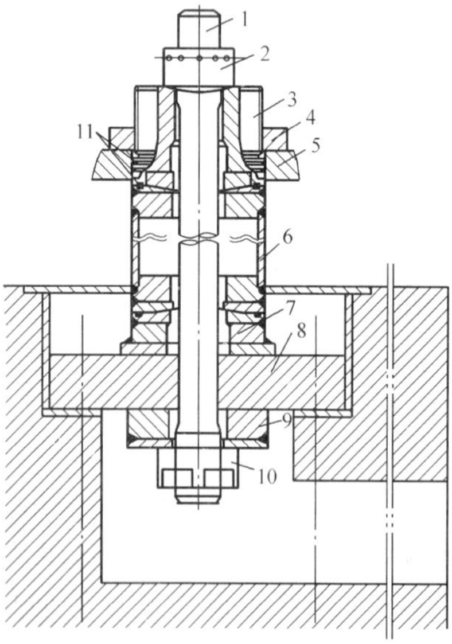

图 7-24　球面支撑及基础板

1—双头螺栓；2—上螺母；3—球头螺栓；4—锁紧螺母；5—灯泡头支撑板；6—球面支柱；7—球头座；8—基础板；9—垫板；10—下螺母；11—O形密封圈

球面支撑由球头螺栓、球面支柱、球头座、双头螺栓、上螺母、下螺母及球面支撑基础板等组成，如图7-24所示。

基础板安装在支墩上部，由 4 根相当于锚筋的基础螺栓固定，球头座安放在基础板上，灯泡头支撑板的中间开有一孔，球头螺栓安装在支撑板的孔内，与孔的内壁采用双 O 形橡胶密封圈密封。球面支柱安装在球头螺栓和球头座之间，球头和球面之间采用 O 形密封圈密封。双头螺栓将球头螺栓、球面支柱、球头座、基础板连接起来，锁紧螺母锁紧，使灯泡头与支墩成为一个整体。灯泡体允许有微小的位移（小于 1mm），采用球面支撑能使灯泡体在移位后复位。

2.3.2.5　侧向支撑及其基础板

侧向支撑承受灯泡体的侧向力和机组在运行时产生的振动，每台机组有两个，左右各一个。侧向支撑由锁紧螺母、球头螺栓、翼形球面支柱、球头座和基础板组成，如图 7-25 所示。

2.3.2.6　墩子围板

在发电机下部支墩与定子外壳之间设立围板，围板的下部用螺栓与支墩的围板相连，上部随定子外壳切割而成，如图 7-26 所示。围板对水流起着导向作用，目的是减小水流的水力损失。

2.4　灯泡贯流式水轮机组水电站厂房布置

灯泡贯流式水轮机组适用于河流中、下游流量大、河面宽阔的低水头水电站枢纽，水电

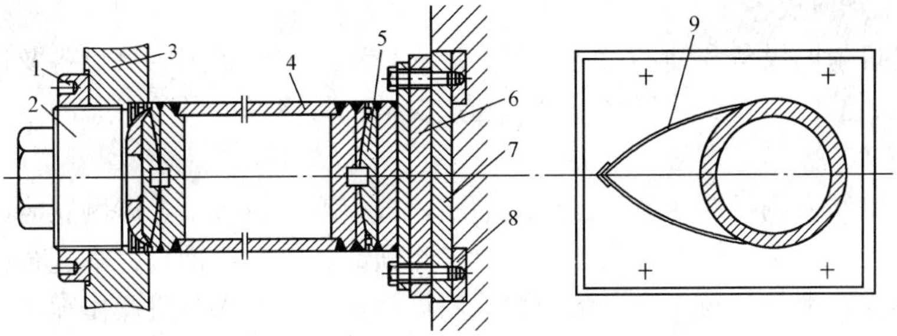

图 7-25　侧向支撑结构

1—锁紧螺母；2—球头螺栓；3—灯泡头壁；4—翼形球面支柱；5—球头座；6—楔形板；7—基础板；8—定位块；9—翼形导流板

站厂房为河床式，厂房本身作为枢纽挡水建筑物的一部分。

河床式水电站厂区布置特点已在项目四中进行了讨论，现结合灯泡贯流式水轮机组讨论其厂房布置特点。

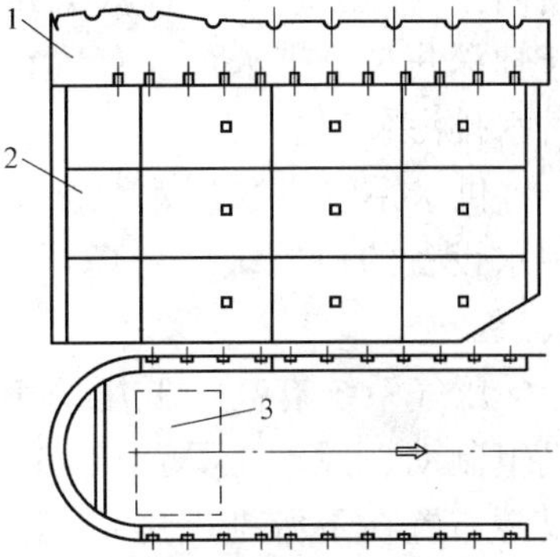

图 7-26　下导流板和围板

1—围板；2—支墩框架；3—球面支撑基础板

2.4.1　流道及进、出水口布置

灯泡贯流式水轮机组过水流道外形由生产厂家根据试验确定并提供给设计部门，流道通常可分成进口段、流道中段和出口段。灯泡贯流式水轮机组放置在流道中段内，其上游部分为进口段，下游部分为尾水管出口段。

厂房进水口由喇叭形进水口、拦污栅、检修闸门及其提升设备等组成。进水口在平面上的宽度通常与厂房机组流道宽度相一致，拦污栅可采用直栅，也可采用斜栅，应结合工程量、稳定应力及运行管理等各方面因素综合考虑确定。流道进口的布置主要是确定拦污形式和拦污栅、检修闸门及坝顶公路的相对位置，如图 7-27 所示。

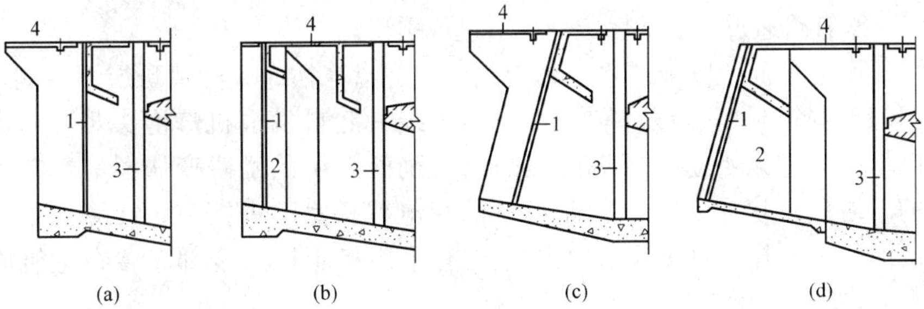

图 7-27　进水口设备布置

1—拦污栅门槽；2—拦污栅墩；3—检修门槽；4—坝顶公路

图 7-27（a）所示为垂直拦污栅置于坝顶公路桥和检修闸门之间，可采用一台门机作启闭用。图 7-27（b）所示为垂直拦污栅在最上游，检修闸门在下游，坝顶公路置于两者之间。图 7-27（c）、（d）所示为斜倾式拦污栅的布置方式。

流道出口通常只布置工作闸门及其启闭设备。

2.4.2 主机间设备布置

（1）水轮机附属设备和辅助设备布置。灯泡贯流式水轮机组附属设备及辅助设备主要有调速器操作柜、油压装置、油气水系统、起重设备、防飞逸设备等，总的布置原则与立式机组厂房布置相同。

以金溪水电站为例，调速器操作柜及油压装置布置在值班层上游侧发电机安装孔旁，有些水电站则布置在水轮机操作廊道上游或下游侧顶部。接力器推拉杆垂直布置在水轮机操作廊道中接力器支墩顶部。防飞逸设备一般采用重锤，垂挂在水轮机操作廊道内。值班层布置桥式起重机。

厂房内渗漏排水和检修排水通常分开设置，渗漏排水由排水沟管排至渗漏集水井，然后由渗漏排水泵排入下游。检修排水因其排水量大，在厂房下部低于尾水管处设置一条纵向排水廊道，并和检修集水井相通，由水泵抽排入下游。现在工程中，排水泵多选用长轴深井泵，排水泵室布置在集水井上方，为排出集水井内的沉积泥沙，常需另设一台潜水排污泵。

供水系统常采用水泵自上游静水池或下游尾水渠供水。供水系统根据水源的位置、用水设备的位置统一考虑，一般供水系统布置在安装间下层副厂房或尾水副厂房的最底层。

压气系统有高、低压两个系统，高压气供油压装置用气；低压气供灯泡体内充压、机组制动、风动工具用气和大轴密封空气围带充气。因空气压缩机振动和噪声大，所以常布置在下游副厂房最底层或安装间下层副厂房，并有设置隔墙等减振和降低噪声的措施。

厂内润滑油系统分高、低压两套装置，为水轮机与发电机共用。机组正常运行时，轴承润滑油由布置在主机间上游挡水墙中的高位油箱在重力作用下供给，高位重力油箱也可根据机组使用要求布置在厂房端墙或布置在下游副厂房顶部。经润滑后的油排至布置在机组下部最低处的回油箱内，冷却后由油泵重新打上高位油箱进行强迫循环。油系统通常布置在安装间下层或主机间下游副厂房中。

油、气、水管路通过空心的固定导叶引进或引出灯泡体。

（2）电气设备布置。以金溪水电站为例，机旁盘靠墙布置在值班层下游侧，发电机主引出线采用三相共箱封闭母线，和中性点引出线一起自发电机灯泡头竖井引出后，沿各机组段左侧母线架进入下游母线廊道。晶闸管励磁系统的励磁变压器等，布置在与电缆夹层同高的下游副厂房中。二次回路设备的继电保护室、中控室、计算机室等，布置在端部副厂房的最上一层，在实际工程中，也有采用将副厂房全部布置在主机间下游尾水管上方的布置方式。

2.4.3 主厂房结构布置

灯泡贯流式水轮机组厂房除主机间与安装间之间设永久缝外，在主机间大多采用一机一缝或两机一缝，根据机组尺寸大小及机组稳定性、应力和施工要求确定。有的工程因尾水位很高，厂房的侧向水推力很大，为避免基底产生拉应力，在施工后期将永久缝灌浆，使几个机组段连成一体，以抵抗侧向水推力。

如前所述，河床式水电站厂房止水布置通常采用开口式布置方式，厂房的水平止水带布置在流道顶板上，上、下游垂直止水一般位于上、下游挡水墙处，其中上游垂直止水应与帷幕接头。如结构体稳定应力计算需利用结构缝水压力平衡侧向水推力，则宜在结构缝面设通水槽，通水槽一般通过在先浇块表面预埋木块设置，拆除模板后去掉预埋木块即可形成。

安装灯泡贯流式水轮机组的河床式厂房与安装立式水轮机组的河床式厂房的上部结构构成相同，并遵循相同原则和规律进行布置。因灯泡贯流式水轮机组装置高程较低，厂房上游墙为高度较大的、与进水口闸墩共同形成厂房挡水结构的挡水墙，上游侧吊车梁轨道可直接铺设在挡水墙伸出的连续牛腿上；灯泡贯流式水轮机组厂房的下游洪水位一般较高，应考虑采取防洪措施。厂房下游侧挡水结构常用的布置方案有：①利用厂房下游墙（尾水管上）与闸墩构成挡水结构；②尾水管上另设挡水墙（与厂房下游墙分开）与尾水闸墩构成挡水结构，在厂房下游墙和挡水墙之间布置副厂房。在金溪水电站中，厂房下游侧挡水结构采用的是第二种布置方案。此外，由于厂房左右两端墙跨度大，通常以上、下游挡水墙和设置的中支承墙作为支撑，共同组成端部侧向挡水结构。

进口平台和坝（闸）顶结构相连，其结构布置应与坝（闸）顶布置相协调。厂房多为封闭式，通风、采光大多采用人工方式。若利用下游挡水墙和副厂房之间的空间协助通风、采光，在结构布置上应考虑通风、采光的要求。

灯泡贯流式水轮机组河床式厂房轮廓尺寸的拟定原则和方法与立式机组厂房是一致的。

在高程拟定时，首先拟定机组主轴中心线高程（卧式水轮机组安装高程），该高程拟定时除应满足在各种可能出现的运行工况下避免空蚀的要求及尾水管出口最小淹没深度的要求外，还应综合考虑水电站下游冲刷后水位下降、年均发电量和厂房土建投资等动能经济效益的影响。在安装高程的基础上根据流道尺寸向下定出流道底部高程，再考虑地质条件和结构要求，初拟流道底板厚度，定出厂房建基面高程；向上定出流道顶部高程，考虑顶板结构受力要求，初拟顶板厚度，定出电缆夹层地面高程（如不设夹层，则根据母线，油、气、水管路等辅助设备布置与交通廊道布置要求，直接定出值班层地面高层），再根据主引出线，中性点引出线，油、气、水管路等辅助设备布置要求，结合安装间地面高程、对外公路和下游最高洪水位定出值班层地面高程。值班层以上各高程拟定同立式机组，但轨顶高程拟定应考虑灯泡贯流式水轮机组转子、定子和导水机构等的翻身与组件吊运的需要。

在平面尺寸拟定时，主厂房水下部分块体结构总宽度等于流道总长度加上拦污栅及上、下游闸门段的长度，根据经验，初拟时可选择（8.5～11）D_1；主厂房值班层宽度主要由发电机与水轮机吊孔的位置控制（在金溪水电站中，设上、下游两个吊孔），有些灯泡体直径小于水轮机转轮的机组，发电机也可从水轮机吊孔吊装，不再另设发电机吊孔，最后还应参照桥吊标准跨度确定；机组间距根据流道最大处直径加上混凝土隔墩厚度确定，隔墩的厚度应根据墩中是否布置母线电缆廊道拟定，一般为 2.5～4.0m，初拟机组间距时，可选择（2.5～3.5）D_1；灯泡贯流式水轮机组的安装间面积拟定原则和方法同立式机组厂房，但考虑一台机组解体大修时放下的主要部件是发电机转子、定子、水轮机转轮、水轮机内配水环、水轮机外配水环等机组部件。

学习任务二　贯流式机组厂房施工

1　案例

1.1　施工条件及施工特点

金溪水电站枢纽工程距城市较近，物资、技术供应和交通运输均较方便。枢纽区两岸场地开阔，可布置成独立施工区。枢纽工程嘉陵江段洪枯流量倍比达 10 倍，洪枯水位变幅达 12m 以上。泄洪冲沙闸、船闸等只能安排枯期施工。坝轴线河床覆盖层厚度为 3～16m，溢流坝段最厚，达 16m，厂房段最薄，仅 3.5～8m。

该工程进度控制项目为右岸厂房、一期泄洪冲沙闸、船闸，特别是一枯的厂房小基坑纵向围堰施工，难度较大，要求特别重视施工技术与管理，精心组织施工。

1.2　施工总进度计划及水电站工程施工进度要求

结合工程施工特点，拟定该工程施工总进度计划如下：

第一年 5～10 月为工程准备期，11 月～第三年 10 月为主体工程施工期，共 24 个月，第三年 10 月 1 日首台机组发电，工程完建期 10 个月，第四年 8 月工程竣工，总工期 40 个月。

主体工程施工高峰强度为：土石方开挖 24.3 万 m^3/月，混凝土浇筑 5.81 万 m^3/月。

该工程施工总进度控制项目为厂房和一枯的泄洪冲沙闸、船闸。

控制施工总工期的关键线路为一期围堰→第一枯水期基坑 6.5 孔泄洪冲沙闸和厂房小基坑围堰→二期围堰→船闸。控制发电工期的关键项目为一期围堰→第一枯水期基坑 6.5 孔泄洪冲沙闸和厂房小基坑围堰→厂房土建→机电设备安装。

水电站工程施工安排在第一年 9 月到第四年 7 月。第一枯水期末（第二年 4 月）完成基础开挖和基础混凝土浇筑，形成小基坑围堰；完成砂卵石及石方开挖 48.9 万 m^3，混凝土浇筑 3.55 万 m^3。到第二枯水期末（第三年 4 月）厂房防洪体系形成，排架基本完成，安装间及首台机组段封顶，完成全部闸门及栅槽安装，基本完成混凝土浇筑，开始首台机组安装，10 月首台机组具备发电条件。第二、三、四台机组于第四年的 1、4、7 月相继发电。施工高峰强度：土石方开挖 12.15 万 m^3/月，混凝土浇筑 2.82 万 m^3/月。

1.3　施工导流方案

金溪水电站枢纽工程为三等工程，其主要永久建筑物为 3 级，临时建筑物为 5 级，导流标准采用 10 年一遇洪水标准。厂房小基坑采用全年导流，相应导流设计流量为21 800m^3/s；船闸、泄洪冲沙闸等采用第一年 11 月～第二年 4 月枯期导流时段施工，相应导流设计流量为2280m^3/s。

厂房进入机电设备安装期后，其度汛洪水标准为 20 年一遇，相应设计洪水流量为 25 800m^3/s。

选定导流方案为分期导流，两期两段厂房小基坑施工方案，即

一期：第一枯水期～第一汛期，即第一年 11 月～第二年 10 月。第一枯水期围右岸非溢流坝、厂房、6.5 孔泄洪冲沙闸等，被束窄的左岸河床经拓宽后导泄枯水期洪水。

金溪水电站一期右岸基坑施工情况见图 7-28。

二期：第二枯水期～第三汛期，即第二年 11 月～第四年 8 月，右岸工程继续施工。第二、三枯水期围左岸船闸、连接溢流坝、剩余的 12.5 孔泄洪冲沙闸等，利用一期的 6 孔泄

洪冲沙闸导泄枯水期洪水。

图 7-28　金溪水电站一期右岸基坑施工情况

图 7-29　金溪水电站二期施工导流情况

金溪水电站二期施工导流情况见图 7-29。

该方案首台机组发电工期为 30 个月（第一年 5 月～第三年 10 月），总工期为 40 个月（第一年 5 月～第四年 8 月），具体安排如下：

（1）右岸。第一枯水期（第一年 11 月～第二年 4 月），完成二期纵向混凝土围堰、6.5 孔泄洪冲沙闸 305m 高程以下的全部土建工程和门槽等埋件安装，形成厂房小基坑高水围堰；第一汛期（第二年汛期），泄洪冲沙闸继续上升，厂房在围堰保护下施工，厂房小基坑如图 7-30 所示；第二枯水期开始首台机组座环安装；第二枯水期末（第三年 4 月）拆除厂房小基坑围堰；第三年 10 月（第二汛期末）首台机组发电；第四年 7 月第四台机组发电。

图 7-30　金溪水电站厂房小基坑

（2）二期左岸。第二枯水期（第二年 11 月～第三年 4 月），完成泄洪冲沙闸底板、部分闸墩和消力池、连接溢流坝和船闸基础覆盖等，船闸上下闸首达常年洪水位以上；第二汛期基坑充水度汛，船闸继续上升，10 月上闸首达坝顶 321.00m；11 月恢复围堰，到第三枯水期末（第四年 4 月），基本完成泄洪冲沙闸 321.00m 以下全部土建和金属结构安装、船闸金属结构安装，8 月二期工程基本完工。

（3）围堰结构。一期围堰、厂房小基坑横向围堰、二期下游围堰等为土石围堰；二期上游围堰为土石过水围堰；厂房小基坑纵向围堰、二期纵向围堰为混凝土围堰，分别结合了厂房拦沙坎、冲沙廊道坝段、泄洪闸导墙。一期、二期上下游横向围堰采用黏土斜墙铺盖防渗，纵向土石围堰为高喷防渗。厂房小基坑横向围堰采用土工布防渗。厂房小基坑纵向围堰、二期纵向混凝土围堰利用厂房拦沙坎、冲沙廊道坝段、泄洪闸导墙，向上、下游延伸并加高加厚，基础建在岩基上。

1.4　主体工程施工

金溪水电站枢组工程主要建筑物有左岸接头坝、船闸、连接溢流坝、19 孔泄洪冲沙闸、厂房、右岸非溢流坝等。根据施工导流及施工进度计划，主体工程分两期施工：一期主要施工厂房、6.5 孔泄洪冲沙闸、纵向围堰等；二期主要施工船闸、剩余 12.5 孔泄洪冲沙闸、连接溢流坝等，利用左右岸上、下游围堰进到施工作业面。

覆盖层采用推土机辅助装载机、挖掘机开挖，自卸汽车运渣。石方开挖采用潜孔钻造孔，毫秒电雷管微差松动爆破，基础面预留保护层开挖，推土机辅助集渣，装载机、挖掘机配自卸汽车运渣。

混凝土主要由拌和楼生产，自卸汽车水平运输，底板混凝土采用汽车直接入仓或履带式起重机配卧罐入仓，上部混凝土采用门机和轻型液压履带吊配卧罐入仓，组合钢模，插入式振捣器捣实。主体工程混凝土与钢筋混凝土浇筑 95.2 万 m^3。其中，厂房混凝土26.4 万 m^3，高峰强度 2.8 万 m^3/月；泄洪冲沙闸一期基坑混凝土 9.4 万 m^3，高峰强度为 2.7 万m^3/月，二期基坑混凝土 17.7 万 m^3，高峰强度为 3.3 万 m^3/月；船闸混凝土 34.9 万 m^3，高峰强度为 3.04 万 m^3/月。一期基坑内厂房、泄洪冲沙闸混凝土浇筑高峰强度为 4.60 万 m^3/月，发生在第二年 2～4 月。第一枯水期必须完成泄洪冲沙闸高程 305m 以下全部土建及其门槽安装、厂房小基坑围堰。第三年 10 月首台机组发电。

混凝土由右岸高程为 310m 的拌和楼供料，自卸汽车水平运输。厂房基础混凝土近岸部位由溜槽入仓，其他部位和泄洪冲沙闸溢流面以上的混凝土由门机配卧罐入仓，泄洪冲沙闸的闸基、消力池和海漫的基础混凝土采用自卸汽车直接入仓，消力池表面、导墙混凝土采用轻型履带吊配卧罐入仓。

厂房和泄洪冲沙闸上游配 SDMQ1260/60 型门机，下游配 DMQ540/30 型门机，小基坑纵向围堰除上述门机外，上、下游配 50t 履带吊。第一汛期移设一台门机至安装间右侧沿水流方向布置。后期移设一台门机至进水口坝顶浇筑二期混凝土、辅助设备安装等。金溪水电站厂房施工情况见图 7-31。

2　分析讨论

2.1　国内灯泡贯流式机组水电站施工技术的发展与现状

我国水头在 25m 以下的水力资源约占全部资源量的 12%，共计约 48 000MW，灯泡贯流式机组的开发大有作为。近年来，采用灯泡贯流式机组的水电站的开发建设在我国发展得较为迅猛，我国从 20 世纪 90 年代初到 2006 年底的 15 年间，已建了一大批大、中型灯泡贯流式机组水电站，单机容量 20MW 以上的大型机组已超过 200 台，总装机容量超过 5000MW。国内各水电施工企业在灯泡贯流式机组水电站的建设中也积累了大量的工程建设经验。

灯泡贯流式机组水电站均为低水头、大流量、径流式水电站。枢组建筑物一般由泄水闸、河床式厂房、船闸及两岸连接坝段组成。泄水闸为主要挡、泄水建筑物，水电站装机规模一般都不大，交通较发达，场地开阔，物资供应有保障，施工场地布置灵活；但施工期施工导流与通航矛盾突出，加上灯泡贯流式机组形式与立式机组的区别，使得灯泡贯流式机组

图 7-31　金溪水电站厂房施工情况

水电站的施工具有以下特点：

(1) 灯泡贯流式机组水电站施工导流问题。

1) 施工导流方式单一，常采用分期导流方式。

2) 施工期往往需考虑利用二期围堰挡水发电。为争取提前发电，多数灯泡贯流式机组水电站工程采用一期先围水电站厂房一侧河床，这样在进行二期施工时，可利用二期围堰挡水发电。

3) 金属结构制作及安装工作量大。

4) 纵向围堰常常一、二期部分共用，并作为泄水闸的闸墩和消力池导墙。

灯泡贯流式机组水电站导流泄水建筑物通常包括一期束窄河床或导流明渠及二期已建泄水建筑物。这些建筑物在满足泄流条件及投入使用时间的条件下，需遵守相应建筑物设计规范进行设计。

过水围堰在灯泡贯流式机组水电站导流建筑物中是一种常见的围堰形式。当坝址河道洪枯水位变幅大时，如采用枯水围堰或全年围堰导流工程量较大，可考虑采用过水围堰，由于过水围堰可分流部分洪水，降低上游水位壅高，减少施工期临时淹没，因此对上游施工期临时淹没要求比较高的工程特别适宜。过水围堰在枯水期围堰挡水，围护永久建筑物干地施工，河道水流由导流泄水建筑物宣泄，汛期当河道来流量超过围堰设计挡水流量标准时，堰顶过水，与导流泄水建筑物联合宣泄洪水，基坑淹水，河床内的永久水工建筑物施工暂停。但主体工程在一个汛期不能施工，总工期相对较长。

(2) 灯泡贯流式机组水电站施工期通航问题。灯泡贯流式机组水电站一般位于中下游河段上，所在河流多有通航要求，工程施工期间将部分或完全改变河道原有的通航条件，影响通航，甚至断航，施工期通航问题不仅影响工程所在河道的航运事业、上下游人民的生产生活及经济发展，而且直接影响到工程投资及建设工期。因此，需妥善解决施工期通航问题。我国现阶段灯泡贯流式机组水电站常采用分期导流方式，其施工期通航常需结合具体导流方案考虑。

(3) 灯泡贯流式机组水电站主厂房埋件施工问题。由于灯泡贯流式机组过流部件的特点，使得灯泡贯流式机组水电站主厂房下部结构和机组埋件与立式机组厂房均有较大差异，主厂房混凝土施工时，一、二期混凝土划分，混凝土分层分块施工方案，土建交面形象要求等方面均有明显区别。

2.2 灯泡贯流式机组的安装

2.2.1 灯泡贯流式机组安装概述

灯泡贯流式机组是一种卧式机组，按桨叶在运行中是否能转动也可分为转桨式和定桨式两种。转桨式机组比定桨式机组安装工艺更复杂。

2.2.1.1 灯泡贯流式机组的基本安装程序

灯泡贯流式机组的安装方法与机组结构、土建进度、设备到货情况、场地条件等因素有关。不同的型号、容量、应用水头及生产厂家，机组结构有一定的差异（如单支腿支承结构、多支腿支承结构、两轴承结构、三轴承结构等），安装方法也会不同；土建进度、设备到货情况、场地条件的不同，安装方法也有变化。但灯泡贯流式机组的基本结构大同小异，安装的程序还是基本相同的。施工队伍要充分利用施工条件和设备，先进行基础埋设，大部件组装，然后将已组装好的大件按顺序吊入机坑进行安装。灯泡贯流式机组的安装大致按以下三部分进行：

（1）埋设部分的安装。灯泡贯流式机组的埋设部分包括尾水管里衬、外（内）管形壳（座）、灯泡头下支撑基础板、侧向支撑基础板、墩子盖板、发电机吊装孔框架、接力器支墩基础、管路埋设等。

（2）转动部分的安装。包括水轮机转轮、发电机转子、主轴及主轴内的操作油管等。为了便于安装，将部分非转动部分小部件，如组合轴承、水导轴承、支承环和导水锥等组装在主轴上吊装。

（3）非转动部分的安装。包括发电机顶罩（灯泡头、中间环、进人竖井及踏板等）、受油器、定子、支承环、组合轴承、水轮机导轴承、导水机构、转轮室及机组附属设备等。

2.2.1.2 灯泡贯流式机组的一般安装流程

设备的安装程序随现场土建情况、设备到货情况及现场条件不同而有所变化，但基本原则是一致的。在施工过程中，应尽量考虑机组安装与土建施工并行或交叉进行，以缩短工期，避免重复工作。灯泡贯流式机组的一般安装流程如图 7-32 所示。

2.2.2 灯泡贯流式机组埋设部分的安装

预埋件分一期预埋件和二期预埋件。一期预埋件包括尾水管里衬、拉锚、基础板、流道排水管，其他属于二期预埋件。灯泡贯流式机组埋件包括尾水管、管形座、流道盖板框架等，埋件的安装需结合厂家设备到货情况、土建施工进度情况及现场设备的起吊能力确定安装方式和时间。

2.2.2.1 尾水管里衬安装

（1）尾水管里衬的拼焊。尾水管里衬是防止高速水流对混凝土尾水管直接冲刷而设置的金属衬板，一般由钢板卷制而成。灯泡贯流式机组尾水管为直锥管。由于受运输条件限制，大型水轮机的尾水管分瓣、分节运至工地现场，在工地现场进行拼装焊接。焊接前，先将尾水管分瓣（片）立起拼圆。拼焊后，调整各瓣（片）位置高度，测量上、下管口圆度及同心度，待符合要求后，点焊牢固，为防止应力变形，采用对称焊接。对分节尾水管进行焊接，采用同样的办法。由于尾水管自身强度差，在拼焊后，应根据实际情况在尾水管里衬内焊装可调支撑架，增强尾水管强度，并调节尾水管椭圆度。

图7-32　灯泡贯流式机组的一般安装流程

（2）尾水管里衬的吊装。

1）尾水管安装的方式。尾水管安装根据设备和土建进度情况可分为两种方式：

a. 在尾水管里衬机坑一期混凝土浇筑至机组中心线时，安装尾水管里衬。尾水管里衬在安装前，先进行机组的中心轴线及坝轴线下尾水法兰基准面中心线的放样及复测，并确认准确无误（见图7-33）。

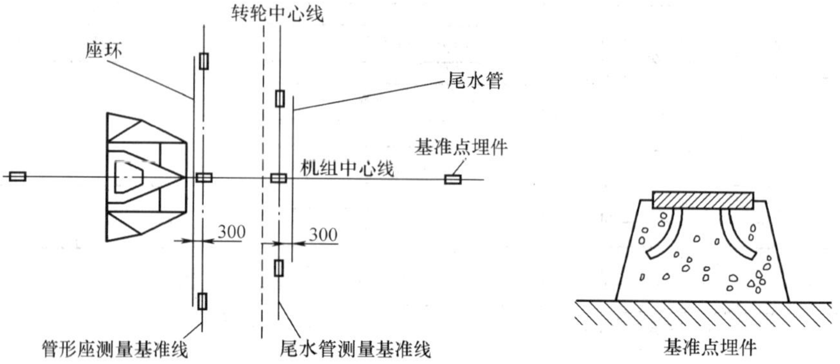

图7-33　机组轴线和测量基准点（单位：mm）

根据土建提供的标高、中心线和水轮机中心线，安装尾水管法兰面（基础环）。尾水管各节拼焊完成后，将带有尾水管法兰面这一节作为第一节，按机组中心、标高、距转轮中心线的距离进行找正，并初步加固，如图7-34所示；以后各节均根据第一节挂装，并进行整体调整加固，如图7-35所示。

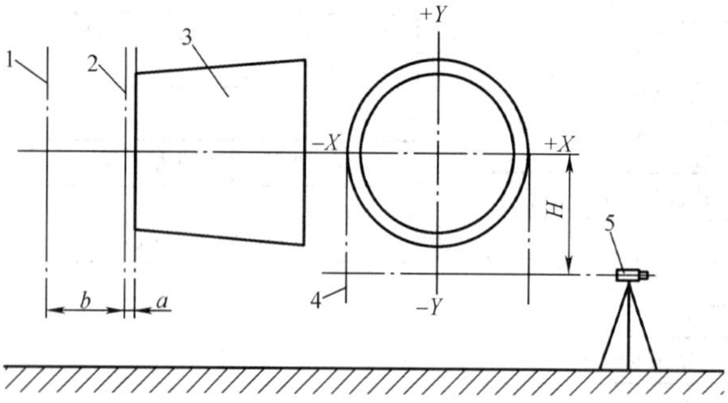

图7-34　尾水管里衬安装测量图
1—转轮中心线；2—测量控制线；
3—尾水管；4—钢卷尺；5—水准仪

b. 前期土建留洞，管形座安装前将尾水管及基础环组装成整体后吊入洞中，待水轮机转轮室安装后再进行就位安装，土建需留二期混凝土浇筑孔。这种安装方式能保证安装精度，设备到货滞后，为不影响土建前期施工进度的情况下可以采用；但尾水管较长和机组台数较多的情况下不宜采用此种安装方式。

不论采用哪种安装工序，尾水管里衬安装前均应具备以下条件：①安装用的基础板、锚筋等预埋工作均已完成；②一期基础混凝土底板浇筑养护达到规定要求；③现场清理干净。

2）尾水管里衬安装流程。根据顺序，将尾水管各节运到现场，利用土建单位的吊机进行吊装。

a. 先将最靠近下游方向的尾水管第一节安装就位，初步找正中心、标高及与转轮中心线的位置，临时加固，随后进行其他各节的安装，节间对装按厂家要求以及有关标准进行。

b. 测量并调整尾水管各节圆度及同心度，满足要求后按厂家规定及水利水电工程压力钢管的制造、安装及验收规范进行尾水管各环缝的焊接。

c. 进行尾水管整体调整，用经纬仪及水平仪测量尾水管里衬的中心、高程及桩号，使之符合厂家标准及水轮发电机组安装技术规范的要求。

d. 按要求进行整体固定，并在衬管内加设足够的支撑，以保证在混凝土浇筑过程中尾水管里衬不产生超出范围的变形，在混凝土浇筑过程中对尾水管里衬进行监测。

e. 安装完后进行尾水管里衬安装验收检查。

f. 尾水管法兰（基础环）安装。基础环的安装可分两种方式：

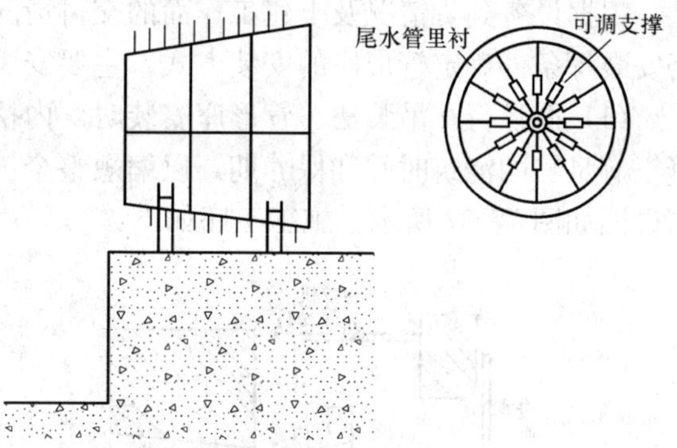

图 7-35　尾水管里衬安装图

(a) 在转轮室安装前吊入，转轮室安装后进行就位调整、加固及与尾水管里衬焊接，最后浇二期混凝土。机组安装采用以管形壳法兰面为基准的安装方法。机组的高程、中心均以管形壳的法兰面为基准。根据土建提供的标高、机组中心线和水轮机中心线确定管形壳的法兰面后，开始安装尾水管法兰面后面的一节，即第二节，以后各节按顺序组装，组装后焊接、调整和加固。尾水管法兰面要在转轮室安装完毕后进行安装。

图 7-36　尾水管里衬安装情况

(b) 在尾水管里衬混凝土浇筑后就进行基础环的安装，机组安装采用以尾水管（基础环）法兰面标高、中心线为基准的安装方法。此时其法兰面位置尺寸要求比较高，因为基础环安装后其法兰面作为机组的安装基准，在混凝土浇筑时严格控制层高且必须监测其变形情况，与尾水管里衬的焊接需等混凝土浇筑后进行，并同时控制法兰面的局部变形。

尾水管里衬安装情况如图 7-36 所示。

2.2.2.2　管形壳（座）安装

管形壳（座）包括内管形壳、外管形壳两部分，是机组的主要支撑，承受机组大部分重量、水压力、正反向推力、发电机扭矩等，并将这些力传递至基础上，是水轮机与发电机的一个过渡部件，是整个机组的安装基准，应重点控制其安装质量。

管形壳（座）由于支承方式的不同，可分为单支腿支承和多支腿支承两种。下面以单支腿支承的管形壳的安装为例进行介绍。

由于管形座的尺寸较大，受运输条件限制，一般分件、分瓣制作。外管形壳一般由上、下两个支承部分及四块侧向瓦形壳块和前锥体组成。上游侧与框架、墩子围板相连接，下游侧与外配水环连接。内管形壳由上、下两瓣组成，上游侧与定子机座连接，下游侧与内配水环连接。内、外管形座均为分瓣件，在工地进行组装。

管形座设有两个垂直布置的固定管形竖井，作为安装油、水、气管路及电气线路的通道，同时兼作水轮机轴承、主轴密封、水轮机室踏板、大轴护套等部件的起吊孔，也是工作人员进出的通道。

根据设备到货情况及土建工作面的交付情况、管形座安装时厂内桥机（或坝顶门机）是否安装等条件确定管形座的安装方式，主要安装方法如下：

（1）简易行车吊装法。管形座安装时厂内桥机（或坝顶门机）均未安装，为满足二次混凝土有足够的浇筑时间和保养期，以缩短整个工程的施工工期，可采用此方法。简易行车的布设图如图 7－37 所示。施工工序如下：

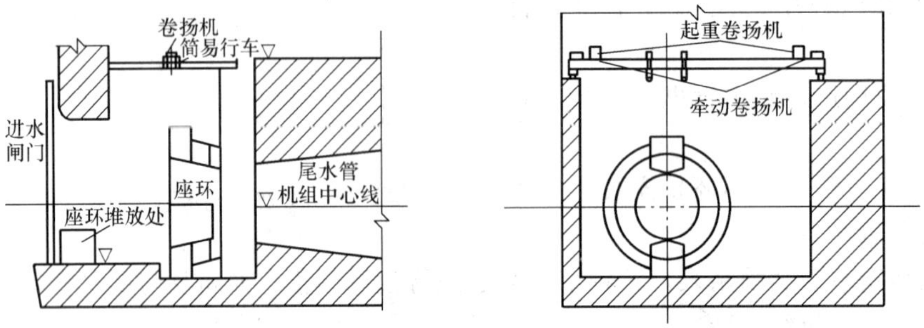

(a)　(b)

图 7－37　简易行车的布设图

（a）简易行车吊装管形座侧视图；（b）简易行车吊装管形座主视图

1）在管形座两侧墙铺设简易行车轨道。

2）在轨道上安装简易行车，简易行车可沿上、下游方向移动。

3）在简易行车上安装两台起吊用卷扬机、两台行走卷扬机，并接上电源，装好滑车和钢丝绳。

4）管形座的吊装顺序。将管形座各部件利用土建门机吊入上游流道，然后采用简易行车按图 7－38 所示的顺序吊装。

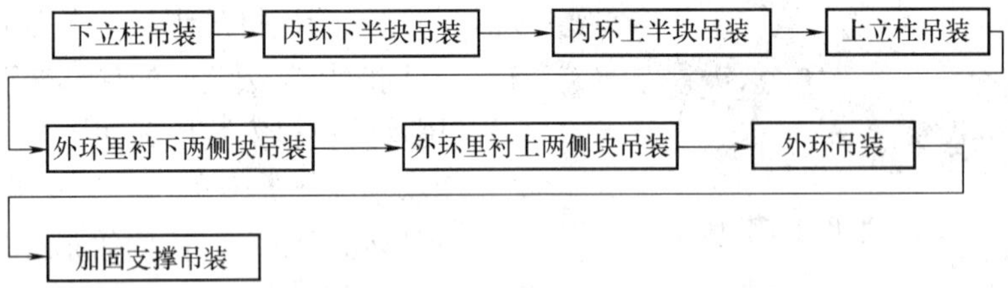

图 7－38　简易行车吊装顺序

（2）桥机或坝顶门机整体吊装内环。当厂房桥机或坝顶门机具备吊装条件时，可将内环和上、下立柱组装成整体并在安装间进行焊接，采用辅助设施进行空中翻身来吊装。

（3）管形座安装调整工艺流程（分块吊装）。

1）管形座正式安装前，先检查管形座预埋基础板的位置，复测机组中心线及管形座法兰中心线以及法兰面波浪度、高程等测量基准，确定管形座的安装位置。

2）按管形座吊装顺序将下立柱及内环下半块吊装就位，与预埋基础板连接，初步调整下半部的中心、方位、高程，初步加固下半部。

3）将内环上半块及上立柱吊入连接，整体调整加固。将外环里衬下两侧块吊装与下立柱连接加固，同样将外环里衬上两侧块吊装与上立柱及外环里衬下半部组焊成整体，再次对管形座进行调整测量。

4）管形座立柱拼装焊接。将上、下立柱根据图纸要求与内环对焊，焊接过程中必须考虑应力变形等因素。

5）将外环整体吊装与里衬焊接。

6）整体调整管形座。

7）调整完毕即进行支撑、加固件的焊接固定，焊接固定时注意控制变形，同时监测管形座法兰面的变化。

8）当管形座二次混凝土浇筑至一定高度时，进行流道盖板基础的安装。

9）管形座、框架安装完成后进行混凝土浇筑。在进行二次混凝土的浇筑过程中，应严格控制分层升高速度，在浇筑施工全过程应对管形座法兰面平面度和垂直度的变化进行监测。

10）安装完后进行管形座安装验收检查，见图 7-39。

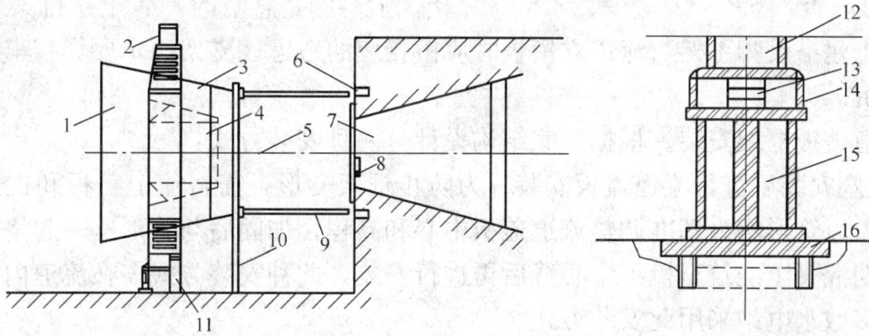

图 7-39 管形座及前锥体安装

1—管形座外壳；2—进人孔；3—前锥体；4—管形座内壳；5—钢琴线；6—基础支座；7—尾水管；8—重锤；9—间距管；10—前锥体中心架；11—管形座下部支柱；12—管形座外壳下部；13—楔形板；14—固定板；15—管形座下部支柱；16—基础锚座

管形壳结构及安装分别见图 7-40～图 7-42。

图 7-40 管形座内壳及上支柱

图 7-41 管形座外壳及内壳

2.2.2.3 其他埋设件的安装

其他埋设件包括墩子围板、下支撑基础板、侧向支撑基础板、发电机吊装孔框架、接力器锚座等，其安装工艺与常规机组埋设部件的安装工艺相似。

（1）墩子围板是发电机下支撑的护板，上部通过球面支撑与发电机灯泡头连接，后部与

图 7-42　安装中的管形座

管形壳下部梯形支柱焊接。安装时按预埋件的位置进行吊装、找正，与机组中心线偏差不大于 2mm，标高允许误差为±2mm。

（2）发电机下支撑安装在墩子围板中间，其中心线与机组中心线、距内管形壳法兰距离、基础板标高允许误差均不得大于±2mm。

（3）侧向支撑基础板左右各一块，应待混凝土接近基础板位置高程时再进行安装，标高允许误差为±30mm，径向允许误差为 20～0mm。

（4）发电机吊装孔框架下游侧与管形壳焊接，上游侧是悬空的，靠土建排架上焊接支架支承，因此土建搭设脚手架与流道立模板时应做相应的考虑。支架一定要焊接牢固，防止框架上游侧下沉。

（5）流道盖板框架安装。根据厂家结构设计分两种安装方式：

1）管形座安装后进行流道盖板安装。为防止框架变形，需将流道盖板和框架焊接组装后整体吊入，以管形座为基准调整流道盖板中心和高程，加固后与管形座一起浇筑混凝土或待管形座二期混凝土浇筑至机组中心线后再进行安装，此种安装方式需在流道内设置刚架支撑，目前大多数水电站采用此安装方式。

2）土建结构设计有流道盖板框架基础平台，这种结构方式可在最后进行流道盖板框架安装，其缺点是二期混凝土养护时间短，工期紧张。

流道盖板及框架安装情况如图 7-43 和图 7-44 所示。

（6）接力器支墩因布置方式与常规机组不同，因此应根据机组中心线放出横向测量基准线和两侧基准线。在预埋基础板上放出锚座中心线和安装倾斜角，两锚座中心高差应符合设计要求。

图 7-43　流道盖板及框架安装土建交面情况

图 7-44　流道盖板及框架安装情况

2.3　国内灯泡贯流式机组水电站施工控制性技术

灯泡贯流式机组水电站一般都建在河流的中下游，河床为宽浅式，相对于立式机组而言，机组容量为中小型，水电站基本都为闸坝式，建筑物主要为河床式厂房、泄洪冲沙闸、船闸、两岸连接建筑物。进行施工进度安排时，一般采用分段分期导流施工（第一枯水期通常采用束窄河床导流）方案，考虑业主提出早日发电的要求，厂房所在一岸工程放在一期工程中，为加快厂房施工进度，争取首台机组早日发电，需充分安排好厂房汛期施工，关键是汛期形成厂房小基坑。

闸坝式水电站建筑物高度并不大，主体工程量也相对较小，但往往要在第一个枯水期内完成导截流工程、基坑初期排水、基础开挖及处理、主体混凝土浇筑等项目，并且用于第二枯水期导流的水闸闸墩需浇到坝顶（含门槽二期混凝土施工，时间太紧时，闸墩抢出第一汛期水面以上，完成第一汛期水面以下埋件安装及二期混凝土回填）。除此以外，为满足汛期厂房继续施工争取首台机组早日发电，在第一枯水期末还需形成厂房全年施工小基坑（一般上游围堰采用拦沙坎加高，如浆砌石、低强度等级混凝土或钢板桩；下游采用高土石围堰）。在一个枯期内完成上述各项工作，往往时间紧、任务重，土石方开挖、填筑强度，混凝土生产、运输、浇筑强度（高峰月强度可达 4 万～7 万 m^3 不等）较高，尤其是 4 月下旬至 5 月中旬左右汛期洪水将要来临，施工较为紧张，需要施工企业在施工技术方案及进度计划安排时，合理进行人员、物资、材料、资金、机械设备、场地、道路等的统筹安排，有力保障第一枯水期施工达到进度要求，以期安全平稳地过渡到第一汛期厂房施工。

2.3.1 灯泡贯流式机组水电站导流设计的关键点

（1）考虑业主尽早发电的要求，厂房所在一岸工程放在一期工程中，为加快厂房施工进度，争取首台机组早日发电，需充分安排好厂房汛期施工，关键是汛前形成厂房小基坑施工条件。灯泡贯流式机组水电站厂房施工是控制发电工期的关键项目，一般采用全年围堰挡水施工。已建的金溪、小龙门、桐子壕等水电站均采用全年 10～20 年一遇洪水标准设计。

（2）纵向围堰的位置至关重要。一般要求纵向围堰布置在两期基坑工程量比较均衡的位置上，使一、二期基坑的施工强度比较接近。纵向围堰位置需满足一期束窄河床的施工期通航要求和经济原则，并要为二期导流创造有利条件，可考虑利用泄水闸的闸墩和消力池导墙作为一、二期共用部分。

（3）灯泡贯流式机组厂房因厂坝之间连接坝段较短或者没有设置连接坝段，致使厂房纵向围堰一般紧邻高达数十米的开挖边坡，围堰度汛困难较大，特别是当基础地质构造复杂、岩层节理裂隙发育或者在岩层层面倾向基坑时，纵向围堰的深层稳定问题尤为突出。因此，围堰基础的适当加固与厂房工期的合理安排，是确保工程度汛的关键。

（4）灯泡贯流式机组厂房采用过水围堰施工时，由于管形壳安装精度高，在安装过程中或其外围混凝土未达到一定强度前如遇基坑过水，会造成管形壳变形、位移，法兰面、丝孔及加工面锈蚀、磨损或污物得不到彻底处理，将会影响管形壳安装质量，也会给机组运行带来不良后果。因此，采用管形壳先期安排施工程序，应尽量合理安排工期，不使管形壳安装及外围混凝土浇筑进入汛期施工。一旦基坑过水，对已进入基坑的埋件应进行保护，如采取固定、用黄油堵塞丝孔等保护措施。

（5）灯泡贯流式机组一般可在较低水位下运行，施工期往往需考虑利用二期围堰临时挡水发电。当二期基坑工作量相对较大时，可采用全年挡水围堰，以保证二期基坑全年施工，同时利用二期围堰临时挡水发电，使首台机组发电日期提前。

（6）厂房在第一枯期围堰防护的基坑内施工时，进度计划安排时特别不能忽视一期水闸闸门槽二期混凝土的施工，这关系到能否汛前按计划下闸。

闸墩门槽二期混凝土施工部位如图 7-45 所示。

（7）灯泡贯流式机组厂房的进出水口跨度大，且只设一套检修闸门，当第一台机组发电时，需对其他进水口和尾水管进行封堵。通常采用钢筋混凝土叠梁门进行封堵，但会存在止水效果不好、吊出时间长等问题。

2.3.2　土建交面与埋件安装的关系协调

(1) 灯泡贯流式机组因型号及生产厂家的不同，结构上有所区别，安装方法也有差异，且往往存在设备厂家供货时间与土建施工进度不匹配的情况。厂房施工时，应根据设备可能到货情况及其变化情况，做出相适应的施工方案。

图 7-45　闸墩门槽二期混凝土施工部位

(2) 灯泡贯流式机组的埋设部件包括尾水管里衬、外（内）管形壳（座）、灯泡头下支撑基础板、侧向支撑基础板、墩子围板、发电机吊装孔框架、接力器支墩基础、管路埋设等。

(3) 灯泡贯流式机组预埋件分一期预埋件和二期预埋件。一期预埋件包括尾水管里衬、拉锚、基础板、流道排水管，其他属于二期预埋件。尾水管里衬的吊装机械可根据主厂房土建施工进度采用桥吊或汽车吊、履带吊，若设备到货晚，也可采用二期预埋的方法施工。二期混凝土施工部位回填的混凝土，承受的荷载大，质量要求高，而这些部位仓面狭小，钢筋密集，施工困难。

(4) 尾水管里衬二期混凝土施工时，里衬两侧应均匀上升，一般分 3 层浇筑，浇筑限制速度为 30cm/h。混凝土浇筑后，一般经敲击检查后采用钻孔灌浆，以消除不密实及脱空现象。

(5) 管形壳（座）安装是埋件安装施工中的核心部件，应重点控制其安装质量。管形座安装及二期混凝土回填施工占用直线工期较长，需精细组织施工，严格控制施工质量。管形座安装可等安装间桥机安装好后进行，若要加快厂房主机段施工进度，争取首台机组提前发电，也可不必等桥机安装完成后进行，而采用其他起重设备进行管形座的安装。一般灯泡贯流式机组水电站厂房施工都采用管形壳先期安装的施工程序，但近年来，由于机组供货情况和其他原因，管形壳不能先期安装，为了争取施工进度，可采用管形壳后期安装的施工程序。采用管形壳后期安装的施工程序，在安装管形壳或安装第一台机组时，穿插二期混凝土施工，干扰大；在进度上，对不受供货影响，而厂房分别按正常速度上升的两种施工程序，管形壳先期安装的施工程序在进度上要优于管形壳后期安装的施工程序。管形壳周围混凝土一般分 3 层浇筑，两侧均匀上升，最大高差不应超过 50cm，混凝土上升速度限制在 20cm/h，并严禁振捣器触及管形壳。

(6) 灯泡贯流式机组厂房顺水流方向长度大，土建施工中穿插埋件安装较多，需分层分块顺序浇筑。分层分块设计除应遵循常规立式机组厂房分层分块的原则外，应将尾水管里村和管形壳安装条件作为重要因素考虑。一般将主厂房顺水流方向划分为进水口段、流道中段和尾水段 3 段进行分缝分块。在已建工程中，多数采用错缝分块浇筑。其中基础板块混凝土的施工可大量采用长臂反铲入仓，可有效提高混凝土施工强度，对一期枯水围堰施工意义重大。

2.3.3　厂房控制性进度计划

根据金溪、桐子壕等水电站施工经验，灯泡贯流式机组水电站控制性进度计划可按如下方面编制：

（1）厂房汛期围堰。满足厂房汛期施工挡水要求，形成厂房小基坑。

（2）泄洪冲沙闸金属结构。完成第一汛期水面以下闸墩混凝土、门槽二期混凝土施工，提交闸门安装工作面。

（3）厂房金属结构。①提交厂房进、出口闸门门槽安装工作面；②提交厂房进出口闸门安装工作面；③厂房进出口及冲沙廊道闸门安装完成，具备厂房下闸挡水能力（厂房围堰此时可拆除，厂房下闸形成自身防洪体系，满足机组安装要求）。

（4）机电安装。①提交安装间桥机安装工作面；②提交尾水管锥管安装工作面（主机间下游排架柱在锥管位置正上方）；③提交管形座安装工作面；④提交首台机组安装工作面。

（5）机组发电。①1 号机组发电；②其余各台机组依次发电。

2.3.4 灯泡贯流式机组厂房主机段混凝土施工项目划分

灯泡贯流式机组厂房主机段混凝土施工项目划分情况如下：

（1）厂房底板混凝土。

（2）厂房进口混凝土。进口闸墩、上游防洪墙、进水口、冲沙廊道门槽二期混凝土。

（3）厂房流道混凝土。流道外围一期混凝土、流道外围二期混凝土：①尾水管钢衬安装及二期混凝土回填、接触灌浆（注：尾水管二期混凝土浇筑后，其上部才可浇下游排架柱）；②管形座安装及二期混凝土回填（注：根据已建工程经验，管形座安装可不用等厂房桥机安装完成后进行，而采用其他起重设备进行安装，这样有利于加快主机段施工进度，促进首台机组早日发电）。

（4）主机段排架柱、梁混凝土。

（5）厂房出口段混凝土。①出口闸墩、下游防洪墙；②尾水闸门二期混凝土；③主机段副厂房板梁柱混凝土；④尾水启闭机房板梁柱混凝土。

2.3.5 灯泡贯流式机组厂房关键项目的施工工期

灯泡贯流式机组厂房关键项目的施工工期可参照金溪水电站的经验划定：

（1）主要埋件安装时间及混凝土回填时间。

1）尾水管钢衬。安装 30 天（尾水管锥管里衬安装可采用汽车吊、施工门机、履带吊），浇筑及养护、间歇 60 天（混凝土 1050m^3）。

2）管形座。安装 60 天（管形座安装可等安装间桥机安装好后进行，若要加快厂房主机段施工进度，争取首台机组提前发电，也可不必等桥机安装完成后进行，而采用其他起重设备进行管形座的安装），浇筑及养护、间歇 60 天（混凝土 1850m^3）。

（2）桥机安装。

1）桥机轨道梁吊装 15 天。

2）桥机轨道安装 15 天（一台机组段长度）。

3）轨道二期混凝土浇筑及混凝土间歇 15～20 天。

4）桥机安装及试运行 30 天。

（3）机组安装。

1）首台机组安装时间为 4 个月。

2）其余各台机组安装时间为 3 个月/台。

参　考　文　献

[1] 袁俊森. 水电站. 郑州：黄河水利出版社，2002.

[2] 金钟元，伏义淑. 水电站. 北京：中国水利水电出版社，2000.

[3] 田士豪，陈新元. 水利水电工程概论. 北京：中国电力出版社，2003.

[4] 中国水力发电工程学会. 中国水电 60 年. 北京：中国电力出版社，2009.

[5] 水利电力部水利水电建设总局. 水利水电工程施工组织设计手册（1～5 卷）. 北京：水利电力出版社，1989～1996.

[6] 袁光裕. 水利工程施工. 北京：水利电力出版社，1985.

[7] 杨康宁. 水利水电工程施工技术. 2 版. 北京：中国水利水电出版社，2010.

[8] 水利电力部第八工程局. 乌江渡工程施工技术. 北京：水利电力出版社，1987.

[9] 程良奎. 喷射混凝土. 北京：中国建筑工业出版社，1990.

[10] 中国水利水电工程总公司. 工程机械使用手册. 北京：中国水利水电出版社，1998.

[11] 朱伯芳，等. 水工混凝土结构的温度应力与温度控制. 北京：水利电力出版社，1976.

[12] 水利部国际合作与科技司. 工程建设标准强制性条文（水利部分）宣传辅导教材. 北京：中国水利水电出版社，2001.

[13] 张四维. 水利工程施工. 3 版. 北京：中国水利水电出版社，1996.

[14] 李先镇. 水利水电工程质量控制要点. 北京：中国水利水电出版社，1999.

[15] 中国电力联合会标准化部. 电力工业标准汇编水电卷：机电及自动化. 北京：中国水利水电出版社，1995.

[16] 水利部建设与管理司水利部水利工程质量监督总站. 水利水电工程施工质量评定表填表说明与示例（试行）. 北京：中国水利水电出版社，2003.

[17] 水利电力部水利水电总局. 水利水电工程施工组织设计手册·3·施工技术. 北京：水利电力出版社，1987.

[18] 杨嗣信. 建筑工程模板施工手册. 北京：中国建筑工业出版社，1997.

[19] [M] 巴拉特·普拉文斯基，杨福新. 缆索起重机. 北京：机械工业出版社，1959.

[20] 温丽军，王健. 缆机在混凝土坝施工中的应用. 浙江水利水电专科学校学报，2007.

[21] 匡会健. 水电站. 北京：中国水利水电出版社，2005.

[22] 陆德民，张叔峰. 水电站. 3 版. 北京：中国水利水电出版社，2011.

[23] 田树棠. 贯流式水轮发电机组及其选择方法. 北京：中国电力出版社，2000.

[24] 中水珠江规划勘测设计有限公司. 灯泡贯流式水电站. 北京：中国水利水电出版社，2009.

[25] 刘国选. 灯泡贯流式水轮发电机组运行与检修. 北京：中国水利水电出版社，2009.

[26] 夏可风，等. 施工导（截）流与度汛工程. 北京：中国电力出版社，2005.